国际时装设计经典系列丛书

国际服装缝制工艺详解

Sewing for Fashion Designers

[英] 安妮特 · 费舍尔 著

巴哲华 译

東華大學出版社

·上海·

图书在版编目（C I P）数据

国际服装缝制工艺详解/（英）安妮特·费舍尔著；巴哲华译.—修订本.—上海：东华大学出版社，2016.8

ISBN 978-7-5669-1072-1

Ⅰ.①国…Ⅱ.①安…②巴…Ⅲ.①服装缝制 Ⅳ.①TS941.63

中国版本图书馆CIP数据核字（2016）第125810号

This book was designed produced and published in 2015 by Laurence King Publishing Ltd. London.'

合同登记号：09-2014-1011

责任编辑 谢 未

版式设计 刘 薇

国际服装缝制工艺详解

Guoji Fuzhuang Fengzhi Gongyi Xiangjie

著 者：[英] 安妮特·费舍尔

译 者：巴哲华

出 版：东华大学出版社

（上海市延安西路1882号 邮政编码：200051）

出版社网址：http://www.dhupress.net

天猫旗舰店：http://dhdx.tmall.com

营销中心：021-62193056 62373056 62379558

印 刷：深圳市彩之欣印刷有限公司

开 本：889mm×1194mm 1/16

印 张：19.75

字 数：695千字

版 次：2016年8月第1版

印 次：2023年2月第3次印刷

书 号：ISBN 978-7-5669-1072-1

定 价：118.00元

Sewing
for Fashion Designers

Anette Fischer

目录

引言

《国际服装缝制工艺详解》对服装的制作做了全面介绍，本书与时尚前沿接轨，与服装企业服装生产中运用的技术相结合，并进行了详细说明。有志于从事服装设计的人士，通过本书能够了解设计生产中的各项准备工作，掌握成衣制作的各项步骤及操作流程，了解设计师如何将设计思维变成实物成品。

本书将成衣的制作过程用图片的形式展现给大家，每个章节都提供了丰富的效果图、介绍、实物照片，让广大院校服装设计与工程的教育工作者、学生、从业人员以及服装缝制的爱好者，能够更直观地了解成品生产的具体步骤，从选择材料、裁剪，再到工艺制作、后整理等，内容详尽，是相关人员的必备参考书。

针插板对于整理纸样和使用衣片很有用处

第1章 开篇章节将介绍服装工作室或者服装工厂中使用的缝制设备和整烫设备。在制作成品纸样之前，指导大家如何测量身体尺寸，同时学会辨识绘制纸样的各种符号。缝份及底摆缝份的专业指导将有助于绘制纸样。本章还将涉及基本的剪裁技巧、使用面料的布纹线以及准备面料，另外还补充了如何进行排料和标记纸样。

第2章 这个章节将介绍不同类型的服装所使用的各类织物材料，了解包括天然面料、合成面料、混纺面料等各类面料的特性，以及它们的加工整理方法。读者对面料有一定认识之后，可以通过面料再造的方式创造出更为特别的、更具装饰效果的服装面料。本章还介绍了服装支撑材料的使用方法，通过介绍内衣结构及制作工艺，让大家进一步了解在面料上进行绗缝和垫衬的方法。

第3章 主要介绍基本的缝制方法。包括手缝线迹和机缝线迹方法的介绍。本章让读者了解根据不同的部位、部件选择相应的缝制手法，从而使服装的每一个裁片、每一个细节部位，通过适合的缝制手法达到完美的效果。

第4章 介绍了各种碎褶、活褶、褶裥和省道的类型和制作方法，通过这些丰富的表现手法，使服装穿在身上更显立体效果和美感。接下来对上领子、做腰头、做口袋、上袖子的具体操作流程和注意事项逐一作了详细说明。另外在细节处理上，如袖衩、各种造型的下摆、卷边、贴边的结构特点以及制作方法也做了介绍。

本章节还包括全衬里和半衬里的使用方法，例如在制作一件夹克时应配以怎样的衬里才合适。本章后半部分针对不同扣合方式进行了分类及图例说明。最后介绍了整烫的步骤并强调其重要性。

第5章 本章介绍的是面料处理技术。探讨了牛仔、针织、弹力面料、透明和半透明的布料、花边、亮片和钉珠织物、植绒面料、皮革和皮草、无纺布面料，天然橡胶、合成橡胶和塑料、印花织物、混合工艺面料以及斜裁面料在服装中的运用，并对这些面料的处理方法进行了探讨。

本章介绍了选购这些面料时需注意的事项，针对不同面料在裁剪、缝纫方法、镶边技巧、面料边缘的处理以及扣合方式的运用等方面进行了指导。

本书中的缝纫技术可以帮助服装界从业人员打下坚实的基础。掌握这些技术之后，便能自由地进行试验创新，打破既定的规则去探索更新潮、更前卫的缝制方法，这是服装设计创新的关键所在。

1 准备工作

YUGIN
KL

工作室

时装设计工作室为时尚产业的核心地带。我们能在工作室中看到服装产生的所有步骤，不同规模的公司会设立对应的工作室，根据公司规模的不同，工作室通常由制板师、样衣工、管理人员及设计师共用。

工作室中需要用到的技能包括：将服装效果图转换成纸样，然后做成样衣。工作室具备将创意想法转换成实际成品的所有材料和工具。

工作室中通常配备有一张足够大的操作台，便于裁剪出曳地长度的服装。大多数设计师还需要配备一台专业缝纫机、锁边机和装配有蒸汽熨斗的整烫台。同时还应该准备好充足的服装面料、衬里以及黏合衬等辅料，以方便成品打样。工作室中还应准备一系列的紧固件，比如钮扣、拉链、搭扣、黏胶带，还有各种用途的线。

无论是在专业设计工作室还是家庭式作坊，合理布局空间、安放设备将会使工作更轻松。确保在缝纫机旁放置整烫台，并且最好留出足够大小的桌面空间用于裁剪，因为在地板上操作无法保证裁剪的准确性。同时确保环境中光线充足，最好选择日光灯或高亮度光源灯具。

本章节将让读者了解制作服装所需要的各项必备工具和配套设备，并详细解释以上设备在生产线上的具体作用及其使用方法，介绍缝纫的要领、测量方法，还有制板专用的标记符号。同时还将介绍缝纫设备和整烫设备的具体使用方法。

服装设计专业的学生在工作室内工作的场景。足够大的操作台便于裁剪和其他的制衣操作

大头针及缝针

在服装制作的各个工序中将会使用到形态各异、功能不同的各类大头针和缝针。

大头针是在制作时将衣片进行暂时固定、方便定位及缝制。缝针的作用是将面料暂时或长久缝合在一起。

大头针

何时选择何种类型的针，要考虑以下几点：

· 面料的厚度；

· 面料的材质；

· 全手工制作——立体裁剪时用于暂时固定面料。

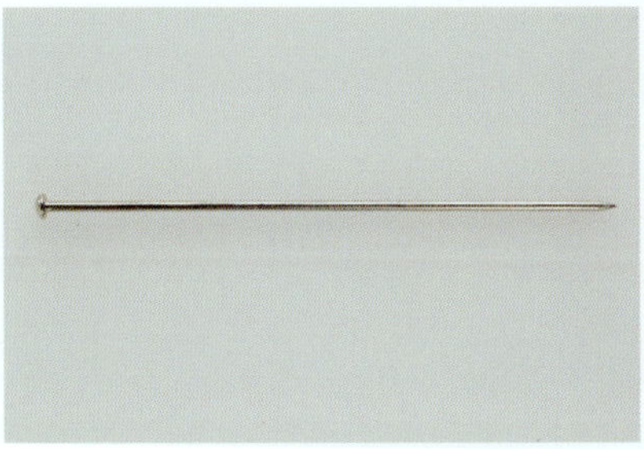

钢制大头针用于固定各式各样的材料，也可在人台上固定面料从而立体地展示设计想法。钢制大头针根据用途不同也分不同的尺寸，以长尺寸大头针为例，它可以穿过多层面料进行固定。

黄铜花边针用来固定轻薄型面料，比如雪纺。由于它很细小，因此不会对轻薄面料造成破坏。

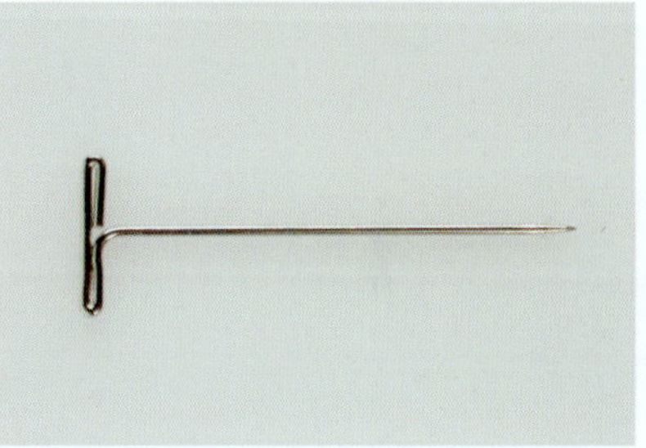

T形头针用来固定编织结构较为松散的面料，也可以用来固定针织面料。T形头针能很好地固定以上面料，使之不容易脱散，缩动。

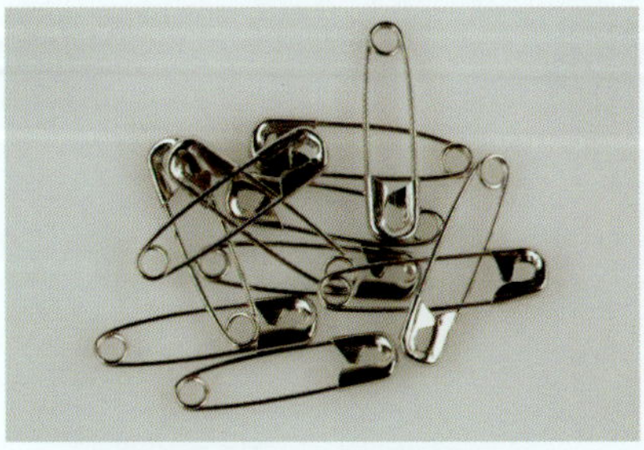

安全别针相较于大头针来说，能更好地固定松散的梭织面料以及针织面料。

在固定皮革、PVC和塑料等材料时，用普通大头针既不方便固定，同时还会在材料上留下针孔痕迹，这时可以用**回形针**或**金属夹**替代大头针固定上述材料。

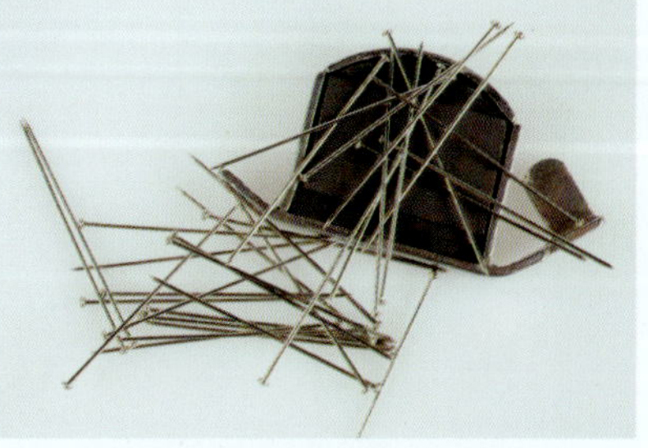

大头针很难归整，使用针插能便于收纳，同时又能保持缝纫空间的安全和整洁。准备一块**磁铁**，这样可以很方便地将大头针和缝针整理起来。

缝针

选择手工缝针时考虑以下几点：

· 面料的厚度；

· 面料的组织结构；

· 缝纫线的类型——尺寸和粗细程度；

· 设计意图。

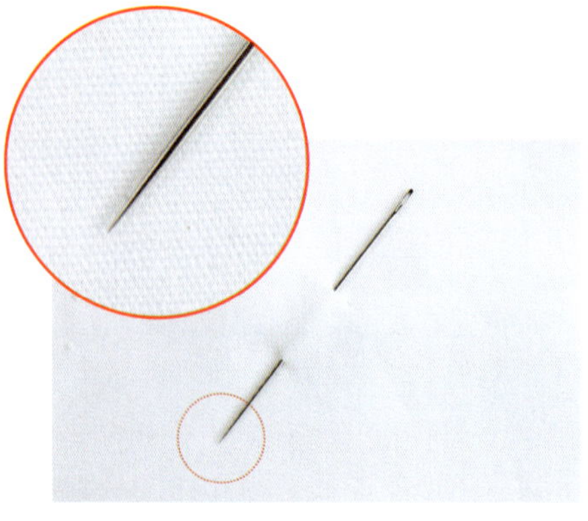

细孔长幼缝针是一种在一般工艺的缝制过程中，运用最为广泛的缝针。

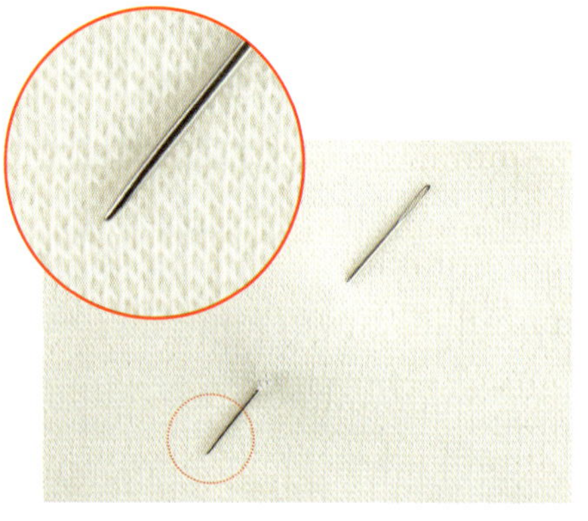

与前者不同，这种**圆头长幼缝针**，针头部分不是尖锐的，而是圆头的，圆头针能避免破坏或刺断纱线，适用于针织和编织松散的梭织面料，用它取代尖头针有可能会对普通面料产生破坏。

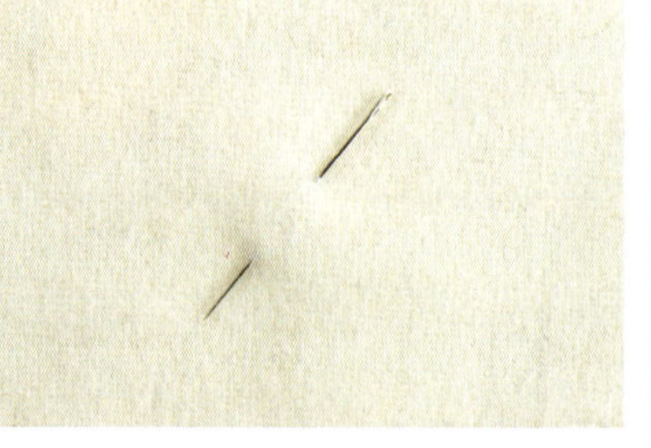

细孔短幼缝针是一种很短的尖头缝针，产生的缝迹很短，这种针用来完成精细的手工，比如绗缝或者定制。

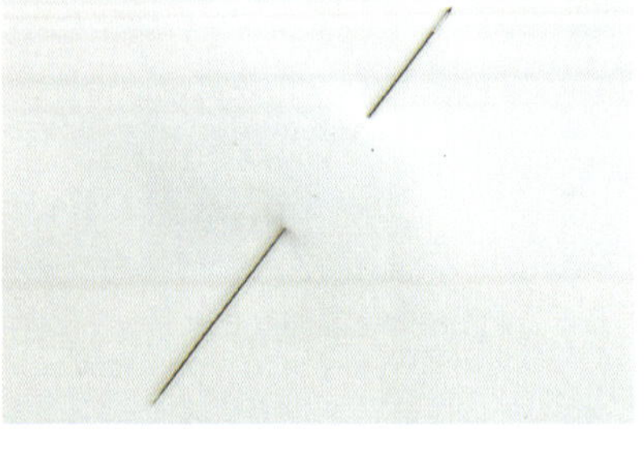

珠饰手工缝针有锐利的尖头，身形非常狭长，针孔也极小，使其能够顺利地穿过珠孔，同时由于针比较细长，可以一次性穿起一整串珠子。

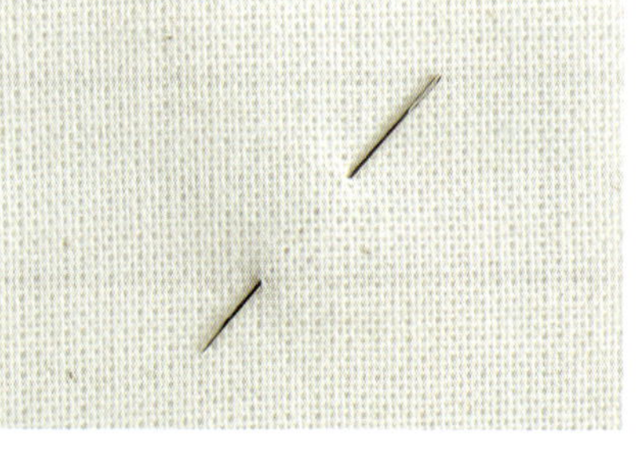

刺绣针长度中等，针眼设计为长椭圆形，可以用来穿多股纱线或者较粗的纱线。

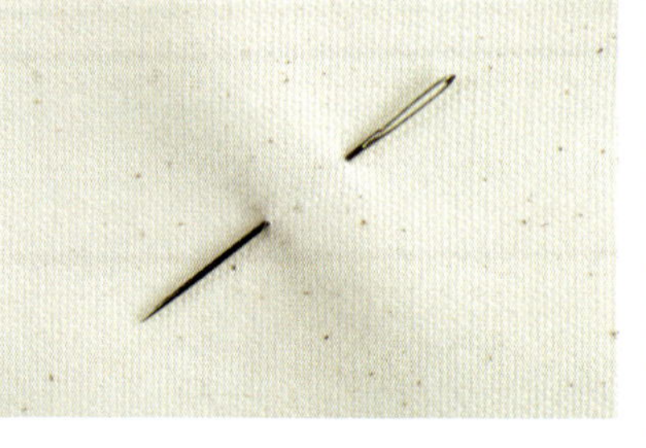

绳绒线针短而粗，而且针形很尖锐，针眼是一个较大的椭圆形，可以穿过粗的纱线，能用来制作绒线绣，也可同时穿过多股纱线进行刺绣。尖锐的针尖有助于穿透紧密厚实的织物。

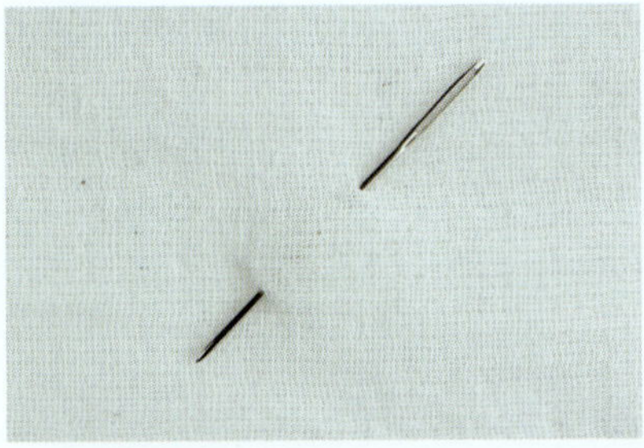

圆头编针很短，针尖是钝圆的，可以穿透松散的织物而不撕裂或者钩挂住面料。它的针眼是一个长椭圆形，可以用来穿过多股线。圆头编针经常用来进行羊毛或针织服装衣片的缝制。

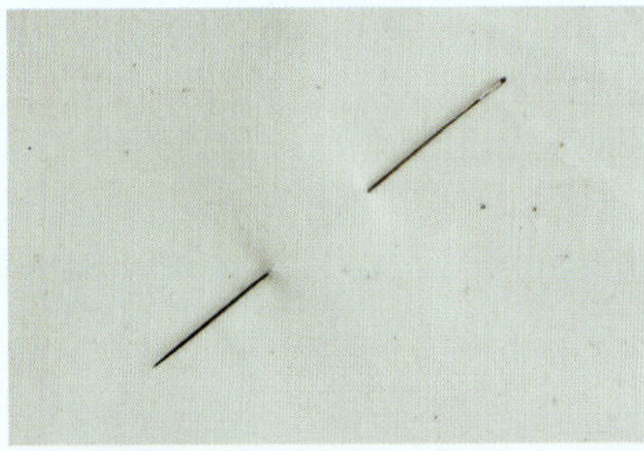

长鼻针，又叫做**工匠针**，传统上用于制作帽子。长鼻针身形较长，适合用于制作缩褶、褶裥、挑缝、定位缝。

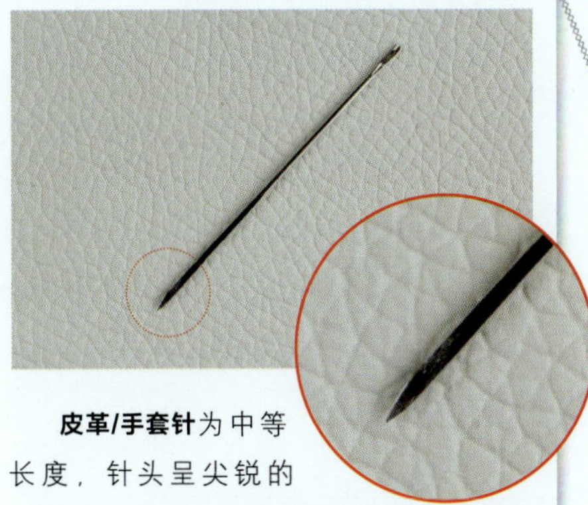

皮革/手套针为中等长度，针头呈尖锐的三角形。针尖的三角斜面设计，可以使针穿透皮革的同时不会撕裂它，这种针也可以在塑胶或者人造合成革类的材料上使用。

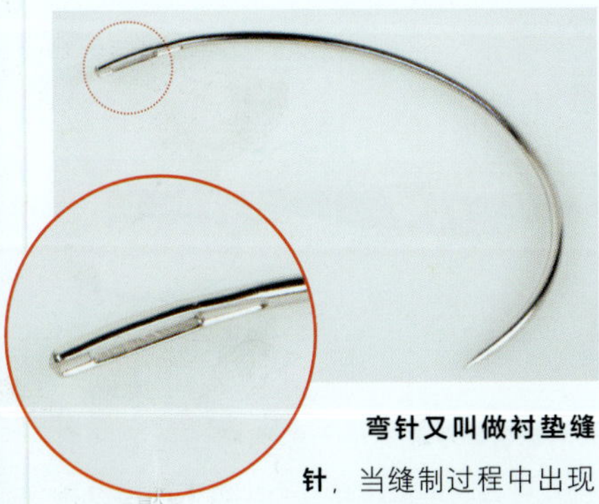

弯针又叫做衬垫缝针，当缝制过程中出现不在同一层或者需要间隔缝时，仅使用直针无法完成，这时就需要用到此种针。弯针有一个大椭圆形针眼以及另一端尖锐的针尖。

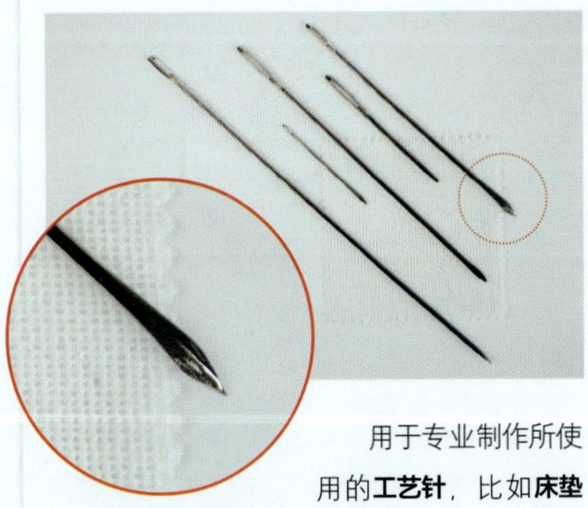

用于专业制作所使用的**工艺针**，比如**床垫针、编织针、包装针、地毯针**等。

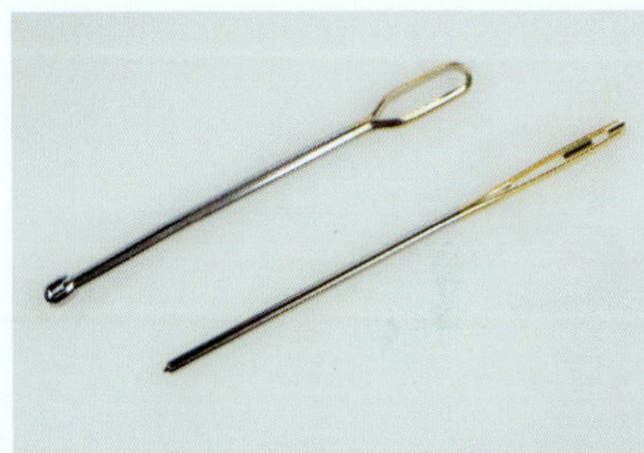

大眼粗引针，是一种有很大针眼的长针，可用来穿制松紧带或者缎带，还可以用来缝制网状多孔织物以及针织面料。

穿线器能使缝线更容易穿过针眼，尤其用于针眼非常细小的针，穿线变得非常方便。

顶针/定制顶针是一个表面交错排列着许多凹孔的金属帽，适合戴在中指的顶端。手针缝制时，在推动缝针穿过面料时起到保护手指的作用。顶针上的凹孔可以防止针滑脱。

剪裁工具

优质的裁剪工具能使工作变得得心应手。针对不同类型的材料必须考虑使用适合的刀片。刀片有锯齿状、之字形、波浪状或直边。使用时必须确保刀刃锋利，使用钝刀刃裁剪会损坏面料和降低工作效率，注意避免直接使用缝纫剪刀剪纸，因为会损坏刀刃，使之变钝。

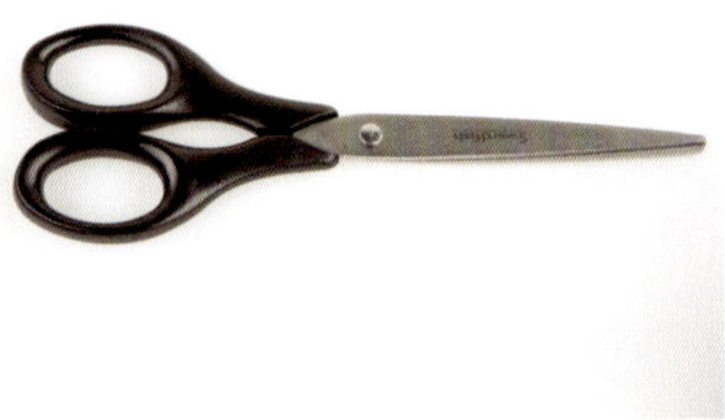

纸剪刀只能在剪纸和剪卡片时使用。

裁剪刀有两种尺寸，中型和大型；裁剪刀的大小选择需要根据面料的厚度来决定。曲柄的裁剪刀，可以让刀锋在裁剪的表面放平，从而使操作者更加舒适，同时操作起来更方便。

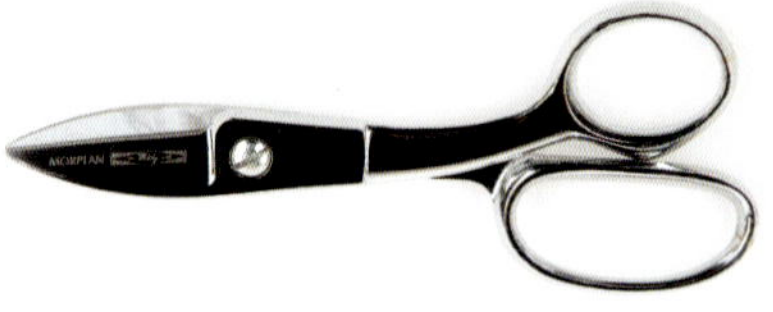

锯齿剪刀通常用于裁剪精细轻薄的面料。锯齿状的边缘绝对不可磨损，因为其锯齿状刀锋的特点能够很好地固定光滑的面料，使之裁剪时不打滑。

美工刀和**工艺刀**用来切割皮革。**皮革剪**也可以用来裁剪皮革、仿鹿皮面料和塑胶面料。

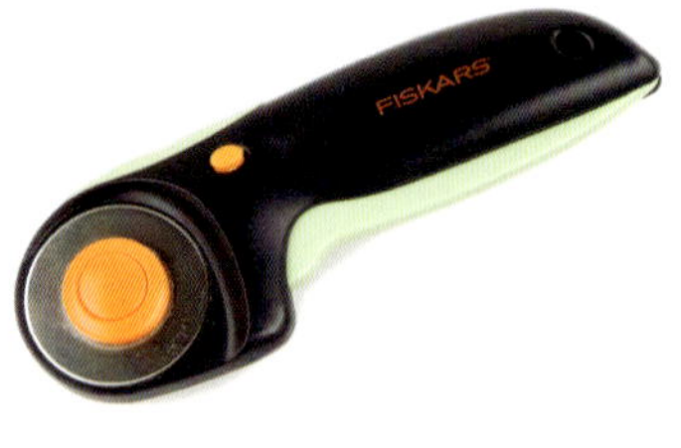

此类**旋切机**有圆形的旋转刀片，并有不同尺寸和形状的刀片。旋切机最好同时在剪裁多层面料时使用，一定要在裁片下方使用切割垫，否则会在台面上留下切割的痕迹。相比于弧形转角，这种工具更适合在剪切直线或者棱角分明的切线时使用，比如拼缝裁片。它也可以用来裁剪皮革以及非织造材料，如PVC。

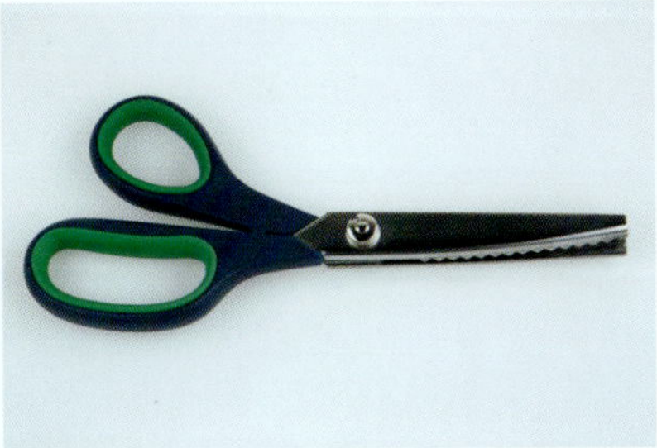

锯齿花边剪有两片锯齿形刀刃，用来处理毛边和缝份，刀刃边缘的锯齿形，裁剪后有助于防止某些面料须边散脱。（实物完成情况详见第123页）。

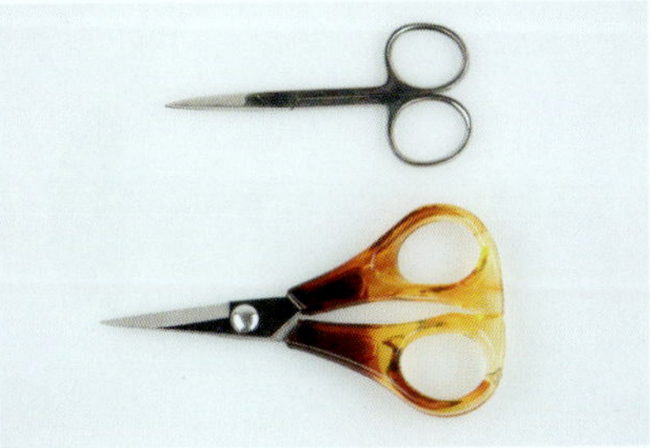

绣花剪尺寸较小，在缝纫过程中会借助它极其尖锐的剪刀尖。

线剪，在使用缝纫机的时候剪线头非常方便，这种剪刀锋利而尖锐，安装有弹簧使之自动打开。

切线器是非常小的工具，顶端尖锐的弯钩之间有锋利的刃口可用来拆线，也可用来切开机锁扣眼。

切割垫是与前面提到的旋切机和工艺刀组合使用的，在裁切的过程中起到保护台面和刀刃的作用。

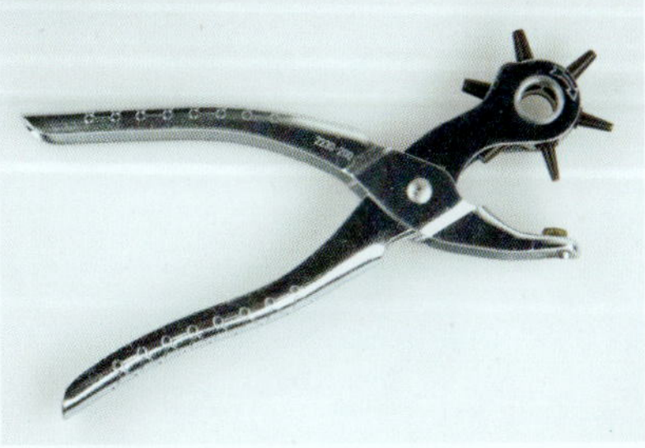

旋转打孔器能在面料或纸样上打出光滑整齐的圆孔，打孔器上的旋转头可以根据需要选择不同尺寸大小的孔。

标记工具

标记工具设备主要用于标注出识别信息，如纸样绘制过程中标注出对位点和定位符号，再将纸样拷贝到面料上时能确保准确而完整。在纸样和面料上会使用不同的标记工具。

纸样的标记工具

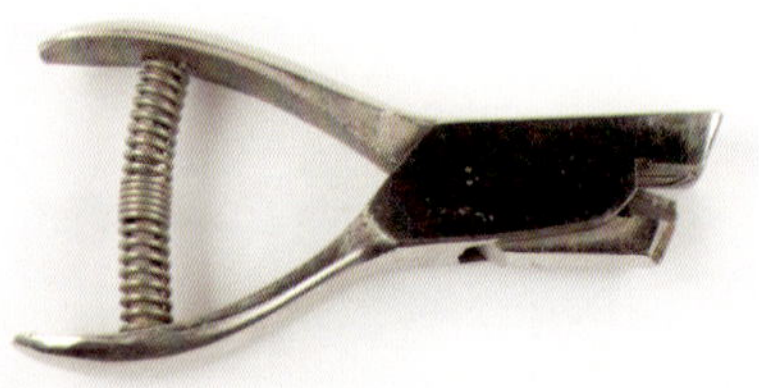

纸样打口钳用来在纸样上做标记。沿着纸样边沿，在水平对位点上切出小口，例如，在腰线所在的位置上做标记或者用来标记止口位置。将对应的缝合线重合，在对位点上做出标记，以确保两片纸样的同一水平对位点完全吻合。

纸样钻用于在纸样上打孔，可以用它来做出各种各样的标记，其中包括标记口袋位。

此类**纸样穿孔机**用于打孔，以便于将纸样悬挂起来。

将一套服装纸样集中在一起，用这种**纸样挂钩**悬挂起来便于管理。

面料的标记工具

划粉是用来在面料上临时做标记的，有很多颜色可选择，形态各异。尽管划粉有时可能会脱落，但有时仍会在面料上留下痕迹，因此一般只会在面料的背面使用，在正面使用的话有可能留下永久性痕迹，要尽量避免。

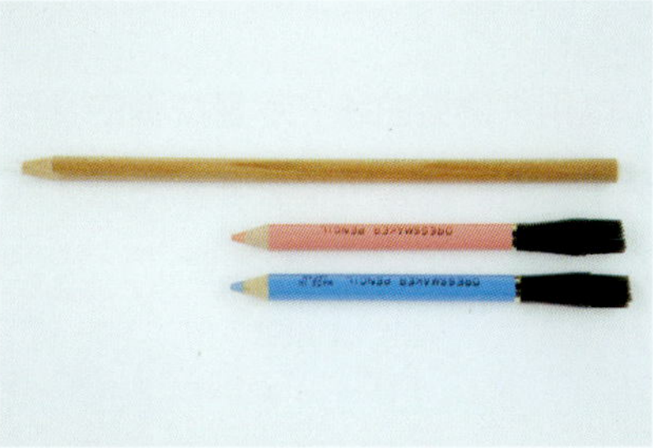

划粉笔有一系列不同的颜色，用它来标记定位点是非常不错的。

这种**可消色划粉**的优势在于，在一定时间内划粉的颜色会自动消失，或者在进行熨烫的时候就会消失。可消色划粉即可以用在织物正面也可以用在反面，但在正式使用前还是应先测试一下，以确保划粉能被去除，不留下任何痕迹。

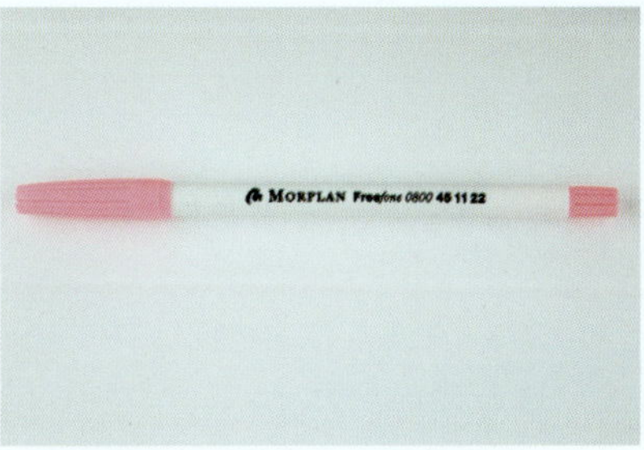

在使用可消色划粉的同时也可以考虑使用**水消笔**，留下的笔痕将在几天之内消失，这种笔痕在遇水时会发生反应，立即消失。

描图纸，又名**拷贝纸**。一般将它与描线轮结合使用，将标记线从一块面料转移到另一块面料上时可以派上用场（使用拷贝纸和描线轮的方法详见第54页）。

描线轮与拷贝纸一起使用，用于转移标记线，可以从一张纸转移到另一张纸，也可以从纸转移到面料上。

锥子可以用在纸或者面料上做标记点。在制图时，使用锥子穿透纸样上的定位点在面料上做好标记，例如做省尖的标记。使用锥子穿过面料之后，会在面料上留下小孔。

卷尺和直尺

卷尺和标尺既可以测量或绘制直线，也可以用来测绘曲线。尽管成套的卷尺和标尺能确保精确测量，但是要全套购入这些测量工具的话，价格会非常昂贵，实际上只要购买其中两到三种测量工具，即可满足大多数情况下的制图需要。

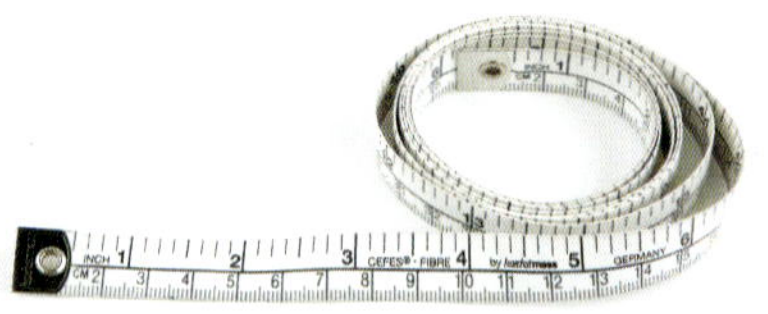

卷尺是一种柔韧、可弯曲的测量工具，它可以测量直线和曲线。它有不同于其他工具的尾端。**裁缝用皮尺**的两端都有一个小金属帽。

这种**裁缝用皮尺**的一端有一个长度为5cm（约合2英寸）的金属接头，它是对大腿内侧到裆部进行测量时使用的。

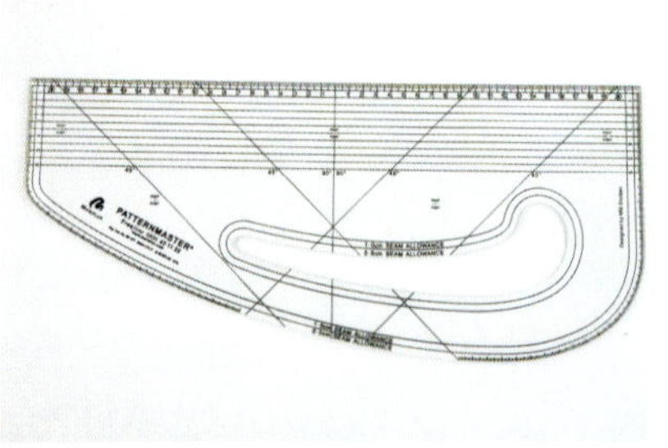

打板尺是一种同时有两个直角和一面是曲边的标尺。它主要用来绘制服装纸样，也可以用来调整纸样中的各种结构线的工具。

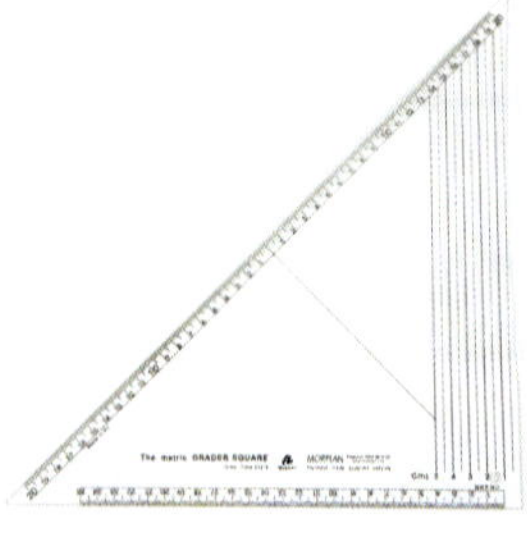

三角尺可用于绘制呈45°或90°夹角的两条直线，制作斜纱包边条时使用三角尺非常方便。

曲线尺由一系列的弧形尺组成。这些小型曲线尺能用来较准确地绘制出弧线，比如领口线或者领型。

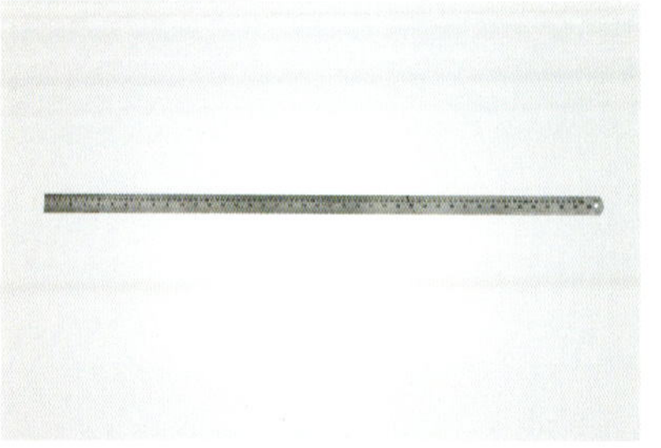

米尺较长，在制板时遇到衣长较长的款式时，用这种尺来进行操作非常方便。在将纸样铺到面料上进行拷贝时，可用这种尺标出正确的布纹线，也可以用它准确地测量出织物的长度。这种米尺在绘制纸样时也是重要的制图工具，可以用来绘制布纹线或者较长的直线，比如画裤装的挺缝线时使用。

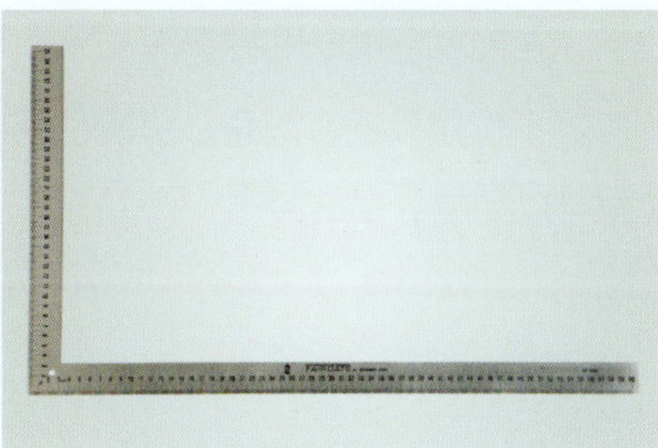

当前面提到的较小的三角尺无法进行完整测量时，**L形尺**可用于较大尺寸的测量。这种尺是服装缝制师最受欢迎的必备工具之一。

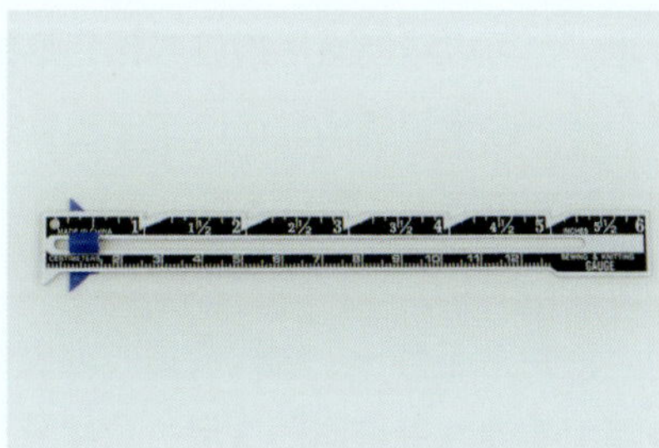

缝纫标尺是一种短型的由金属或者亚克力材质制成的尺。根据需要沿着标尺滑动卡口以达到设置的长度。这个小尺子一般用来测量底边宽或者测量扣位之间的距离，还可以测量绗缝的间距和衣褶间距。

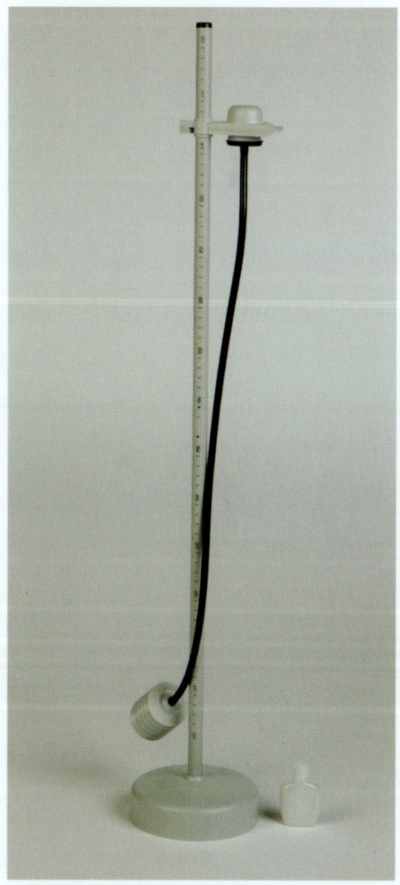

裙摆标示器是一种可调节的工具，主要用来测量裙摆的长度，裙摆标示器附有一个喷管，它可以在服装表面喷出一道划粉线，有助于制作出均匀的裙摆效果。

在你的缝纫工具箱里有些什么

没有必要一次性将这些装备全部购买，可以在长期的工作中不断积累和填充工具箱。下面的工具清对于入门者来说非常不错。

- 大头针及磁铁
- 手缝针和顶针
- 纸剪刀和面料剪
- 线夹和绣花剪
- 拆线器
- 裁缝划粉和水消笔
- 描线轮
- 锥子
- 卷尺
- 打板尺
- 米尺

缝纫设备

缝纫机和锁边机对于现代服装工业生产至关重要。使用家用缝纫机和锁边机就能很好地完成一件样衣的制作。当然，在进行大规模工业化生产时还应选择专业的工业缝纫机和锁边机，因为更高效。市场上有各种类型的设备，以满足服装生产的所有需要。缝纫设备通常都配备有基本的附件装置，同时，有需要的时候还应该单独购买一些特殊配件，例如，镶边压脚或者特殊的缝纫机针（一定要核对这些配件是否与缝纫设备相匹配）。

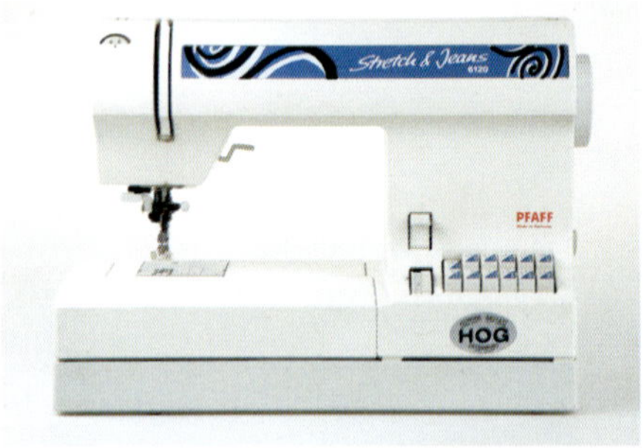

家用缝纫机非常适合初学者使用。相比于工业缝纫机，家用缝纫机速度更慢、更易于初学者控制。大部分家用缝纫机运作的方式是链式平缝，可以调整针距，也可以缝制直形线迹或锯齿形线迹。有一些家用缝纫机可以车缝出各式各样的绣花线迹，而且还可以锁扣眼。

家用缝纫机可用于：

·将衣片缝合在一起。

·缝制所有梭织面料和微弹面料。

·缝制一层或者多层面料。

·在面料上绣花进行装饰。

·不仅仅只缝合边角，服装任何部位都可以完成。

工业缝纫机，又称为平缝机，用于进行大批量加工的生产设备，既坚固耐用，又能高速运转，而且与手提式家用缝纫机不同的是，工业缝纫机通常固定在一个台面上。平缝机的台面下方的一个腿控制着压脚连杆（抬脚器），通过腿部往外推的方式来控制缝纫机的压脚上抬。这是节省时间的设计，因为它能让操作者解放双手，灵活熟练地操作缝纫机，缝合不同位置的面料。相比之下，家用缝纫机就必须用手来抬起压脚。台面上还有一个绕线装置，在缝纫过程中使锁芯进行自动绕线。这也是工业缝纫机节省时间和提高效率的设计。

平缝机可以用于：

·缝合衣片。

·缝制所有梭织面料和微弹面料。

·缝制一层或者多层面料，同时调整针距。

·不仅缝合边角，服装任何部位都可以完成。

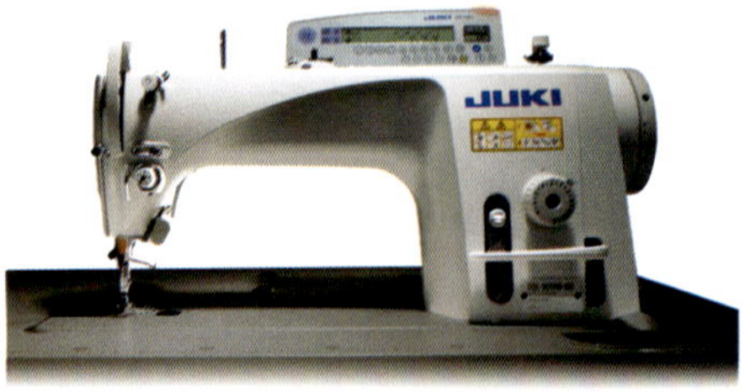

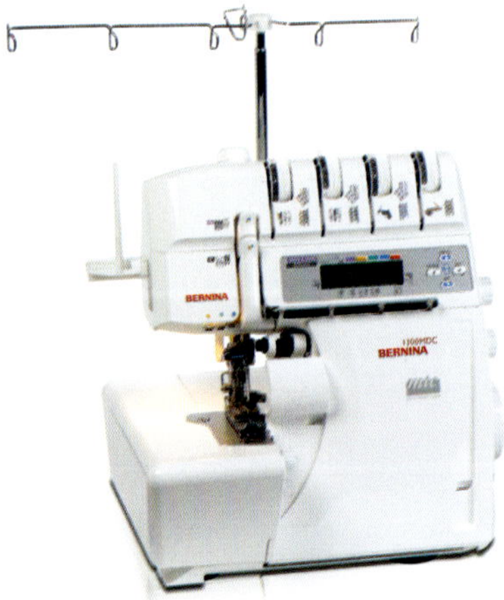

锁边机和**拷边机**主要用在锁边加固裁片边缘和缝制针织服装时使用。锁边机有一套双刀刃，就像剪刀一样用于切割处理，刀片在工作时可以一边修剪面料，一边将布边上的脱散的纱线剪掉。锁边机使用时可以设置为三线锁边、四线锁边以及五线锁边，这取决于面料材质、服装的用途以及设计的要求。

锁边机可用于：

·缝合所有梭织面料和针织面料。

·包裹固定面料的底边，以防止布边在生产和穿着过程中磨损（使用三线锁边）。

·缝合的同时包裹加固缝头，使之更加牢固（使用四线锁边）。

·链式缝合一条接缝、用来包边缝合，或者制作出卷边效果（使用五线机）。

缝纫机针

不同的缝纫机针适用于不同的服装面料，他们有不同的尺寸大小，从适合缝纫轻薄细软面料的60/8号到适合缝纫厚重面料的100/16号缝纫机针。根据面料的不同材质和厚度，选择相对应的不同尺寸和针尖形态的缝纫机针，同时还应考虑缝纫线的粗细。尖头、圆头和楔形的针尖既可以在家用缝纫机上使用，也可以在工业缝纫机和锁边机上使用。

通用机针是用途最广泛的缝纫机针，普通针的针头稍微显得钝一些，没有那么的尖锐。它们可以用来缝纫绝大多数梭织面料和弹性面料。

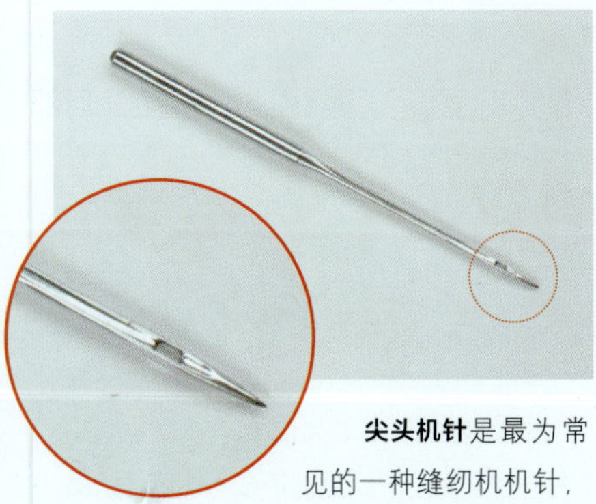

尖头机针是最为常见的一种缝纫机机针，针尖非常锋利，同时有不同的型号以适应大多数梭织面料的缝制。

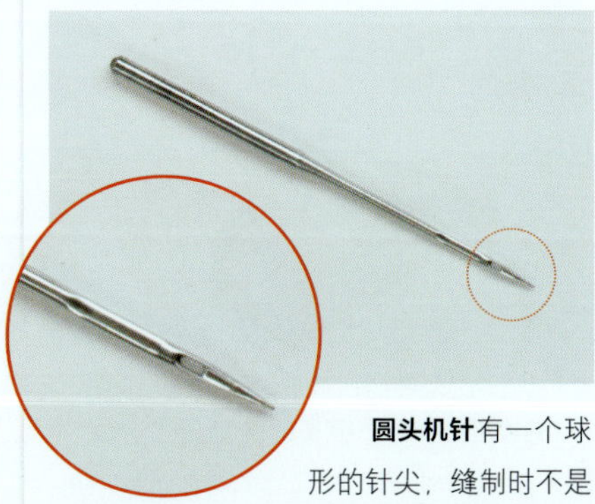

圆头机针有一个球形的针尖，缝制时不是刺穿纱线，而是在材料之间滑动。圆头机针主要用于内衣面料、针织或弹性面料，比如运动衫。球形针尖可以减少破洞和跳针情况。

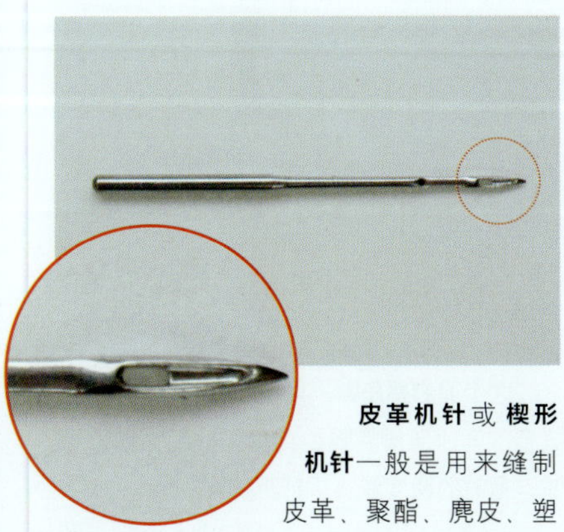

皮革机针或**楔形机针**一般是用来缝制皮革、聚酯、麂皮、塑料、涂层面料和压膜材料。针尖是三角或者菱形的，在材料上刺穿出小开口然后进行缝合。

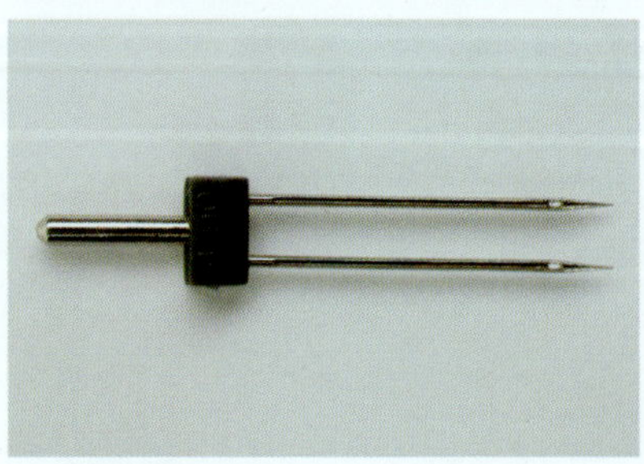

双头机针有尖头的或者圆头的，将两根单针插入一个连接件，可以车缝出双线。家用缝纫机和工业缝纫机都可以使用这种针，双头针主要用来在服装上缉明线。

小提示：

在不同的缝纫机上安装机针后，针眼的朝向可能会不同，但无论针眼面对的是哪个方向，缝线都必须要从缝纫机针身侧的凹槽处穿向针孔的另一侧（见下图）。如果在穿针的时候出现问题，那么车缝的时候就很有可能出现断线或者跳针的情况。

一定要保证针尖不要变钝或者弯曲变形，否则会导致织物受损，还会出现跳线和断线的情况。

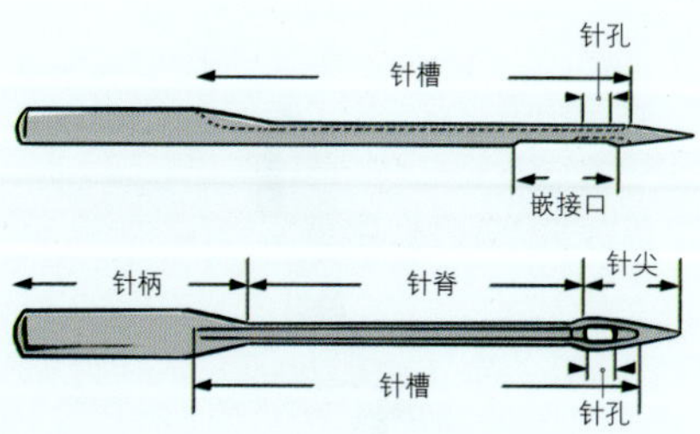

特殊压脚

压脚的选择视缝纫的要求和设计的需要而定。例如：特氟龙涂层包裹的压脚能使车缝过程更加顺畅；有的压脚可以创造特定的缝迹；另外还有些压脚可模仿手工线迹。

单边压脚有靠左侧单边和靠右侧单边两种形式。它可以让压脚紧贴拉链齿压突起边缘进行缝制。单边压脚可用来缝制居中线迹、重叠线迹、开口拉链以及暗门襟拉链。这种压脚还适合任何靠近突起边缘的缝制。更多与拉链相关的内容详见第238页。

隐形拉链压脚有时又称为隐藏式拉链压脚，用于插入隐形拉链的制作。在缝制的过程中，将隐形拉链的拉链齿压在压脚底部的凹槽下面，使拉链齿根部展开，从而使机针能紧贴拉链齿进行缝合（详见第244页）。

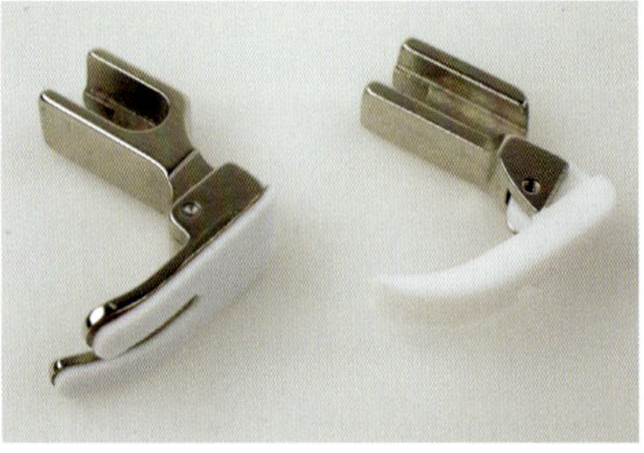

特氟龙压脚是一种针对特殊面料的压脚，用于表面黏合的面料，比如合成革。这种压脚附有不黏涂层，可以在缝制时，减少或消除表面的阻力使缝制更为顺畅。

包边压脚有一个很长的圆锥面，这种压脚可以引导和折叠不同尺寸的斜裁布条，用来给面料边缘包边，使用起来非常方便。详见第122页。

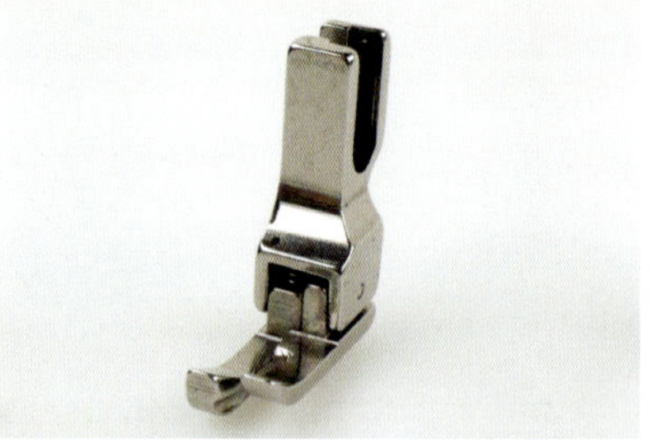

高低压脚有两个不同的水平面，一边短于另一边，因此可以缝制不在同一层面的结构。例如，上好腰头后就可以使用这种压脚压出整齐的边线。

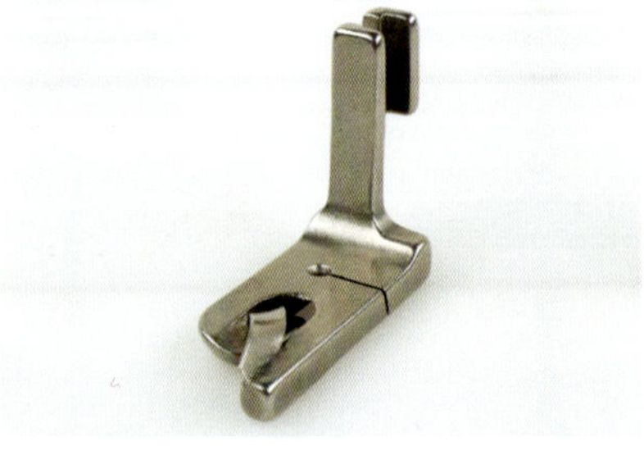

折边压脚也称为**卷边压脚**，它可以用来完成轻薄织物的边缘处理。缝制时压脚会将布边双折边缝合，使毛边包裹起来。

滚边压脚的底部有一个凹槽，可使辅料包裹的滚边线芯通过凹槽进行缝制，从而完成嵌条。

这个是**打褶压脚**，能缝出细小的褶量。缝合的同时压脚底端的结构促使面料形成褶皱，褶皱的密度取决于针距的大小。

四种主要的线迹

缝纫线迹有的具有功能性，有的具有装饰性。这些不同的线迹，有些在表面一目了然，有些则隐藏在衣片之间。这里介绍四种不同的线迹，包括链式线迹、锁缝线迹、双线连锁线迹和绷缝线迹。更多线迹类型可参考第3章。

线迹的尺寸和类型取决于：

· 服装的设计和风格
· 服装的功能和用途
· 面料的厚度及特性
· 服装的保养、使用寿命及品质
· 工艺技术
· 制作预算
· 机器辅助设备

链式线迹

链式线迹由单根线在面料的反面自行联锁而形成。

· 它是一种有弹性的线迹，适合缝制质地松散的梭织面料和针织织物。

· 不是特别牢固，在线程的末端稍微一拉就能散掉。

· 家用缝纫机和工业缝纫机都可完成这种线迹。

双线连锁线迹

用两根线完成双线连锁线迹，一根线穿过缝纫机针，一根线由梭芯引上来，两者在面料之间交织连锁形成线迹。

· 线迹从正面和反面看起来是一样的。

· 相较于链式线迹更加牢固结实，因此，在服装生产中应用更为广泛。

· 可以用于所有的梭织织物、皮料和微弹面料。

· 基本不会用于弹性较大的面料和针织面料的缝制。

包缝线迹

包缝线迹由3～5根线组成。3线锁边缝有2个线圈和一根明线；4线锁边缝有2个线圈和2根明线；5线锁边缝有3个线圈和2根明线。

· 用来锁缝住面料毛边以防止其脱散。

· 线迹结构具有弹性，可以用来缝制针织面料和弹性面料的接合缝。

· 家用和工业用包缝机都可完成。

绷缝线迹

绷缝线迹是由2根或2根以上的针线和一到两个线圈相互交织而成，一个线圈形成底部绷缝线迹，与明线对应。

· 主要用于运动服和家居服的缝制，连接辅料、完成底摆的缝制，和并缝合拼缝。

· 可用于各式各样的针织面料和弹力面料的缝合。

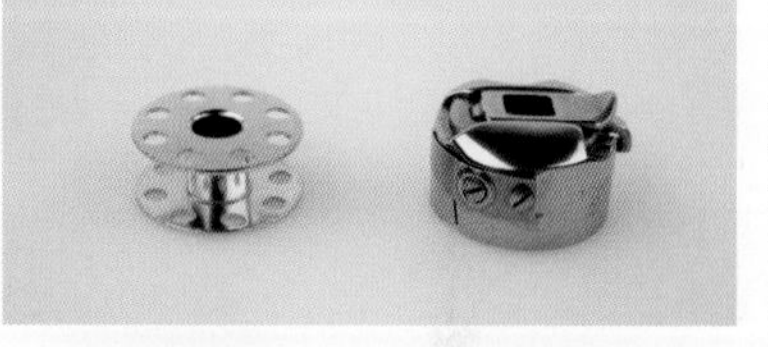

梭芯和梭壳

梭芯和梭壳位于缝纫机针之下，梭芯的线轴上绕满底线，将其置于固定的梭壳内，或者最常见的情况是将其嵌入一个可移动的梭壳内。

专业缝纫设备

为更好地完成不同服装结构上的设计和特殊部位的缝合，可运用一些专业的缝纫设备。这些机械设备主要应用于服装厂的大规模生产流水线上，拥有强劲的电动机，工作速度更快并且更耐用，可针对服装特定部位进行缝纫。

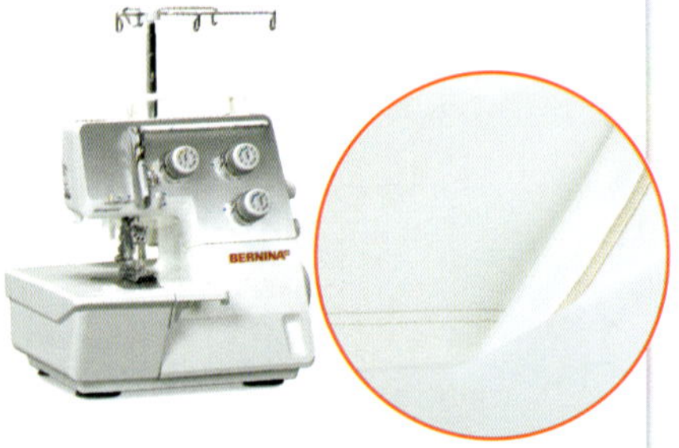

绷缝机主要用于缝合服装接缝处，同时可防止底摆卷边，以及防止底摆散脱、不平整或者磨损。

绷缝机可用于：

・缝合高弹性面料和针织织物的拼缝。

・对服装的底摆以及毛边进行处理。

・根据服装的设计将绷缝缝合线露于服装正面，达到装饰的效果。

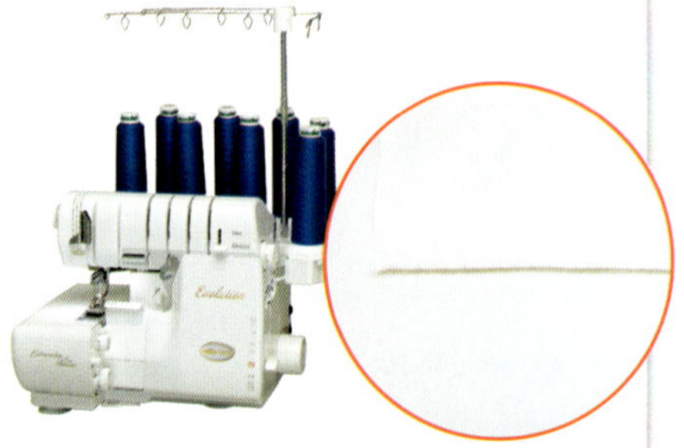

密拷机有时又称为小型包缝机，使用它拷边之后就无需再翻折缝合布边。任何锁边机都可以调节设置成为一个密拷机；密拷和普通锁边的不同之处就在于线迹的密度。密拷机可以形成非常密集的针脚，线迹宽度也极窄。

密拷机用于：

・可以对针织物边缘或衣摆进行处理，无需翻折，直接对着边锁缝处理。

・在加工轻薄透明面料时可以代替手工加工，从而大大降低成本。

・在服装后整理过程中塑造一种特定的外观效果，与服装风格相匹配。

制革机的电机比平缝机更为强劲，这主要是要确保缝纫机针能够顺利穿透几层皮革。它还具有较宽的针距，针距宽度可到1cm。

制革机用于：

・缝制皮革、乙烯树脂面料、麂皮、塑胶、橡胶、多层复合材料。

・服装裁片的缝合。

・处理衣脚线以及缉明线。

・一层、两层甚至更多层面料进行压合，不仅仅只针对边角，对服装上的任何一个部分都适用。

・鞋和帽子的加工。

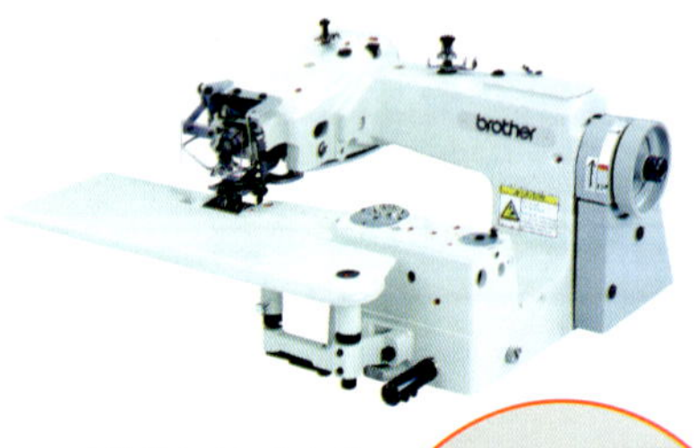

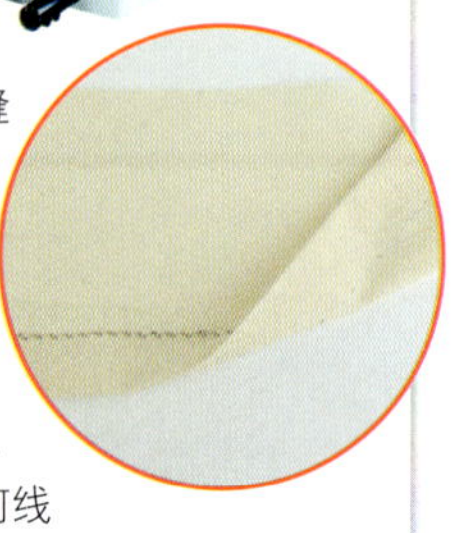

暗缝缝纫机（盲缝机）连接两块面料的时候，针没有贯穿于整块面料，在两层表面只生成一个线迹，因此，这种缝合形式在面料表面看不到任何线迹。

暗缝缝纫机被用于：

・卷底边。

・缝纫非黏合衬于衣领、贴边以及任何外套的正面。

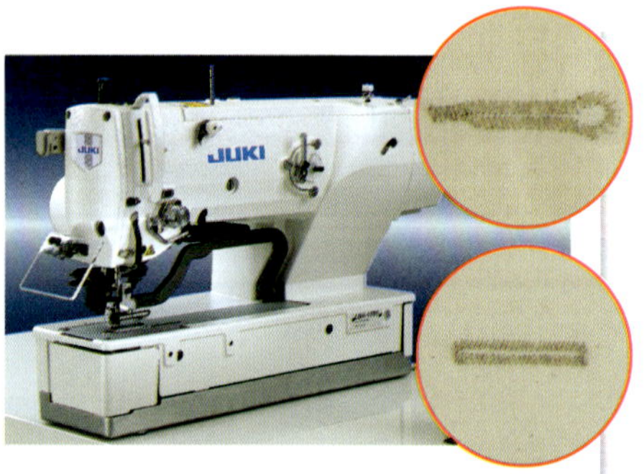

钮孔机和**锁扣眼机**是一种广泛用于缝制不同尺寸和线迹密度的钮孔的设备。这种机器还能设置同时开钮孔的功能。

锁扣眼机可缝制：

・圆头扣眼。

・锁出表面处理加套结或者不加套结的平头钮孔。

・锁出有夹芯或者嵌线绳的加套结或不加套结的平头钮孔。

・开口钮孔。

花式缝缝纫机通过在轻型和中厚型面料上缝制狭窄的卷边，创造装饰性的荷叶边效果。这种效果的针迹非常密集，而且可以形成褶皱，创造出大花边效果。

花式缝缝纫机用于：

・处理针织面料和梭织面料的边缘或底摆。

・用于高档透明面料的缝制时，无需采用手工处理，因而节省了制作成本。

・在服装上创造荷叶边效果。

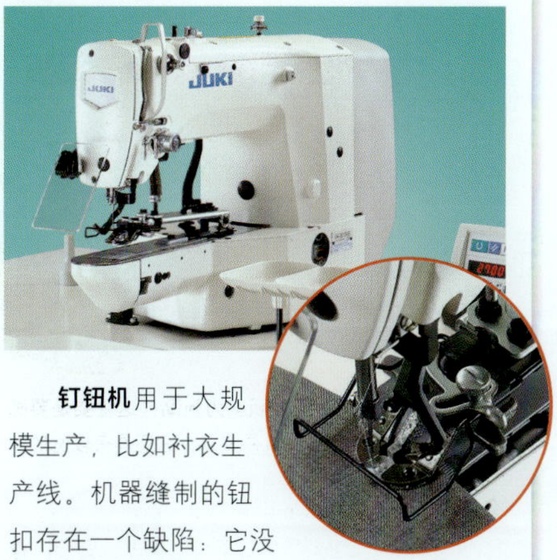

钉钮机用于大规模生产，比如衬衣生产线。机器缝制的钮扣存在一个缺陷：它没有手工缝制的钮扣稳固。

钉钮机用于：

· 将钮扣平整地缝合在服装上。

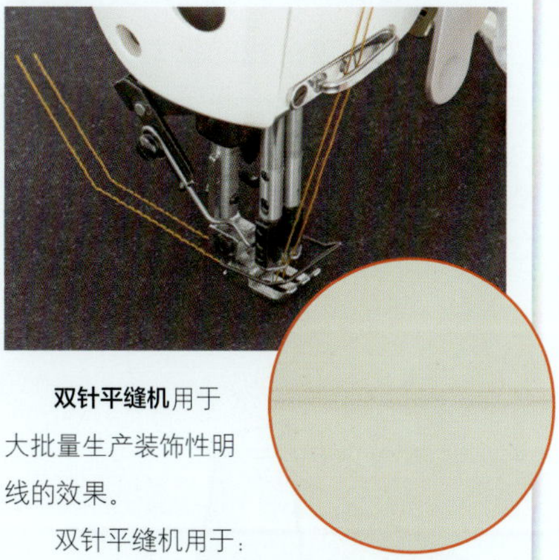

双针平缝机用于大批量生产装饰性明线的效果。

双针平缝机用于：

· 缝制所有的梭织面料和微弹面料。

· 缝合服装的接缝，此外，还可以同时形成两条一定距离的平行线迹。

· 通过明线加固缝合处。

· 创造出明包缝。

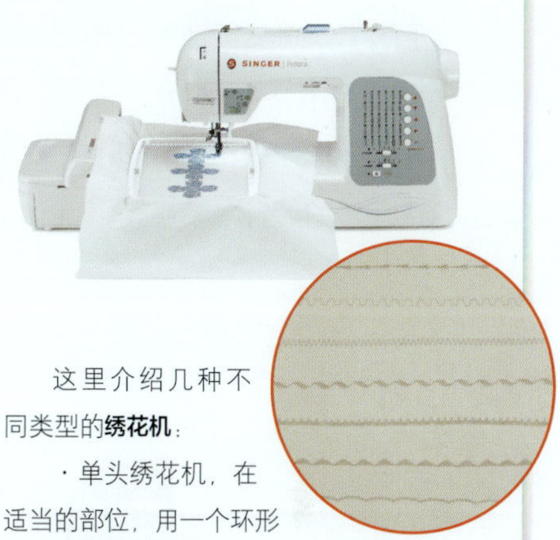

这里介绍几种不同类型的**绣花机**：

· 单头绣花机，在适当的部位，用一个环形绣花绷架来固定住面料。

· 数字绣花机运用专业计算机软件再现照片或者进行图形设计。

· 在家用缝纫机和工业缝纫机上的预设程序中都可以找到具有装饰效果的线迹。

下图：在一间缝纫室里，学生们正在使用工业缝纫机制作最后的系列设计

缝制注意事项

将面料缝制在一起的时候可能会出现一些问题，比如缝合线的张力不恰当、缝纫机针或者梭芯未能正确安装、缝纫线没有正确穿引。缝纫机和锁边机的穿线方法在机器手册中都有说明，缝纫前需仔细阅读。

须提前缝制样品：

· 首先在缝制之前准备一块用来做样品的面料。

· 根据面料类型和厚度，选择相匹配的合适尺寸的缝针以及缝线。

· 当试样的时候一定要用两层面料，来检测缝合线的张力，以及缝纫机针的型号是否匹配，并且针距是否合适。

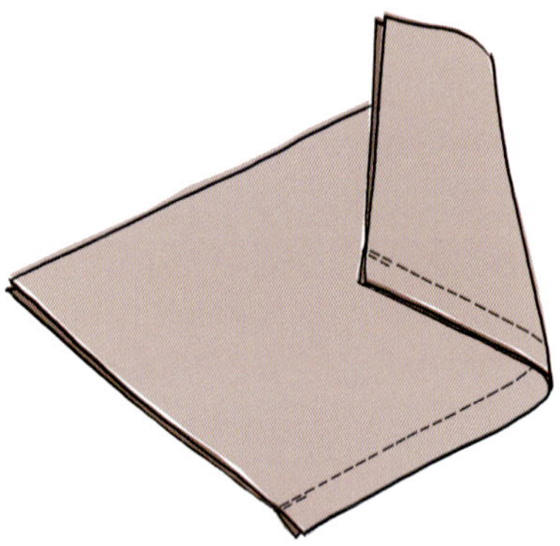

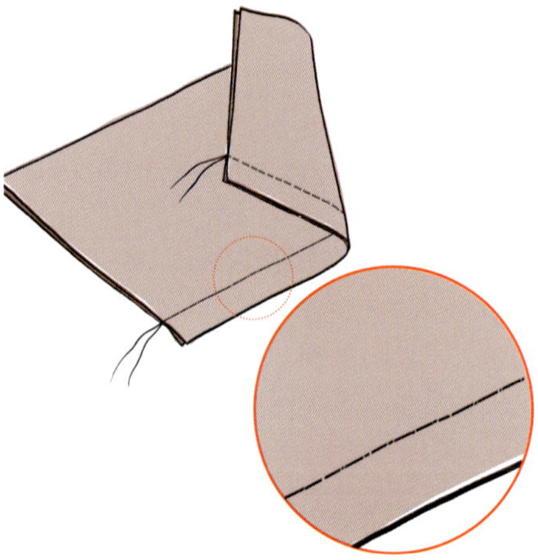

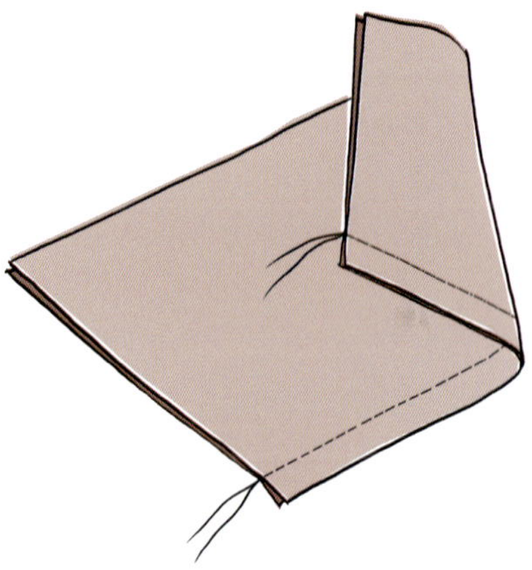

缝合线张力适度

缝合线松紧适度的情况下两面的缝合线迹显得平整光滑。明线和底线在两层织物表面之间联锁缝合。

明线张力过松

当底部线迹看上去是一圈圈时，将明线调紧一些。反过来，如果明线显得太紧的话，明线会将底线拉带起来浮于织物表面，出现这种情况时，就应该将明线调松，以避免明线和底线拉得过紧。

底线张力太紧

当正明线迹形成线圈时，则需要调松底线。

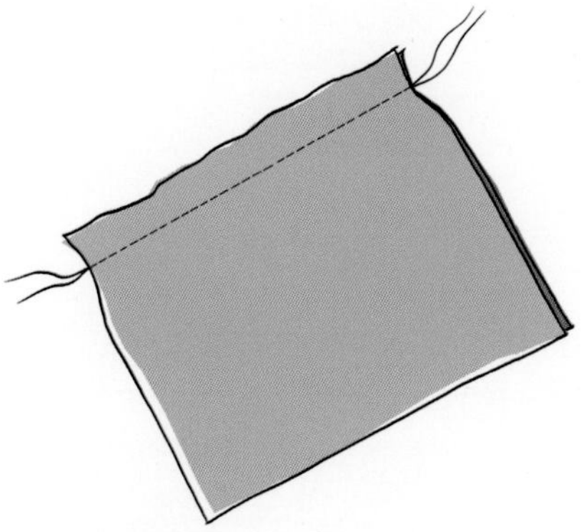

线缝皱缩

在缝制轻薄柔软的面料时会出现这情况，可以将明线张力适当调松一些，或者将针距适当调大一些。

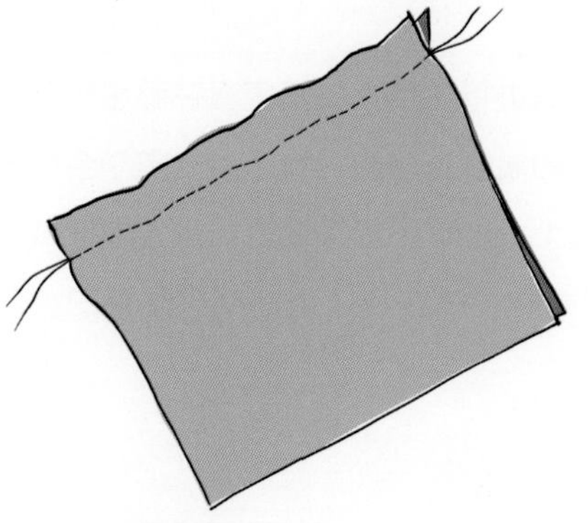

织物拉伸

这种情况通常发生在斜裁面料或者车缝弹性面料的时候。解决这个问题，只要操作者在缝制的时候正确地牵引面料，并使面料保持平整的状态，再缓慢轻柔地送入压脚；一定要避免拉拽织物。还有可能出现在压脚太紧的情况下，此时需要适当调松压脚。

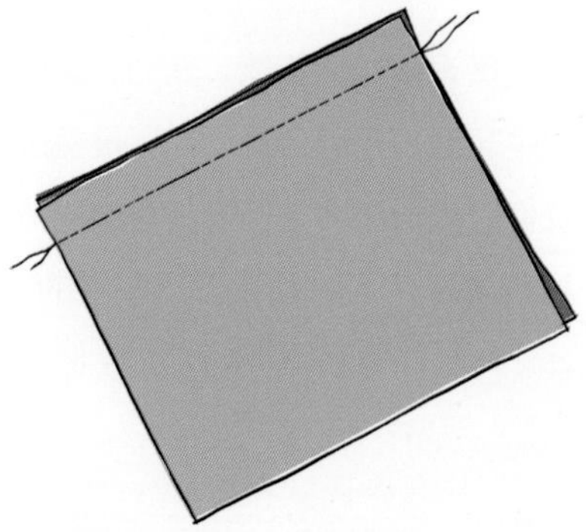

跳针

有许多因素会导致跳针。应检查缝纫机针安装是否到位，尺寸和型号是否匹配，还有一点就是针头是否变钝或者弯曲，另外错误地穿线也会导致这种情况。

工业缝纫机上的针距调节装置，缝纫机缝制针距长度从0～4mm不等

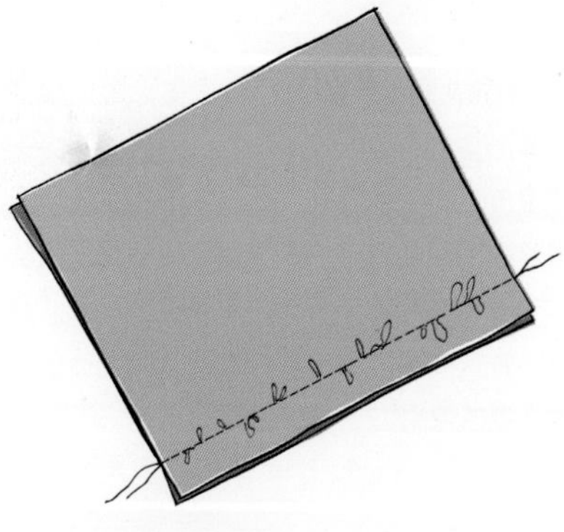

不规律的线圈

在果缝纫机明线穿线不正确的情况下，或者底线没有正确地放置于张力盘的时候（梭芯线未上到位），缝制之后就会出现一连串线圈。

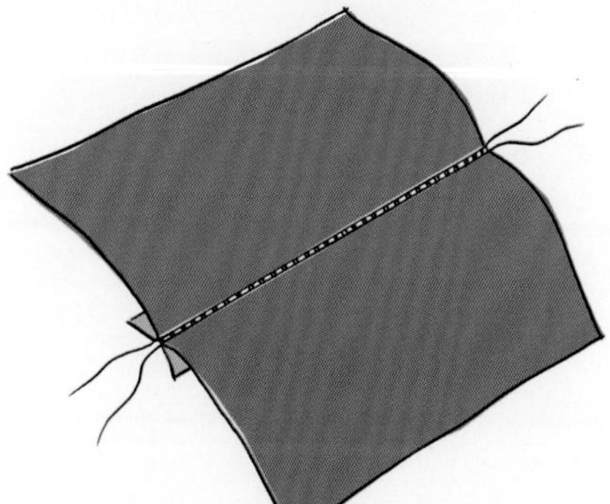

缝线松散

这说明明线和底线的张力不够，都太松了，缝纫机穿线不正确，或者线没有正确地放置于张力装置之间。

熨烫设备

熨烫设备运用热能、压力，甚至真空的原理进行工作。熨烫工具在服装后整理过程中起到必不可少的作用。熨烫过程中熨斗的温度一定要设置得当，需学会如何以及何时施加压力。例如，帮助塑造袖子的造型，处理弧形接缝处以及省道区域。一旦掌握了如何对服装进行整烫的技能，你就能通过整烫修正缝制过程中的小误差，让你制作的服装看起来更专业。

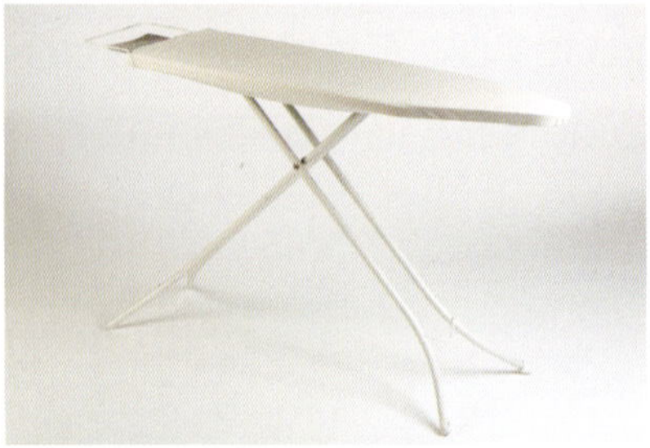

在家庭中使用**家用烫衣板**和可调节温度的电熨斗就已经足够了。家用烫衣板表面应柔软平整，狭长并且到末端逐渐变窄，在烫衣板上应该覆盖上一层耐高温的材料，以防变色。

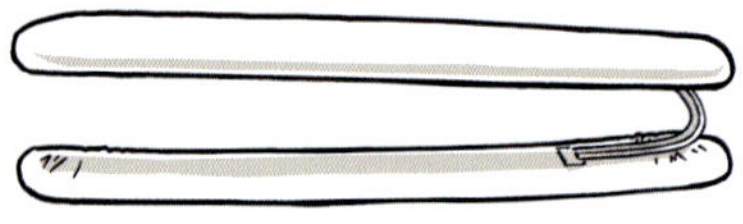

烫袖板是在熨烫袖子这类管状结构时，或者较小的服装部件时使用的，在熨烫袖子的缝合线时，滑动袖子穿过烫袖板熨烫，以防止熨烫出影响美观的多余折痕。

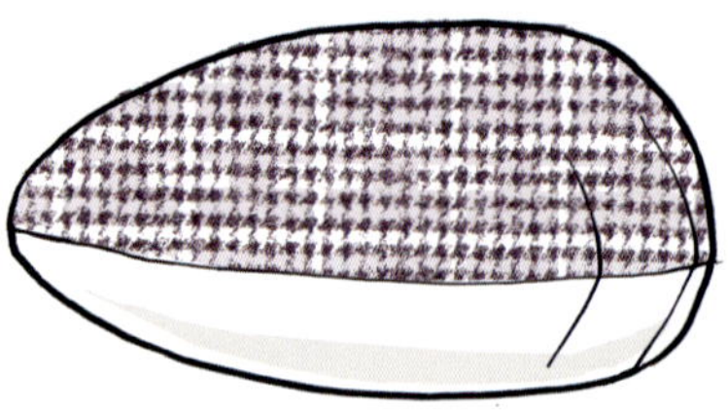

布馒头是一个不大、填充得非常结实的椭圆形垫枕，它一面覆盖棉质面料，另外一面覆盖毛料。棉质的一面可用来熨烫几乎所有类型的面料，毛质那面则只能够用来熨烫羊毛质地的织物。它可以用来熨烫领圈、翻领、省道和袖杯，运用归拔的方式塑造出浑圆丰满的效果。

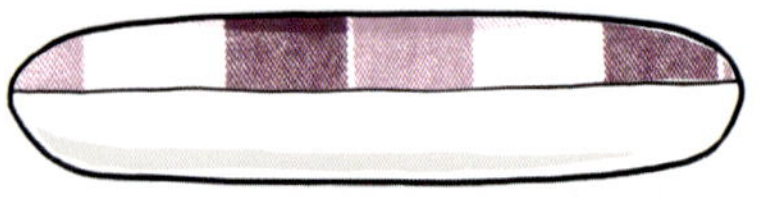

袖烫垫是一个被填充得非常结实的圆柱状烫垫，可用来熨烫诸如袖子内侧接缝这类比较难熨烫的部位，在熨烫的时候，它有助于避免服装的其他部分出现不必要的褶皱，而且较方便灵活，可以直接从桌子上拿起来使用。

熨烫手套是中空的，因此能将手插入其中，用它来熨烫袖杯，以及其他不方便放置在平面的烫衣板上熨烫的服装部分。

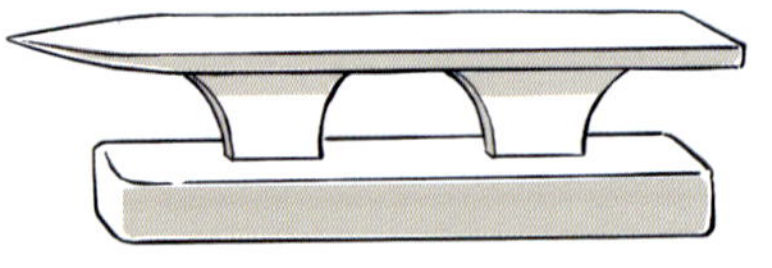

小烫板或者叫做**点压烫板**是一种有两个不同面的木质烫板。窄而尖的一面用来熨烫锥形的顶部，使之棱角分明，比如领尖部位。扁平的一面可以用来熨烫规律褶，比如裤装挺缝线和裤腰的活褶。

蒸汽熨斗有一个温度调节钮，能够根据熨烫的面料来调节适合的温度。一个加压蒸汽熨斗会使服装后整理更专业。

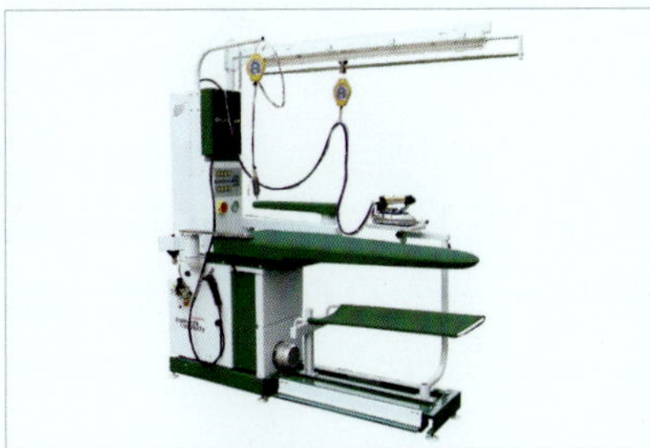

大多数**工业熨烫台**都有抽真空的装置，它可使蒸汽穿透面料到烫台表面。面料充分冷却后达到服帖平整的效果。一些工业熨烫台还配备有一个**帆布架**，在烫板之下类似一个吊床的形态。它的作用是避免面料接触地面以及防止针织面料在熨烫的过程中拉伸变长。

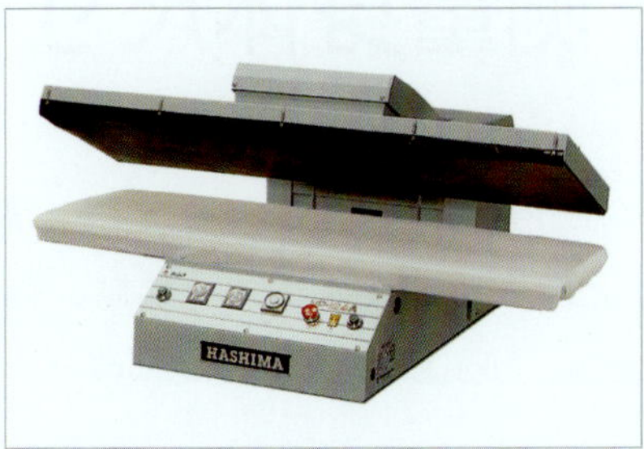

黏合机或者**热熔黏合机**用来给面料黏衬。它包括一个温度和压力调节器，以及一个计时器。

熨丝绒板，又称为**针板**。它上面覆盖着细密的金属细针，在熨烫诸如天鹅绒这类的丝绒面料的时候，用它来防止面料消光和倒绒。使用时将面料的正面紧密地贴合在针板上进行熨烫。

面料刷在熨烫羊毛面料或者绒布面料时使用起来很方便。它有助于纤维起绒以及通过熨烫修整面料。它还能用来刷掉多余的线头和绒毛。

熨布是一块棉质面料或者粗纺羊毛面料。将它隔在熨斗和面料之间保护面料表面，不会因为熨烫而起极光。熨烫时在面料的反面，用**条状纸带**在省道或者缝份之间滑动垫烫，以防止面料的正面出现印痕。

薄荷水或叫做**新鲜薄荷水，**用于消除成形的褶皱，比如多余的裤褶和裤缝线。也可用来消除熨烫产生的极光，将薄荷水刷在面料上，再盖上一块绒布用蒸汽处理，或者直接在熨斗中注入薄荷水进行熨烫。最后结果请参考第245页。

熨烫技巧

· 等蒸汽熨斗达到适当的温度才会出蒸汽，如果温度不够，熨斗便会往下滴水。

· 在开始整烫之前，最好的方法是无论是否使用蒸汽，先用熨斗试烫面料边缘，有助于正确把握温度。

· 一定要在面料裁剪之前，先进行整烫预缩。

· 原则上是必须在面料的反面进行熨烫。如果不行的话，就用一块相同的面料或者一块熨布覆盖在面料之上熨烫。

· 最好按照面料的布纹线熨烫。

· 在熨烫的时候，避免拉扯或者压住面料边缘，这样很可能会造成面料变形。

· 别着大头针时不能熨烫，否则会在面料上留下痕迹。

· 在保证服装轮廓不变的前提下，再熨烫褶裥和缝份，因为熨烫形成的褶皱很难消除。

· 熨烫过程中应随时按压，以固定面料。

测量身体尺寸

任何服装在进行制作之前，首先要进行纸样打板，纸样需根据你的设计或已有的服装款式来绘制。你也可以购买一些公司的缝纫样板，比如Vogue、McCall’s、Simplicity或Burda公司。

制作纸样，应先进行人体尺寸测量。为个人定制服装，必须对其进行准确的人体测量以确保服装合体。如果你是为服装企业进行系列样品设计的话，尺寸就可以取自尺码表。不同的地区、不同的公司以及不同的设计师之间所选用的尺寸表存在差异。

如何进行人体测量

为了使测量的尺寸精准，在进行人体测量的时候需要使用卷尺（皮尺）。要求被测量者穿着贴体的内衣裤或者能显出体型的衣物，尽可能靠近身体测量。务必让被测者保持放松的站立姿态，告诉被测量者不要照镜子，因为照镜子会使其收腹、挺直站立，这将使对方的体型给你错误的印象并且导致出现测量误差。

不同原型的测量部位

裙子原型	上衣原型	裤子原型
腰围	身长	腰围
臀围	胸围	臀围
臀长（腰围至臀围线）	腰围	臀长
裙长	臀围	裤长
	臀长	下落裆
	后背长	裤裆深
	臂长	

学生正在检查一件夹克是否合身。在制作一件样衣的时候，核对尺寸和调整整体外观是非常重要的，这将贯穿于整个制作过程

尺寸测量方法

测量尺寸：身高

首先测量人体高度，靠墙站立，不穿鞋子，测量从头顶到地面的纵向距离。

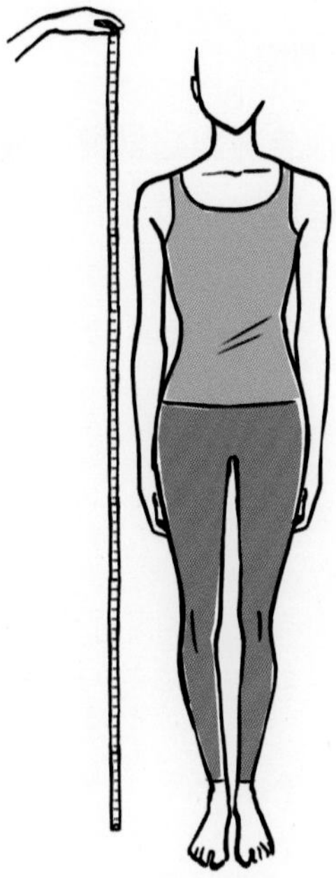

小提示：

主要的人体部位测量是基于衣长、胸围、腰围和臀围尺寸，还有后颈中点到后腰中点之间的长度。这些尺寸能清晰准确地标明人体尺寸和身体轮廓，它们可以取自对某个人的测量或者尺寸表。调整纸样应进行二次测量，比如调整裙长。

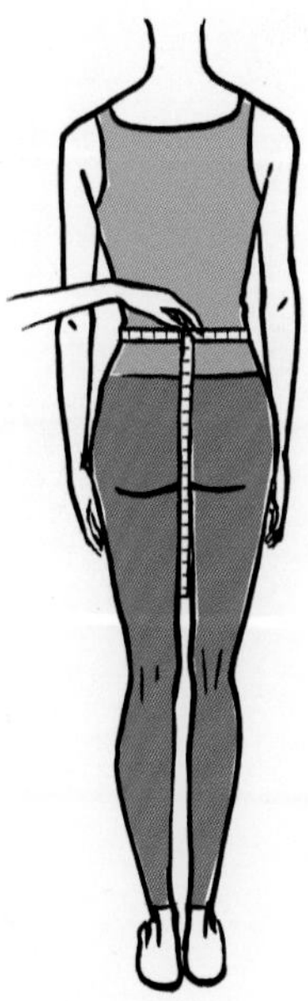

测量部位：腰围

女性：用皮尺从身后开始，在自然腰线处围一圈，松紧适度，贴体测量。

男性：以肚脐处作为自然腰线起点，用皮尺围绕一圈测量。

测量尺寸：胸围

女性：用皮尺从背后开始测量，穿过手臂之下，一定要确保皮尺水平地围绕胸部最丰满的部位一圈进行测量。

男性：确保皮尺绕过胸部最饱满的部位，穿过手臂之下围绕身体一圈水平测量，测量时皮尺要稍微放松一到两指。

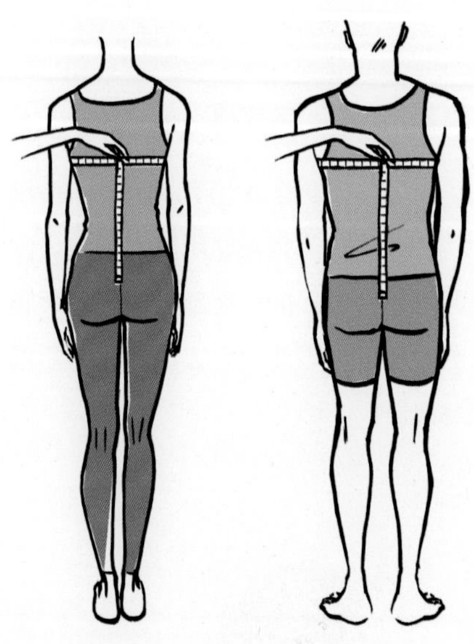

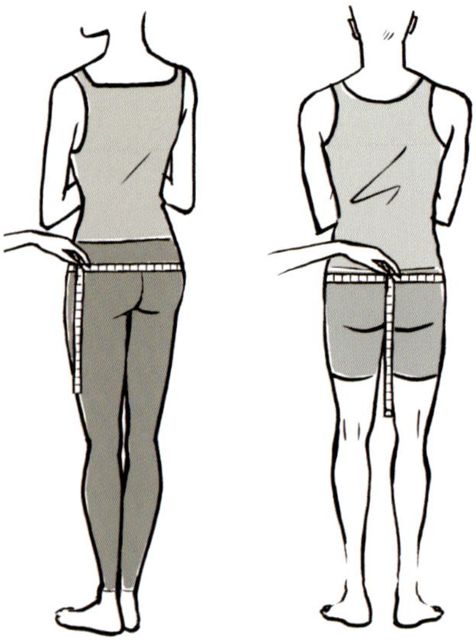

测量尺寸：臀围

女性：从身后开始测量臀部最丰满处的围度，确保围绕身体一圈水平测量，避免一边高一边低。测量时保持站立的姿势。

男性：确保模特双足并拢，松紧适度，测量臀部最宽处，这个范围基本是在髋骨中点。

测量尺寸：后背长

从后颈部骨骼突出的部位开始测量，沿着后中心线一直到自然腰线。压住皮尺对准后腰中点，贴合人体精确测量。

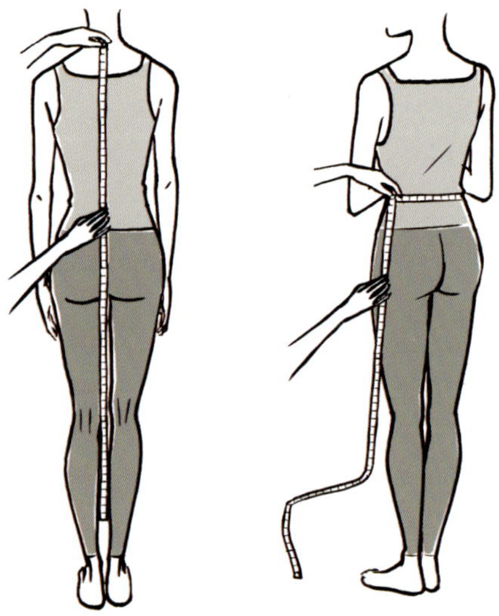

测量尺寸：臀长

需要用两个皮尺同时进行测量。先拿一个皮尺围绕自然腰围线，再用第二根皮尺从腰围线纵向测量到臀部围度最大的位置。

测量尺寸：下落裆

女性：测量从胯部到地板的尺寸，在大腿内侧用裁缝用皮尺测量。测量时用这种皮尺的金属部分来接触大腿内侧跨裆部，不要用手去接触腿内侧顶端测量。

男性：测量的方式和女性一致，同样要用裁缝用皮尺。与女装不同的是，男装裁剪的时候要考虑大腿左右内侧的形态。定制师会询问其顾客比较习惯哪一种穿着方式。要站在顾客的角度考虑问题，比如顾客习惯穿着较宽松的内衣裤，就得在大腿内侧额外加放松量，这样才会有足够的空间适应男性的生理结构。

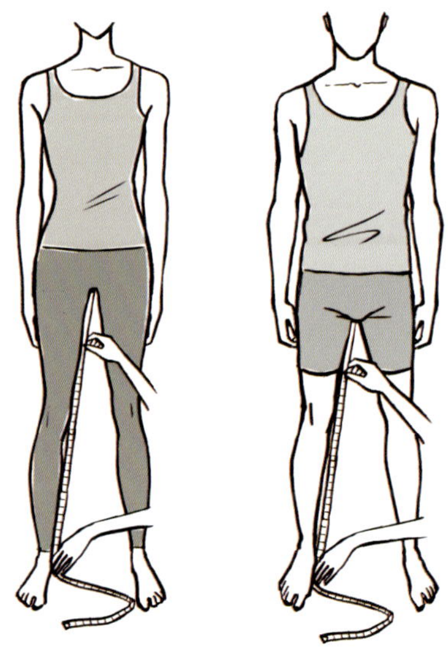

测量尺寸：裙长

裙子的程度取决于设计需要，可以从腰部沿着身体的一侧纵向测量到膝盖或者到地板。

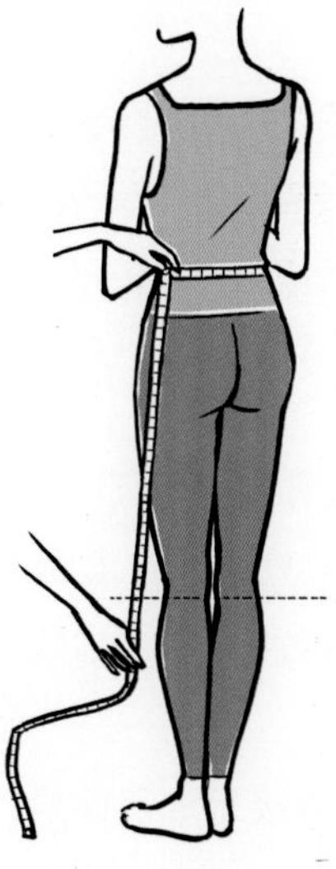

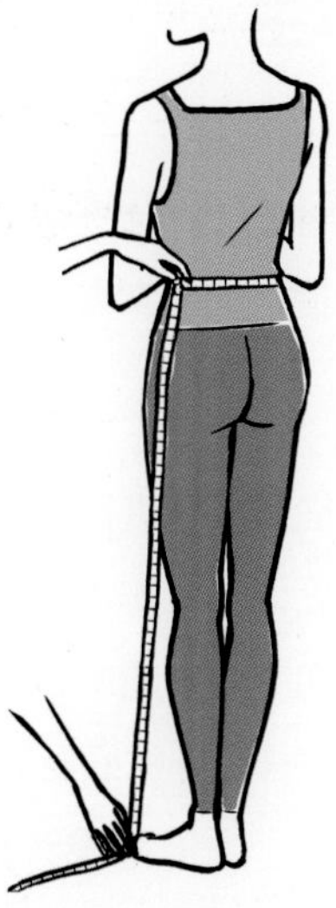

测量尺寸：裤长

从腰线开始，顺着臀和大腿外侧往下测量到地板。

测量尺寸：立裆深

需要两根皮尺来测量，让模特坐在一把椅面平整的硬椅上，用一根皮尺围绕腰线。再用另外一根皮尺纵向测量从腰线到椅子表面的距离。

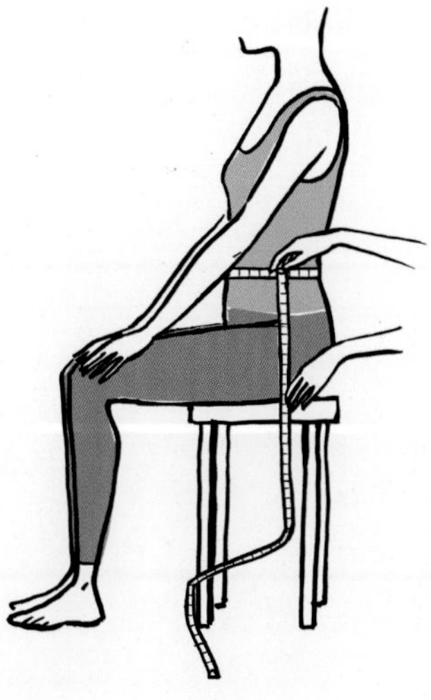

放松量	cm	英寸
胸围	8~13	3~5
前身长	1~3	3/8~1 1/8
后背长	0.5~1	3/16~3/8
肩宽	1	3/8
上臂围	5~8	2~3 1/8
手腕围	1~3	3/8~1 1/8
手掌围	1	3/8
腰围	2~3	3/4~1 1/8
臀围	5~8	2~3 1/8

测量尺寸：臂长

从肩点开始顺着胳膊经过手肘部测量到手腕骨。测量时手臂放松，微微弯曲。

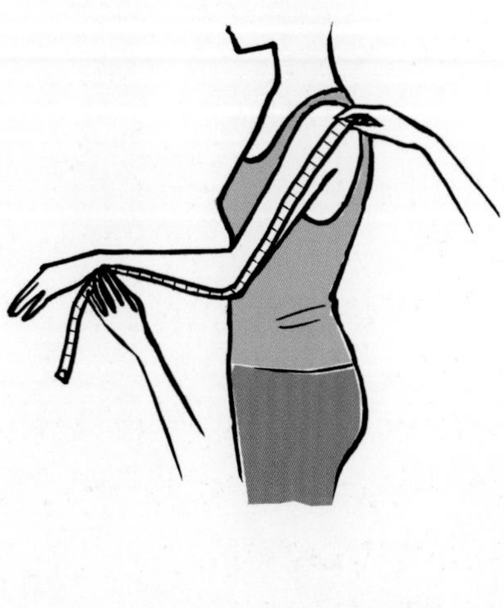

放松量的考虑

在进行个体测量的时候，要确保测量不要太紧或者太松。请切记在测量的时候不应考虑任何舒适松度，舒适松度即放松量，它是在绘制服装纸样的时候才加上去的。一定要按照正确的方法进行测量，详见上文提到的测量方式。

如何进行纸样处理

熟练掌握服装结构是非常重要的，这样才能更好地理解纸样打板原理，将立体的人体轮廓转换为二维平面的纸样或原型，设计师或富有创意的打板师需要将服装的所有设计点转换到纸样裁剪中。

一旦完成纸样，就要进行第一次试样，将白坯布裁剪并制成样衣，白坯布是适宜裁剪的最经济的面料，比如平纹棉布和印花棉布，接近于实际成品面料的厚度和结构。第一次试样的白胚成品用来检测这件服装的整体形态、比例关系以及合体程度。试样阶段不需要整理缝份、贴边、固定和上里衬。白胚样衣可以用人台或者真人模特试穿。但是最好让真人模特试穿，这样才能看到动态下服装的效果。如果有必要的话，样衣试穿后可以进行调整修改，并进一步对细节部位进行调整，比如口袋和装饰部分。在对实物成品面料裁剪之前，如果初次试样还未达到最佳效果，进行二次试样是非常必要的。

大多数设计师会直接用成品面料进行试样，完成一个非常直观的服装的外形，而这件原始状态的服装是不进行加固和上衬里的，这样设计师就只需进行较小的调整即可。在这件样衣达到满意的效果后，就可以正式开始服装的制作了。

大多数设计工作室的墙上都挂满了原型和纸样

原型和纸样的区别

原型是一个由卡纸或塑料制成的净样板，是适用于普通人体体型的基本版型，比如身体上半部分（腰线之上部分）的紧身上衣。原型需要有一定的放松量，如果需要的话可以通过收省来达到塑x型效果。

原型可以根据设计创意进行调整，修改成纸样。纸样（用打板纸裁剪而成）包含所有的设计信息，如造型线的设计、口袋的设计、领型的设计等。缝份则只有在原型调整修改为纸样后才会加上去。

由基本原型逐渐转换成纸样的过程

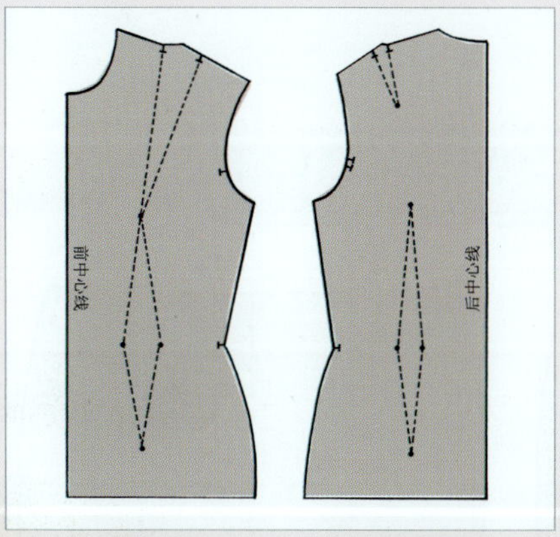

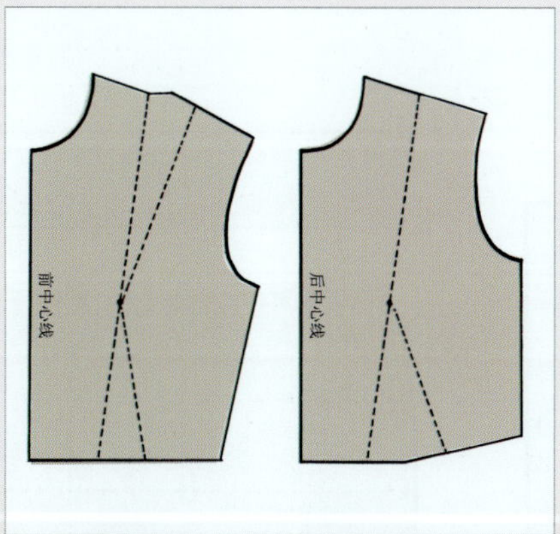

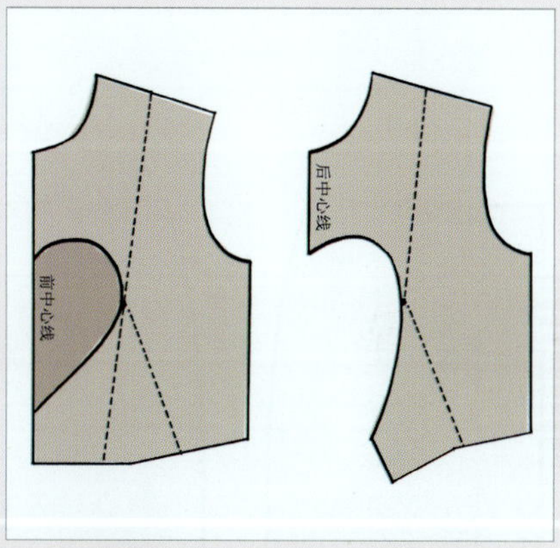

步骤一

以图中原型为例，可通过调整省位或省量达到你想要的设计效果。

步骤二

根据设计需要将基础原型中指向肩部的胸省闭合，将省量转移到腰部，在腰部打开。

步骤三

将一个心形分割线加到前中心线上，将原来的腰省闭合，省量转移到心形分割线。

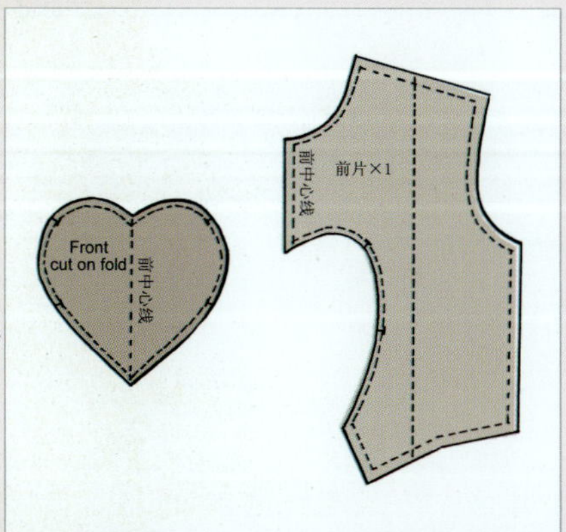

步骤四

如图所示，将这个新的纸样留足缝份剪裁。

步骤五

根据新设计完成的白坯布样衣。

理解制板符号

无论你是为自己还是为公司制作服装纸样，在纸样上标注出标准规范的符号都是至关重要的，这样能让任何拿到此纸样的人都能一目了然。打板师在制板时所使用的符号和专业术语，必须是整个服装行业内惯用的、能被大家理解的。这样其他人都能够依据服装纸样进行下一步的工作，比如在打板师不在场的情况下，剪裁人员能够依据纸样完成面料的裁剪工作，或者国外制造商可以根据纸样完成后续的服装生产工作。在原型中也需要使用和纸样相同的符号，但是通常使用的符号相对较少。

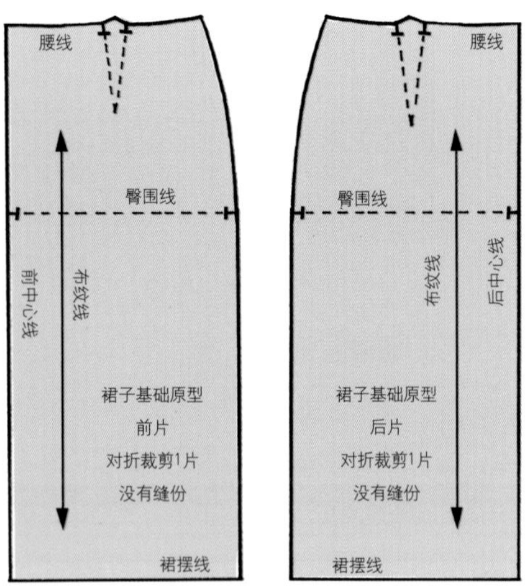

裙子基础原型上要标记出前片和后片、布纹线、腰线和臀围线、尺码和需要裁剪衣片的数量。用打槽口或打孔的方式做定位标记符号，为之后操作完成服装的人员提供标识信息。

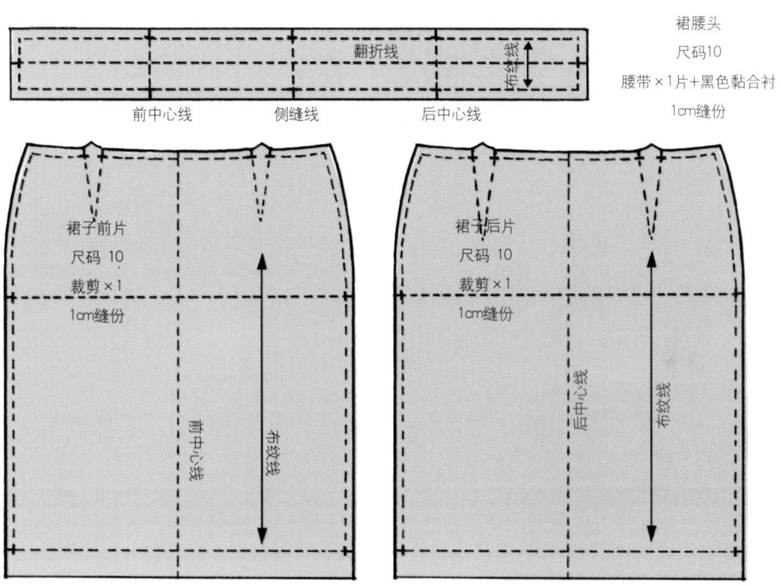

当原型修改为纸样后，可能会进一步划分成几片。原型上的信息需转移到修改之后的纸样上，再在每一片单独的纸样上添加所需的标识信息，在这一阶段就可以将缝份添加到最终完成的纸样上。

目的	示例
告诉裁剪师将纸样上标注有信息的那一面朝上放在面料的正面。这种情况适用于纸样两面不一致时，如不对称设计 **标记方式：** RSU（正面朝上）	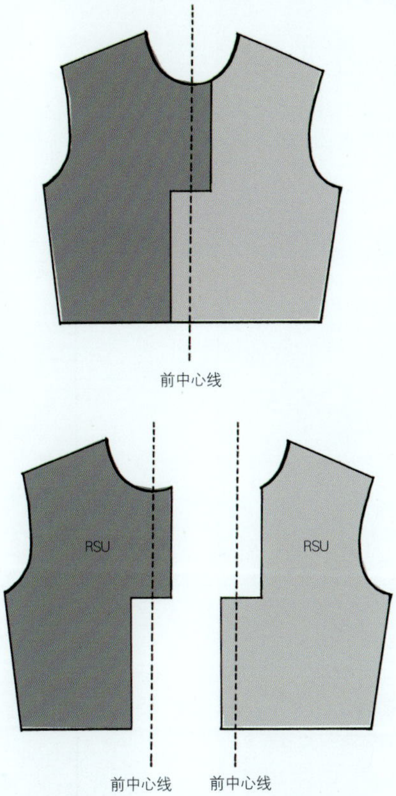
告诉剪裁师将纸样反面朝上 **标记方式：** WSU（反面朝上）	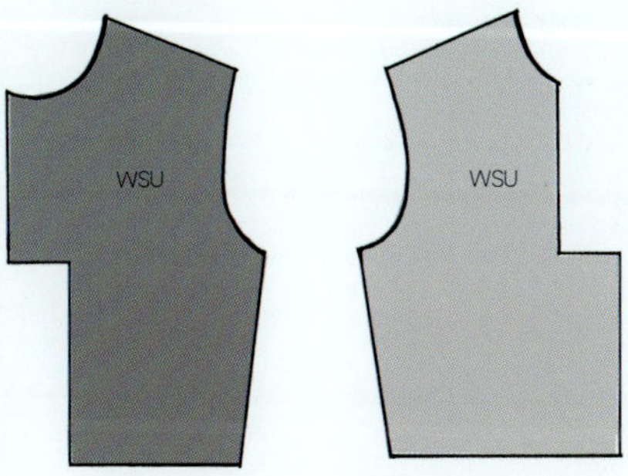
在需要缝合在一起的两个裁片上标注出对位点 **标记方式：** 打剪口（在纸样上剪出一个小口子）。在袖子的前袖窿曲线上剪一个剪口，后袖窿曲线上剪两个剪口	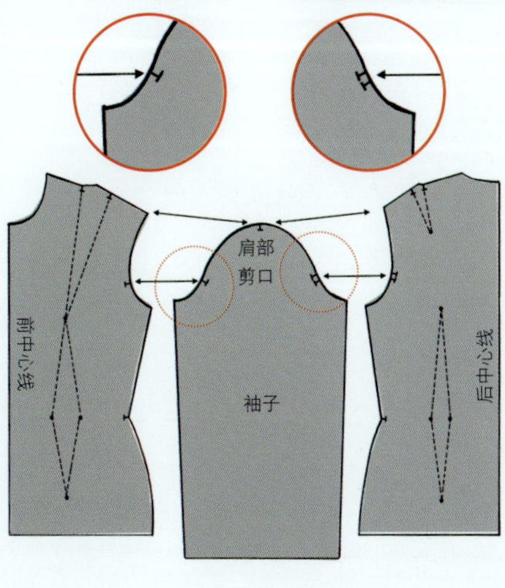

目的	示例
表明打褶的起止点 **标记方式：** 剪口 显示褶裥的折叠方向 标记方式： 箭头	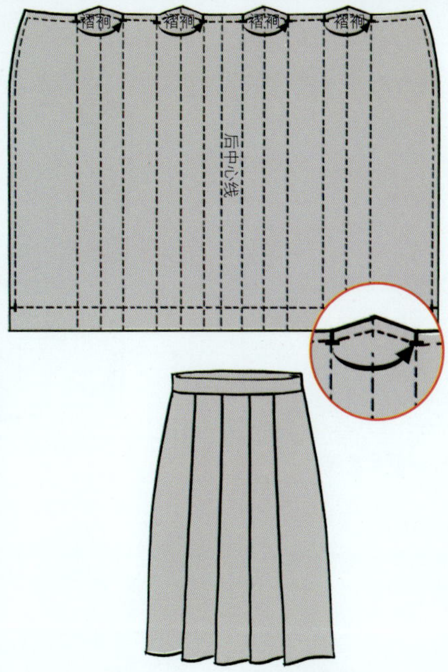
表示缩褶。 **标记方式：** 在需要进行缩褶的部位，从缩褶的起点到布纹线止点画出波浪线并打剪口。同时可显示出缩褶的数量	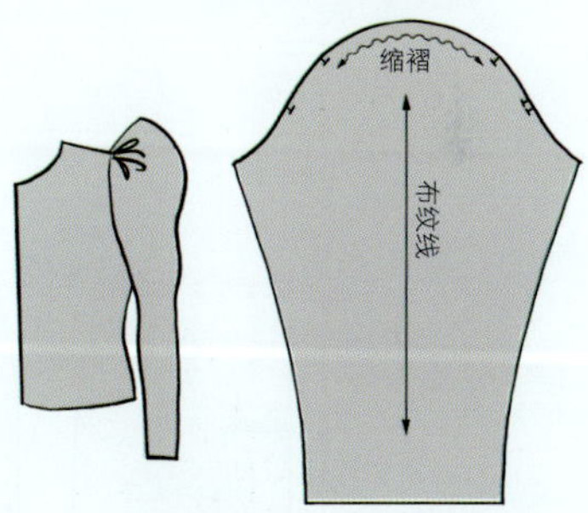
标记出一个纸样裁片的位置，如口袋 **标记方式：** 在纸样打小孔标记。将小孔标记在裁片轮廓内5mm处，这样当口袋覆在上面的时候就能将标记遮盖住	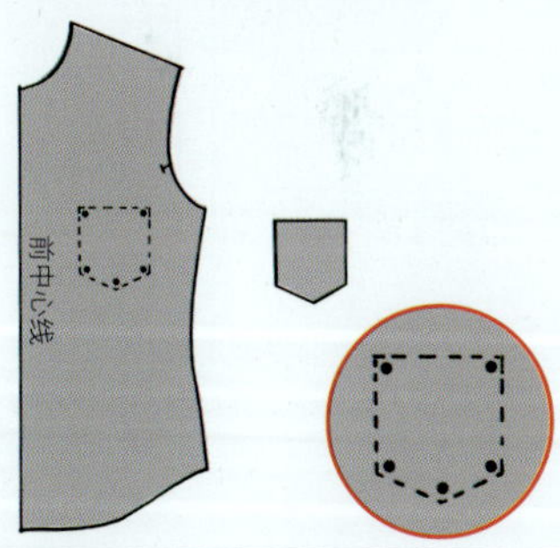
表示省道终端 **标记方式：** 在纸样上打小孔标记。在省道终止处打小标记或在距离终点省尖5mm处标记，这样缝制的时候可以将它遮进去	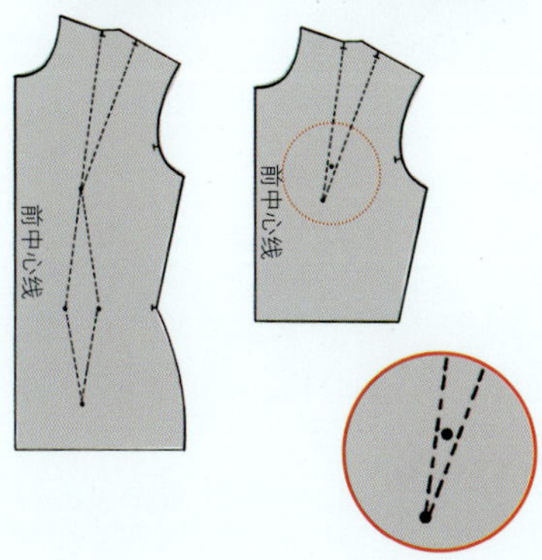

目的	举例
标示切割线 **标记方式：** 用小剪刀图形标示，并用打孔机在分割线末尾打一个小孔	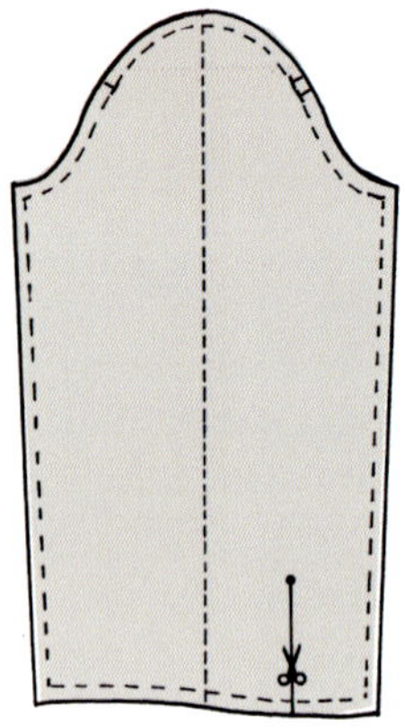
标示裁片数量 **标记方式：** 将数字标注在纸样的中间	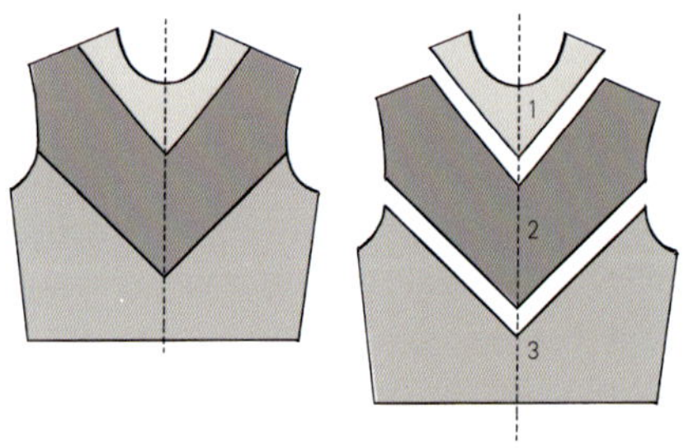
标示面料裁片的数量和面料裁剪方式纸样上的标注方法： 裁片×1 裁剪本×1 裁片×2 裁片1对 对折裁剪	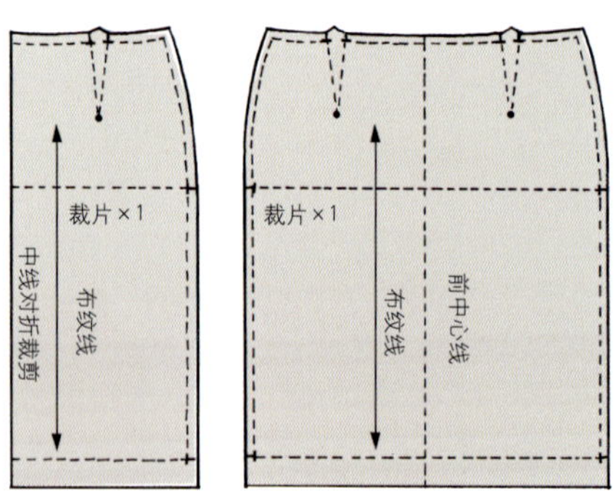

目的	举例
标示布纹线 **标记方式：** 与前中心线平行，绘制一条两端带有箭头的长线（如红线所示）	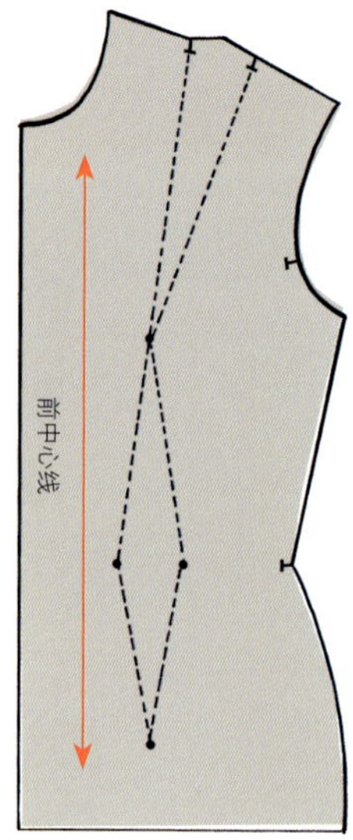
标示制作有倒顺毛的纸样 **标记方式：** 绘制只有一端有箭头的直线，箭头代表这件服装的纸样或者顺毛的方向（如图中红线所示）	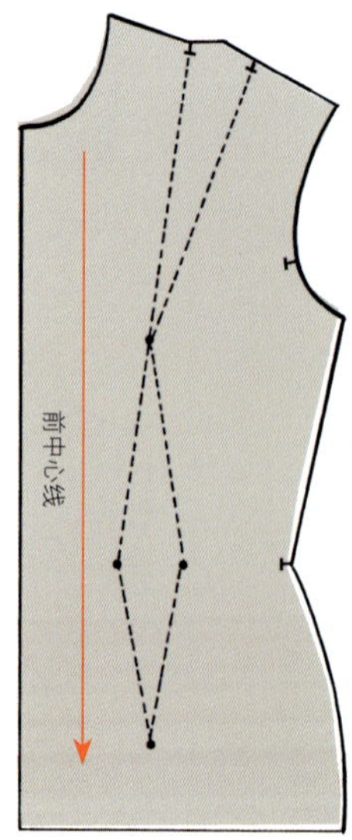

缝 份

缝份是在制作服装的时候，方便将裁片连接在一起或者将服装的各个部分进行缝合的余量，比如缝合、镶嵌、贴边和上领子等。缝份是加在裁片布边上的，最好是在裁剪纸样之前，就将纸样加上缝份。缝份在0.5~3.5cm之间不等，具体宽度根据材料结构、面料厚度、缝边处理方式和服装设计的要求等因素决定。

缝份决定缝合的方式并影响整件服装的悬垂效果。较小的缝份由于宽度窄，不会产生面料堆积，因而更容易处理，相较于宽大的缝份而言，较窄缝头缝合后更为精准。

接缝及面料类型	缝份	
大多数服装接缝	1cm	这是在服装制造业中使用最为广泛的缝份宽度
成型缝	0.5cm	这类接缝包含有领口和封闭式接缝，例如贴边和领片等，这类缝份可免去修剪缝份的步骤，同时也能用在不受力的接缝处
肌理材料 松散织物 易虚边织物，如雪纺面料 厚重面料	1.5~2cm	宽缝份不仅允许毛边的出现，同时在整烫过程中可以使厚重的面料平整
样衣——初次试样	2~2.5cm	较宽的缝份可为第二次试样留出一些余地
后中心线和裤子裆部接缝处，尤其是在对男装进行裁剪的时候	2.5~3.5cm	宽缝份的加固作用更明显，如有必要，时间长了之后可以放出来；同时，也可以通过宽缝份延长服装的使用寿命
斜纹滚边条或者毛边直接处理	无需缝份	
特定缝的处理	来去缝：1cm 明包缝：2cm	
包缝、拷边	0.5~1cm	在添加缝份之前先在试样上进行一下试缝，以确定相应的宽度

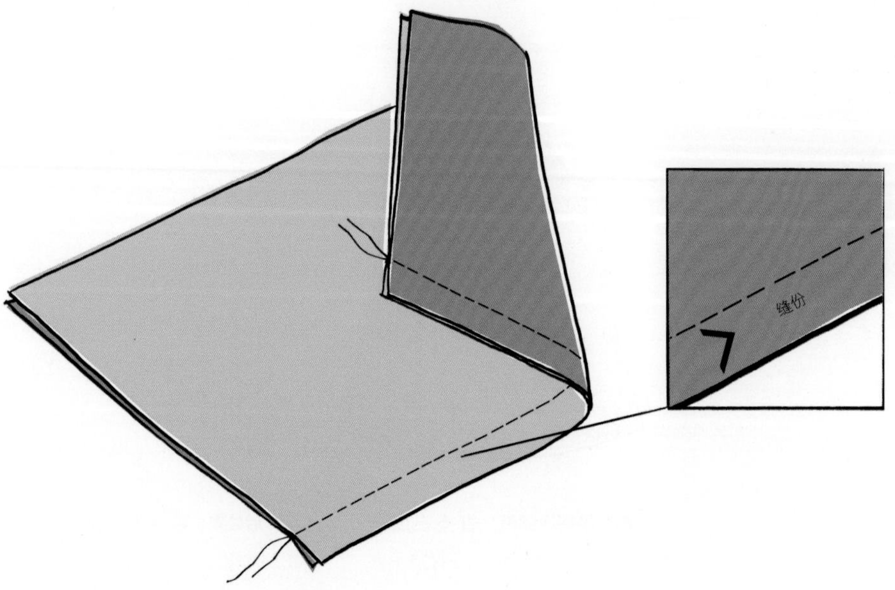

小提示：

确保相互拼缝的裁片缝份宽度相同，这将使缝合更加容易并且避免产生混淆。

缝合之前一定确保已将缝份添加到所有的纸样上

底摆缝份

底摆线是服装底部的边缘，底摆缝份就是底摆线和折边边缘之间的宽度。在整理织物边缘时，通常会将底边朝下向反面折叠过去。底摆缝份是由服装的轮廓、设计要求和面料的厚度共同决定的。宽度介于0.5~5cm之间。一般情况下，造型上摆型越宽大丰满的裙子，底摆缝份越窄。服装底摆处可添加缝份也可不添加，比如在服装的底摆线配上贴边直接完成底摆处理，做斜纱包边或者底摆修边处理。

夹克和外套底摆缝份

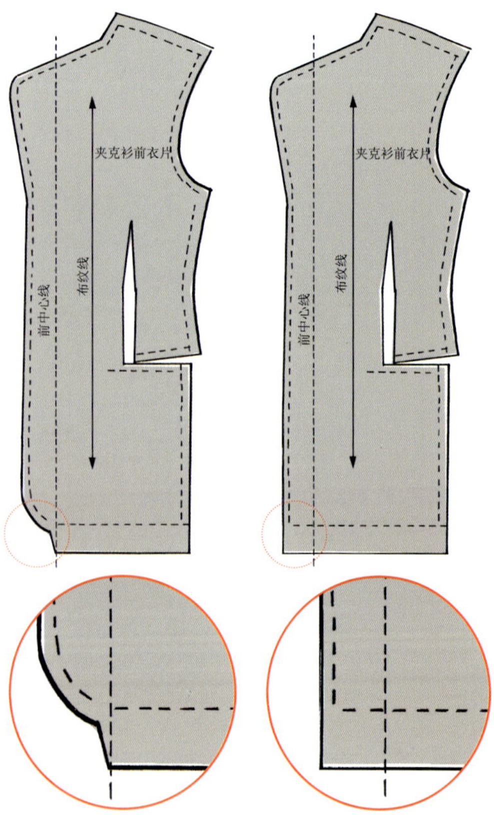

底摆缝份： 3~5cm

后处理： 一般而言，夹克和外套的下摆都较宽。直接将底摆缝份加于底摆线下或者单独剪裁出一片贴边。

袖子底摆缝份

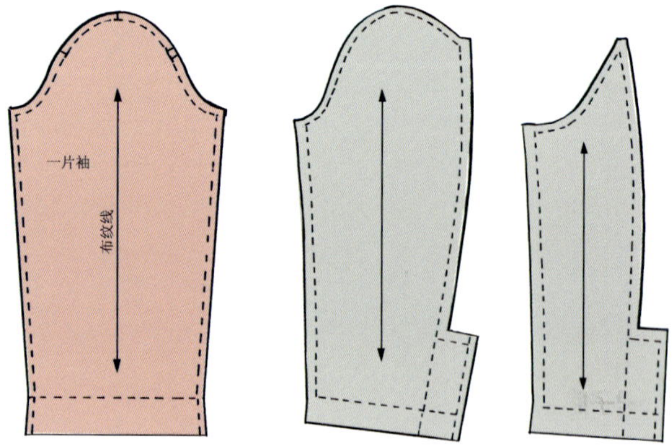

夹克或外套袖子底摆缝份： 3~5cm

后处理： 直接添加于底摆边缘或者单独剪裁一片贴边。

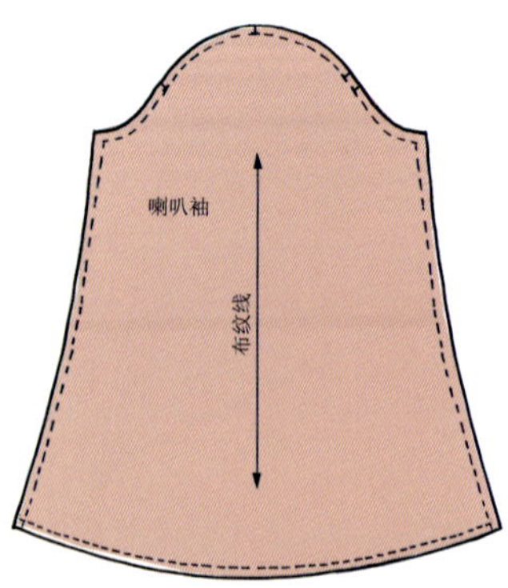

喇叭袖底摆缝份： 直接在底摆线上加上1cm缝份或者沿着袖子底摆的形状剪裁一个单独的贴边。

后处理： 取决于设计要求和织物的厚度。

裤子底摆缝份

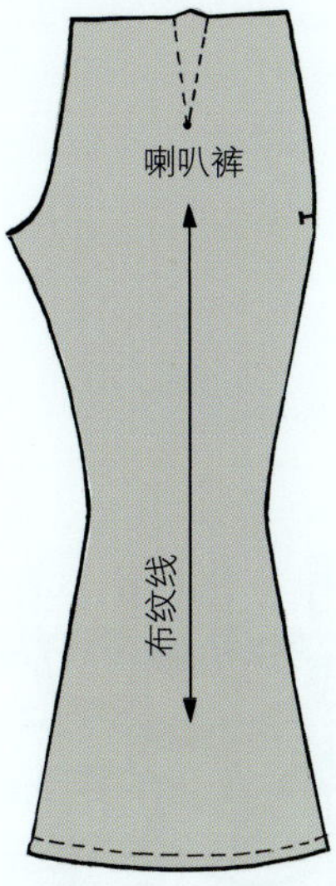

裤子的类型： 喇叭裤

底摆缝份： 按照底摆的形状直接留出1cm宽的底摆缝份或者贴边。

后处理： 取决于设计要求和面料厚度。

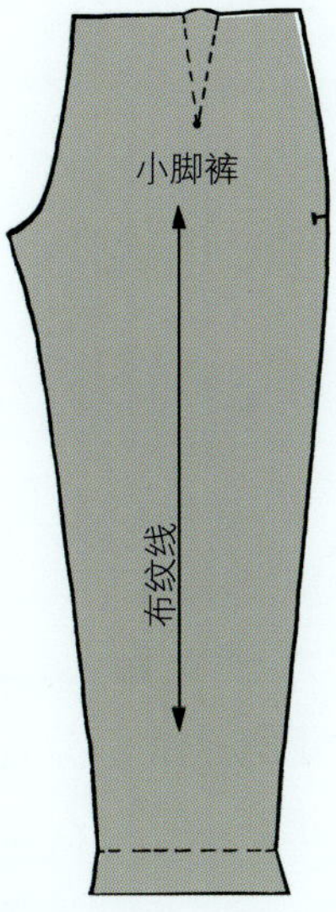

裤子的类型： 小脚裤

底摆缝份： 3～5cm

后处理： 添加底摆缝份后，为了剪出与纸样裤脚两边相对应的角度，先将缝份沿底摆线折叠再裁剪。

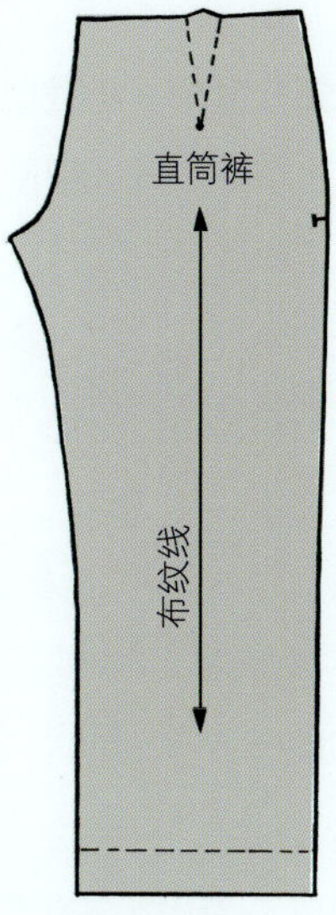

裤子的类型： 直筒裤

底摆缝份： 3～5cm

后处理： 将底摆缝份折叠起来，既可以用手针也可以用机器缝制。

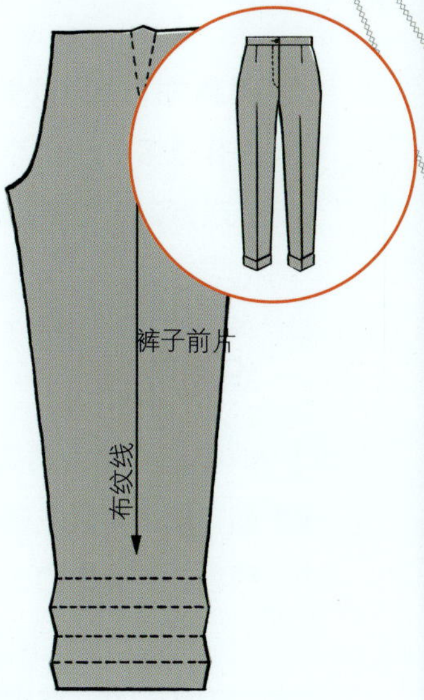

裤子的类型： 卡夫裤脚和裤脚翻边的裤子

底摆缝份： 取决于设计要求，在底摆线处添加两个克夫的宽度再添加缝份量。

后处理： 在裁剪之前，将缝份按折叠线折叠再裁剪，以保证裁剪后的形状相互吻合。

裙子底摆缝份

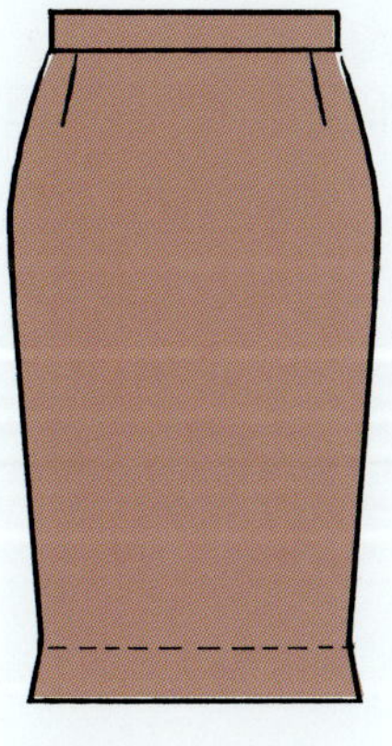

裙子类型： 铅笔裙

底摆缝份： 3～5cm

后处理： 添加底摆缝份后，为了剪出与纸样锥形裙两边相对应的角度，将缝份按底摆线折叠后再裁剪。

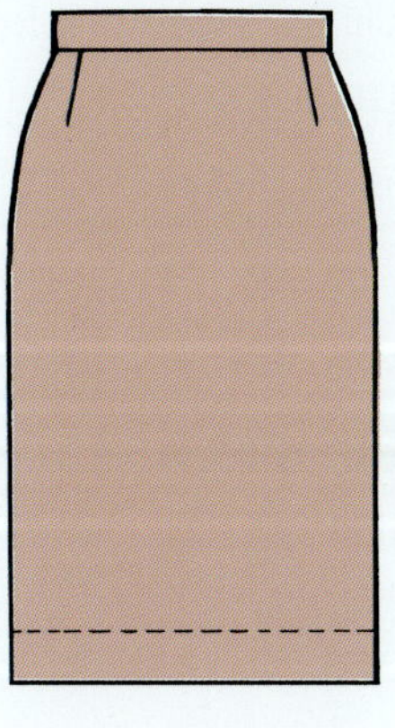

裙子类型： 直筒裙

底摆缝份： 3～5cm

后处理： 将底摆缝份折叠起来，既可以用手针，也可以用机器缝制。

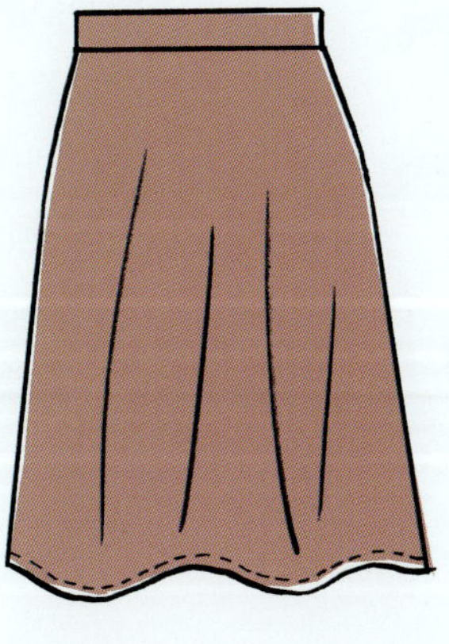

裙子类型： A型裙

底摆缝份： 1～3cm

后处理： 添加底摆缝份时，要考虑这种裙型的底边形状。A型裙也可以根据裙摆的形状单独剪切贴边来完成裙子底摆的制作。

裙子类型： 喇叭裙和整圆裙

底摆缝份： 不多于1cm或者按照裙摆的形状剪裁贴边，完成裙摆的制作。

后处理： 取决于面料的厚度和面料类型。雪纺裙应该由密而窄的卷边缝完成底摆的制作。而真丝素库缎面整圆裙则需要用贴边来完成底摆的处理。

裁剪技巧

服装制作过程中的一个重要组成部分就是面料裁剪。千万不能轻视这个过程，裁剪工作是慢工出细活。在开始制作服装的时候，提前为裁剪面料所做的准备越充分，则所得到的结果会越理想。

织物结构

织物结构分为两类:梭织和针织。梭织面料是由相互垂直的纱线组成，其中“经纱”是纵向的，与水平方向的纱线交织；而“纬纱”则是与经纱呈90°直角交织的关系。这类织物的两侧边缘各有一道布边，为直丝缕，织得非常紧密并且贯穿于整个织物的经纱方向的纵向长度。在织布机上经纱被张力拉紧，纬纱形成横丝缕，在经纱上下交错编织形成横向织纹。因此，经纱方向相对纬纱更牢固。梭织面料有四种组织结构：平纹组织、方平组织、斜纹组织、缎纹组织。

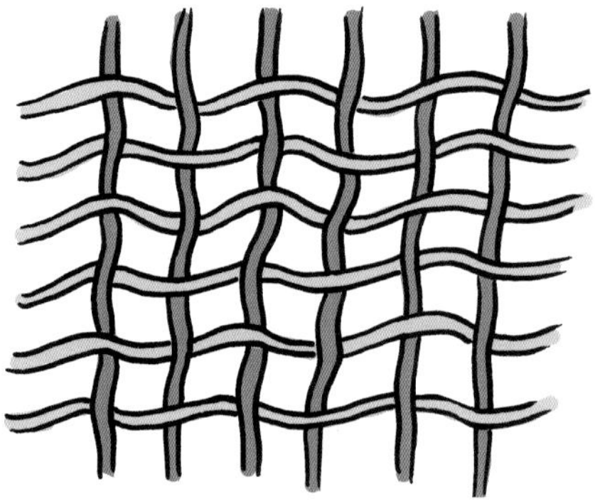

经纱在面料的长度上（长），纬纱则在面料的横向（宽）

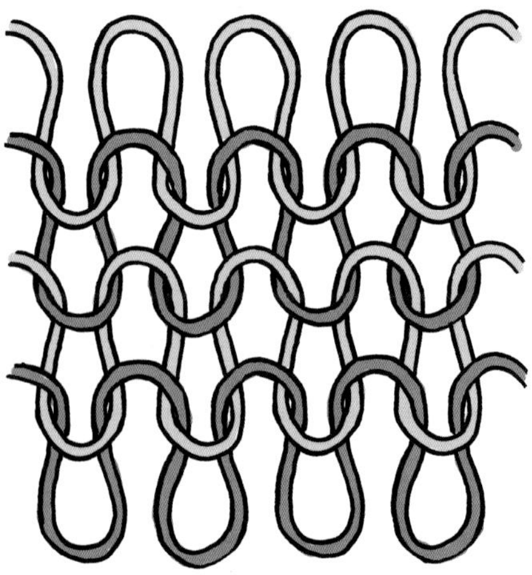

针织面料形成环环相扣的连锁形式

和梭织面料不同的是，针织面料可由一根单纱织造而成。针织面料的织造方式是由一根纱线进行循环交织形成一系列相互连接的环。织造针织面料的纱线可选择的范围要比梭织面料广泛得多，因此种类繁多的针织面料的使用范围更为广泛。利用以下四种针法，面料都可以由机器针织为“经编织物”或“纬编织物”，这四种针法分别为：平针、罗纹、反针、经编。纬编是由一根连续的纱线以循环针法在水平方向形成一排横向线圈，以此方式主要生产出两种类型的织物，包括单面针织和双面针织。经编是利用经纱纵行结圈连成织物。使用的纱线量大，生产出经向斜纹毛织布或拉舍尔经编织物。

针织面料和梭织面料两者之间的不同主要表现在，一般情况下，针织面料横向和纵向两个方向的拉伸程度要远大于梭织面料。

如何辨别面料的正反面

通常情况下，面料的布边两侧会有一排很小的孔眼或小洞，这是由于织布机或者织框在面料生产过程中所造成的。如果小孔眼或小洞是面对你的，那么基本上针是从那边出来的，那一面就是面料的正面（译者注：针由正面往反面扎下去，针孔光滑的是正面，稍粗糙些的是反面）。

如图所示雪纺面料正面的布边。

下图中正在进行裁剪操作。将面料平铺在大型裁剪操作台上，然后将衣片纸样固定在面料上，做好裁剪准备

如何运用布纹线

布纹表明了纱线的方向。衣片纸样可以顺着面料的纵向剪裁，也可以顺着横向剪裁或者斜裁。

纵向或者直向布纹

大多数服装都是根据经纱顺着纵向进行裁剪。布纹线与面料的布边呈平行关系。在一个衣片纸样上，布纹线与纸样的前中心线和后中心线对齐，贯穿于整个身长。面料上纬纱的作用是使服装穿着在身上显得更为合体和舒适，而纵向贯穿于整个身长的经纱则起到使服装形态稳定的作用。

横向或者水平布纹

横向布纹与布边形成90°直角。以横向布纹进行剪裁，主要是为了装饰、结构需要或者支持服装的稳定性，例如一件衬衫上的袖口和育克——裁剪后经纱在裁片的水平方向上，让裁片更加结实，不会横向拉伸变形。

斜向布纹

“真正”的斜向布纹实际上就是与布边形成45°角的状态。斜裁能塑造出优美的悬垂感设计。与顺着直纱进行裁剪的服装不同，斜纱裁剪的服装具有更好的伸展性和合体性。不过，使用斜裁意味着将耗费更多的面料，斜纱在缝合时操作起来也更加困难，尽管如此，更重要的是所呈现的最终效果相当惊艳。

针织面料

针织面料也有布纹线或者方向，服装剪裁时需要以此为依据。与水平方向对应的横向布纹被称为“横列线圈”，而与垂直方向相对应的直向布纹被称为“纵向线圈”，大多数针织面料表面呈现出很明显的罗纹图案。裁剪针织面料前应先检查好纵向罗纹，接下来，与裁剪梭织面料时对应直纱使用的是一样的方法，只要保证横列与纵向线圈呈90°角即可。

绒毛面料和图案面料

有绒毛和图案的面料需要根据特定的方向进行裁剪，即纸样根据服装款式设计的方向往下排列，并进行裁剪。这一方向会在衣片纸样上用布纹线明确标示出来（详见第276页，拉毛和起绒面料）。

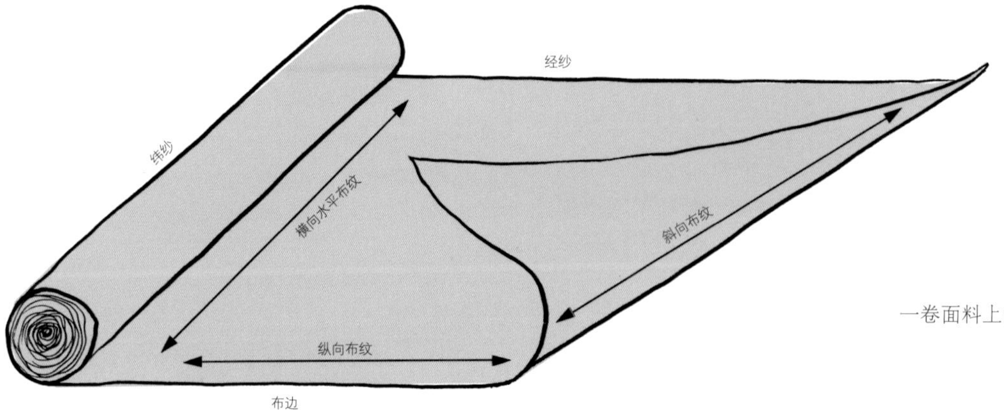

一卷面料上的直、横（水平）和斜向布纹

找到横向布纹线

在将纸样放在面料上之前，首先要找到横向布纹线，利用它以确保裁剪下来的面料裁片两端整齐、顺直。

· 顺着横向布纹线，面料较易撕开。薄型面料、棉质面料、一些人造纤维面料以及蚕丝面料顺着横纱方向较容易撕开。如果面料是松散型或者粗纺，还有纹理面料或针织面料，就没那么容易撕裂。一些厚重的梭织面料如果直接撕开的话可能会造成面料扭曲变形。在准备横向撕开面料之前应进行测试，如果出现直纱变形、牵扯的迹象应立即停止撕拉。撕拉前应剪开一侧布边，因为很难直接撕开。

· 如果织物不能撕开，那就由一侧布边剪开，然后轻轻拉动一根纬纱。这根拉动的纱线会露出横向布纹线，然后就可以沿着纬纱方向笔直地进行裁剪了。

· 针织面料上按照一排锁缝线迹（横列线圈）或者在经向长度（纵向线圈）上选择一个合适的角度，接着标记一条直线，沿着这条直线进行剪裁。

· 如果该面料上有格子或者条纹这类编织图案，就可以根据图案上的一条线来整理修剪边缘。但如果格子或者条纹是印染而成的图案，那么就需要使用上述方法找到横纱。

· 如果面料是粗纺或者是松散型机织物的话，可以通过眼睛观察编织形成的纹理，并拉直摆正边缘来判断横纱，然后小心地顺着横向纹理进行裁剪。

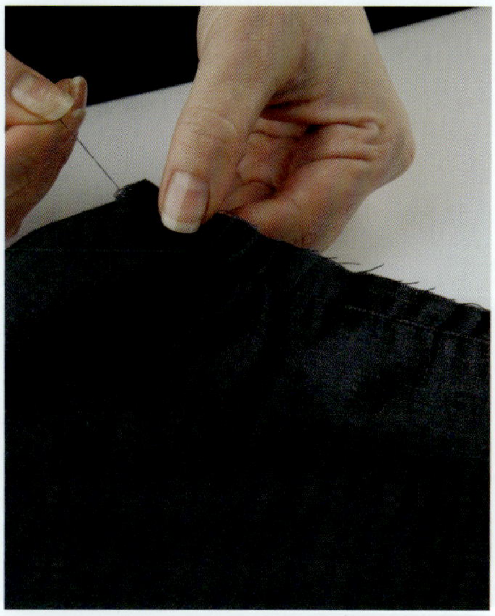

小提示：

一定要以准备制作的成品服装相同的布纹方向来裁剪坯布并制作样衣。不同的布纹方向所呈现出来的效果不尽相同，而且将影响服装穿着在身上的悬垂效果。

一位服装设计专业的学生正在纸样上绘制布纹线。在每一个衣片纸样上必须准确地画出布纹线，以便正确地将纸样放置在面料上

准备面料

切记："磨刀不误砍柴工。"这句话也适用于裁剪前的面料准备工作。如果面料需要进行预缩和顺直处理就要对其进行检查，为了确保检查工作准确仔细，应注意下列几点：

· 核对面料的倒顺毛；一些面料，诸如天鹅绒或者灯芯绒等，从不同的方向观察会呈现不同的效果。运用哪个方向的倒顺毛取决于自己的选择。一旦确定好毛向，就要确保所有纸样只能朝向同一个方向，根据毛向的选择画出相应的布纹线。

· 如果面料为单向设计或者运用重复图案，那么就要在纸样上相应的位置标出对位记号。

· 仔细检查面料上是否存在瑕疵或者缺损，在裁剪的时候要尽量避开这些部位。

· 核对面料的正面和反面，并没有强行规定面料必须使用的方向。如果想突显反面效果，完全可以使用面料反面作为服装正面，只要确保其他裁片也使用相同的方向即可。

小提示：

如果面料上分倒顺毛，或有单向设计，或有不规则的条纹或格子等情况时，以面料的纵向中线为界限，仔细检查织物左右两边的色彩和图案是否匹配。

预缩处理

确定好如何使用面料后，下一步就要开始熨烫或者预缩了。许多面料干洗或者水洗之后会缩水，最常见的诸如100%纯羊毛面料、棉质面料、亚麻面料等。一定要检查面料的标签说明，一些面料标示出它们"可直接缝纫（needle ready）"，那么就代表这类面料已经被处理过，经过水洗或者干洗将不会缩水，此类面料可以直接用于缝制。

· 如果面料需要蒸汽加工或者水洗，检查产品标签上的纤维含量以及纱线结构，根据面料特性进行处理，这时需要参照制造商的产品说明介绍，还有关于干洗或洗涤说明的详细信息。

· 如果该面料可以机洗，使用洗衣机时设置为最小水量进行水洗。如果需要手洗，则用冷水将面料进行浸泡预缩处理。预缩之后等面料变干，在裁剪之前对面料再进行熨烫。

· 大多数羊毛面料不能水洗，但是通过合理的熨烫后足以实现预缩处理。选用有温度控制的蒸汽电熨斗进行熨烫。如果手边没有蒸汽熨斗，可去干洗店让店员帮忙用蒸汽熨烫，不需要进行清洗。

· 某些面料，比如一些人造合成混纺面料就不需要进行预缩处理。只需要适当的整烫，将面料上的褶皱和折痕处理平整即可。

· 一般情况下，在裁剪之前一定要进行熨烫。

织物校正

面料在预缩和整烫之后，核对面料的布纹是否准确对齐，面料的横纱和直纱应该呈现横平竖直整齐的状态。将面料从中间对折，将两侧布边对齐。如果面料不易水平对齐或者看上去是变形的，那么面料本身就是变形的，这时就需要校准。这里介绍几种重新校准布纹线的方法。

· 如果出现轻微的变形，沿着斜向进行折叠，抓住折叠好的两端，然后向变形的相反方向进行拉伸，从而校正变形的状态。可以重复这一步骤，直到面料可以两边对齐平铺为止。

· 如果按照上述方法还是无法对齐面料，可从面料纵向中线对折，反面朝上，用大头针钉住两层横向边和布边，固定的时候保持面料平整。接下来，使用电熨斗对面料进行熨烫，从而校正布纹，方法是将电熨斗从对折的中线往外侧边缘移动，必要的时候应重复熨烫步骤。

· 如果面料严重变形，对于可水洗的面料，可将面料打湿，从整个织物的幅宽，以牵拉对角线的方式进行校正，重复这一过程，直到面料的布纹完成调整。裁剪之前对面料进行整烫。

上图：预缩处理过程会导致面料变形

右图：牵拉面料重新调整布纹线

使用蒸汽熨斗

压烫：用熨斗在某处施加压力。

气烫：将熨斗悬停于面料上方，不直接碰触面料，释放蒸汽喷洒到面料表面。

熨烫：施加一些压力，让熨斗在面料上轻轻移动。

指压烫：在距离接缝表面几厘米的位置，拿着熨斗用蒸汽气烫一会，之后移开熨斗，用手指将接缝压平。

排料

具体的排料方案取决于面料类型和版型设计。在进行裁剪之前，如果你想把所有的衣片纸样全都放置在面料上排版的话，就要选择一个平坦结实的裁剪台面，它要足够大，足以容纳下面料所需的长度。纸样可以放置在单层或者双层面料上，以单向或者双向的方式平铺排开。

如何将纸样铺在正确的布纹线上

每一片纸样上都要有一条布纹线，这能清晰地表明纸样平铺于面料上时的方向。纸样放置在面料上时，无论纸样上的布纹线标记为水平、垂直还是45°角，所有的布纹线都必须和面料的布边平行。放置后测量纸样上布纹线两端与布边之间的距离，应保持完全一致，以确保纸样正确地放置在面料的布纹线上。

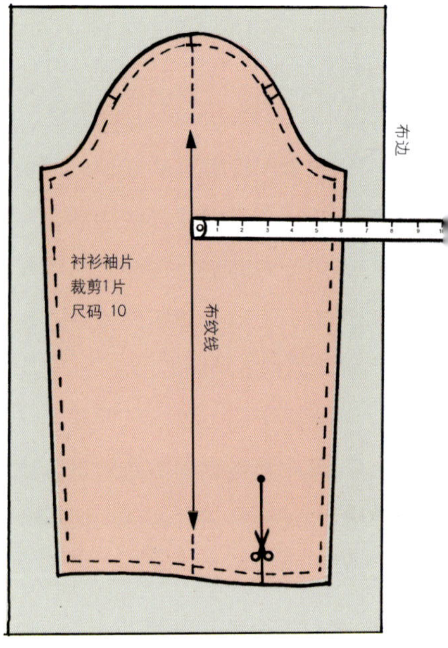

将纸样放置于面料上，布纹线应平行于布边，使用卷尺水平测量布纹线以核对纸样放置是否准确

小提示：

建议在裁剪之前排列所有的纸样，尝试不同的排料方案。这样能够确保排版时不遗漏任何一个纸样，同时可以保证最大限度地利用面料而不造成浪费。纸样之间要紧密排列，这是为了避免裁剪之后留下一堆较大但又没有什么用处的面料碎片。纸样布局达到满意效果后，就可以用镇纸压住或者用长大头针钉住的方式将纸样固定于面料之上。最好使用细长大头针，固定效果更佳。短大头针容易移位，使用的过程中也容易让纸样偏移。一旦确定好所有的纸样位置之后，一定要避免移动面料，因为稍有挪动都会让纸样偏离对应的布纹。

在准备做标记时，可以用大头针或者镇纸将纸样固定于适当的位置上。

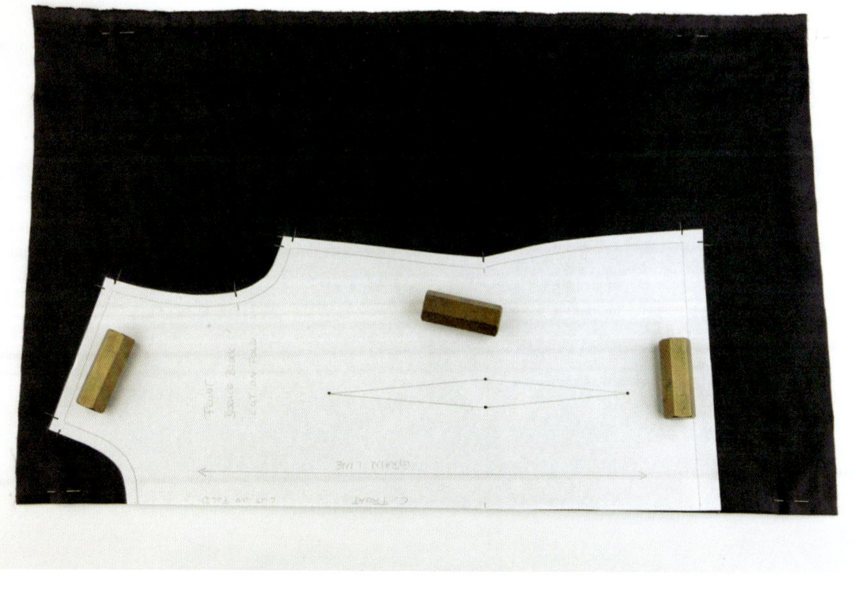

裁剪和排版方法

在面料上排版时可以选择不同的方式。首先需要确定裁剪方案，根据所选用的面料类型、纹理方向，以及在单层面料上裁剪纸样还是用双层面料裁出双片来决定。确定出适合的裁剪方式后，就应在尽量避免浪费的前提下，用最佳方式将纸样排列在面料上，这就是排料方案。

无论存在何种差异，在面料上排版时都要从大的纸样开始，然后再来布置小一些的纸样，比如口袋等，看能否放在多余的空隙中。通常情况下，要将纸样放置在面料的反面进行排版，这样能直接在面料上做标记。

单向纸样排版法

这种方法适用于起绒面料或者分倒顺毛的面料，也可用于针织面料，或者针对设计上只能往一个方向的面料。这个方式就是让所有的纸样都面朝一个方向，因此，每个衣片上的面料色差和图案特点将呈现出相同的状态。

双向纸样排版（如下图所示）

这种排版可以将纸样在两个方向上进行铺设，这种是最能节省面料，降低成本的方式。双向排版法适用于普通面料，面料要求材质或者图案没有方向性，双向排列不会影响面料的纹理和图案的变化。

双层纸样排版法

将面料顺着直纱方向对折，将两侧布边边缘相互对齐，完成双层纸样排版。这样的排版方式适用于需要剪出两片对称衣片的时候。在纸样上应标注出“裁剪2片或裁剪1对”的说明。还能用这种方法对折裁出一片纸样，需要标记“对折裁剪”的说明。方法如下：将面料对折，纸样铺在面料上，将标记了对折裁剪的那一边，与面料对折的那边叠在一起形成一条直线，这样就能裁出左右对称的一个完整的衣片。铺排的顺序是一般先将对折裁剪的纸样铺好，然后再紧挨着并将剩下的纸样的其他部分在其周围进行排列。

单层纸样排版法

这种单层纸样排版的方法主要用来完成有弹力或需要斜裁的纸样，或者是面料本身具有特定设计的图案或者织纹方向。因为一次只能从一层面料上裁剪下来一块衣片，因此用这种排版方式来完成非对称风格的裁剪是非常理想的。单层排版的纸样上必须要标注上“裁剪1片或者裁片×1”。

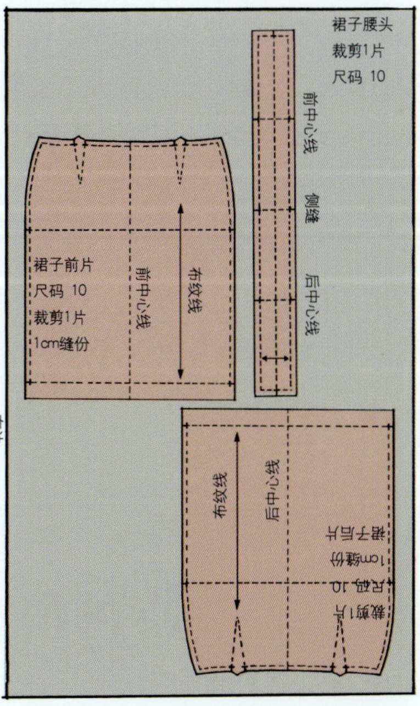

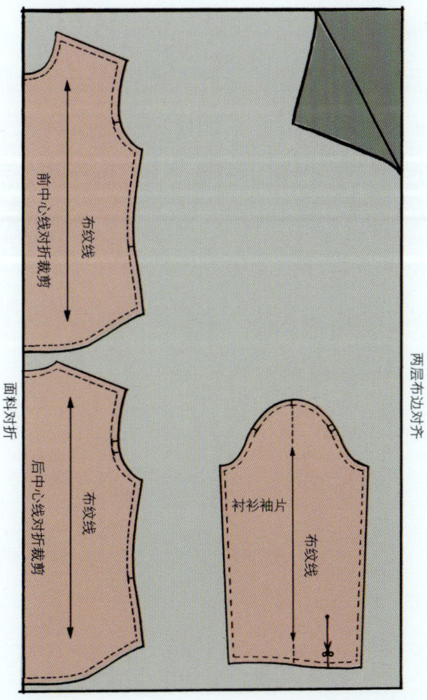

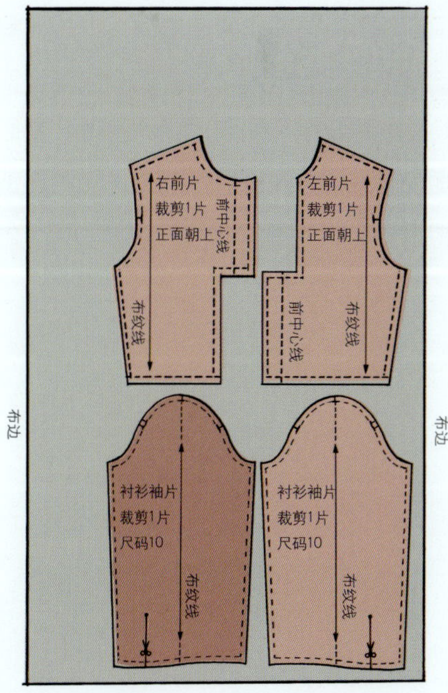

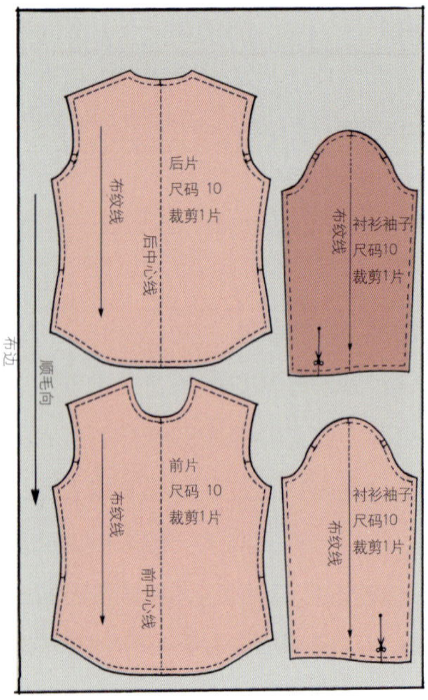

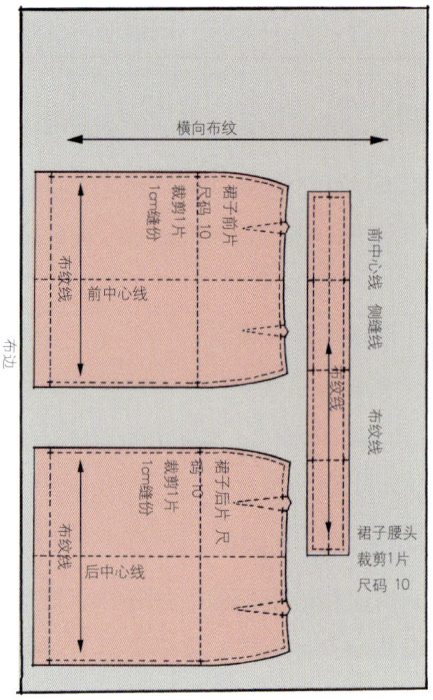

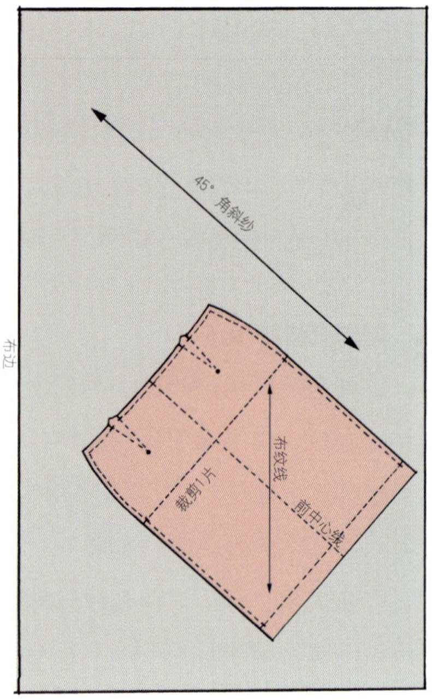

针对倒顺毛面料或单向花纹设计面料的排版法

面料在单层或者折叠成双层时只能往一个方向排料剪裁。在决定好面料的毛向和面料图案的方向之后，根据需要在纸样上标记出与之相应的布纹线。这类纸样需要运用单向排版的方法，都必须面朝一个方向进行排版（详细内容请参考绒毛面料和起绒面料，第276页）。

横向排版法

将纸样的纵向长度（比如从领口线到衣摆）与面料的横向布纹对齐，从而使服装整个水平横向面都由更为稳固的纵向布纹组成。纸样以这种方式排列，主要有助于稳定，并方便制作，比如腰头的处理。另外，如果你希望这件服装上的花纹是横向环绕而不是竖向的，那么也可以将纸样的布纹线对应面料的横向布纹排列。如果面料的纵向排列方法不适合这类纸样，横向排版的方式还可以针对更复杂和更大型的纸样。

斜向排版法

由于大多数斜裁纸样较大或不规则，因此斜裁的最佳排版方式是将每个需要斜裁的纸样在单层面料上按照斜纱方向单独布置。需要在单层面料上进行裁剪的另一个原因：大多数用于斜裁服装的面料较轻薄柔软。在面料上斜排纸样一定要非常小心，保证布纹线与布边呈45° 夹角，完全斜裁制成的服装，具有很好的悬垂效果（详细内容可参考本书第310页——斜裁面料）

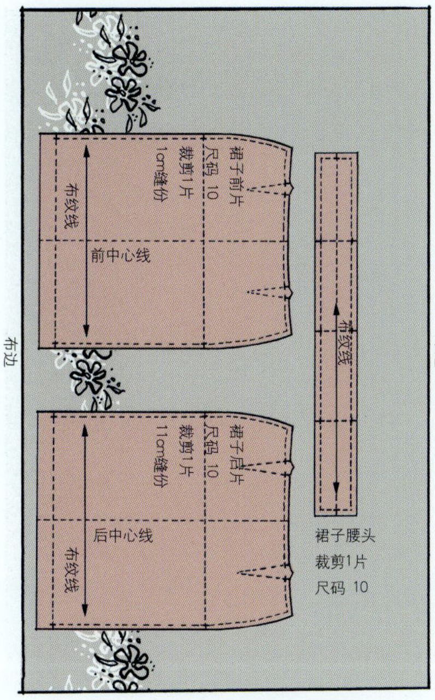

定位布局排版法

有些面料上图案面积很大，如果想要将这些图案准确地定位在最终完成的服装上时，就要用这种排版方法。花一些时间仔细观察面料设计，然后根据这一设计在纸样上进行定位，并做好标记。一定要确保设计定位达到美观效果，避免将图案定位于服装上的某些不合适的部位，比如说胸高点周围，或者胯部周围（更多内容请参见第300页的印花面料内容）。

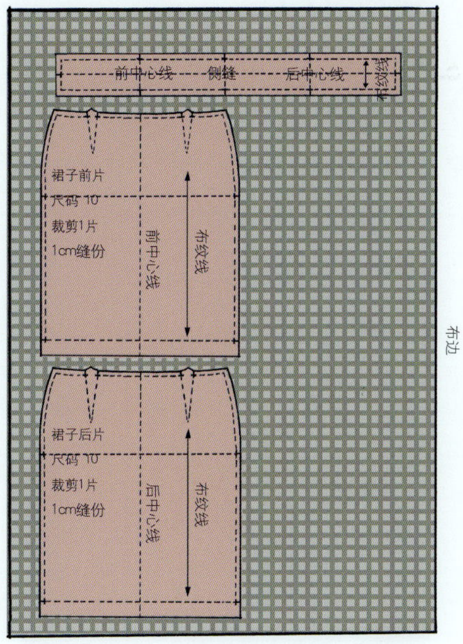

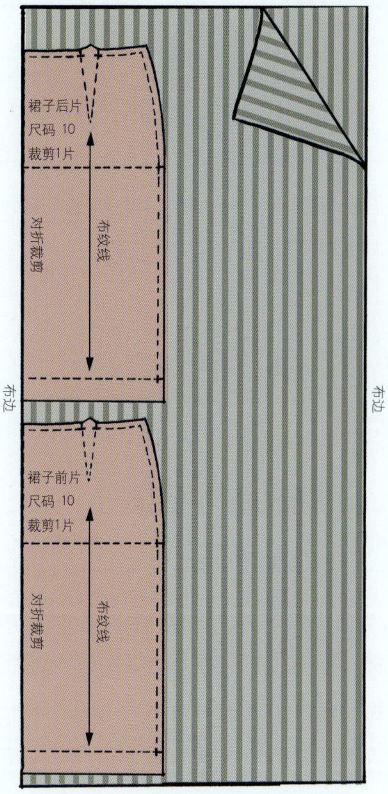

格子面料和条纹面料排版法

首先应确定是不是规则的格子或者条纹面料，如果是规则的，就意味着可以往任一方向排版，可以在单向和双向排列法中任选其一来进行排料。如果遇到不规则的图案时，就要使用单向排版法进行操作。这两种情况都可以单层裁剪或者对折双层裁剪。

在较明显部位的两个相邻衣片上的格子和条纹必须相互吻合，比如前中心线和后中心线、底摆、口袋、袖窿和袖子部分等。

在面料上进行排料之前，要先将基本定位点标注在纸样上。当使用双层纸样排版法排料时，在将纸样放置于面料上之前，先要检查折叠之后两层面料的格子或者条纹，要保证它们相互匹配。然后每隔5～10cm用大头针将两层面料固定住，具体间距取决于面料图案的尺寸大小（详细内容请参见第300页的印花面料内容）。

如何在面料上标记纸样

在面料上标出定位点和标记纸样需要使用不同的工具和方法。在排好版并将纸样固定于面料上之后，标记过程就可以开始了。在裁剪之前最佳的做法是将所有的信息全部标注在面料上，然后将纸样移开，再仔细核对，确保任何一个纸样裁剪时不会出现问题，甚至被遗漏。

将纸样钉在面料上

如果面料适合使用大头针钉住固定，将纸样固定在面料的反面合适的位置。方法是首先使用大头针固定住纸样的每个角，然后在剩余部分每隔几厘米用一根大头针固定，尽量将大头针钉在面料边缘位置，避开剪裁线（净样线），不要钉太多大头针，否则有可能使面料变形。

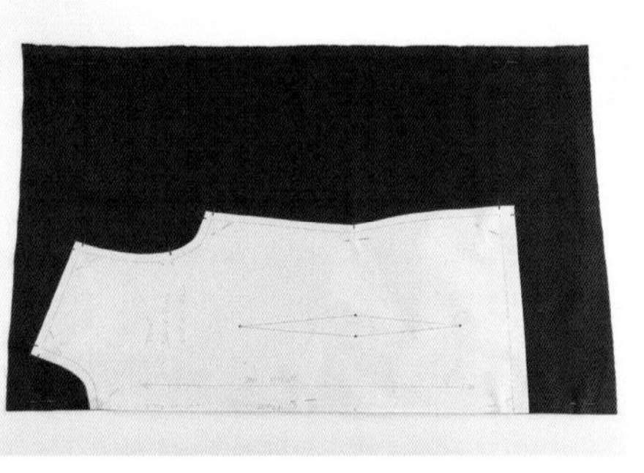
首先用大头针固定住纸样的每一个角

小提示：

有时候由于布边织造得过于紧密，因此导致面料无法在裁剪台上铺平。出现这种情况时，可以采取每隔几厘米就剪开一点布边，以释放张力。如果这样做还不行的话，将两条布边非常小心地顺着一条直线全部剪下来。

用划粉将纸样标记到面料上

除了轻薄柔软的面料外，大部分面料可以用划粉来进行标记，因为划粉在这类面料上标记的话，划粉痕迹很容易透到面料正面。尽量避免此类情况发生。

在纸样用针别住或者用镇纸压于面料的反面之后，用划粉沿着轮廓线将纸样一圈描下来。必须再确定每一个剪口，确保相互匹配，对位点准确的情况下，才能够将纸样从面料上挪开。使用稍微尖锐的划粉并保证划线不能太粗。如果使用粗钝的划粉，画出来的线迹会过粗，裁剪的时候会多加上去几毫米，导致裁片不准确。

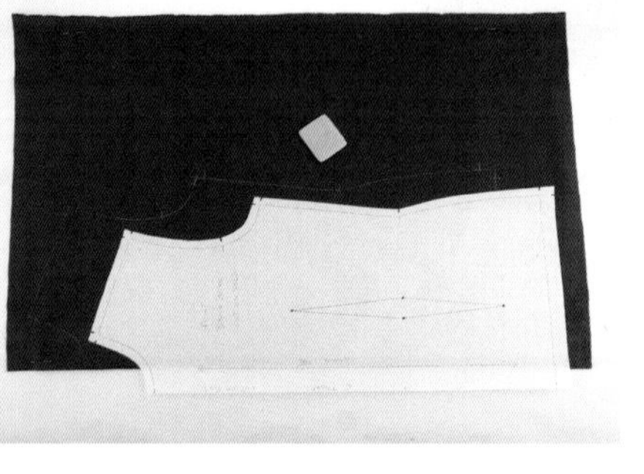
在面料上用划粉顺着纸样轮廓描下来，同时将纸样上所有的标记全部转移到面料上

省道、对位点和打剪口

省尖表示的是省道的缝制起止点。在纸样上通常会穿出小孔来表示省尖，可使用不同的方法透过这个小孔在面料上标记省尖。可以用划粉或者划粉笔来标记小孔的位置，也可以在省尖部位别上一根针或者用锥子在省尖部位穿透两层面料，再挪开纸样。然后用划粉在第二层上标记出省尖的位置。请记住，使用锥子定省尖的话，在面料上要留出一个很小的孔，而标记出的这个小洞应在省道内部，距离省的终点1cm。

我们可以用同样的方法来标记其他部位，比如口袋位等。大多数面料可以用划粉或者锥子来做标记，但是遇到纤薄、透明、轻薄的面料时，就只能用手缝线的形式来替代其他工具做标记了。此外不要用锥子在针织面料上做标记，针织面料极容易缩动移位。

剪口可以用来标记缝合对位点，或者用来标记前中心线和后中心线的位置点。在纸样上用剪刀在需打剪口的位置剪出小缺口，在面料上用划粉在相应位置做好标记，纸样 拿开后，就可以用剪刀按照标记剪出剪口了。在面料上打剪口的时候一定要小心，剪口大小不得大于3mm，如果剪得太深的话面料会破损，从而导致接缝处不牢固。打剪口是最快捷的标记方法，可以用在大多数梭织和针织面料上。

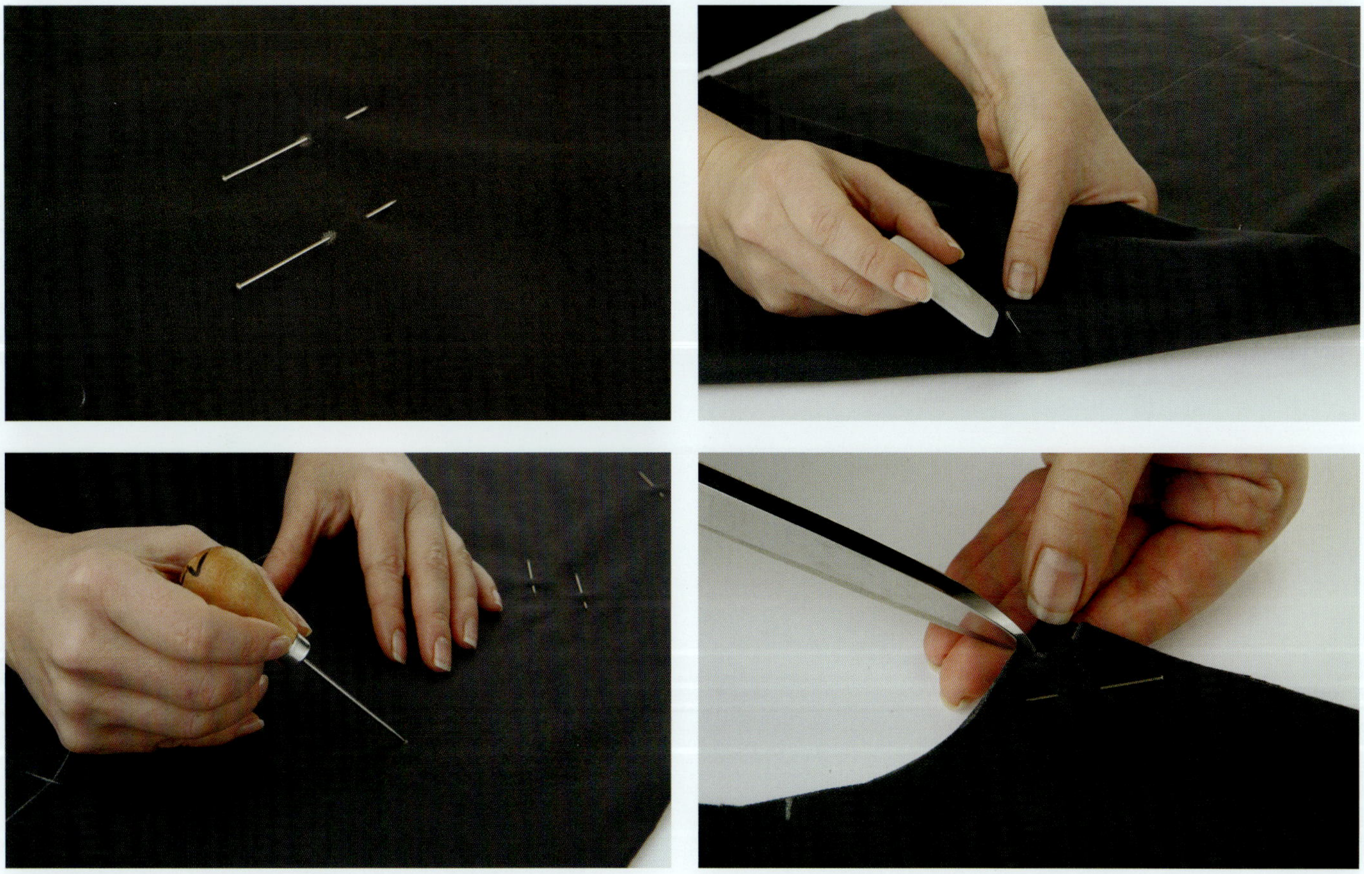

左上图：用别一根针的方法标记省尖

右上图：用划粉在针的入口点做标记，再将面料翻过来，在第二层上相应的位置用划粉做好标记

左下图：使用锥子在距离省末端1cm处做出省尖标记

右下图：在缝份处打剪口的时候不要剪得太深

线缝标记

在一些轻薄的织物上标记纸样的时候不能使用划粉，划粉划线不容易看清，并可能会透到面料正面。在这种情况下，就可以用线缝的方法完成纸样上所有的标记点，包括省位和一些定位点等。这种方法也叫做缝纫标记法。运用双线假缝，使用棉线或者丝线并且要用手针缝制。一针一针地缝制，保持几毫米的针距，两端要打线结固定。缝线时不要过紧，太紧的话会使面料变形。如果要标记双层衣片，那么直接在两层衣片上做缝线标记，然后小心地将夹在两层衣片之间的缝合线剪开，使线缝标记都留在两块衣片上。

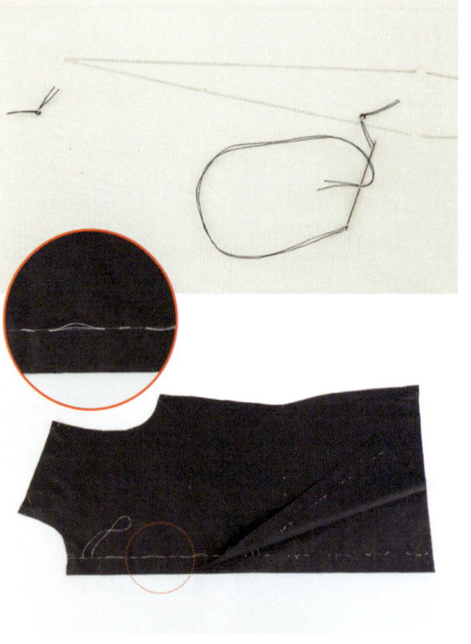

线缝标记法也可以用于在面料的正面标记位置和定位点。对于在诸如前片中心线或者左右对称的翻领对折线这类部位做标记来说，这无异于是一个非常好的方法。这种方法用于缝纫中称为“粗缝”。在需要标记缝合线的两层衣片上，用单线或双线沿着缝合线手针粗缝标记，手缝时适当将线放松。然后小心分离两层织物和它们之间的缝线，这样作为标记的缝线就留在了两块衣片上。

上图：转移标记的功能，比如用缝线标记法或者粗缝的方法完成省道的标记

左图：可以用此方法标记前中心线

使用复写纸和描线器做标记

这种方法可以用于大部分梭织面料，用此方法可以将一层面料上的标记拷贝转移到另一层面料上。将复写纸放在没有做标记的衣片反面，再将已经做好标记的衣片反面朝上，放置在未做标记的衣片之上。然后，使用描线器，将已标记面料上所有的线描一遍。在使用这种方法时要格外小心，因为操作过程中面料和下面的复写纸很容易滑动。一定要拿一块备用面料试验一下，测试标记是否会遗漏在面料正面，并避免正式标记时出现这种情况。

使用复写纸和描线器在不同的面料层之间转移标记

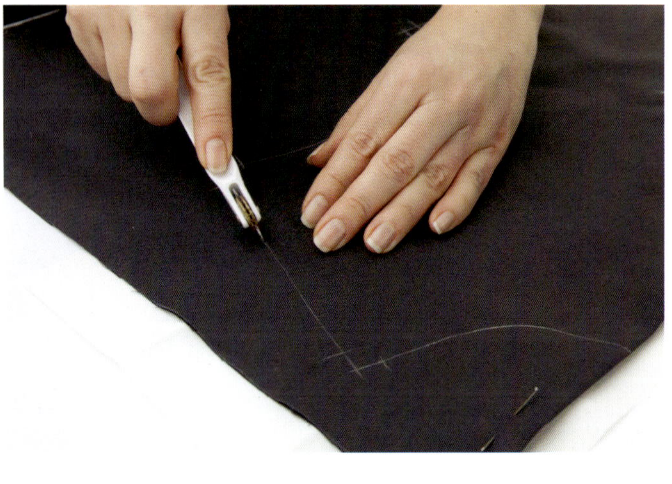

面料裁剪

将全套纸样准确无误地完整标记到面料上之后，再把纸样从面料上挪开，这时就可以开始裁剪了。

裁剪面料的时候要注意以下几点：

· 选择一个平坦而稳固的裁剪操作台，它要够大，足以放置所有需要裁剪的面料；它要够高，方便裁剪者站立操作。

· 使用合适的裁剪工具。

· 确保缝纫剪刀的刀刃足够锋利。

· 在同时裁剪两层或者多层面料时，再将纸样拿起来之后，用大头针围绕着裁剪区域将所有层叠面料固定起来再裁剪。

· 从裁片右侧开始裁剪，以便操作。

· 裁剪面料的时候，将剪刀置于裁剪台面之上，操作时剪刀只是稍微抬起，而不是整个离开台面。

· 移动身体而不是移动面料，找到最佳的裁剪位置。

· 将另一只手轻轻地放在织物表面，接近裁剪的位置，让裁剪过程更平稳。

· 裁剪时，使用刀刃全部的力量，将剪刀完全闭合，再将剪刀打开进行下一刀裁剪。

· 如果可能的话，先裁剪小片，然后再移到大片上裁剪。

· 在裁片整体裁剪下来后，再在相应的位置打剪口。

· 在准备裁剪之前，要确保面料自然平顺地铺排，如果裁剪时面料绷得太紧，当裁剪紧度释放后，面料回弹将会影响衣片造型。

· 裁剪完所有的衣片后，再在相应位置标记定位点。

10点裁剪指南

1. 了解分析面料
2. 预缩和整烫面料
3. 理顺对齐面料布纹
4. 确定裁剪计划
5. 确定纸样排版
6. 在面料上排版，然后固定好纸样，并使用正确的布纹线
7. 将所有的纸样标记到面料上
8. 将所有的衣片全部剪裁出来
9. 转移剪口、标注符号和对位点
10. 一切准备就绪，开始缝制

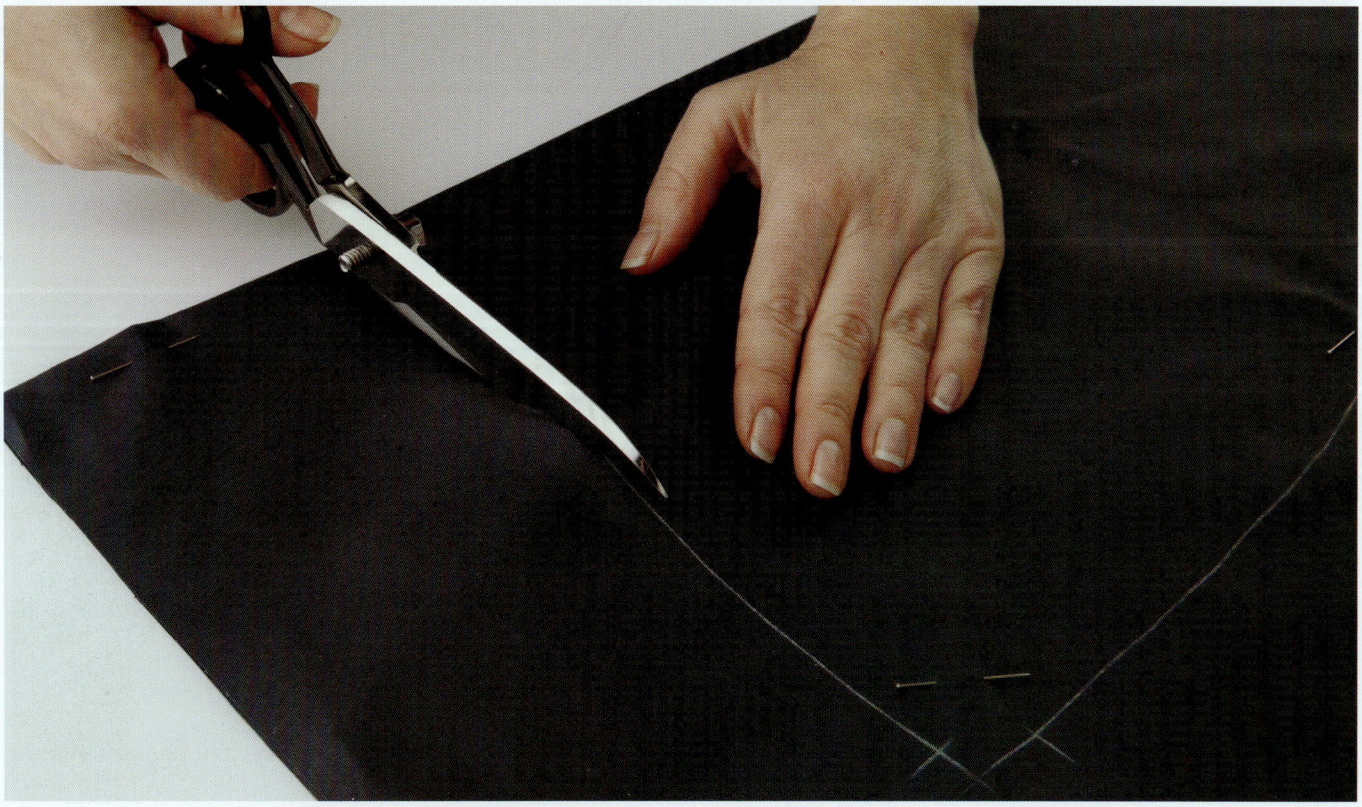

从裁片右侧开始裁剪，并将另一只手按压在剪刀左侧的裁片上

工业生产方法

如果是为批量生产而设计，或者如果你致力于创建个人原创品牌，那么必须参与到整个生产过程之中，你必须全程参与。但如果你选择在一家大型公司里工作，那么全程参与的可能性则不是很大。大批量生产的女装、男装和童装可以分为贴身内衣、内衣、睡衣、运动装、休闲装、工作服、皮革或者皮草类服装等。高级成衣和礼服通常是定制的，但是也可以进行大批量生产。本书所介绍的所有技术，涵盖了专业的手工缝制和机器缝纫的实践案例，无论是制作样品亦或是正式投入生产，这些技术和方法都是适用的。

样品制作

版型师根据设计师的效果图制作出纸样，还要制定出所有制作样衣的尺码表，然后缝制出坯布样衣，用来调整款式和合体程度。样板的裁剪既可以人工进行，也可以用机器完成。

在设计工作室或者在工厂工作的样衣师，与设计师和版型师的关系非常密切，他们用工业缝纫机缝制样衣，并在制作过程中开发和完善设计。他们分工细致，每个人只负责缝制指定范围内的服装，比如裤子或者衬衫，并且只缝纫一或两个品种的面料。工厂里工作的很多缝纫车工都是按件计酬，专业化的生产提升了他们的速度。而为时装公司工作的样衣师主要是为系列服装生产开发而服务，这些设计生产出来的服装将在时装秀场上展示或出现在时装展示厅，然后等待买手购买。

一名样衣师正在为服装公司制作服装，用于时装秀场和展厅中展示

批量生产

批量生产，意味着同一个服装款式，以不同的号型、不同的色彩，大批量地生产出来。工厂里参照尺码表，使用计算机完成纸样版型设计。根据这些纸样，使用激光或者工业旋切机可同时裁剪出多层的服装裁片。不同的服装部位用不同的专业设备进行缝合，例如扣眼是由工业锁扣眼机锁出，底摆折边要使用暗缝缝纫机（盲缝机）来完成，在这里基本不使用手工缝纫。

工厂的一位工人通常只负责服装的一部位，
然后由其他工人进行下一步生产操作

定制生产

定制服装和高级成衣属于量身定做的范畴，只为某一位顾客设计制作单件服装，或者同时为少数特定客户制作。这个范畴包括定制西服、婚礼服定制、皮草服装定制和帽饰定制等。束身衣通常针对某一尺寸表进行小范围生产或者量身定做。在定制服装的时候，要进行个体尺寸测量，然后制作一套符合客户体型的纸样。制作过程中，面料需要手工剪裁，某些细节部位，比如扣眼、底摆折边等，也都需要手工完成。

在定制服装的初步制衣过程中就会使用到人台

小提示：

服装产品的价格，实际上反映了服装生产的难易程度。定制一件夹克，相比批量生产的夹克而言，所需要的制作时间要长得多，因此要有与之相应的定价。不过定制的服装拥有更高的品质，能显示与众不同的个性，更加合身，并且这类服装的穿着寿命更长。

2

缝纫面料和辅料

面料

选择适宜的面料对于服装制作的成败至关重要，因此，设计师必须对不同面料的性能和特点有充分的认识。设计的过程中应收集、对比不同的面料，面料的外观、悬垂效果和手感等都能够激发设计灵感。

时装设计的关键在于选择合适的面料，然而很多初学者在选择面料的时候只看重面料的颜色或者花纹，而不是它的材质，一旦选择了不恰当的面料，设计工作将无法进行下去。例如，羊毛绉纹呢或者丝绸面料能非常自然地披挂于人体，因而能完美地体现体型轮廓。而对于一些结构挺括的服装来说，选择稍硬挺的面料，比如厚重挺括的羊毛面料更为合适。在选择时应考虑面料的质地、悬垂性、结构组织、性能、颜色、尺寸和花纹组织循环、拉伸方向、倒顺毛、透明度和成本。大胆地使用以前从未使用过的材料。在正式制作服装之前，提前制作面料小样，并对后整理效果进行构思。对面料小样进行实验的过程中，将会拓宽你对面料知识的了解，同时还能激发你新的创意。

"S"捻（左）和"Z"捻（右）纱线

从纤维到纱线

纤维通过捻纺丝、拧纱、固化、膨化或者其他的操作方式形成一条连续的交织纤维簇，我们称之为纱或线。纱线纺织的方向我们称为"捻回"，既可以"Z"形（由左向右）捻回，也可以"S"形（由右向左）捻回。在捻回过程中，两根或更多的纱线能以不同松紧度拧合在一起。然后再用纱线通过梭织或者针织的方式制造成面料。

天然纤维、人造纤维和合成纤维

纤维分为两大类：天然纤维和人造纤维。其中天然纤维的主要来源有两个：植物的纤维素，比如棉和麻；另一个来源就是动物蛋白，比如蚕丝和羊毛。人造纤维采用各种技术将原材料（可以是天然的，也可以是合成的）溶解成液体，通过机械旋转和挤压形成长链聚合物，这就是人工合成纤维的由来。纺织而成的纤维既可以是纤维较短的短丝纤维也可是连续不断的长丝纤维，大多数天然纤维是短丝，除蚕丝之外，它是天然长丝。

人造纤维可以是短丝或者是长丝——实际上开始生产出来时都是长丝，但是可以切割成短丝以模拟天然纤维。现代面料通常是将天然纤维和合成纤维混纺在一起，从而克服纤维在单一状态下会出现的缺陷，并同时提升面料的美观性和织物或材料的性能。

智能面料

智能面料，又称为现代材料或者电子纺织品，作为可穿戴的高科技技术，包含有数字元件或者电子产品的材料。诸如传感器、微处理器和电源分配器等元素被纳入到免烫服装中。例如，warmX®面料可以导热，并且在其使用加热电源组时能为身体提供热量。NuMetrex®（心率功能检测内衣）是一家专注于开发智能面料技术的公司，能将心率设备集成在运动内衣上。一些智能面料还能感知和反应环境变化，比如感应气温的变化等。

智能技术可以应用在梭织、针织以及缩绒织物的印花或数字绣花中。可以用传统的缝纫设备制作或者用超声波进行熔接，超声波可穿透织物纤维并将纤维熔融。另一种方法是用黏合剂黏连（详见第309页）。

织物结构

梭织

梭织最少由两根纱，即经纱和纬纱，在织机或制造机上相互交织形成面料。经纱纵向织造形成纵向布纹，纬纱则是横向织造形成横向布纹。梭织物的三种基本组织类型分别为平纹组织、斜纹组织和缎纹组织。

平纹组织是最基本的组织结构，纬纱以上下交替叠排的形式与经纱穿插形成直角，反之亦然。平纹组织的面料并不意味着普通单调——平纹面料也可以表现出各式各样的风格。平纹组织面料结构最为稳定，不仅耐穿，同时也是最适合印花或刺绣的基础面料。虽然相比其他组织结构更容易起褶，但是它不易磨损并且更容易裁剪和缝制。

斜纹组织是最耐用的一种织物组织结构，可制作成经久耐用的面料，如牛仔面料或华达呢，这类面料可用于工作服、外套和套装等。斜纹面料很容易辨认，因为在它表面会形成对角线纹理并在面料表面有明显的突起。这种织物紧密、厚实，它的优点是一旦起皱能很快恢复平整。不过，由于斜纹组织有明显的对角线纹理和绒毛毛向，因此裁剪的时候需要特别注意。

缎纹组织是一种不稳定的斜纹织物，生产成本较高，容易损坏和散脱。尽管如此，缎纹组织却有着光滑亮泽的表面，并能织造出多种最为奢华的面料。缎纹组织非常适合做衬里和用于立体裁剪，因为其有很好的平滑度和悬垂性。

这三种组织形式有时也会变化或者再组合，形成复杂组织或者新型组织。例如提花织物和起绒织物（天鹅绒）。

提花组织可以将三种基本组织形式任意组合，甚至将三种形式全部组合在一起，从而生产出各式各样的花型。提花不仅仅指的是织造技术，也是一种面料的名称。

起绒组织创造出一种立体效果。这种面料是用横跨棒嵌入一组额外的纬纱或者经纱进入基础组织中形成毛圈。这些毛圈割断后，在面料表面形成绒毛，制成起绒织物，比如天鹅绒，又或者毛圈不作任何处理，即留在表面制成类似毛巾布的毛圈面料。面料由层叠的毛圈加工成绒毛，形成了绒毛方向，因此在裁剪和制作服装的时候必须要考虑毛向。更多内容详见第276页起绒织物。

针织

针织面料由一列列相互关联的环节和线圈组成，垂直排列的叫纵列线圈，而水平排列的叫横列线圈。针织面料可以手织，也可以机织，其中机器织造的面料有经编和纬编两种类型。

经编织物包括米兰针织、拉歇尔经编针织、链式经编针织、菱纹针织、衬纬经编、经编提花针织等。

纬编针织包括双面针织、联锁式针织、平纹针织、平纹布、双反面针织、罗纹针织、变化纬编针织、提花纬编针织等。

平纹组织

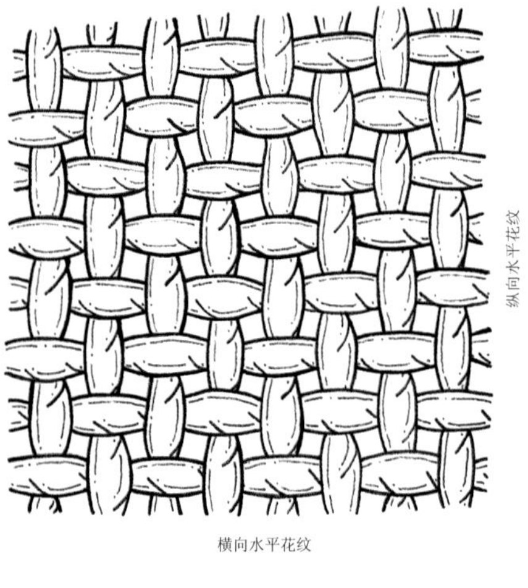

斜纹组织

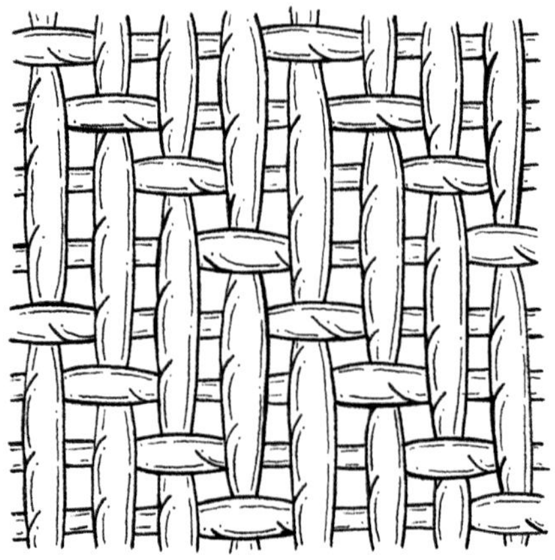

缎纹组织

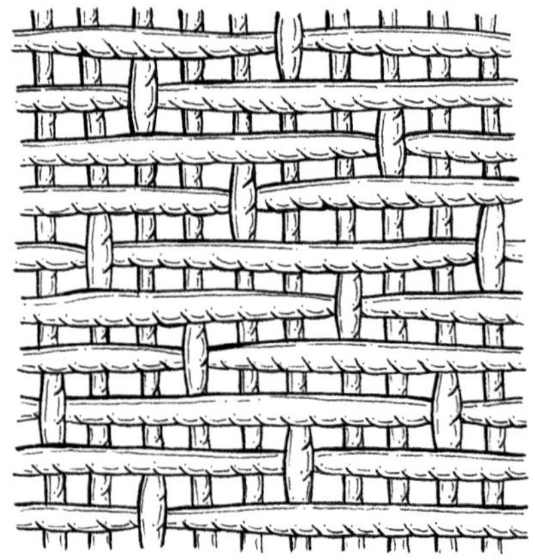

弹力面料

梭织和针织面料里可以加入弹力纤维以提升面料的拉伸性和回弹性。弹力纤维是对各种不同的可伸展性合成纤维的统称，比如莱卡纤维。用弹力面料制作的服装能够最大程度地满足人体活动的弹性需求，穿着也更为舒适。针织面料，如尼龙加莱卡，是制作紧身服装的完美的面料选择，而添加弹性纤维的梭织羊毛面料则是在传统面料基础之上发展而来的现代面料。弹性纤维的发明，使设计师在尝试各种各样不同的新造型的同时也兼顾了服装的舒适性。

毛毡和缩绒

毛毡是非织造面料，它通过使用湿制毡或针扎制毡的方法将羊毛含量至少为30%的纤维压缩凝聚在一起，层层覆盖形成面料。毛毡没有方向性和布纹，可制作成不同的厚度。这种面料具有很强的可塑性，可以利用高温和蒸汽塑造成各种形态。毛毡和缩绒织物容易混淆，毛毡是通过纤维相互进行压制黏和而成的面料，而缩绒则是在制造出来的面料上进行后加工而得到的面料效果。

缩绒是毛织物后处理的过程，制作过程中靠水、摩擦和压力控制面料表面的黏结。面料经过预缩处理之后，原本蓬松的体积会变得更为紧密。麦尔登呢就是应用缩绒处理毛织物的典型例子。

面料后处理

某些化学处理或表面处理方法可以用于面料、纱线或者成品面料的生产过程中，运用这些方法可以提高面料的性能、质量、外观效果、手感和耐久性。以下列举的后整理方法能改进织物的视觉效果，包括漂白、印染、光面加工、压花、打印、缩绒处理和研磨水洗等。同时也可以使用以下方法提高面料品质，包括预缩、丝光处理、防虫蛀处理、磨毛处理、软化或硬挺处理等。一些涂层处理，比如上蜡加工或防水后处理，可以应用在防护服装的防水面料上。以上仅是面料表面处理或化学处理的少数案例。

最好的面料存储包装方式就是卷在一条结实的纸筒上

棉质面料

棉质面料由天然纤维纺成纱线织造而成，这种纤维取自于种植的棉花结出的棉铃（蒴果）。棉铃成熟之后将其采摘，然后从种子上将棉纤维分离出来的过程叫轧棉。长纤维和精细的棉纤维是最贵的，也是能够制造出最优品质面料的原料。比如埃及棉、海岛棉、皮玛棉、比马棉等。太短的棉纤维可用于制造人造丝。

棉花在织造过程中可以全部利用，也可以将其他天然纤维或人工合成纤维混合在一起加工，混纺能提高耐用度、手感和外观效果。丝光棉经苛性碱溶液处理后，能提高强度、表面结构、色彩牢固度以及光泽度。棉织物有各种各样的厚度、表面结构、织纹、颜色和花型图案。棉质面料的生产可以采用梭织和针织两种方式，从而制成极为精细、透明的面料，比如欧根纱，或者经过特殊结构处理而成的耐磨布料，比如斜纹棉。由于棉质的诸多优点和广泛的用途，以至于很多个世纪以来都作为最重要的服装面料，直到今天，仍然是时尚产业最受欢迎的面料之一。

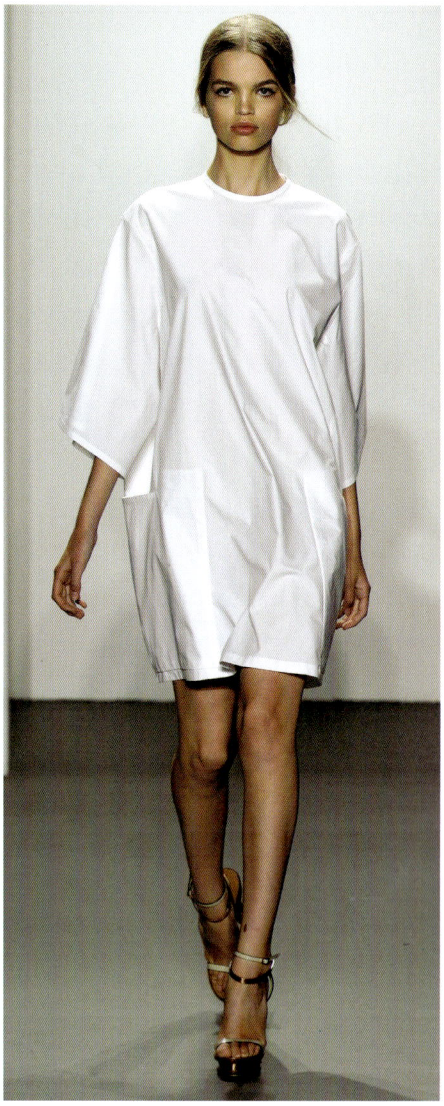

T恤风格七分袖棉布裙，卡尔文·克莱恩（Calvin Klein），2011春夏

植物上的棉铃（蒴果）细节

棉质面料的品质与特点：

· 棉质面料具有吸水性：这种面料吸湿透气性很好，穿着非常舒适。

· 这种面料极为柔软、耐用。

· 大多数棉质面料都非常适宜于制作服装，因为它们在缝制和熨烫时的表现都相当不错。

· 棉质面料的诸多优点使其能塑造出多种多样的服装风格，几乎可以用来制作所有类型的服装，其中包括童装和贴身内衣。

· 棉质面料可以机洗或干洗，这取决于实际的制造工艺或者面料处理方式。

· 棉质面料在浸湿的状态下会变得更加牢固。

· 棉质面料水洗会发生缩水现象，剪裁之前需要经过熨斗蒸汽预缩处理或者面料处理。

· 棉质面料很容易起皱，伸缩性和回弹性较弱。

· 棉质面料非常易燃、易脏，除非经过特殊处理。

印花棉布的厚度适中，棉质面料的表面非常适合印花。这种类型的面料可以用来制作夏天的裙子、衬衫或者童装。

全棉衬衫布使用巴拿马或方平纹的编织式样，这给了它独特的棋盘格似的外观效果。这是薄型或中等厚度的耐磨面料，色彩上以柔和的色调居多。

精纺棉衬衫布属于提花织物，棉含量为100%，表面细滑如同真丝面料，光泽近似于绸缎，主要用于制作特定场合的男士衬衫，这类提花织物可以织造出多种多样的复杂的花样和图案。

条格棉布是一种轻薄的棉质面料，有平纹织造的格子图案。手感摸起来柔软而结实，它可用来制作男士衬衫、女式衬衫、连衣裙、半身裙和童装。

斜纹棉布有斜纹组织，它看上去像牛仔面料，但是色彩上更为丰富。面料上的斜纹线方向从左上方往右下方排列。由于它的耐用性，常用于制作工作服或者制服。

棉府绸是一种精细而紧密的梭织面料，在纬向上有精细的螺纹。该面料相当牢固，但又很容易起褶皱，当用丝光棉纱线制造出来时，会有柔和的光泽。

羊毛面料

羊毛是由蛋白质组成的天然动物纤维。大部分羊毛产自绵羊身上，每年一次从活羊身上将毛剃剪，然后清洗并处理羊毛中的杂质和灰尘。短毛纤维用于织造精纺羊毛面料，而长羊纤维则加工为粗纺羊毛面料。不同国家有不同品种的羊，但是最优等品质的羊毛产自美利奴羊。

实际上还有很多其他类型的特色动物毛，包括安哥拉兔毛、马海山羊毛以及山羊绒、羊驼毛（骆驼的一种）和阿尔帕卡羊驼绒等。特色动物毛质非常精细柔软，制造出来的面料从手感和视觉上都显得高端华贵。它们可以和普通羊毛一起混纺，从而降低成本，同时提升面料的质感和垂坠性。

毛织物可以有很多不同的纹理，同时它的织造方式可以是梭织、黏结或者针织。它可以织造出非常轻薄和凉爽的面料，适宜于制成夏季服装，也可以织造成非常保暖舒适、适合制成冬季服装的面料。

从左上顺时针方向，分别是：美利奴羊、羊驼、骆驼、安哥拉山羊

超大廓型的羊绒外套与缎面衬里，麦丝玛拉（MaxMara），2013秋冬

羊毛面料的品质与特点：

· 羊毛是具有极强吸水性的纤维，同时即使含有水分，也不觉得有潮湿感，因此它在任何气候条件下穿着都会感觉很舒适。

· 羊毛面料隔热效果极佳，同时也有非常好的保暖效果，羊毛面料重量轻，但穿在身上却很保暖。

· 羊毛面料有利于塑造服装廓型，适合于缝纫和熨烫。

· 可以通过蒸汽来进行塑型，通过缝制马尾衬夹层，塑造外套廓型。

· 它富有弹性并有很好的回弹性，这使得它具有很好的抗皱性能。

· 羊毛面料可以机洗也可以干洗，这取决于其制造工艺或者面料后处理方式。

· 羊毛纤维可以和其他纤维混纺，从而提高织物的性能，并且降低成本。

· 羊毛暴露于诸如高热、潮湿、高压和磨损等环境时很容易黏结。

· 不正确地使用过高温度进行熨烫，会对羊毛面料造成永久性损坏。

· 阳光长时间照射、蛀虫和漂白剂都会损坏羊毛面料。

麦尔登呢是一种很结实的面料，传统制作原料为羊毛，此面料不会虚边，表面有着无方向性的绒毛。这种织物经过特殊处理得到缩绒表面，具有哑光效果并且紧密结实。主要用于制作夹克衫和外套。

格子呢是一种具有格子花纹、斜纹组织的羊毛粗纺织物。格子呢通常与苏格兰联系在一起，它们之间有着悠久的历史渊源。这是一种精美的面料，可用来制作苏格兰裙、半身裙、连衣裙、外套和西装。

华达呢是一种编织非常紧密的斜纹织物，在正面有非常明显的对角线纹路，而反面没有。华达呢具有防水和耐磨的优点，是制作裤子、夹克、和外套等不错的选择。

羊绒是一种有着奢华感的面料，穿在身上既保暖又十分舒适，同时兼具极佳手感。这种面料的正面会有顺方向的绒毛，因此裁剪的时候要格外仔细。

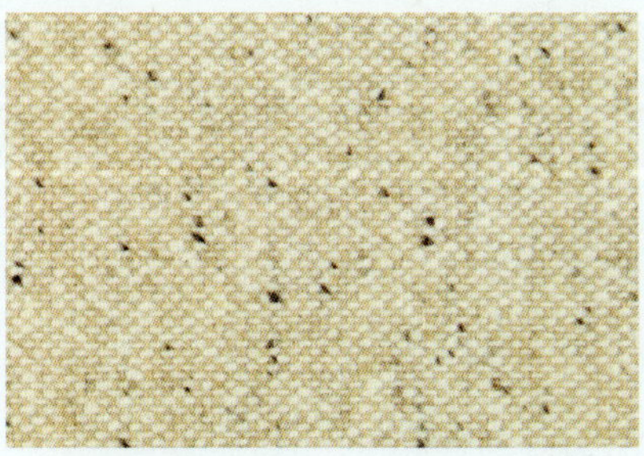

粗花呢是一种厚重的粗纺羊毛面料，有平纹和斜纹两种组织。大多数粗花呢的颜色具有混合花色、斑点效果、格子花纹、条纹或人字形图案。粗花呢表面相对粗糙，因此在制作服装时需要加上衬里。

精纺法兰绒是一种比较轻薄的斜纹梭织面料，它很结实，表面有一层细软绒毛，摸上去手感柔软，适用于定制男装。

蚕丝面料

蚕丝的珍贵在于其光泽感和奢华感是其他材料无法比拟的。它是一种动物蛋白，也是唯一的天然长丝纤维。大部分蚕丝是由人工养殖获得的。蚕丝取自于蚕茧——由桑蚕蛾的幼虫吐出蚕丝形成包裹身体的外皮。一旦蚕茧形成，就用高温杀死里面的蚕蛹，以避免蚕蛹成熟破茧而出而破坏蚕丝长纤维的连续性。蚕茧需要进行脱胶处理，放进开水中软化并去除黏黏的起保护作用的丝胶，桑蚕丝的丝胶去除得越多，生产出的真丝面料品质越好。软化之后，大量的长丝会从蚕茧上散脱下来。

野生蚕丝是由生活在野外或者是半驯化的蚕蛾产生的，它们的品质相对较低。这是由于蚕幼虫孵化成成虫之后会打开一个舱口钻出来，因而蚕茧只能生产出短纤维。有些面料由野生蚕丝织造而成，例如双宫绸，它表面粗糙而不规则。有些野生桑蚕丝未将丝胶去除，表面显现结节的效果。

光泽丝缎和服风格外套，斯特拉·麦卡特尼（Stella McCartney），2010春夏

蚕结茧

蚕丝面料的品质与特性：

· 蚕丝面料被视为最奢华的面料，它手感非常柔软，穿着也非常舒适。

· 蚕丝面料依靠不同的织造方式表现出不同的特性，适用于制作凉爽的夏装或是保暖型冬装。

· 可以制成不同厚度的梭织面料/针织面料、悬垂性极好的薄透面料、厚重硬挺或蓬松型面料。

· 不会产生静电并具有吸水性。

· 蚕丝面料具有一定的伸缩性、回弹性和抗皱性，不过在打湿之后会出现褶皱。

· 大多数蚕丝面料需要干洗，根据面料的不同组织结构来选择制造工艺和面料处理方法。

· 一些蚕丝面料非常光滑，在制作服装的时候操作起来比较困难。制作技巧在于缝制的时候，将面料推送进机器时，避免拉伸面料，也不能起褶皱。

· 对于轻薄的或者中等厚度的蚕丝面料，请选择半宽松或宽松、缩褶、褶裥等风格，避免紧身贴体的设计。

· 蚕丝抗霉变，但是容易被蛀虫损坏。如果长时间暴露于阳光或者过高的温度，会发黄或者变脆。

粗横纹真丝绸质感结实硬挺，表面光滑，具有非常明显的横向织纹。可以用来制作西装或外套，可塑造出雕塑般的立体轮廓。

丝缎表面富有光泽，具有极佳的悬垂性。建立在缎纹组织结构上，正面看上去很有光泽感，而反面则呈哑光状态。丝缎主要用于制作衬衣、连衣裙、半身裙和衬里。

真丝欧根纱是一种非常精美、透明、硬挺的平纹梭织面料，但容易起褶皱。用于制作晚礼服、连衣裙、衬衫和贴身内衣上的小部件，比如装饰和镶边。它也可以作为轻薄面料的支撑衬里。

真丝塔夫绸是一种精细的、挺括和闪亮的面料，它是质感很薄的平纹织物。服装在移动的时候会发出嗖嗖的声响。主要用于制作正式场合穿着的女装、女式衬衫、连衣裙和半身裙等。

真丝雪纺是一种半透明、非常轻薄的稀松组织面料。因其极佳的悬垂性，相较于合体和结构化的服装，真丝雪纺更适合用于塑造整体的轮廓效果。用于制作极具层次感和简洁风格的斜裁服装，非常精美。

泰国绸是一种精细的、富有光泽的面料，质感挺括。以手工编织的传统方式制作出具有独特图案和色彩的面料。适合于制作连衣裙、半身裙、女衬衫以及衬里。图中所示的是高品质的泰国绸衬里，相当细腻、紧密的平纹梭织面料。

亚麻面料

亚麻面料由一种取自植物的天然纤维织造而成，已经存在了许多世纪，其特别之处就在于独特的表面纹理、面料强度以及散热的性能。亚麻纤维通过人工或者机器从植物的茎获得，尽量保证纤维的长度以确保制出更优质的纱线。亚麻纤维属于短纤维的范畴，须纺成纱线再织造成梭织或者针织面料。短纤维被用于织造家用纺织品和粗纺面料，而长纤维则用来织造更精细的面料，随后制成服装和床上用品。亚麻通过劳动密集型的生产方式获取，这也是其价格昂贵的原因。亚麻纤维经常与其他短纤维进行混纺，但“亚麻面料”这个词语称谓仅限于成分为100%亚麻纤维的织物。

亚麻植物的杆茎部分纤长；从植物杆茎获取亚麻纤维，再纺纱织成亚麻纱线

适合夏季穿着的亚麻格子套装，迈克尔·巴斯蒂安（Michael Bastian），2013春夏

亚麻面料的品质与特点：

· 亚麻面料手感凉爽并有良好的吸湿性，非常适宜在炎热的天气穿着。

· 这种面料弹性较差，也比较容易起褶皱，但这种自然形成的褶皱也被认为是一种美的表现。也可在面料中加入液态氨，使面料防皱。

· 亚麻面料在每次水洗后都会变软。

· 面料易缩水，因此在裁剪之前需要预缩处理。

· 织物虚边和接缝滑移是缝纫制作中需注意的问题。

· 在使用亚麻面料进行设计时外形应选择宽松的轮廓、非结构化的夹克和半合体款式、休闲服装等。

· 当折缝和折痕在同一个地方方时，比如领子的折痕或者底摆处，纤维比较容易断裂，此外熨烫产生的折痕很难消除。

· 亚麻面料的颜色会随着使用年限产生变化。

全亚麻面料具有编织条纹。这种细致、轻薄的亚麻面料手感柔软又凉爽，可以用来制作春夏季的服装，如女士衬衫、半身裙、西装短裤、连衣裙和男士休闲衬衣等。

西装亚麻面料是一种非常紧密的平纹面料，需进行挺括处理。面料非常吸湿、结实，穿着柔软舒适，适合用于制作半身裙、西装短裤或者套装。

棉和亚麻混纺面料是平纹梭织面料。亚麻可以和其他天然纤维混纺以提高品质、价格和织物的纹理效果。这种混合纤维织物可以广泛运用于各类服装中。

涂层亚麻面料是一种平纹织物。亚麻面料可以通过特殊工艺处理来改善面料的外观并扩大其使用范围。面料已经经过防水处理，可以用来制作外套，如夹克和大衣。

亚麻席文粗布是一种厚重的亚麻面料，它是一种变化方平组织织物。这种类型的面料纹理十分粗犷、大气和厚重。这种相对蓬松的织造形式显现出立体感或亚麻纤维的不规则特点。这类面料容易塑型，但也很容易虚边。

手帕亚麻面料是一种平纹织物，柔软轻薄并带有缎面光泽。与所有其他亚麻织物一样，容易产生褶皱，并且会表现出典型亚麻面料的不规则表面纹理。这种面料适合制作连衣裙、半身裙和女式衬衫及男士休闲衬衫。

人造纤维和合成纤维面料

第一种人造纤维即人造丝，也称做黏胶纤维，在19世纪末开发，目的是用以取代昂贵的真丝。发明这一生产过程受到了蚕吐出蚕丝纤维的方式的启发。材料原液挤压后穿过喷丝板上的孔形成一根连续不断的长丝聚合物。这种长丝纤维可以分解，融入主要原料用于模拟天然纤维。人造纤维分为两类：

· 人工或人造纤维，由某种天然纤维再生而成，比如纤维素，形成的纤维包括黏胶纤维/人造丝和醋酸纤维。

· 完全利用化合物加工而成的纤维，主要是石油，形成的纤维包括尼龙/锦纶、丙烯酸/腈纶、聚酯和氨纶等。

许多人造纤维经过处理之后，从触觉、视觉和质地上或者结构上都非常接近天然纤维。最初的低成本替代品现如今已经成为一个成熟的创新型纺织行业，为现代时尚行业开发出了理想的新型面料。

多层次透明合成欧根纱礼服，马克·雅各布（Marc Jacobs），2012春夏

黏胶纤维、醋酸纤维、尼龙纤维、聚酯纤维的品质与特点：

黏胶纤维：

· 黏胶纤维是一种柔软、舒适的面料，可以用来仿制棉、蚕丝、羊毛和亚麻。

· 这些纤维容易产生静电。

· 一些黏胶纤维面料会缩水，在裁剪之前必须要经过水洗。

· 一些黏胶纤维面料几乎没有弹性，回弹性不佳，所以很容易产生褶皱。

· 黏胶纤维易被高温熨烫损坏。通常在反面熨烫，或者在正面熨烫时中间隔一块烫布。

醋酸纤维：

· 醋酸纤维面料穿起来从质地和外观上给人以奢华之感。

· 这种面料不会起球。

· 高温熨烫会使醋酸纤维熔化。

· 醋酸纤维面料很容易损坏，形成小孔或被撕裂。

尼龙纤维：

· 尼龙是一种结实耐用的纤维，最初运用于长筒丝袜和内衣。

· 它有弹性，容易打理，抗皱和防水。

· 它可以用来梭织、针织和制作成无纺布。

· 尼龙不容易放松铺平，不易车缝，容易跳针，并且缝好后接缝处会很皱。

· 高温熨烫会损坏尼龙面料。

聚酯纤维：

· 聚酯纤维面料有很好的弹性和回复性，且不易产生褶皱。它们易于打理，需要适当地熨烫。

· 100%醋酸纤维面料吸水性很差，穿着起来不舒适，因此经常与其他天然或人工合成的纤维一起混纺。

· 聚酯纤维不容易放松铺平，车缝时容易跳针，并且缝好后接缝处会很容易起皱。

· 预先熨烫聚酯纤维面料可以使其更加柔软，便于缝制，但是很容易在高温环境中损坏，因此熨烫时要多加小心。

· 聚酯纤维面料适宜在服装边缘和折叠处使用。

卢勒克斯织物是一种将金属丝与其他纤维进行混纺得到的面料，比如与聚酯纤维或真丝混纺，它非常轻薄、平滑和富有光泽，这种面料注重的是美感而不是耐久性。卢勒克斯织物可用来制作宽松风格的服装或立体裁剪。

合成橡胶面料是一种柔软、有一定厚度的起泡棉状织物，结构上是两层面料压合在一起，背衬要么是聚酯纤维要么是尼龙的经编针织面料。它具有防水、耐磨、有弹性等特点，可以用来制作防护服、潜水衣和防水连靴裤等。

压花涤丝纺有一层薄薄的金箔细节处理和不规则压花图案。它由蚕丝或合成纤维制成，属于硬朗、光滑的梭织织物。它的悬垂性很好，和典型的塔夫绸一样穿着时会发出嗖嗖响声。它被用来制作女装礼服，女式衬衫、连衣裙和半身裙。

涤纶色丁由合成聚酯纤维制造而成，仿真丝色丁但价格又比它便宜很多（详见第67页）。它的质地虽然没有真丝色丁那样光滑，但它的正面也十分有光泽感，很适合制作有垂褶或斜裁的服装。

网眼面料是一种透明的网状面料，通常是用尼龙或者聚酯纤维织造，网眼面料有不同的构造方式，并且有不同的软硬质地。它用于制作特殊场合穿着的礼服，也可以当做夹层或支撑衬底，制作衬裙、内部结构或者作为装饰。

PVC或者叫**聚氯乙烯**是一种通过石油化工生产出的具有弹性的材料。PVC涂层可以应用于梭织、针织和无纺布面料上，以使面料具有防水，耐磨和抗化学品的性能。PVC是理想的制作雨衣和防护服的材料，它也可以制作较复杂的轮廓造型。

特殊质感面料

特殊质感面料是试验性或者非常规的服用面料，因其在制作过程中对织物结构经过特殊处理，使得面料裁剪、缝制或者熨烫过程更难进行。此类面料包括：塑料材料、拉毛材料、橡胶材料和亮片面料等，还包括皮革、翻毛皮和皮草等。更多相关的信息内容以及此类面料制作方法，详见第5章，针对不同面料的制作工艺。

金属贴片效果的套头衫和长裤，艾克瑞斯（Akris），2012秋冬

绣花机

特殊质感面料的品质与特性：

此类面料的特性取决于具体的面料材质，一般特性如下：

· 钉缝面料上可能会留下永久性的痕迹，因此缝制之前应提前进行测试。

· 须进行熨烫测试，通常此类面料不能使用高温过度熨烫，因为表面肌理很有可能压扁，从而破坏效果。有的面料需要进行反面熨烫，或者熨烫时在中间隔一层烫布。还有一些特殊面料，比如乳胶或皮革，绝对不能进行熨烫，所以此类面料的缝合需要正面缝合或者胶黏的方式。

· 大多数特殊材质面料只能干洗。

· 须提前试缝样品，大多数特殊质感面料很有可能出现跳针和缝份不平整的情况。

· 可能需要专业裁剪设备或者专业缝纫设备，比如特氟龙压脚或针对黏性材料的同步压脚。

· 设计时要考虑服装风格和裁剪需要，一些设计实际上并不适合使用特殊质感面料。例如，金属亮片面料并不适用于设计有大量缝口的服装款式，因其会破坏金属亮片的完整性。

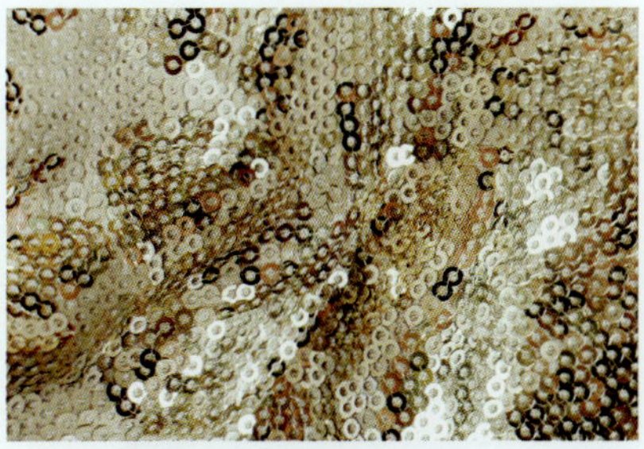

亮片面料是一种极为华丽闪亮的面料。亮片缝制或者黏合于针织或梭织的底布面料上，可以构成单独的纹样或者满地图案。亮片面料需要特殊的缝制和裁剪方法。

皮革取自特定种类动物的天然皮肤或称做兽皮，牛皮、羊皮和猪皮等。制作皮革类服装需要专用设备。不同的加工工艺方式会呈现出不同的外观效果，以反映出相应的潮流趋势，例如金属光泽漆的处理。现今种类繁多的人造皮革可以以米为单位进行购买，这意味着服装制作不再受到皮革面积大小的限制。

人造皮草仿造真正的皮草，即覆盖在动物皮肤之上的一层浓密的体毛。仿皮草由长丝纤维制成的合成纤维植入到底布上。优等的人造皮草，与真正的皮草相比足以达到以假乱真的视觉效果，唯一的明显区别是面料背面。

织锦是一种极其精细的提花面料，通过特定的编织方法制成丰富而华丽的图案。正面具有三维立体的图案效果，而背面的图案则没有那么明显。大多数织锦质感厚重，常使用金属丝或者各色丝线显现出一种华丽的面料外观效果。

塑料面料是非织造类材料，可以有不同的厚度和色彩，能制作成透明或者不透明的。具有全防水的特性，可以用来制作整件衣服，如雨衣，也可以将其部分拼接到服装上。一层透明的塑料面料覆盖于另一种面料上营造出趣味感。

蜂窝纹面料是一种使用蜂窝织法的梭织面料，这种织法使得面料正反两面都呈现出规律排列又三维立体的图案单元。吸湿性很好，经常用于制作童装、运动服或休闲装等。

针织和平纹布

针织面料有不同的厚度、纹理，以不同的材质织成，可以使用全天然材质或人工合成纤维，也可以将两者进行混纺。与梭织面料相比，针织面料具有很强的伸展性，利于塑型，有些还含有弹性纤维，从而大幅提升弹性，使其更紧身合体，同时还具备很好的回弹性。与梭织面料一样，针织面料也有布纹线：直向布纹称为纵列（经向线圈）；横向布纹称为横列（纬向线圈）。

针织面料使用编织针对纱线进行编织，形成一系列相互连结的线圈。机器针织可以制作出纬向针织，即一根纱水平横向地来回行进；机器针织也可以制出经向针织，即每一纵行都由一根单独的纱垂直运行。而手工编织的针织面料则基本上都是纬向编织。针织面料的正面称为平针线圈/针织，反面称为双反明线圈/针织，而纹理形态则取决于织针的尺寸和纱线的粗细。平纹布一词可用于所有类型的纬平针织面料：单面平纹布的一面是纬平针织，另一面则是双反面针织，而双面平纹布两面看上去都相同，厚度也可以是单面平纹布的两倍。配备提花装置的编织机，可以制出有精美图案的针织面料。

通常针织面料的生产制造方法与梭织面料不同，更多信息可参考第254页——针织及弹性梭织面料。

不同纹理针织面料拼接的上衣和裙子，路易斯·戈登（Louise Goldin），2013秋冬

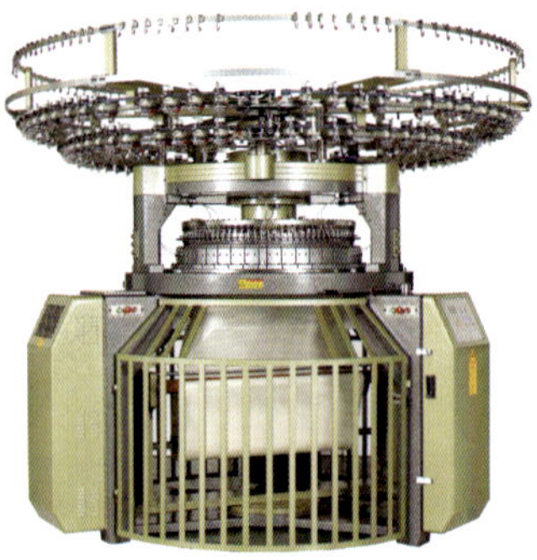

针织大圆机可以制作单面或双面平纹布

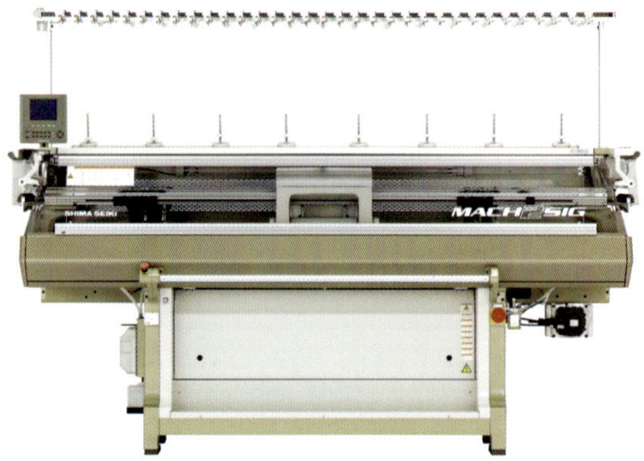

针织横机，可以配备提花装置

针织面料的品质与特性：

· 无论单向还是双向，针织面料的拉伸度要远大于梭织面料。

· 针织面料摸上去比较柔软，穿着很舒适，也有很好的悬垂性。

· 针织面料能抗皱，但是会产生折痕。

· 根据面料成分而定，针织面料可以机洗或干洗。

· 熨斗不要直接在针织面料表面上熨烫，这样很容易烫起极光。

· 针织面料需要用专业缝纫设备缝纫，比如包缝机、锁边机、盖缝机，以适应这种面料的天然弹性。

· 使用圆头针缝纫可避免跳针和挂洞的情况发生。

· 设计针织服装，款式尽量不要有太多繁琐的细节。

· 平纹布裁剪后会卷边，不会保持挺括结构的外观效果。

· 双面平纹布比较容易裁剪和缝制，可以保持结构化的外观效果，不易偏离和磨损。

单面平纹布是一种精细的纬平针织物，一面是垂直罗纹，另一面是平面反编针织式样。主要用于制作休闲装和运动装。上图为羊毛质地的平纹布。

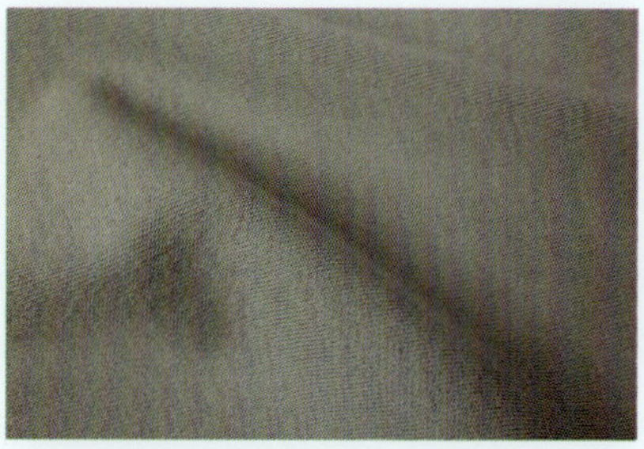

双面平纹布双面都呈现垂直罗纹的形态，与单面平纹布相比，更加结实厚重，用于制作更为复杂的针织服装衣片，如上衣、裙装和夹克等。上图为纯棉双面平纹布。

针织绒布是一种单面组织针织面料，一面是垂直罗纹，另一面是抓绒，穿着起来非常舒适，用于制作运动服和便装等。图示为开司米混合针织绒布。

网眼面料具有镂空结构，可以针织、钩花，有时也可以使用梭织方式织造。面料舒适、弹性极佳，常用来制作运动衫的衬里或服装的局部，或者女士内衣和休闲服装。图示为细小针织网眼面料。

罗纹针织面料由纬编双面针织加工而成，规则地进行重复编织和反针编织。这种针织的弹性比其他纬编针织要大，是制作紧身服装的理想面料。它经常用于休闲服装的领口和底摆处，还可以制作连衣裙。图示为羊毛罗纹针织面料。

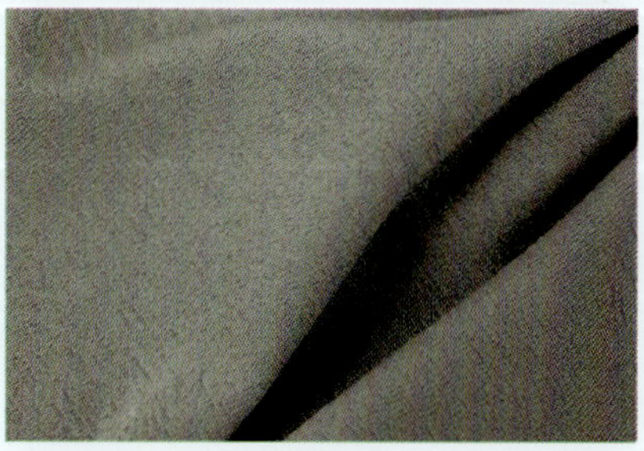

含莱卡的黏胶纤维平纹布大幅提升了拉伸性，因此更贴体，同时保留了较佳的回复性和保型效果。手感柔软，穿着也很舒适。这种面料可以用来制作女士紧身胸衣和泳衣，制作凸显身材的服装也是不错的选择。

里料

里料是服装的内部衬里，用以保护缝份接缝不受磨损。有助于保持服装的造型，并具有改善耐穿性、手感、舒适性和品质的作用。服装可以根据功能的不同，设计为装全里料和半里料。当选择适合的服装里料时，需要考虑面料的材质、织物的结构和厚度、色彩以及花纹等因素。里料有不同的材质，如蚕丝、棉、聚酯、锦纶、黏胶和超细纤维。如果需要光泽感和透气作用的里料，可以选择真丝、黏胶锦纶或聚酯里料，若想增强保暖效果可以使用夹棉或抓绒的里料。在考虑面料类型时，一定记住不能忽视服装的功能性，一件外套的口袋内袋，选择使用何种口袋布会提高其耐久度，而制作一件奢华的裙装，选择缎面色丁衬里最为合适。

里料面料可以是梭织面料或针织面料，但一定要与外层面料结构相匹配，例如：梭织面料选择梭织里料，针织面料选择针织里料。相比弹性面料而言，弹性梭织里料和针织里料皆可，弹性梭织里料也可以用于针织面料，但需要预先测试。里料有不同的厚度，理想的里料应比面料更加轻薄，否则将很有可能改变服装的外观效果，服装看上去呆板笨重。最后还要考虑色彩和纹理，尽管只是一件服装的衬里部分，但也是服装设计中很重要的一部分。许多设计师用衬里展示品牌商标。如奥斯华·宝顿（Ozwald Boateng）将颜色亮丽的里料用作西装外套衬里。更多与服装里料应用相关信息，请参考第212页的内容。

图中的外套在贴边、风帽和袖口处使用颜色对比强烈的衬里，作为其标志性的设计特征。芬迪（Fendi），2014春夏

里料的品质与特性：

· 里料覆盖于服装内侧，不仅有助于保持造型还能延长服装的使用寿命。

· 里料通常使用光滑的面料，利于服装的穿脱。

· 可为服装起到保暖和隔热的作用。

· 添加衬里可以防止服装拉伸变长。

· 有衬里的服装工艺品质显得更高档，因为这使服装更有型，同时也减少了外层面料起褶皱的可能性，服装不会紧贴身体，因而悬垂性更好。

· 使用具有潜在风险的刺激性面料时，如羊毛或者亮片面料等，服装的衬里对皮肤起保护作用。

· 添加服装里料会增添其奢华感，同时穿着更舒适。

· 里料面料应比外层面料轻薄，同时不易褪色和不易产生静电。

人字纹衬里是一种非常结实的斜纹梭织面料，表面有梭织条形花纹，常用于定制服装。

口袋布是一种织造非常紧密的平纹纯棉或者棉混纺梭织面料。经久耐穿，常用来制作口袋内袋。

色丁里料是一种常设计为波点图案的缎面梭织面料。缎面梭织面料赋予了此类衬里正面一种奢华闪亮的质感，与反面的哑光完全不同。此类面料还可以用来制作连衣裙、夹克、外套和半身裙的衬里。

加厚黏胶衬里是斜纹针织面料，这种里料非常耐用，用来制作夹克、外套的袖子和口袋内袋的衬里。

纯棉衬里是一种平纹梭织面料，尽管纯棉衬里不如真丝或黏胶衬里光滑，方便服装穿脱，但与皮肤接触时既透气又舒适，所以常用来制作休闲或运动装的内衬。

绗缝衬里用两层面料制作，即面料和填充物，将两者缝合在一起，因此较为厚重，在裁剪服装面布时要适量放缝，适应较厚的里料。绗缝衬里可以增加服装的保暖效果并起到装饰作用，以实现复杂的轮廓。

蕾丝

蕾丝是一种有镂空结构、极具装饰效果的精美面料，从透明柔软到繁复厚重，也可以呈现硬挺粗糙的质感。手工制作的蕾丝，不论是梭结花边还是刺绣花边，都是非常昂贵和结构复杂的纺织品，需要用精湛的技艺和大量的时间来完成。机器织造蕾丝需借助不同的机器设备，并且运用旋扭法、编织法、刺绣等技术完成织造。大部分纤维都可以用来制作蕾丝，例如莱卡混纺弹力蕾丝，这是制作紧身合体服装和贴身内衣的理想材料。传统蕾丝用做特殊场合的服装面料，或者用来制作装饰物或是镶饰，但由于价格低廉且更加大众化，蕾丝面料现已大量广泛使用。

大多数蕾丝面料分为以下类别：

· 尚蒂伊蕾丝的纹样设计以花卉和植物分枝为主，图案由浓密而柔滑的丝线组成。

· 阿朗松蕾丝是一种在网眼基础上用细绳绣出图案轮廓，图案以精美的花卉和垂饰设计为主，阿朗松蕾丝的图案比尚蒂伊蕾丝更加精美细致。

· 全幅宽蕾丝有重复的图案横穿整个宽幅，可以像其他面料一样裁剪和缝制。作为一种相对廉价的蕾丝，可以整件服装使用。

· 凸纹蕾丝又名威尼斯蕾丝，是一种结实硬挺，且带有绣花设计的棉质蕾丝。面料下面有一层基础材料，可以在后续操作中融化。

· 克纶尼蕾丝是一种较粗的棉布蕾丝，用来制作装饰物或者与不太正式的面料进行组合。

· 席弗里蕾丝是一种制作在细网眼上的链式刺绣蕾丝，精美通透。宽度较窄，需要进行修剪。

更多与蕾丝加工技术相关的内容请参考第270页蕾丝、亮片和钉珠面料。

阿朗松蕾丝罩衫和分层花边蕾丝连衣裙，艾尔丹姆（Erdem），2011春夏

蕾丝的品质与特性：

· 大部分蕾丝都透明精致。

· 有些扇形饰边，而不是布边，可直接用来制作服装成品的边缘。

· 蕾丝面料通常幅宽很窄。

· 蕾丝易磨损，很容易钩挂。

· 在使用复杂的蕾丝时，尽量减少接缝，以免破坏蕾丝图案的完整性。

· 蕾丝面料没有布纹但是图案往往显示了同一个方向，裁剪的时候须考虑。

· 一些蕾丝必须使用透明硬纱或网眼布作为基础，然后进行排列和加固。

· 蕾丝面料的幅宽方向比长度方向的拉伸性更强。

六角网眼纱织机将缠线管穿过并围绕垂直的纱线制造蕾丝

尚蒂伊蕾丝是一种非常精美的线轴蕾丝，有扇形边缘，可以用来制作领子和底摆。尚蒂伊风格辅料也用于女用贴身内衣、睡衣和其他服装。

阿朗松蕾丝起初是在网眼布上的刺绣蕾丝，图案为古典的花卉图案和天鹅。因其没有布边，扇形边缘可直接作为成品的边缘。

钩编蕾丝图案繁琐厚重，有一种质朴的外观效果。

瓦尔蕾丝，也叫做瓦朗谢纳蕾丝，是一种狭窄平滑的蕾丝，网眼作基底，图案设计为循环的菱形花卉。

凸纹蕾丝开始时是刺绣材料。这种蕾丝制作在一个可以融化的基底上。可以用作面料或者辅料。

镶边蕾丝两个纵向边都是成型的精致花边，通常是扇形边，可以用来作为成品装饰边处理。镶边蕾丝可以用来制作整件服装或者只作为服装的一部分。

缝纫辅料

扣合件

扣合件使服装能够闭合，从而方便穿脱，扣合件的选择应与服装设计的款式相搭配。扣合件玲琅满目、种类繁多，其中包括各种钮扣、拉链、尼龙搭扣、四合扣、风纪扣、磁力搭扣、带扣和孔眼等。服装可以边对边的形式闭合，一种是边与边对接形成闭合；另一种是一条边与另一条边在合适的位置相互延伸重叠形成闭合，例如钮扣和扣眼。扣合件可以用在服装表面，也可以作为结构元素加以运用。在开始设计和制作之前就要仔细考虑扣合件的使用方式，绝不可事后处理。

选择扣合件时应考虑的因素：

· 服装的设计风格。

· 扣合件的设计、位置和作用。

· 服装的用途和保养。

· 面料的品质、图案、厚度和透明度。

· 扣合件的耐用性和安全性。

· 缝纫设备的类型以及相关的使用技巧。

· 成本。

· 当前的时尚潮流。

钮扣

钮扣用来连接扣眼或扣襻，具有功能性或者装饰性。钮扣可用各类材料制作，包括木头、珍珠贝母、骨头、皮革、玻璃、兽牙、银、金、铜、锡、陶瓷、橡胶和塑料等，也可以在钮扣上覆盖面料，钮扣的形状和尺寸也多种多样。钮扣可分为两种基本类型：有孔钮扣，通常为两孔或四孔，并由缝针加固；有柄钮扣，下面有一个圈眼进行加固。钮扣可以手工缝制，也可以使用专业钮扣缝制设备机缝。设置钮扣位置的时候，不要忘记受力的关键部位，比如穿过胸部或胸高点部位，还有腰线部位设置钮扣位。更多详细内容请参考第224页——扣合方法。

两孔平扣　四孔平扣　圆顶工字扣　半球形工字扣　满球工字扣

钮扣的尺寸根据其直径测量的数据而定（缩写为L），为国际通用标准，请参阅下图：

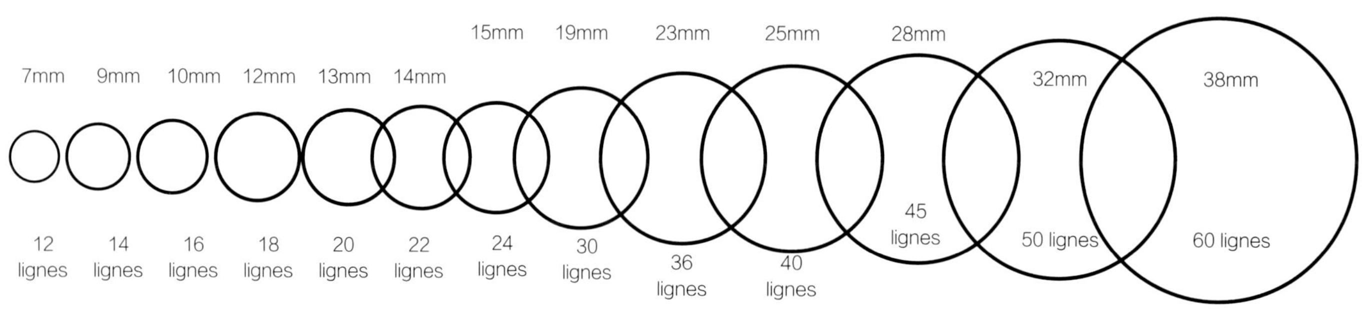

衬衫钮扣通常都非常小，素色且形状扁平，有两个扣孔。

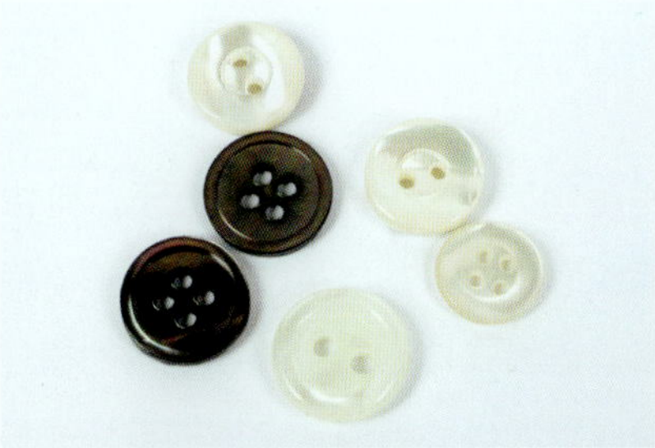

珍珠贝母钮扣常用于男女式衬衫。

夹克和外套钮扣是中至大型号的钮扣，可以是有孔钮扣也可以是有柄钮扣，根据服装设计选择运用，例如一件军装风格的外套大衣很可能就需要有柄钮扣。

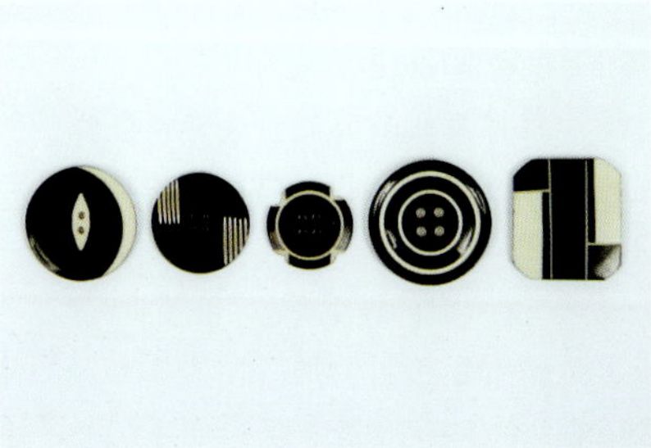

装饰性钮扣有各种尺寸和形状，几乎适用于所有服装，尽情发挥你的创造力，搭配出新的可能性。

包扣有的已经包覆一层面料，或者可将其包覆服装所使用的面料，如中式球形风格包扣。

裤子和裙子钮扣通常是平扣，要考虑扣上之后还要系上一根皮带，穿着者不会产生不适感。

裙装钮扣变化多样，具体使用取决于服装的款式设计，并考虑门襟前开还是后开。

衬背钮扣缝于一件外套或夹克的内侧，在外侧门襟钮扣的正背后。可以防止面料在外侧钮扣系上之后，因受力面积过小而产生拉扯穿透或撕裂。

小提示——选择合适的钮扣：

·考虑服装设计的需要，一些经典款式应搭配常见钮扣，这样才看上去协调，比如风帽粗呢外套应搭配木质栓扣。

·根据门襟的区域大小和服装的比例，选择尺寸合适的钮扣。

·不要在服装的后中心线上开门襟，且使用满球型钮扣，因为当穿着者向后躺下的时候会非常难受。

·扣眼的类型一定要与钮扣的类型相匹配。

拉链

拉链是由一个可滑动的扣合件和一对各有一排金属或树脂齿牙的可连锁的编织条带组成。由于制作成本较低，有各式各样的风格、色彩、长度、厚度，使用起来方便快捷，因此拉链常用于半身裙、连衣裙、裤子、夹克和外套上。拉链有两种基本类型：线圈拉链和链齿式拉链。线圈拉链通常厚度较薄，所谓线圈实际上就是拉链的齿牙，可由聚酯或尼龙材料制成类似线圈的形态而得名。链齿式拉链由金属或塑料的模压单独成型的齿牙组成，金属的链齿式拉链主要用于牛仔裤、工作服和任何需承受压力的服装。

拉链以不同的方式嵌入服装，以适应设计需要、材质、用途和拉链类型。例如隐形拉链嵌入接缝中，从服装外面观察看不到拉链。其他类型的拉链是外露的，齿边和拉链齿暴露在服装表面，或者遮盖住，用接缝折叠成两条边缘遮盖或者用门襟遮盖住拉链。

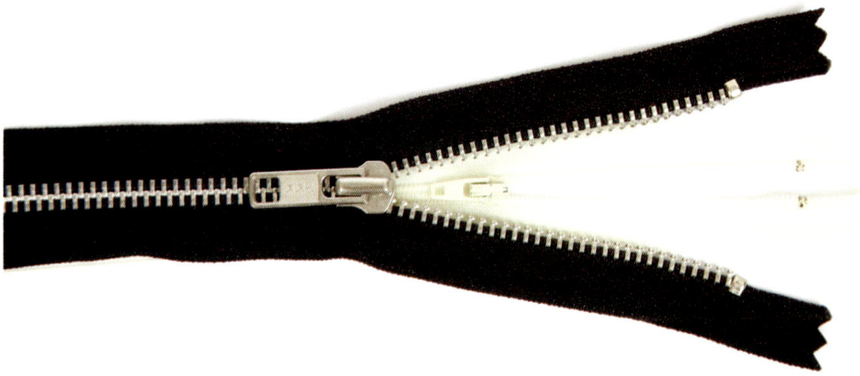

由独立齿牙组成的金属链齿式拉链（黑色）和由塑料齿牙组成的线圈式拉链（白色）

小提示——拉链的应用：

·针对服装设计要求、面料和特性等选择合适的拉链和缝制方法。

·根据具体的缝制方法裁剪纸样，门襟拉链的纸样和隐形拉链的纸样裁剪方式不同。

·有时拉链的长度决定了服装的长度。

·确保缉明线的方法和线型与服装的设计和面料的选择相匹配。

·将面料轻轻地置于拉链上，而不能相反，上拉链时，面料不能拉得太紧。

传统拉链可从顶部拉开，从尾部闭合，可以是线圈拉链也可制成链齿式拉链。用在服装上需要单向打开的部件，比如裤子、半身裙等，可以缝在服装表面或制成隐藏式。

开放式/分离式拉链的两头都可以打开，有些型号的拉链有两个拉链头，可以从两端进行操作。拉链可以是线圈式或链齿式，型号分为轻型和较粗的大号拉链。此类拉链通常用于夹克和外套，可以缝在服装表面，也可缝制成隐藏式。

隐藏/隐形拉链是一种线圈拉链，齿牙隐藏在拉链背面。制作时需采用特殊缝纫压脚。将拉链嵌入开口处后，从外面看上去类似一段连续的接缝，看不到明线针脚和拉链。这种拉链可以打造常规或是开放式的款式效果，当使用明拉链会破坏设计效果或要求线条的平滑效果时，需要使用这种拉链。

尼龙搭扣

尼龙搭扣由两片梭织尼龙带组成，一片表面布满带钩的刺毛，另一片表面布满柔软的绒毛。当把两层压在一起的时候，就牢牢地锁住了，需要的时候直接撕开即可。服装需使用尼龙搭扣连接的时候，钩带缝在下面，绒带缝在上面，两者对齐。尼龙搭扣可以用来代替钮扣和拉链，但并不总是适用，因为钩带会钩坏服装面料。而在松散的面料上使用尼龙搭扣，钩带也会因为黏上很多松散的纤维而失去黏性。

缝制型尼龙搭扣带，有胶卷带的形式，也有单独的圆环形式

按扣

按扣，又叫做五爪扣或揿扣，当需要平整光滑的门襟设计时，可以用来代替钮扣。按扣有不同的尺寸大小，由一对塑料或者金属质地的圆形铆接件（公扣，顶端）和凹形嵌合件（母扣，底端）相互扣合而成。按扣的不足是扣合时不太牢固，很容易扯开。缝纫用按扣可用手针缝在服装的内侧。当缝在服装表面时，应使用免缝按扣（四合扣），在顶端要加上装饰盖帽，使用特殊的按扣钳子在底部用铆钉固定连接。覆盖在上层的面料在装饰帽和凹形嵌合件母扣之间固定，下层面料则固定于铆钉和有圆球形铆接件的公扣之间。这类按扣通常用于休闲外套上。

1
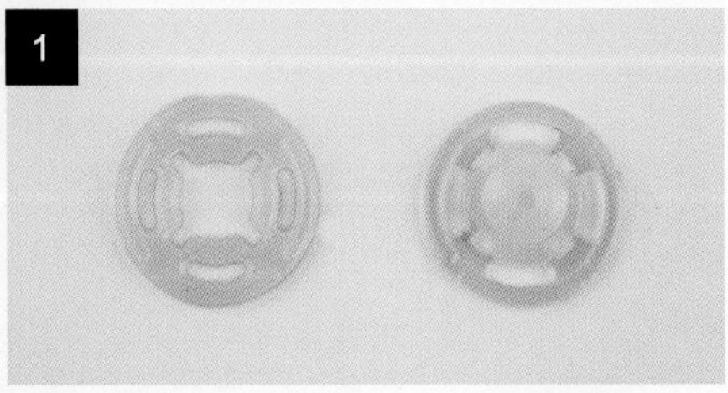

2

3

4
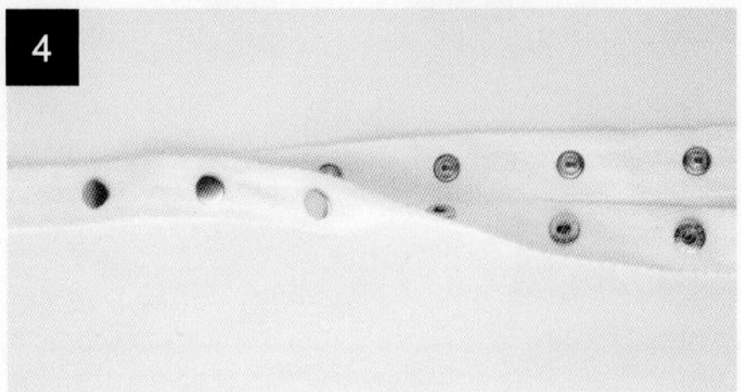

1一副塑料按扣，需用手针缝钉。

2一副金属按扣，需用手针缝钉。

3一副免缝按扣（四合扣）。

4在牵条上起固定作用的按扣。这套紧固带一边是圆球形铆接件公扣，另一边是凹形嵌合件母扣，可以相互扣合在一起。

风纪扣

风纪扣由一个挂钩和一个扣环或绳圈组成。可以作为一组单独使用，也可以两组或成倍使用，有多种尺寸和类型，一般用于领扣、裙子或裤子腰头上，通常会与另一个扣合件结合使用，比如运用在拉链顶端。

通用风纪扣的扣环为圆形或直环。直环扣的风纪扣用于重叠的边缘，比如腰头。圆形扣环风纪扣用在邻近的两种织物边缘处。两者都需要手工缝制。

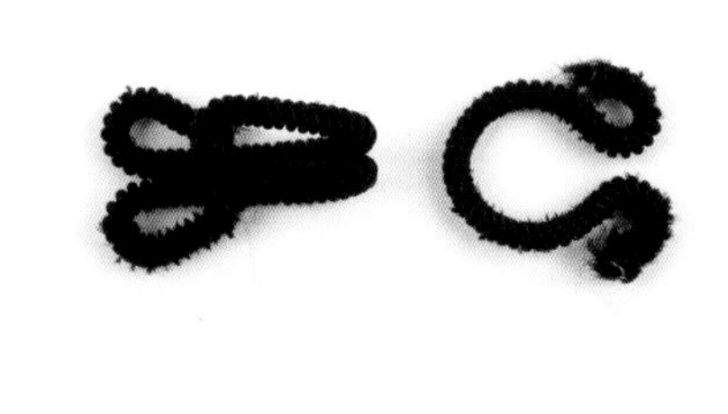

覆盖式风纪扣更大，主要用于长毛绒面料和皮草材质的服装，需要手工缝制。

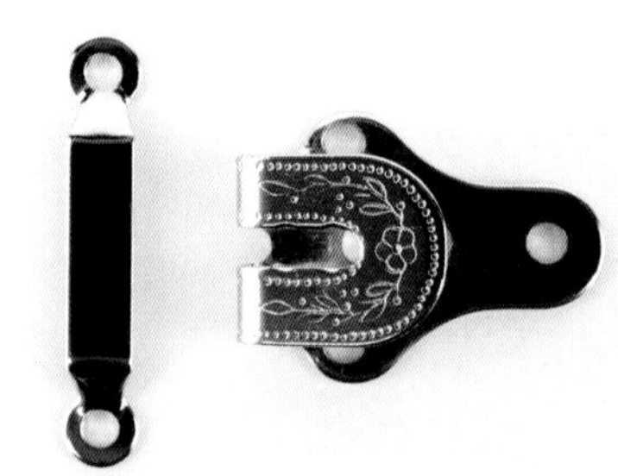

耐用型风纪扣用于裤子和半身裙腰头内侧，不会在服装表面显露出来。使用手针缝钉或者特殊设备捶打固定在服装上，非常牢固。

风纪扣带条的材质有棉质、透明硬纱、色丁和尼龙等，带条上包含有一排或者双排风纪扣。带条按米购买，主要用于塑身衣和贴身内衣上。

磁力搭扣

缝纫用磁力搭扣由两个磁性圆碟组成，使用时隐藏在内外两层面料之间，所以在面料表面是看不到的。可以使用手针或者机器缝制固定在相应的部位。磁力五爪扣扣合件，可以将隐藏式磁力圆碟与凹形嵌合件母扣和圆球形铆接件的公扣相结合，缝在面料表面，也非常适用。

一副扣夹式金属磁力搭扣（左图）和缝入式磁力搭扣（右图）。扣夹式磁力搭扣用在无需手缝或机缝的设计上

插扣和钩扣

通常腰带两端会使用扣件固定。扣件分为不同的设计，一些有插脚，而另外一些设计可以滑移缩动。可购买成品扣件或在上面包覆与服装相匹配的面料再使用。可到旧货集市和古玩小商店中发现一些款式特别的插扣和钩扣。

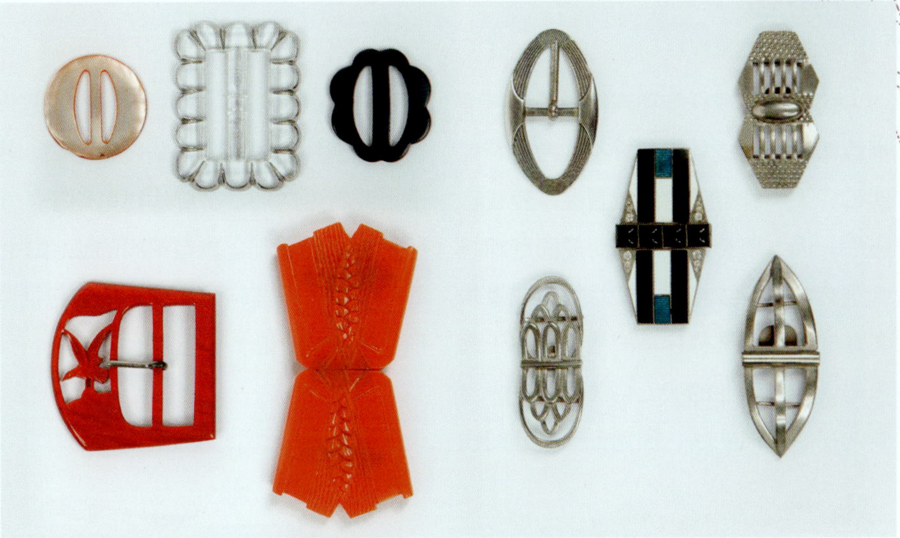

1920年的插扣和钩扣

其他扣合件

另外还有一些配件可用来扣住服装，或者控制调节服装的形状和体积。

D形环有不同的尺寸和材质，可以用作肩带的可调节连接件或是作为腰带扣。

盘扣有已经制作为现成样式的，也可以选择面料设计制作原创样式。

旋转安全钩、扳机锁钩和扣环用作接合点或者作为皮带连接件。

撑夹被附在每个松紧带的末端，然后夹在服装的前面和后面，比如裤子，就可以通过撑夹上提并固定。

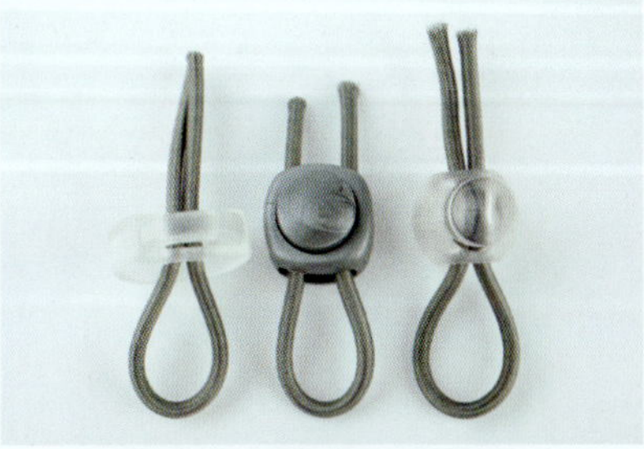

套锁扣有不同的尺寸和材质，用来调节服装的腰身、底边以及帽圈等的大小。

缝纫线

缝纫线由短纤维和连续的长丝纤维相互缠绕而形成。天然纤维或合成纤维皆可，天然纤维长时间放置会霉变或者腐烂，而100%聚酯纤维制成的缝纫线则不会。缝纫线将服装裁片暂时或者永久性地连接，选择合适的缝纫线对于优良的缝制和专业的加工至关重要。一定要选择高品质的线，因为低劣的缝纫线会降低接缝的强度，并导致缝合出现问题。缝纫线将缠绕于卷轴、锥形筒、线卡上或者形成捆状。缝纫线可用于手工缝制和机器缝制。具有不同的颜色、粗细和特性。一些特定的缝纫线还包括隐形、黏合性的和水溶性假缝线等。

选择线的时候应考虑：

· 服装设计效果。

· 服装的使用寿命和用途。

· 面料厚度、色彩和品质。

· 接缝类型。

· 缝纫设备的类型、机器速度和机针大小。

· 成本。

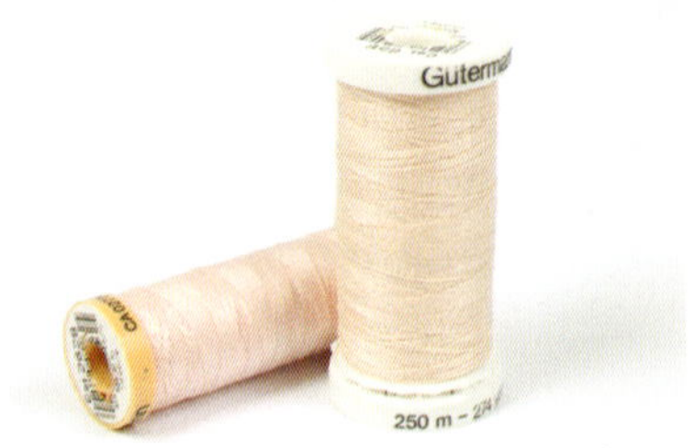

棉线有多种色彩可供选择，并且适用于大多数薄型至中等厚度的面料，但缺点在于没有弹性，经过丝光加工之后会增加其牢固度和光滑度。在缝纫和定制工作时，棉结线用于临时性的手针缝合和打线钉标记使用。

涤纶线适合缝纫大多数不同厚度和品质的面料，包括人造纤维面料、皮革、麂皮、针织和防水面料等。具有弹性、回复性和耐久性。大多数涤纶线经过硅蜡或硅油处理以增加线的润滑性，从而使线以最小的阻力通过面料和设备。

棉包涤线是比较全能的常用缝纫线种类，弹性或非弹性面料都可使用，无论面料为天然或人造。由涤纶制芯，涤线具有弹性和韧性，用棉质包裹在表面，使其更耐高温。

丝线由100%蚕丝纤维制成，具有较好的韧性和弹性。丝线是缝纫蚕丝、羊毛和针织面料的理想缝纫线。其优良的品质，使其成为极佳的手针缝线，也是裁缝们首选的缝纫线。

尼龙线是一种精细、有弹性、结实的线，用于缝纫从薄型至中等厚度的各类面料。近乎透明的质感使其能够缝制隐形折边、加缝刺绣、嵌花或是珠绣等。不过要注意在高温熨烫的情况下可能会融化。

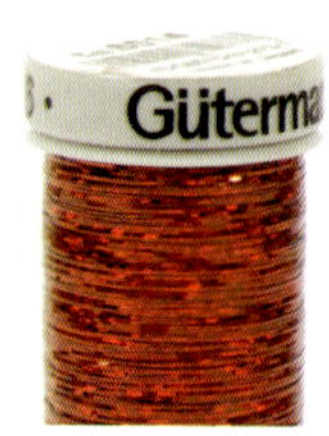

金属线是用于装饰的缝纫线，比如绗缝、刺绣和嵌花。可以用于机器缝纫和手针缝纫，但金属线易断裂且极不耐热，因此不建议在服装上大面积地使用。

羊毛和亚麻线有多种颜色和粗细规格可供选择，它们可用于织补、加固以及装饰缝合，比如织锦、刺绣和布边的加工整理等。

弹力线用来缝纫需拉伸有弹性的部位，比如装饰性褶缝和缩褶。一般用手将弹力线绕到线筒上，以免张力过大。

装饰纱是指用于刺绣、编织、针织和钩编的纱线。

线的再加工

可以通过对缝纫线进行再加工，提高其适应各种缝纫任务的能力。棉线可通过软化处理完成漂白或染色；使用特殊的化学物质对其进行上光处理；通过上硅蜡或者硅油对线起到强化和保护作用；通过高速火焰抛光进行压光处理；亦或是进行丝光处理，增加线的强度和制造出光滑的效果，即有光泽感的线。涤纶和尼龙线可通过特殊的树脂处理，在细丝之外包裹一层坚韧而平滑的涂层，以增强其耐磨性。

线的规格

缝纫线可以制作成各种规格。如果没有标明线的规格，可以观察线的粗细。一般规则是标号越高的缝纫线越细。缝纫时需根据面料厚度挑选合适的线，轻薄的面料应使用较细的缝纫线，而较粗的、缉明线或是刺绣用线则用于厚实的材质或者装饰缝纫。缝制大多数面料可以使用中等粗细的通用缝纫线，这也适用于在中等厚度面料上缉明线。

选择与面料颜色相搭配的缝纫线

· 为印花或有编织图案的面料搭配缝纫线，色彩应和图案中主导色彩一致。

· 素色面料使用同色的缝纫线或者稍微深一些的，因为线缝在面料上会显得色调较浅。

· 在购买缝纫线的时候，取一块较大尺寸的面料样品进行匹配。

· 在白天或者不能低于人工照明的亮度下选择线的色彩。

· 运用对比色线缉明线时请考虑行业的传统惯例，比如牛仔面料上使用橘色线。

牵条和滚边

牵条和滚边是用来装饰或者加固和支撑服装的部件。可供选择的种类很多，购买时以米为单位计算。一些具有黏合性，另一些需要进行手工或者机器缝制。

牵条

牵条经常使用在服装内侧，起到加固或将两片连接在一起的作用。既可以直纹裁剪以防止拉伸，也可以斜裁使其更具伸缩性。

缝合式牵条

棉质牵条是梭织牵条织物，用来加强底摆和接缝。

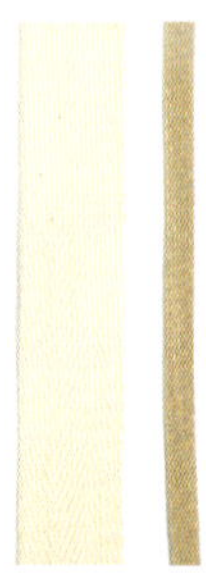

斜纹和人字纹牵条是为棉质面料加固接缝时使用。

罗纹丝带牵条是一种绳带，用来加工或是做腰头贴边，或是作为紧身内衣或裙装的腰部内里（腰头滚边/带）或是裙衬的腰部。

预制腰头牵条很结实耐磨，并有多种不同的设计和宽度可选择。主要用于定制裤装。

非黏合牵条有不同的尺寸，用来加固服装上任何部位的接缝和开口。

黏合性牵条

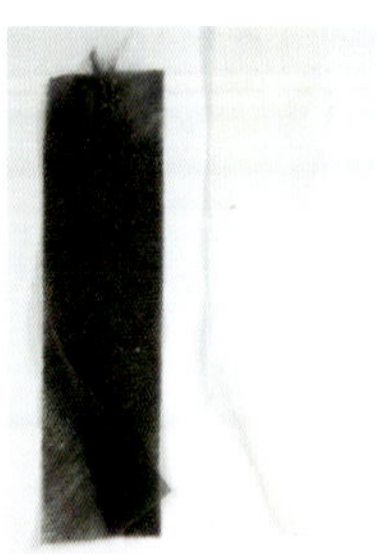

黏合网状牵条用来固定无需车缝的底摆。

黏合网是一种薄薄的黏合性带状织物，可将面料黏合在一起。

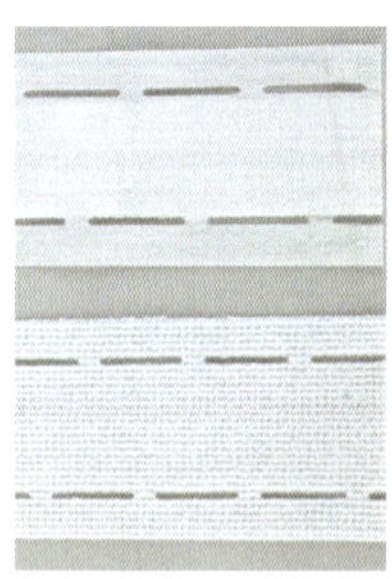

有槽腰头牵条用来连接腰头，提高面料强度。牵条为预裁和预制折叠线提供了清晰的腰带边缘。

带衬牵条是一种硬质耐磨的牵条，用来加强织物带。

腰带加强牵条可以使腰带更加稳固，有一系列不同的宽度可供选择。

黏合带有各种尺寸，用来加强接缝和开口处。黏合棉带是一种用来做支撑的、带有黏合衬坚固特质的棉质牵条。

松紧带

松紧带有一系列不同的宽度、式样，具备功能性和装饰性。可以通过牵引穿过抽带管或直接缝制在面料表面。在服装上添加松紧带能为服装增添休闲元素，同时穿着起来更加舒适。

扁平松紧带有不同的宽度，应穿过抽带管使用。有时为保持褶皱是均匀分布的，在松紧带穿入抽带管后就沿松紧带车缝。

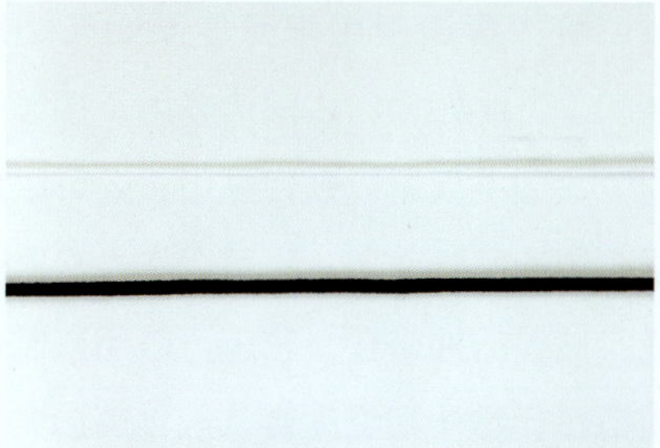

橡皮筋可以穿过抽带管使用，或是Z字形缝入到合适的位置。

Framilon®松紧带相对于大多数松紧带来说弹性更大。它无需抽带管，可以直接在面料上缝合或是通过锁边固定在面料上。

针织装饰松紧带或**装饰带松紧带**是一种镂空编织的松紧带条，用在内衣和轻薄的面料上。

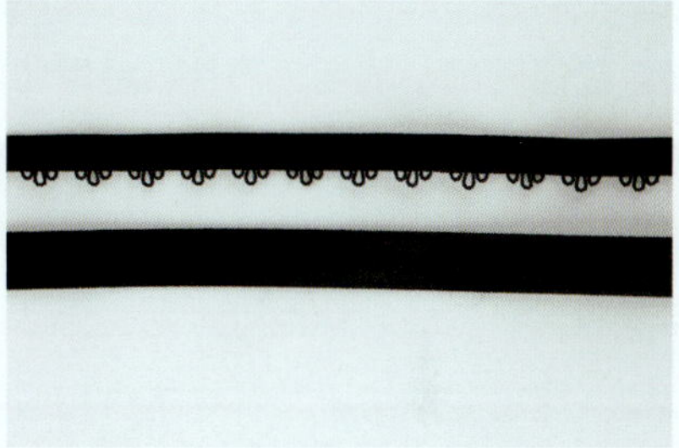

内衣松紧带用在内衣裤的布边上，它的一侧很柔软，可以贴身穿着。

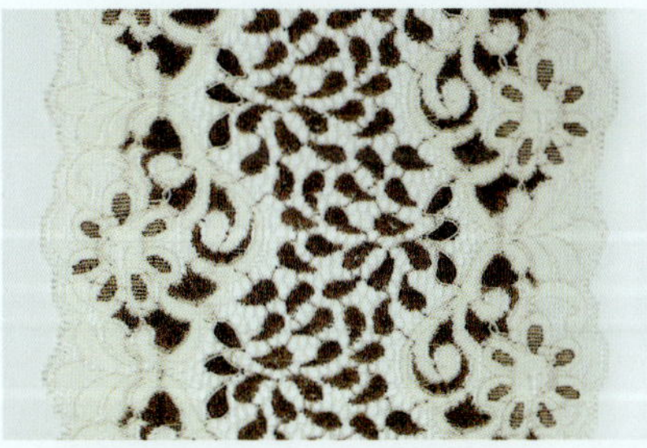

蕾丝松紧带用于女士内衣和外套。它具有弹性，也很柔软，可以围绕身体造型。基于它有良好的拉伸性，因此可与其他弹性面料或者针织品结合来塑造细节效果。

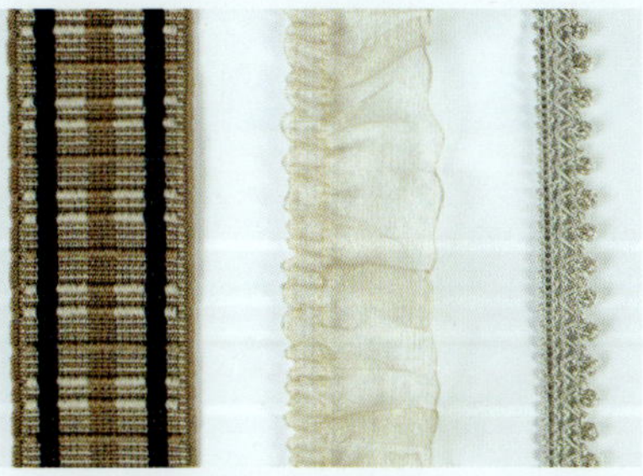

装饰松紧带用在服装表面，在增加拉伸性的同时可让服装风格更加突出。

斜裁滚边条

斜裁滚边条用来完成原始布边的精加工，比如领口线滚边或用于接缝加固。滚边不仅可以替代贴边，还可以增添布边的装饰效果，也可以作为松紧带或者抽绳的抽带管。它还可以用来制作钮扣襻、腰头和细肩带。织物滚边条可以从任何面料上呈条状正斜裁或者购买已经预裁折叠的成品。请参考第122-123页——缝份的光边处理。

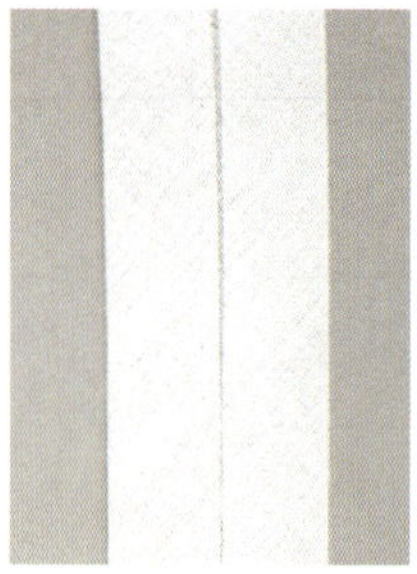

右图：棉质斜裁滚边条
最右图：缎面斜裁滚边条

饰边和装饰物

饰边和装饰物可以突显服装的款式设计，或改变服装的风格。饰边设计师根据不同风格的服装进行设计，选用的材料包括网眼、羽毛、亮片、金属和木头等。有一些装饰带是松紧带式样，有些则没有弹性。饰边和装饰物可以使用手缝或是机器缝制，也可以黏在合适的部位，这主要取决于装饰物本身和服装的材料。结合当下流行元素选择适宜的饰边或装饰物，使服装看起来协调美观并不容易。通过研究优秀的原创服装款式可以了解装饰物和饰边的设计理念与想法。

可缝式饰边和绒球牵条

装饰品

刺绣作为装饰服装的手段，可以运用针线绣缝的方式，也可以在其中添加串珠、珍珠镶嵌或亮片。许多设计师会在刺绣装饰中使用非常规的材料，比如螺钉或是其他小的DIY配件。现成的装饰品包括饰片、贴布绣、流苏花边、别针、铆钉、四合扣等。

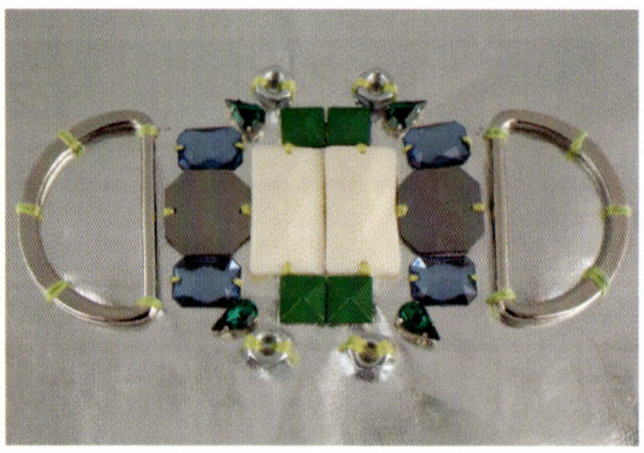

克里斯蒂娜·露比·沃尔特斯（Christina Ruby Walters）设计的刺绣小样，由宝石、双头螺栓、D形环和螺钉组成，一条机车风格皮裙上设计刺绣装饰，非常巧妙。

支撑材料

黏合型（用熨烫法黏附于织物表面）和非熔型（需缝合到面料上）的支撑材料用于稳固和增加部件的质感，比如扣合件、口袋开口和领口等，防止这些部位拉伸变形。一些材料如鲸鱼骨和硬马尾衬等，可用来凸显自然的身形轮廓，例如紧身衣，就是一种网眼布紧身内衣，通过这种服装来束压身体。另外有一些比较常见的衬里，也可以在服装中提供支撑和塑造结构。支撑材料在制作过程开始前或制作过程中添加，能以不同的方式运用，因此在裁剪前的工作阶段就应该考虑这些问题。支撑材料品种丰富、选择面广，使用的方法也多样化，涵盖了从轻型支撑到矫形等，需进行试验，以获得最佳效果。

在何处使用支撑材料：

· 对设计进行分析，一件服装所表现出来的造型要靠人体进行支撑，但有些部分无法自行支撑，就要靠支撑材料完成塑型并加以稳定。

· 触摸面料并分析面料的悬垂性，如果需要支撑实现服装造型，应使用一种适宜的支撑材料。

· 考虑服装的边缘，比如领口、袖窿、口袋入口和底摆等部位，如果斜裁手法可能导致拉伸，要用内衬、牵条或夹层来稳固这些部位。关于如何使开口处更稳固的更多信息请参考第156页——衣领。

为什么使用支撑材料?

· 加强造型和结构。

· 改善合体程度、改善服装的悬垂性并延长其使用寿命。

· 有助于避免拉伸变形，使服装保持造型。

· 防止接缝滑裂。

· 避免剪裁区域受到磨损。

内衣外穿的裁剪结构，马尾衬衬里和边缘黑色牵条露在服装外侧。梅森 · 马丁 · 马吉拉（Maison Martin Margiela），2011秋冬

黏合衬和非黏合衬

内衬是最受欢迎的支撑材料之一。分为不同的厚度和颜色，可以是梭织织物、无纺布、针织织物、复合材料或者黏合性和非黏合性的衬布，常规上是在织物的反面使用或缝制在两层面料之间，还可用在贴边和里料上，但要想达到最佳的效果，需先在面料小样上试验，挑选出最合适的衬布。例如，公爵真丝缎面面料的支撑材料应选择欧根纱，有助于塑造出蓬松柔软并且垂顺的效果。在使用轻薄型至中等厚度的针织黏合衬时，应考虑拉伸性和悬垂效果，通过衬的合理使用，塑造出一种更轻盈、更硬朗和更现代的外观效果。

梭织衬具有稳定的经纬纱，构造上横纱略细。梭织衬有黏合型和非黏合型两类，作为支撑加固服装。一般情况下，裁剪时需要与面料的布纹方向相对应，以避免出现不贴合的问题。

无纺衬是一种较轻薄的可黏合毡状材料，没有方向和纹理。具有不耐磨的特性，只有基础色和普通的质量，并且近乎透明，不过价格非常实惠。

缝合型无纺衬以无纺布作为基础，需要纵向缝合固定，横向具有伸展性。

针织衬可以制作成经向斜纹毛织布、稳定型经编织物、衬纬或衬经针织物。经向斜纹毛织布横向可拉伸，稳定型经编织物纵向和横向稳定性强，沿织物对角线方向拉伸有弹性。针织衬主要为黏合型，质地轻薄柔软，具有很好的柔韧性和垂坠性。

黏合衬

黏合衬分为梭织材质、无纺布材质及经编针织材质，一面覆有黏合剂。需要一定的温度、压力和时间才能将黏合衬黏到面料上。家用电熨斗和工业熨斗都可以完成黏衬，但是想要达到最佳的黏合效果需要使用热熔黏合机，使其黏合得更紧密、更精确。黏合衬不应仅凭感觉来选择，因为用熨斗将其黏合于面料，性质会发生改变。

热熔衬有光泽的一面包含黏合剂，可以通过黏合剂将其均匀地黏附在织物表面。

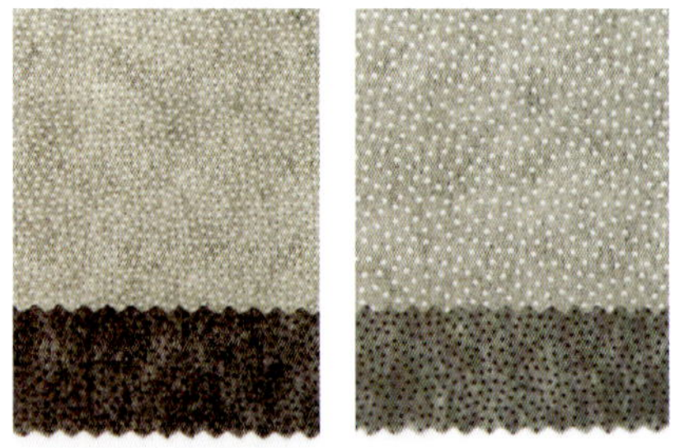

密集型黏合剂胶点（左图）相比稀疏的胶点有更均匀的覆盖效果，同时也更牢固。**稀疏型黏合剂胶点（右图）**黏合后面料柔软，具有更好的弹性和悬垂性。

非黏合衬

非黏合衬有梭织材质或无纺布材质，必须用手针或是机器进行缝制。

欧根纱和蝉翼纱是透明的梭织真丝或棉质面料，通常垫衬在精细的面料下面，用来支撑并营造一种奢华的外观效果。

平纹细布是一种薄型、稀疏编织的棉质织物，用来作为承托层使用，几乎适合从轻薄至中等厚度的所有面料。

细薄棉布是一种精细的梭织棉质织物，适合任何薄型至中等厚度的面料。

马尾衬用毛发和羊毛线与马毛搓捻或与黏胶纤维长丝交织而成。它是一种梭织衬，厚度较薄但非常硬挺，用于塑造结构和造型，可用在定制夹克和外套中需要支撑的部位。

维莱恩衣衬是一种无纺布衬，厚度较薄但非常硬挺。非常经济适用，因为衬里没有布纹，可以从任何方向裁剪。

抓绒布是一种很柔软的衬，用来提高保暖度和为绗缝做衬垫。

絮片是一种有不同厚度的厚实材料，用来制作绗缝或是填充，达到保暖功能的设计效果。

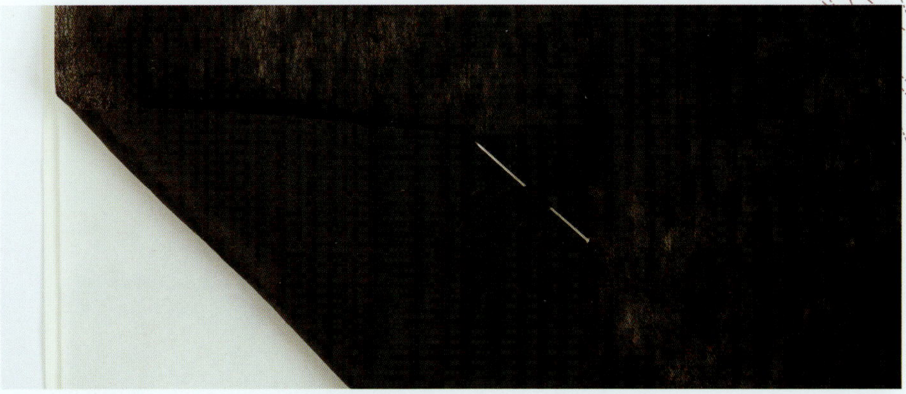

上图：无纺维莱恩衣衬，缝合衬

稳固带

可以起到防止服装边缘拉伸变形的作用。更多详细内容请参考第139～141页——在服装边缘如何使用牵条。

黏合网

黏合网将两层面料黏结。作为一种非常薄的网状黏合剂，可以呈条状或是大面积地按米使用。用来固定底边和黏贴花和装饰物，但仅限于在缝合之前做定位使用，不能取代缝合固定。可以尝试用黏合网将不同类型的材料结合在一起，创造出一种非常规外观的独特面料。在使用之前应仔细阅读制造商的产品说明，因黏合后很难再进行修正。

右图：面料小样为羊毛结合色丁和皮革的双面面料，使用黏合网黏合而成

最右图：一体式设计的色丁羊毛双面结合面料连衣长裙，设计师：伊琳娜·米哈伊洛维奇（Iryna Mikhailovich）

衬的应用

衬可以用于整件服装或者只用于服装的某些部位。开始制作之前，面料可以全部黏衬再进行裁剪，也可以在裁剪之后分别单独黏衬或在个别服装裁片上黏衬。

左图：缝合衬；右图：黏合衬

在选择衬的时候应考虑：

· 服装设计和最终用途。

· 材料结构、厚度、拉伸性、色彩、透明度。

· 材料和最终产品的质量。

· 生产和材料成本。

· 衬的护理要求与面料的护理相匹配。

· 可供使用的设备。

选择适合的衬

应以面料为依据，衬只是用来支撑和加强，而不是改变面料外观。例如，为皮革选择熔点低的黏合衬，这样皮革才不会因为黏衬收缩和变色；再比如天鹅绒，面料上有绒毛，如果压烫的话会损坏面料，因此应选择缝合衬。

预缩衬

衬如果是棉或是羊毛质地，就需要进行预缩处理，以防止黏合后收缩。一般有三种预缩处理方法：蒸汽、压烫和热水手洗，水洗要浸泡大概30分钟，然后晾干。

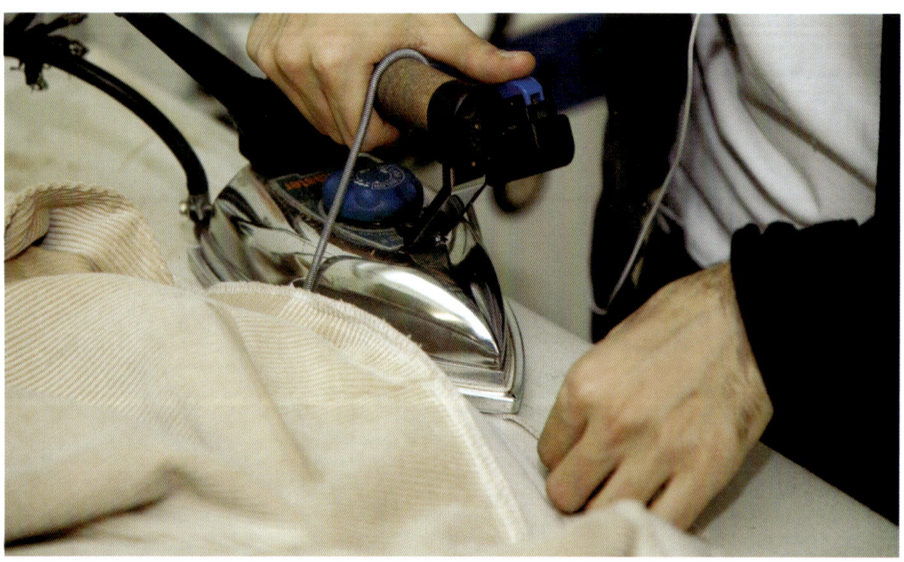

小提示：

服装生产时会使用单独的衬布纸样，这套纸样大小稍小于需黏衬面料的纸样，以免在接缝处过于厚重。如果衬的形状与面布不同，就要提供各自相应的纸样并标注“仅供衬的裁剪”。也有可能面料和衬同时使用一个版型，那么就要在纸样上明确标注使用方式，例如，“面料裁片×2 和衬裁片×2”。

使用工业熨斗黏衬

取样试验

必须花时间对不同类型的衬进行取样试验，以避免因为选择不合适的衬而导致最终效果差强人意。

取样试验步骤

· 剪裁一块10cm × 10cm大小的面料。

· 剪裁一块衬，大小为试样面料的一半。

· 将衬应用于织物的一半面积之上，根据衬的类型压烫或者缝纫。

· 将衬进行黏合后，至少静置30分钟再进行后续操作，这样衬上面的黏合剂就能充分固定，并且和面料牢牢地黏合在一起。

· 将面料搭放在手上，观察面料是否变形以及衬布是否会显现于面料正面，一些透明的面料不能用黏合衬，必须使用缝合衬。

· 将上好衬的试样卷起来，观察是否仍然光滑不起皱。

· 如果黏衬后，面料还是太松软，尝试使用挺括或者更厚的衬，如果面料非常厚，那么就选择轻薄一些的衬。

· 试验不同材质的衬，保留所有成功的样品，贴上标签，以备将来正式使用时参考。

烫衬时熨斗的使用方法

按照产品说明使用，如果没有说明，根据面料调节相应的温度。取样试验（见前文所述）可以确定合适的烫衬温度、时间和所需压力大小。

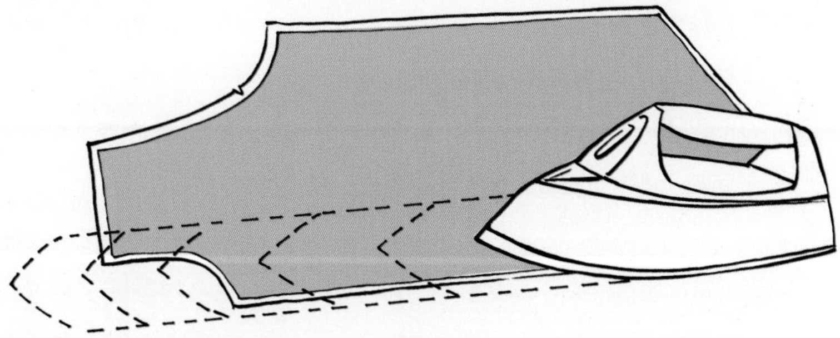

黏合衬的黏合步骤

· 衬的裁剪，比裁片略小5mm，以避免多余的衬挂在边缘，同时也让布边更平顺。

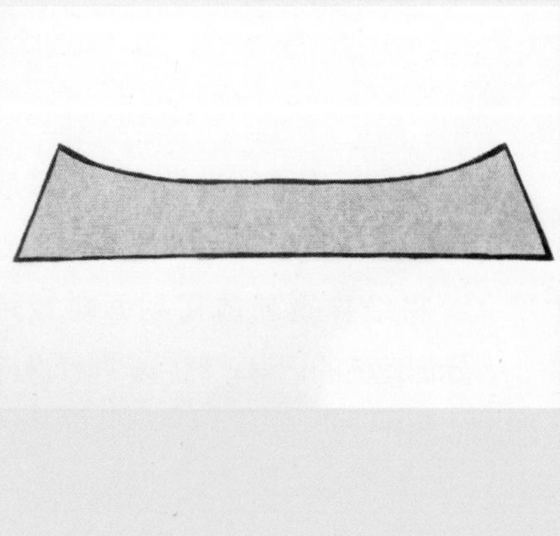

· 根据产品说明书设定熨斗或是热熔黏合机的温度，或者参照面料而定。

· 将衬有黏合剂的一面平整地放置在面料的反面上，如有需要可校准布纹。

· 放一大张纸或者熨布在熨斗、热熔黏合机和衬之间，避免黏合剂黏着到设备上。

· 用压烫的方式将黏合衬黏到面料上。如果使用家用熨斗就不用前后滑动，停留在一个地方，施加一定的压力，大概10~20秒钟，具体情况还应取决于面料，之后再拿起熨斗转移到下一片区域，与上一个已经黏好的区域重叠一点，以避免出现漏黏的情况（见上图）。

· 当所有的衬都黏合于面料上后，将面料翻转过来再熨烫正面。

· 将黏好衬的面料静置30分钟。

· 检验黏合情况，在已经烫好黏合衬的面料上找一个小角落，试着剥一下，如果能拨开的话需要再烫一遍。

· 将纸样放回到面料上并将标记转移到面料上。面料和衬布现在成为一个整体的面料，可以开始完成剩下的缝合工作。

整幅黏衬

整幅黏衬意指在面料裁剪成裁片之前就需全部黏上黏合衬。有很多较小的裁片需要黏衬时非常实用，因为这样处理最简便，最节省时间，也可以降低成本。一台热熔黏合机可以一次性覆盖处理一大片区域。

整幅黏衬的操作步骤

· 选择需要黏衬的纸样并估算出所需要的面料。

· 剪一块适合的面料和一块略小一点的衬。

· 将有黏合剂的一面放置于面料的反面，铺设平整，如有必要可校准布纹。

· 将一张纸或者熨布隔在熨斗和黏合衬之间以防止黏合剂黏到设备上。

· 将黏合衬熨烫到面料上。

· 将黏好衬的面料放置30分钟，确保黏合稳定。

· 将纸样放置在已经整幅烫衬的面料上，标记并同时裁剪面料和衬。

问题及解决方法

如果外层面料的表面鼓泡，说明黏合衬没有完全黏合上去：

· 调整熨斗的温度并用压烫的方式重复烫衬的步骤。

· 在面料上黏衬的时候适当增加熨烫压力。

· 尝试其他类型的有不同黏合剂的衬。

· 检查面料是否预缩过，因为这有可能会影响定型效果和阻碍黏合剂均匀黏合。

· 黏衬的操作时不要拉扯黏合衬。

熨烫过程中衬熔化：

· 将熨斗或热熔黏合机的温度调低一些。

· 尝试其他类型的衬并采取不同的黏合方式。

· 对一块缝合衬进行抽样试验。

黏合衬黏错了地方：

· 将蒸汽电熨斗置于黏合衬的上方直到黏合剂熔化，再小心地将其剥下来。

· 重新剪一块黏合衬黏到正确位置。

黏合衬很容易从面料上剥离下来：

· 拿一个小样重复黏衬的过程，改变熨斗或热熔黏合机的温度。

· 确保黏衬时在表面均匀施加压力。

· 尝试抽样其他类型的有不同黏合剂的衬，或者采用缝合衬。

缝合衬的应用

缝合衬上没有黏合剂，通常在服装缝制之前，用手针或是机器直接缝合到服装面料上。在服装缝合完毕后将定位用的缝线拆掉。缝合衬的裁剪和准备工作比黏合衬耗时。

缝合衬的操作步骤

· 预缩缝合衬，除非材质是聚酯或尼龙的，这是为了防止服装在制作完成之后缩水。

· 裁剪的衬布比面料裁片略小。

· 保证衬在服装面料的反面平整，如有需要应校准布纹并用大头针固定。

· 用手针或缝纫机将衬固定在服装面料内侧的缝份上。

· 手针粗缝时需在一个平坦的台面上操作，需使用与服装色彩相匹配的细线和较大的针脚缝纫，除非是细滑的面料。更多内容详见第114页——临时性和永久性手针缝。

· 如果使用缝纫机机缝，选择最大的针距，沿着面料的边缘缝合。

· 将纸样重新放置到面料裁片上，标记遮住的记号，然后再继续进行服装的制作。

衬里

衬里覆盖于整件服装的内侧，也称作做内衬或里子。它可以是一层面料或一层衬布，用来增加服装的稳定性和结构性，作为很好的隔热层可以用来保暖。衬里材料包括透明硬纱、细亚麻布、细薄棉布、马尾衬、网布、里布、绒布等。尝试搭配不同材质的衬里以找到最合适的方案，衬里除了要与服装的设计和面布的材质相搭配以外没有特定的搭配要求。

何时以及为什么使用衬里

· 作为黏合衬的基底，同时作为服装面布和缝合式衬布之间的保护层。

· 衬里能减少褶皱和吸附性，增加体量感和耐用度，支撑服装的外形。

· 作为接缝和底摆的缓冲区。

· 衬在透明的面料下方，可以使外层面料的色彩或花纹发生改变，从而打造全新的面料设计效果。通过这种方法尝试创造一些有趣的特殊效果。

· 可以作为稀松组织面料的基底和支撑。

· 衬里可以应用于裤子的前片，防止褶皱出现，或是增加腰部到膝盖的舒适性。

· 衬里的护理方法应该与外层面料完全一样。

应用衬里的步骤

· 使用之前，应对衬里进行预缩，聚酯纤维或尼龙材质除外，以避免在服装制成之后出现缩水的情况。

· 衬里和面料的裁剪尺寸应保持相同的尺寸。

· 如果要使用黏合衬，应在上衬里之前就把黏合衬黏到外层面料上。

· 让衬里的反面和外层面料反面相对放平，有必要的话校准布纹，然后用大头针固定住。

· 将衬里和外层面料用大头针在缝份内侧固定在一起。

· 将纸样放置到面料上，并转移所有的标记到面料上。

· 用大头针围绕省道和口袋区域与面料进行固定，以确保在缝制过程中不会滑动。

· 在整烫的时候要劈烫，而不是将缝份倒向一边熨烫。应避免将缝份闭合倒烫，因为这样会增加缝合处一侧的厚度，并在正面显现出来或在接缝处出现褶皱。

· 如果缝份很厚，应修剪衬里，只留下几毫米。省道在缝合之后可以剪开并且劈烫开。更多关于省道的内容请参考第151～154页的内容。

小提示：

右侧插图展示了衬里和衬的使用顺序，有些部件需一起运用，有些也可单独运用。

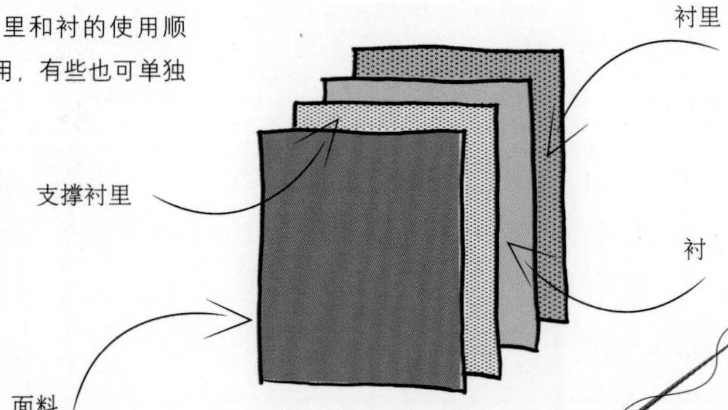

需黏/缝衬部位的示例

以下是常规的应用指南，在某些情况下可能会出现例外。

半身裙

· 腰头须全部用衬。

· 开衩，仅在开衩的的部位，下侧和上层交叠部分都要用衬。

· 拉链，在一些松散的梭织面料上，用一个小的圆形衬加固拉链的末端。

· 边缘，在边缘折叠线之上使用1cm宽的衬。

· 口袋以及口袋开口容易虚边的部位用衬。

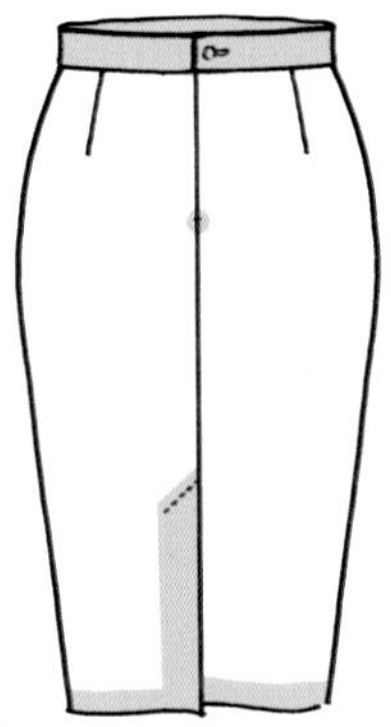

连身裙

· 领口和袖窿全部黏衬，有时候在上贴边之前会在领口和袖窿部位镶边。

· 衩、拉链、边缘和口袋的处理方法和半身裙一样。

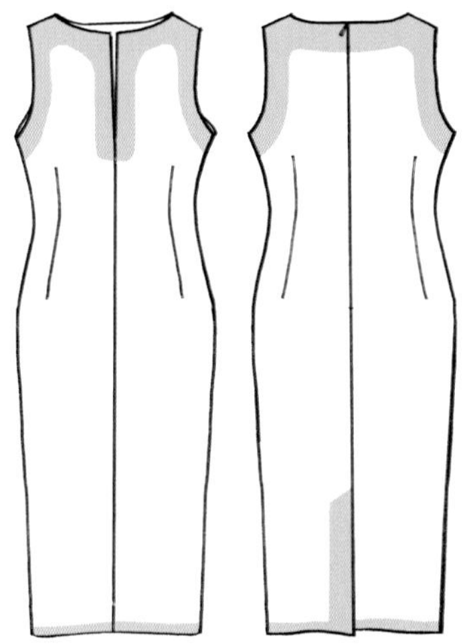

裤子

· 腰头全部需要使用衬。

· 如果面料不太稳固的话，腰带襻也必须使用衬。

· 拉链门襟贴边和门襟里襟都要烫衬。

· 口袋垫袋布以及口袋开口容易虚边的部位用衬。

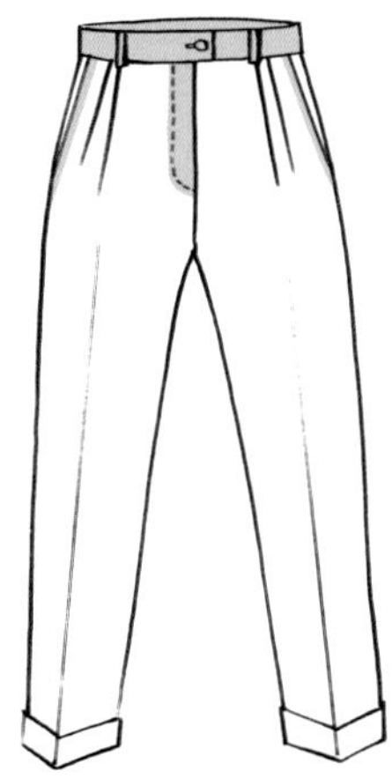

衬衫

· 衣领部分——领面和领座。如果只有一侧领面需要黏衬的话，只黏上领部分。

· 钮扣搭位和里襟整体黏衬。

· 袖口整体黏衬，包括袖衩部分。

外套

· 前片全幅使用薄型和中厚型衬。

· 前片部分的衣领、底摆，以及单开线或双开线的口袋开口部位黏衬后需纳针缝，让衬更牢固。

· 门襟挂面需要全幅烫衬并在黏衬部位纳针缝，让衬更牢固。

· 侧片部分需在袖窿以下部分黏合薄型/中等厚度的衬，在底摆和口袋区域黏衬后需纳针缝加固。

· 后片部分后顶端区域需黏合薄型/中等厚度的衬，在底摆黏衬后需纳针缝加固。

· 袖子部分袖山需要使用薄型/中等厚度的衬，袖底摆黏衬后需纳针缝加固。

· 衣领部分全部黏衬，再纳针缝加固。

· 口袋部分全部黏衬。

· 领口线、袖窿和翻领部分都要增加棉牵条，这些区域缝上牵条后比较容易操作。

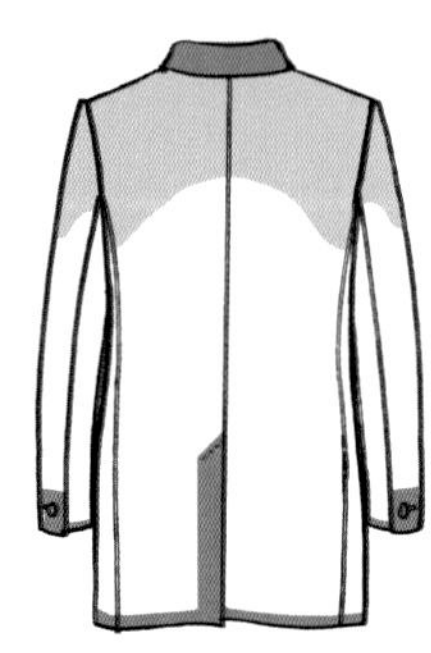

外套需黏衬的常规部位

可以根据面料实际情况进行调整。下图中这件外套展示了其中一种黏衬方案。

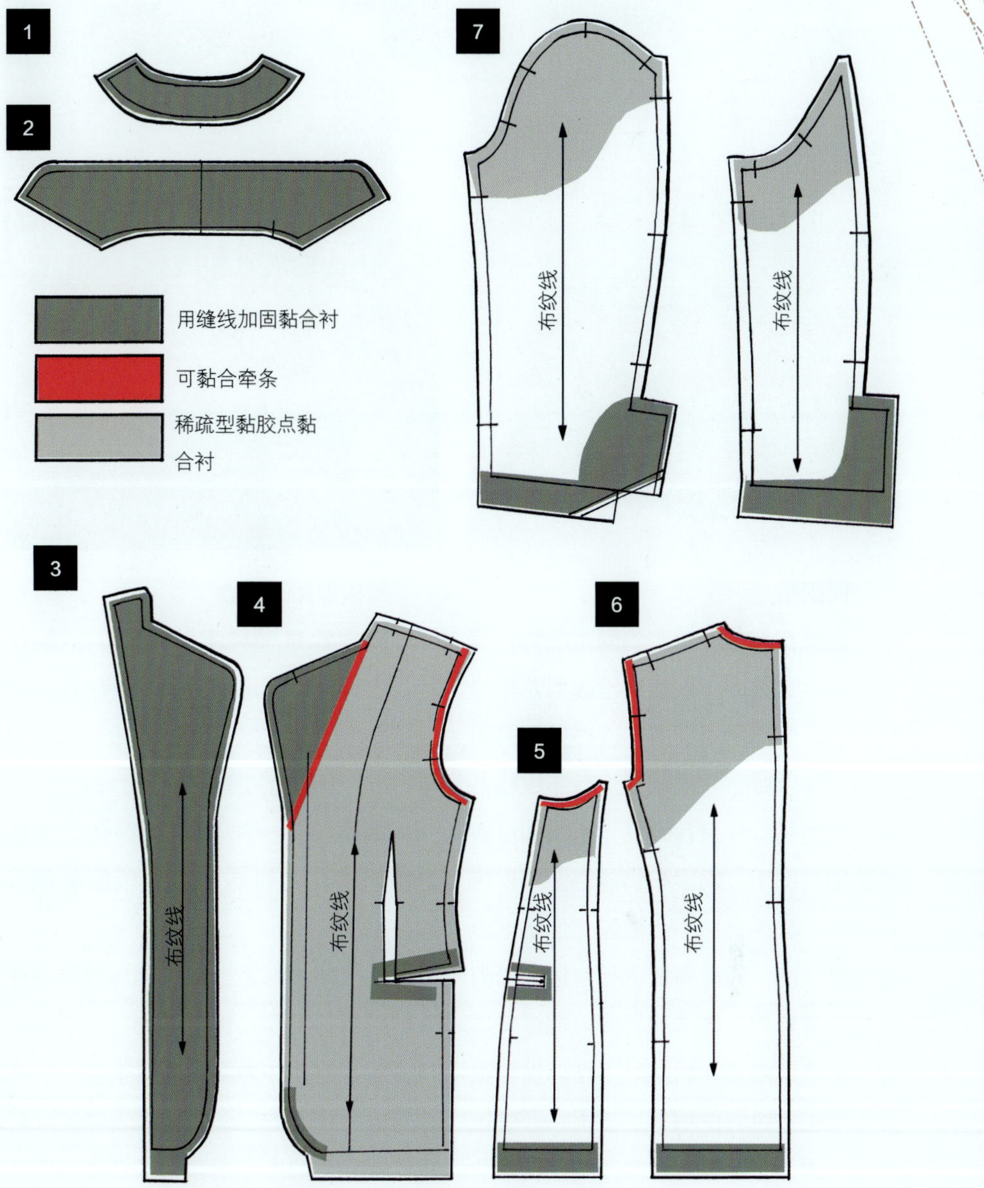

1 后领口贴边

2 衣领

3 挂面

4前片：全幅黏衬，黏衬后在翻领部分用纳针法缝至翻折线加固，在口袋开口处和底边曲线部分使用2cm宽的加强衬。将可黏合牵条缓和熨烫至翻领翻折线以及袖窿处。

5侧片：在腋下部分使用稀疏型黏胶点衬，熨烫时修整为弧形，以避免在正面显现出一条折痕。围绕口袋开口处使用2cm宽的加强衬并车缝，底摆处距底边1cm处黏上加强衬。

6后片：贯穿于整个肩部黏上稀疏型黏胶点衬，并采取曲线的处理形式。底摆处距底边1cm处黏上黏合衬并用纳针缝加强，领口处缓和熨烫可黏合牵条。将前片、侧片和后片缝合在一起，然后围绕袖窿处熨烫牵条，最后再缝合肩缝。测量服装尺寸时需以纸样大小为标准，而非面料裁片。

7大小袖片：从顶端到袖长1/3处黏贴稀疏型黏胶点衬，并处理成曲线形式。在袖摆线及袖衩之上1cm处使用黏合衬并用纳针缝加强。

网眼布、欧根纱和蝉翼纱

网眼布

网眼布是一种透明的网眼织物，可以用真丝、纯棉、聚酯纤维或尼龙等材料织造，制作出精细柔软或硬挺厚重质感的各种网眼布。网眼布没有布纹线，基本上为横向并且有弹性，不增加过多重量的情况下，网眼布仍能塑造体积感和定型。裁剪之后不会散脱，但是毛边会刺激皮肤，因此需要进行包边、修剪或贴边等处理。硬质的网纱可通过多层叠加来支撑裙子，利用其不贴体性塑造蓬松造型，也可使用单层衬里，产生较小的支撑作用。缝制网眼布的过程要非常小心，因为极易撕开或被熨斗的高温烫破。

聚酯纤维和尼龙网纱的价格相对低廉，通常用作衬裙或衬里。真丝网纱可用于服装的表面，增加其膨胀感，通过这种柔和的外观制造出某种特殊效果或是夸张地表现身体某一部位。

点花六角网眼纱是一种表面有规律排列的矩形点的网眼面料。它用于制作女士帽子和服装的配饰。

欧根纱和蝉翼纱

欧根纱是一种平纹梭织的透明面料，由真丝、人造丝或聚酯纤维织造而成。作为一种支撑材料，欧根纱价格相对昂贵，但作为衬里时更显奢华。

蝉翼纱是一种透明、挺括、素色的梭织棉质面料。用做衬或服装裁片的衬里。

欧根纱和蝉翼纱都可粗缝或机缝在外层面料的反面，也可作为衬里或缝合衬使用，亦或作为服装面料使用，制作特殊场合穿着的服装，体现奢华的外观和效果。它们也可用来塑造造型感并体现设计细节，或增加服装的体量感，而且不会增加服装的整体重量。

六角网眼薄纱

六角网眼薄纱是一种轻巧透明的网孔面料，结构具有很小的六边形网孔。可以作为外层面料或衬里使用，适合于轻型面料的支撑。

透明面纱是一种非常精细的薄纱，主要用来装饰女帽和制作面纱。

更多关于网布、欧根纱和蝉翼纱等面料的使用方法的相关内容，请参考第262页——透明和半透明面料。

上左图：多层网纱面料裙子。艾历克西斯·马毕（Alexis Mabille），2013春夏

上中图：多层透明欧根纱门襟设计的衬衣。朗万（Lanvin），2013年秋季

上右图：网眼布、六角网眼薄纱、欧根纱和蝉翼纱的面料小样

绗缝面料和填充

左上图、中图：和服风格外套，采用绗缝拼接的设计，纳丁 · El · 温（Nadine El-Oun）

右上图：前片和袖子填充设计的外套，川久保玲（Comme des Garcons），2010秋冬成衣发布会

绗缝

绗缝是在面料上进行的一种特殊技术处理，在面料之间加入填充物并缝合在一起，从而增加保暖和装饰效果。绗缝面料一般是两层或是三层的形式，或根据需要定制。双层的绗缝面料由一层面料和一块填充物底料机缝组成，一般为菱形明线图案。三层绗缝形式可以是单面或双面的：单面绗缝面料由面布和底布夹缝一层填充物而形成；双层绗缝面料两面都使用面布，中间夹缝填充物，因此两面都可使用，同样在车缝时要用装饰性的缝线图案。自行设计绗缝图案需具体根据服装的款式设计而定。使用每一层面料都要经过仔细考虑，比如面料的蓬松度。绗缝面料不仅可以用来制作保暖隔热的服装，还能通过自身的外形轮廓创造出新的设计创意。

填充

填充是一种强化造型效果的方法，通过局部地添加填充物以支撑或直接进行表面造型，以达到装饰效果。例如，高品质的服装填充物可用于裙摆，避免过度挤压，制造出柔软蓬松感或增加厚重体积感。一些填充物、马尾衬或起绒布可运用于服装的某些部位作为衬垫使用，比如肩部和胸部。在定制服装中，可以通过填充的方式修正体型不足或强调体型特点，例如斜肩体型，通过填充等手段进行修正，穿上服装后体型看上去效果更佳。

绗缝和填充材料

常规的绗缝和填充材料是填絮，有各种密度和厚度，可根据需要进行定制。填絮可由聚酯纤维、棉、羊毛或以上材料混合制成，需要注意的是由天然纤维制作的填絮会缩水。更加昂贵的填料有羽绒和羽毛，经常用在冬季的外套服装，具有重量轻、保暖效果佳的特点。然而，其生产成本和护理成本较高，因此常会局部使用聚酯纤维的填充物来替代。

如何绗缝

一如既往，试样是关键。尝试使用不同的色彩和粗细的线，试验不同的车缝图案。测试一些不同的面料，梭织面料的表现不同于针织面料。

绗缝步骤

1 按照一定的形状剪裁面料和填絮，围绕边缘多留一些缝头。

2 如有需要请熨烫表层面料。

3 在外层面料上使用尺子、划粉或可溶性铅笔画出缝合线迹。如果设计较为复杂，用一张薄纸附在模板纸上画出图案，再将画好图案的薄纸覆盖在面料上。

4 将面布面料正面朝上，然后覆盖在填絮上面，围绕边缘将其用大头针钉在一起。对于面积更大的裁片，为了防止面料和下层材料缝合时移动位置，可用别针以临时缝合的方式横穿整块幅面，间隔固定。

5 将几层面料沿着标记线车缝出明线。

6 使用前将上层的临时固定物和薄纸取下来。

绗缝时应考虑的问题

· 在裁剪最终的面料之前，制作包含绗缝的样衣，确定样衣所需面料。考虑因绗缝而增加的体积，所以这部分纸样要留足余量。

· 尝试不同类型的面料和绗缝方法，包括其他绗缝线迹图案，相比常规的菱形格子，更能突显个性别致的服装细节。

· 测试不同材质和颜色的缝线。

· 放松缝纫机的压脚压力或者使用单边压脚，这样能控制面料层之间不错位，避免因缝合而产生褶皱。

· 使用大针距，比如3.5～4mm。

· 留出足够的缝份，并考虑如何将绗缝部分连接到非绗缝部分上去。要确保绗缝图案连续不间断，因此每块衣片间的绗缝图案应互相连贯对应。

束身衣和内衣

束身衣是一种紧身贴体的服装款式，穿戴后对身体的自然形态加以塑型，其制作需使用羽骨和支撑材料，比如马尾衬或衬布等。束身衣主要用以塑型和支撑的三个部位为：胸部、腰部和臀部，可当做外穿服装或内衣穿着。束身衣往往违背人体的自然形态，在各个历史时期，为达到在当时所流行的时尚造型而被使用。

锥形罩杯和网纱裙摆设计的缎面塑身连衣裙。让·保罗·高提耶（Jean Paul Gaultier），2013春夏高级定制发布会

支撑内衣

束身衣随着时装的发展而发生变化，伴随着不同材料的发明，比如松紧带和橡胶等，现已开发出了各式各样的风格。

极度修身束身衣，用羽骨强化重塑躯干部位。

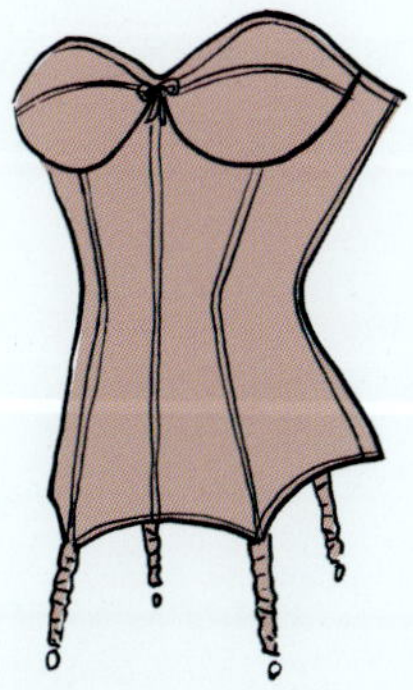

巴斯克紧身衣，从胸部到臀部进行塑型，添加了吊袜带。

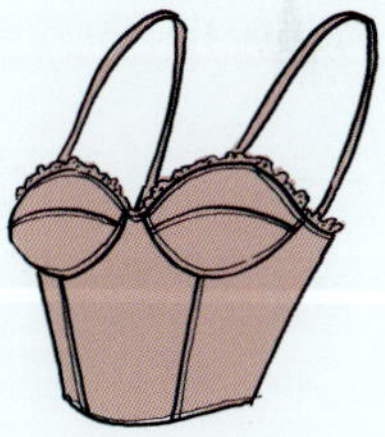

紧身胸衣对胸部区域到腰线进行塑型，穿着时可以配戴肩带或去掉。

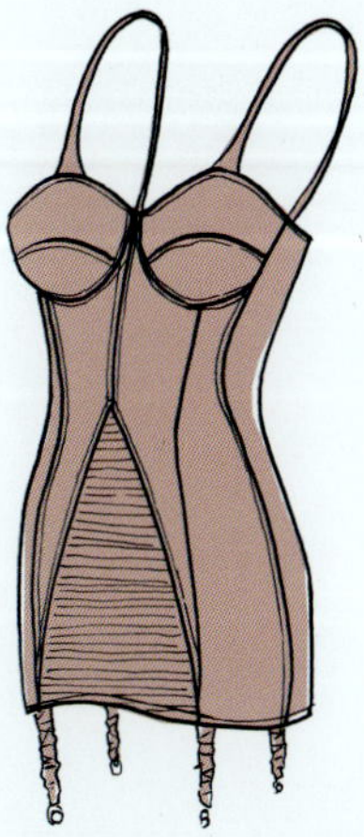

女式紧身胸衣是一种有肩带和吊袜带的紧身管型服装，对胸部、腰部和臀部起到支撑和塑型的作用。

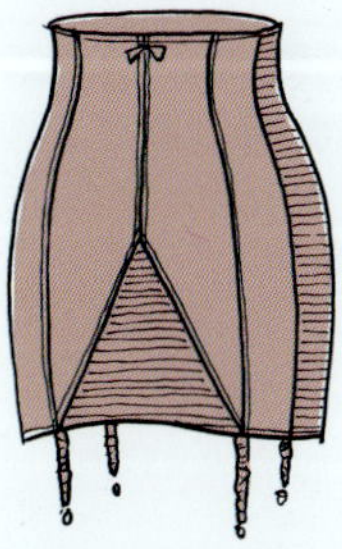

束腰衣从腰部低至臀部进行支撑塑型，通常添加了吊袜带。

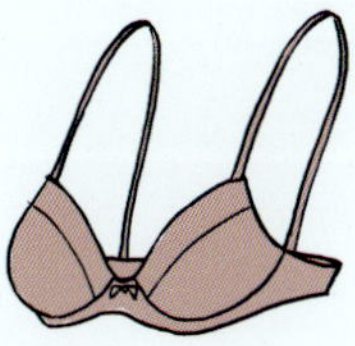

胸罩或乳罩仅对胸部塑型。可以制成有杯边、支撑圈或是无支撑圈的类型，这取决于支撑需要。

束身衣的支撑材料

材料的选择取决于束身衣的风格和支撑需要。羽骨是由金属或者塑料制成的最常用的塑身衣支撑材料。其中金属羽骨需要一个管套将其覆盖，塑料羽骨可以被包裹或直接缝制到基底，用于直缝。不同类型的羽骨包括英国羽骨、隐蔽型羽骨、系带羽骨、螺旋钢制羽骨、弹性撑条（用于弧形接缝）、加宽羽骨和用于胸部之下的黏合型涂层羽骨等。螺旋钢制羽骨是最柔韧的种类，常用于弧形接缝，因其能贴合轮廓。

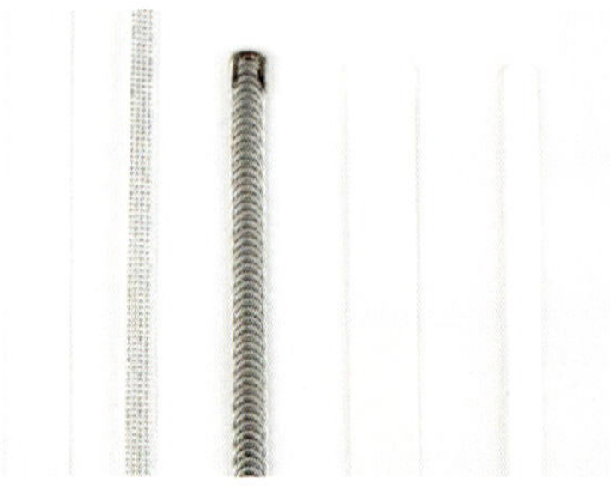

从左至右：**英国羽骨、装饰性英国羽骨、螺旋钢制羽骨、加宽塑料羽骨、薄细型塑料羽骨。**

黑色和白色的**羽骨管套。**如果没有现成的管套带子，可以使用斜纹棉质牵条代替。

胸下支撑圈用于罩杯支撑。

胸下支撑圈管套顺着文胸罩杯下沿缝制，起到覆盖支撑圈的作用。

1马尾衬是一种支撑轮廓造型的衬料，使用于紧身贴体的服装，同时可防止外层面料拉伸变形。

2衬用于定型，可以缝制或黏烫于面料，也可以直接附加到外层面料，如果外层面料无法直接加衬，可衬缝或黏烫在支撑面料上。

3柔软的拉绒棉和法兰绒，此类薄型面料的一面经过拉绒处理，可用来作为外层面料和羽骨内衬的衬里，这样可以避免羽骨裸露在外。如果衬里过厚，可以用棉绸和平纹细布代替。拉绒棉和法兰绒也可以用作衬垫，隔在毛衬下方防止刺激皮肤。双股细绒线织物是一种弹性很大的半针织和松散梭织的衬里，其用途类似于拉绒棉及法兰绒。

4棉斜纹布和人字斜纹布是斜纹梭织面料，作为辅助材料使用，可作羽骨的基底。当用作羽骨衬底时，位于外层面料和里衬之间。

5网布是一种由合成纤维组成的弹性极佳的网眼底布，可用于紧身胸衣的侧面，使其更具拉伸性和适应性。合成橡胶可用来制作胸罩罩杯。

6衬里选用精细的织物，材质包括蚕丝、黏胶纤维、合成纤维等不同种类，作用是保护皮肤免受羽骨结构和定型材料的刺激。使用衬里能提升胸衣内侧的品质。

7麦斯林纱、玻璃纱、欧根纱和蝉翼纱，当外层面料不结实，可缝入外层面料的内侧，用来作为辅助支撑面料，或防止拉伸和起皱。

扣合方式

束身衣的风纪扣需使用可直接缝纫的风纪扣条进行扣合，也可将其单独缝制使用。

系带扣合需在面料上打孔眼和环节，比如打上金属气眼，再用丝带或者绳带交叉固定。这种扣合方式非常灵活，当穿上系带式束身衣时，可以根据相应的尺寸和外形进行调整。传统上常会在一件束身衣上同时使用系带和风纪钩进行扣合。

拉链是现代才出现的扣合方式，用来扣合某一固定尺寸的束身衣。或者也可用拉链在前、系带在后的组合方式进行扣合。

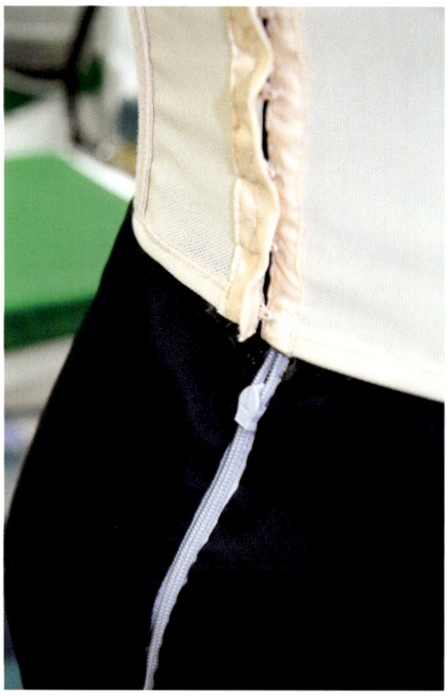

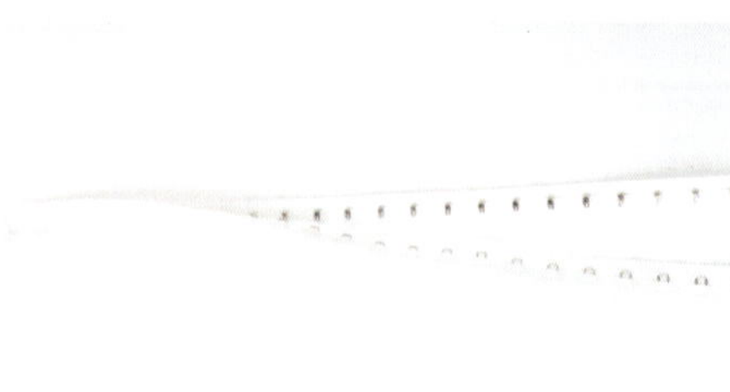

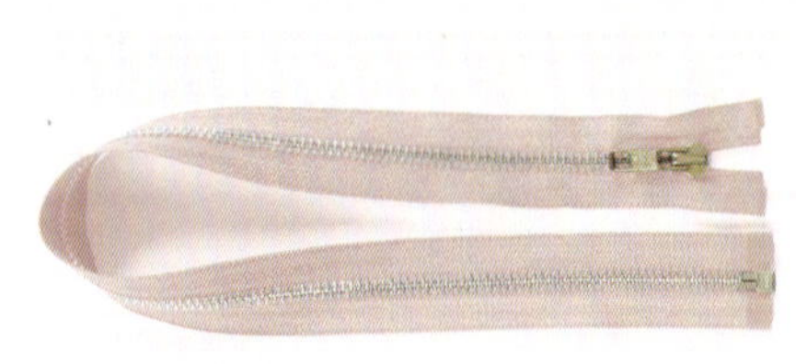

从左至右：束身衣的扣合方式，展示使用前和复位后的效果。在前片或后片都可使用。

左图：风纪扣的扣合方式，可直接使用缝纫的风纪扣布条

中图：一套金属气眼的两个组成部分。请参照产品说明使用。

右图：一条金属齿牙拉链，相较于塑料线圈拉链更加牢固稳定。拉链扣合可以与系带扣合结合使用。

羽骨束身衣的构成

以下是针对基础型系带加拉链扣合羽骨束身衣的说明。

材料包括

· 外层面料

· 与外层面料匹配，同时也能满足制作需要的内衬

· 里料

· 羽骨

· 羽骨管套织带

· 斜裁滚边料

· 开口拉链

· 打气眼工具和气眼

· 绳带

1

2
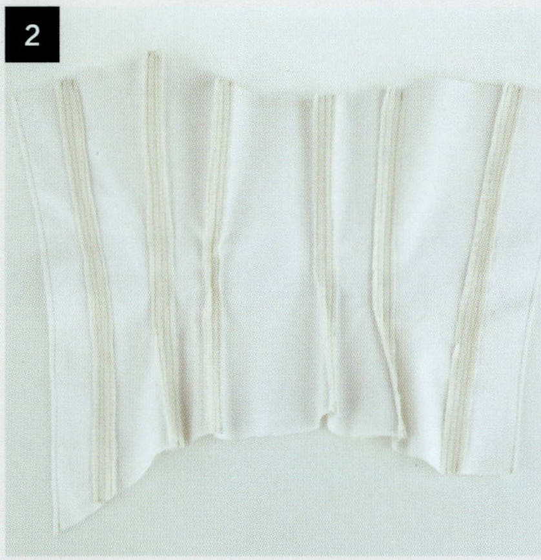

3
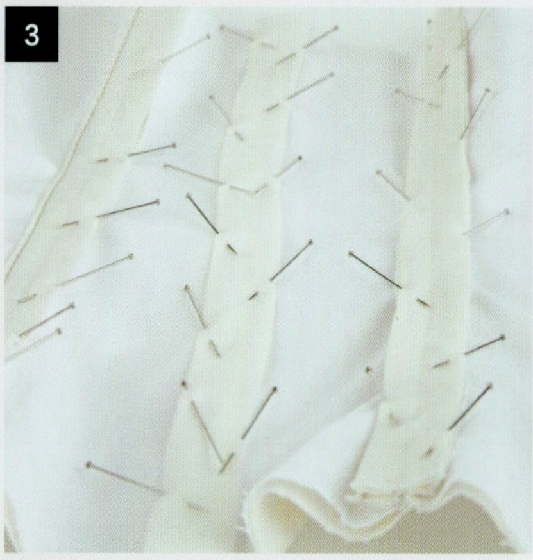

4
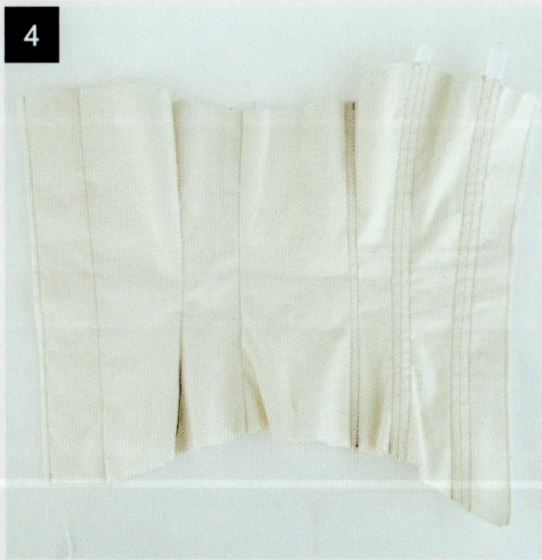

5

6
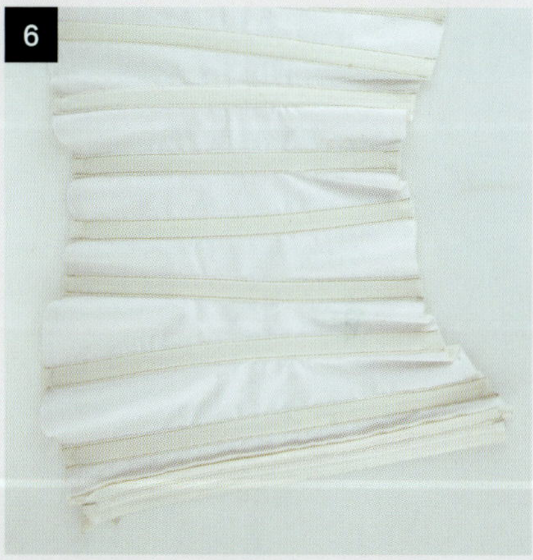

· 选定一个适合你的设计的纸样，根据纸样裁剪面料、衬布和衬。

· 准备里料纸样并剪裁衬里裁片（关于里料的内容请参考第212页）。

· 使用划粉或线钉将羽骨管套的位置标记到衬布上。

· 如需黏衬，可将其黏到衬布或外层面料上。

· 将外层面料的反面与衬布的反面相对，衬布按缝份车缝到外层面料上，使用约4mm的大针距。1

· 将各部分车缝到一起，如有必要可修剪缝头，并将缝份劈开熨烫。2

· 使用成品管套或斜裁布条作为羽骨的管套，或者缝份也可用作管套使用。

· 顺着缝份将管套用大头针固定在束身衣的反面，并画出标记线。在距布边2.3～3mm宽处将这几层缝合，缝制完成之后进行熨烫处理。3

· 任何类型的羽骨都可以与管套搭配使用，但要确保羽骨应略短小于管套，以便能套入其中，顺利完成顶端和末端的缝合固定。预制羽骨限定了束身衣的长度，也可以根据尺寸修剪羽骨，然后插入管套。4

· 使用缝纫机在一侧车缝上拉链，针距为2.5～3mm。更多关于如何缝制开口拉链的内容请参考第244页。也可以选择使用金属内衣扣合件代替拉链。5图示为束身衣的正面，6图示为束身衣的反面。

· 利用纸样在外层使用的面料上裁出一条宽的贴边，并黏上黏合衬，利用这条贴边遮盖住拉链两侧裸露在外的区域以及缝份。将贴边面料反面朝上，沿着拉链缝合，使用2.5～3mm的针距大小。接着将贴边反折并折边，固定车缝。如有必要可修剪缝份，这样可以避免面料堆积，然后进行整烫，最后再将贴边的另一侧与缝份固定。

基础型束身衣制作步骤

7

8

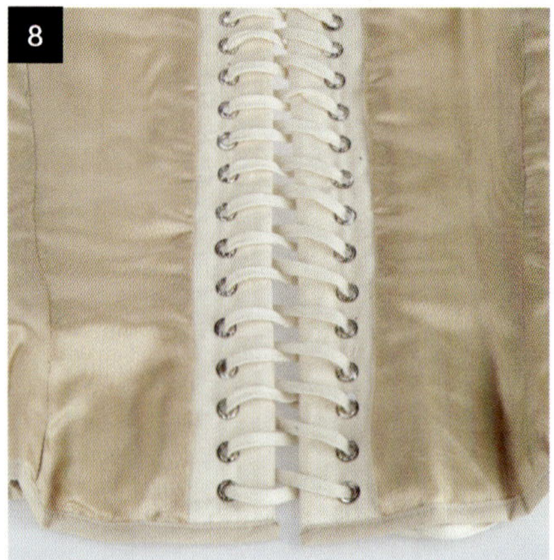

9

10

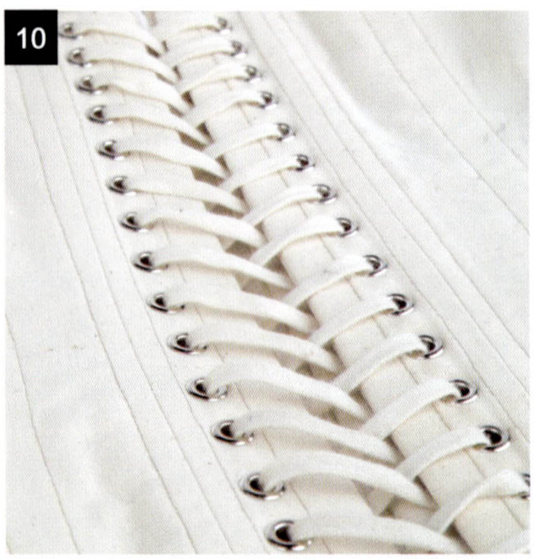

11

12

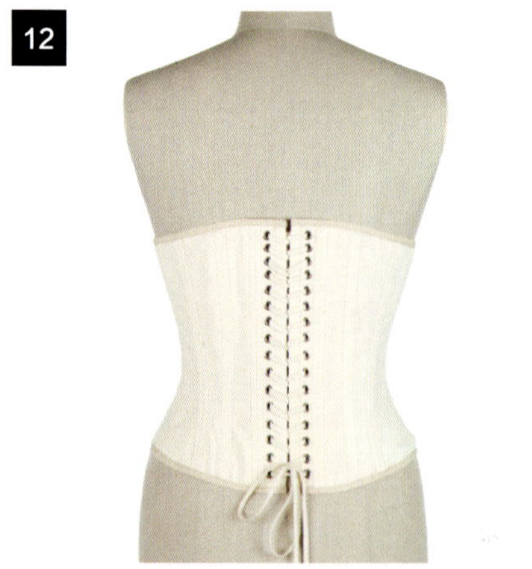

· 为管套准备贴边，将贴边黏衬，并距布边2.5～3mm宽处车缝明线。按照上述拉链介绍的贴边制作方式，反折贴边并折边固定缝口。**7**

· 用翻袋法在拉链贴边和管套之上添加并车缝衬里。

· 裁剪斜纱滚条为外层面料的上边缘和下边缘进行包边，也可使用成品斜纹滚条包边。将束身衣铺平整，并用大头针将顶层面料、底层面料以及衬里固定在一起。用缝纫机对上边缘和下边缘进行包边，距边2.5～3mm车明线，车缝到接近末端时将滚条折进去再缝上最后几针。更多与如何制作包边的相关内容请参考第122、123页。**8**图示为上好衬里后，系带扣合的方式和已完成的斜裁滚条包边的细节特写。**9**图示为束身衣前片内侧成品效果。

· 另外，也可以运用贴边的方法处理上下边缘。使用纸样裁剪出贴边所需的面料。先用大头针将束身衣的正面和贴边钉在一起，然后车缝固定边缘，针距为2.5～3mm。反折面料并将贴边的另一侧折边固定缝口，这样贴边就能翻转到束身衣内侧，然后开始整烫。

· 还有一种选择即在背面添加活动挡布，这是一种遮挡住背面管套的条状面料，使其与裸露的皮肤之间产生一层隔挡。

· 根据贴边的尺寸缩减衬里的尺寸，然后再在束身衣上添加衬里。

· 标记上气眼的位置，用打孔机打孔或用剪刀剪出这些孔洞。嵌入气眼，并使用气眼工具和锤子将其固定于相应的位置。**10**

· 最后对束身衣进行整烫，修剪掉多余线头，并在气眼中穿上绳带。**11**图示为束身衣前片的效果。**12**图示为后片的效果。

束身衣造型变化

右侧两图：由薇薇安·韦斯特伍德（Vivienne Westwood）设计的基础型束身衣。弹力网眼布用在侧片和肩带上，增加了适应性，前后片中间部分使用斜纹棉布，羽骨附加在内层面料上，由上层的斜纹棉布覆盖住。这种类型的束身衣覆盖外层面料后可加工成上装或连衣裙。

右图：薇薇安·韦斯特伍德黑色天鹅绒束身衣的内侧细节，羽骨显露在中间衣片上。

最右图：连衣裙的基础束身衣结构，由朱利安·麦克唐纳德（Julien Macdonald）设计。这件束身衣的正身部分由弹力网布制作，而罩杯则是塑胶材质。罩杯上的分割线起到支撑胸部的作用。束身衣腰身部分缝有羽骨管套，内置塑料羽骨。束身衣与连衣裙的领口贴边处相连，腰部以下为松散悬垂的裙摆，束身衣的背后使用风纪钩扣合（详见第84页）。

别急，慢慢来

制作一件束身衣需要花费大量的时间考虑到每一个细节，尽管一天内几乎无法完成一件束身衣，但制作过程却能感到非常充实与满足。计划所需要的材料、测试衬布层、选择衬和支撑材料以及试验添加羽骨等都很花时间。还需留出一两次试穿的时间，尤其当你是第一次试制这种版型的时候。要制作一件基本款束身衣，为了达到理想形态至少需要花30个小时。

3

基础缝纫技术

手工缝纫技术

绝大多数高街服装产品都使用缝纫机缝制而成，极少数会选择手工缝纫。因为手工缝纫非常耗时，耗费较大的人力及资金，所以通常只在样衣、高级成衣、高级定制和量身定制中采用手工缝纫。不过，掌握基本的手工缝纫技巧非常必要，因为在缝纫服装某些部位时，为达到更好的效果，需用手工来完成。

手工缝纫技巧大致可分为两类：暂时性缝合和永久性缝合固定。暂时性缝合是为了方便衣片缝合，暂时将其固定，在完成缝纫后将粗缝线拆除。暂时性缝合也可用来在面料上标记纸样，例如打线丁标记法；而永久性缝合则是留在服装上的一部分，例如在裤脚口用暗针挑缝底摆，达到隐藏线迹的效果。此外，运用手工缝纫技巧也可起到装饰的效果，例如珠绣和刺绣。

准备工作

· 根据面料材质和厚度选择合适的缝针，更多关于缝针的介绍可参考第12～13页内容。

· 根据面料选择合适粗细和颜色的缝纫线，最好选择天然丝线，因其能轻易穿过面料，更多关于缝纫线的介绍可参考第86页内容。

· 不要将缝纫线留得太长，以免缝纫时不方便操作，容易打结或缠绕在一起。

· 穿线前将线头斜向剪切，这样容易穿进针眼里，如果仍不能穿过，可使用穿线器（详见第13页内容）。

· 戴上顶针保护你的手指。

· 选择一把舒适的座椅，把脚放在脚踏上，这样不会长时间保持弯腰的姿势，能保护背部，记得工作一段时间后起身做伸展运动。

· 缝纫顺序为从右至左，当然左撇子例外。

· 缝纫时不要将线拉得太紧，可能会形成褶皱。

缝线上蜡

有些缝纫线上蜜蜡后更容易穿进针眼里，并能使线更结实。这种方法运用于定制服装中，能让缝纫更顺畅并能防止缝线打结。在缝纫金属扣结或缝珠片时也建议将缝线打蜡。将线滑过蜂蜡块即可被覆盖上一层薄蜡。

双线缝

大多数手工缝纫是穿单线缝纫，而在缝扣结时，穿双线能让缝线更牢固。不过双线缝纫容易将线打结、缠绕，为避免上述情况，可将两股线锁定在一起。

第一步：将针插入两股线的线缕中。

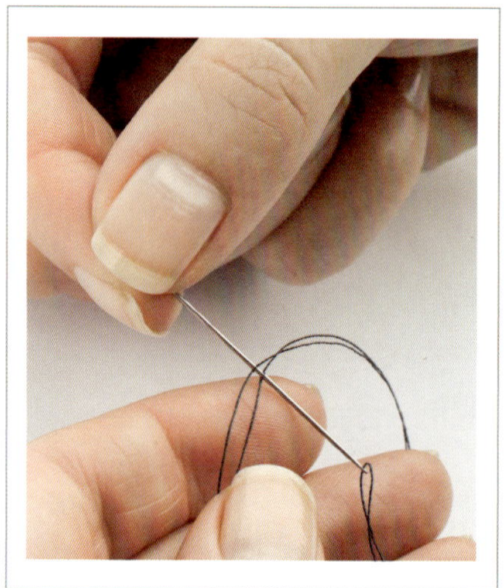

第二步：将针完全从两股线中间穿过去。

第三步：两股线锁定在了一起。

起始和结尾处

缝线必须要在起始处固定，特别是在使用手针进行永久性缝合时，通常采取打线结的方式。

废结

废结是一种暂时打结的方式，在缝合完成后会将其拆除，因此而得名。

· 将线穿入针眼，并在线尾打结。

· 在距离缝纫起始点一端距离处，将针穿入面料，但不要用力拉扯，以免线尾的结从面料中滑出。

· 在起始处回针缝固定线头。

· 缝纫完成后将结修剪掉。

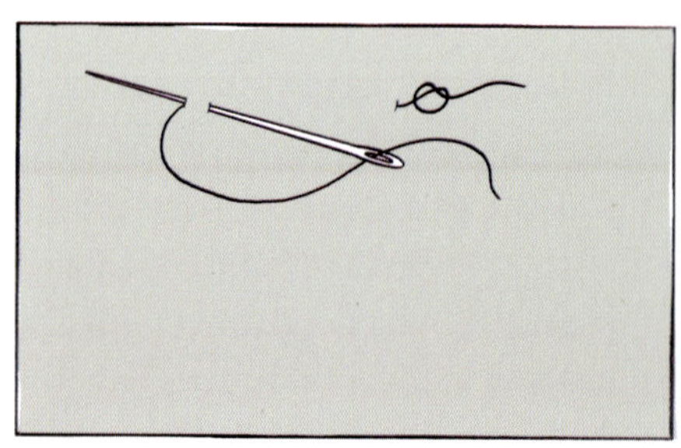

废结

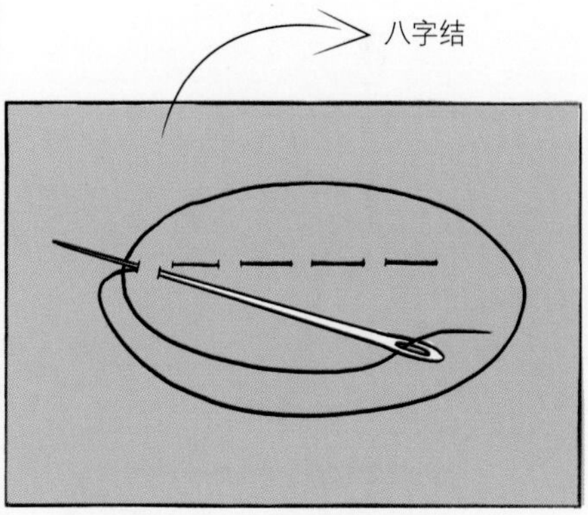

八字结

八字结是一种非常牢固的打结方式，用在缝纫结尾处。

·在缝纫结尾处挑起一小块面料回针缝，并将线置于手针下方，将针拉出来后便形成了结。

·在同一位置重复几遍上述动作，最后将线头剪掉。

裁缝结

裁缝结也是用在结尾处的打结方式，手缝和机缝都可完成。与回针缝不同的是，这种打结方式非常平整，不会形成缝线堆积凸出的效果。

·在缝纫结尾处打一个线圈。

·将针从线圈后方穿入。

·按住线圈同时拉紧线头，使线圈成结，让线圈结尽量挨紧缝纫线结尾处。

·剪掉多余的线，留下0.5cm线头即可。

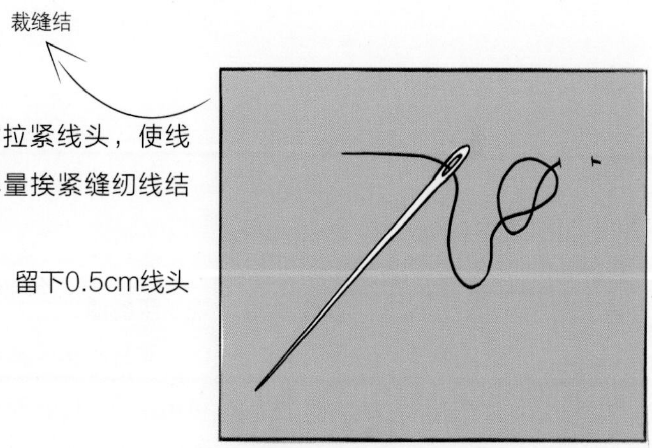

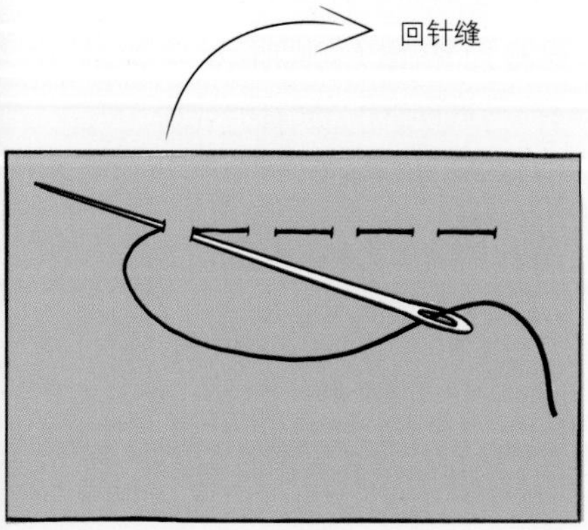

回针缝

回针缝是最牢固的一种手缝方式，可用在起始和结尾处，也可在起始处结合废结加强固定。

·将带线的手针在面料上缝一针很短的线迹。

·如果在起始处没有打结，则用手拉住线头，以免从面料中拉扯出来。

·在面料上同一位置重复缝上几道短线迹加固。

·在缝纫结尾处重复上述方法缝纫固定。

·剪掉多余的线头，并将回针处整理平顺。

临时性和永久性手针缝

以下介绍了几种缝制服装时常见的手缝针迹：临时性和永久性手针缝针迹。

粗缝

粗缝也称为假缝，通常暂时用来固定两层及以上面料，为方便固定缝作准备，在固定缝完成后会将粗缝线拆除。粗缝时可选择对比色缝线，或专用粗缝线。当在面料上缝合定型材料时，需使用与面料颜色相配的缝纫线。关于如何粗缝衬布可参考第96页内容。

· 缝纫时需在水平台面上操作，并使用细长的手针缝制。

· 将缝份或几层面料用大头针固定在一起。

· 缝纫起始处用回针固定，可不用打结固定。

· 用手针粗缝出较长的线迹，线距也可放宽。

· 在结尾处回一针固定，或不固定结尾处，方便后期拆除。

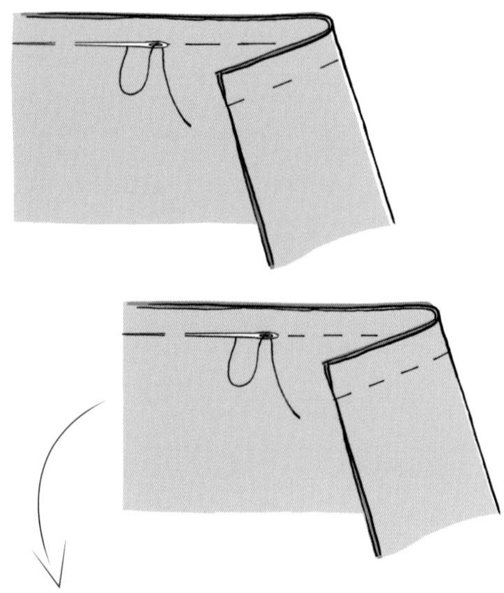

粗缝线迹可以长短交替使用，或选择固定的针距

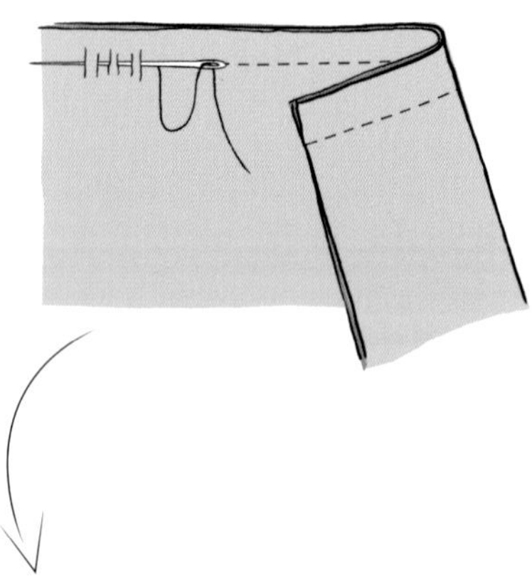

在操作平针缝时一针同时穿过好几个等距线迹

平针缝

平针缝是一种永久性缝纫线迹，可运用在缝份、碎褶等处和固定缝肩垫的时候。撩针缝也是一种基本的绣花缝针法。这种短线针迹短小并且平顺，缝纫起来非常快，但没有回针缝牢固。

· 使用一根较短的手针和与面料颜色相配的缝线。

· 按从右至左的顺序缝纫。

· 用打结/回针的方式固定缝线于面料上。

· 缝纫时使用短针距，并确保线距大小相同。

· 可将手针来回穿梭于面料几次后，再将手针拉出（如图所示），也可一针一针地缝纫，两种方式皆可，不过前者更节约时间。

· 结尾处回针缝固定。

倒缝

倒缝是一种主要运用于缝合线的线迹，牢固且灵活，也可作为勾勒图案轮廓的刺绣针法。

·使用一根较短的手针和与面料颜色相配的缝线。

·按从右至左的顺序缝纫。

·用打结/回针的方式固定缝线。

·将手针穿过所有层叠面料缝纫一针短的线迹。

·将手针穿入前一针的起始处，往回缝一针很短的线迹，再将线从第一针针脚前面穿出。

·接下来重复上一步动作，除了第一针步骤不一样外，接下来的每一针都是将针穿入上一针脚的尾端进行缝纫。

·结尾处回针缝固定。

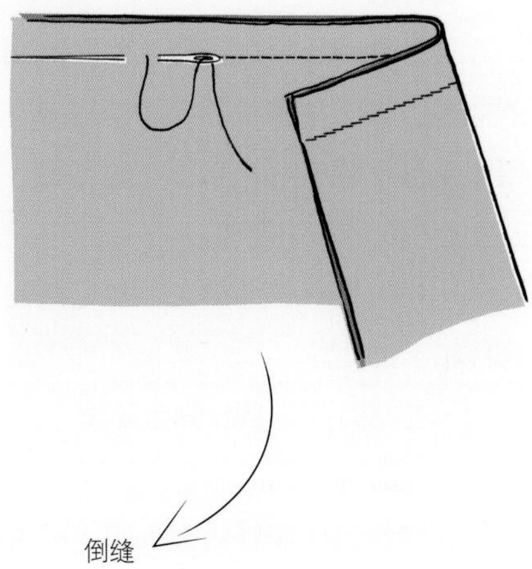

倒缝

拱针缝

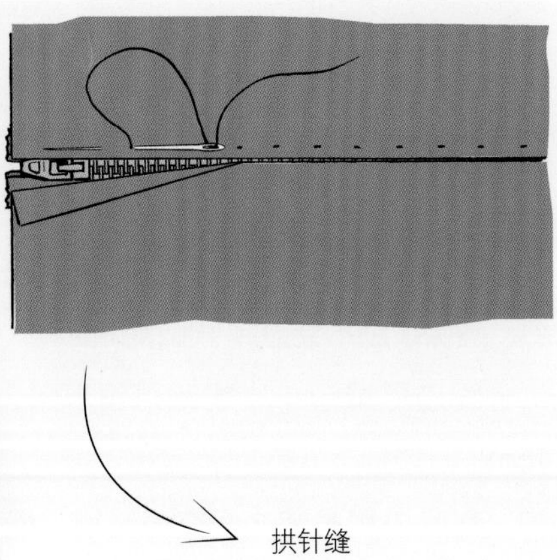

拱针缝

拱针缝是回针缝的一种变形，需从服装正面缝纫，在正面只留下线点，在反面留下长的线迹。可作为一种装饰缝代替明线缝，或作为折边固定缝线迹、贴边和里布，防止显露在服装正面，例如，上领和翻领边缘或手缝拉链时。

·根据面料选择与之色彩相配的缝纫线和手针类型。

·从服装正面从右至左缝纫。

·用打结/回针的方式固定缝线。

·将线拉到服装正面，将针穿入此处后方（1～2针线迹的距离），如同回针缝的效果。

·安装拉链时，将手针穿过所有层叠的面料，将线拉出，再向左0.6～1cm处缝纫下一针。

·用于底摆处折边固定缝线迹时，缩短露在服装表面的线迹，以达到隐藏缝线的效果。

·按面料直纱方向缝纫，缝线与布边保持平行。

·结尾处用回针缝固定。

缲针缝

缲针缝用于折边，能达到隐藏线迹的效果，是一种精致的布边处理法。暗缝最常用于里布底边与面布的缝合，以及蚕丝围巾的布边处理。

· 根据面料选择与之颜色相配的缝纫线和手针类型。

· 在布边打结/回针固定缝线。

· 在面料的反面缝纫。

· 缝纫时用手针挑起面料上一或两根纱线进行缝份，确保线迹不会显现于服装正面。

· 将手针从折叠布边下方穿入，缝纫6mm大小的线迹，再将线拉出。

· 再用手针挑起面料上一或两根纱线缝纫。

· 重复以上缝纫动作，在折边面料和衣身面料之间交替缝纫。

· 确保在服装正反面看不见线迹。

· 在结尾处将线打结固定。

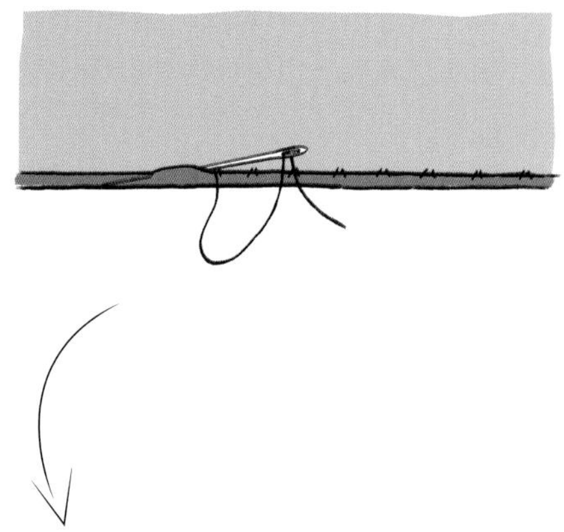

用缲针缝对边缘进行处理

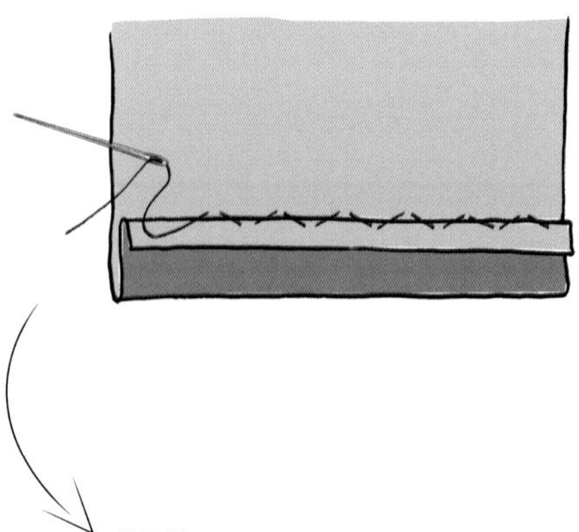

卷边缝

卷边缝

底边缝也叫暗针缝，主要用来固定底摆，也可用来固定贴边。这种针法不会显现于服装正面，并且由于针迹很小，在底边里侧也不显眼。可用于梭织面料和无弹面料的缝纫。

· 将布边向反面折叠5～7mm。

· 根据面料选择与之颜色相配的缝纫线和手针类型。

· 按从右至左的顺序缝纫。

· 用打结和/或回针的方式将线固定于底边。

· 用手针挑起面料上一或两根纱线缝纫，确保线迹不会显露于服装正面。

· 线迹尽量短小，线距可留下0.7～1cm。

· 在底边和服装之间交替缝纫，缝线可留得相对松散一些。

· 最后回针缝固定缝线。

人字缝

人字缝也称作环针缝，常用于弹力面料缝纫中，如平纹布，因为这种针法比卷边缝更具张力。三角针也能像繚针缝一样隐藏于服装和底边之间，有时也会缝在底边线上，露出明线。

· 缝暗三角针时，将底边向内折叠大约5～7mm。

· 根据面料选择与之颜色相配的缝纫线和手针类型。

· 按从左至右的顺序缝纫。

· 用打结/回针的方式将线固定于底边。

· 用手针挑起面料上一或两根纱线缝纫，确保线迹不会显露于服装正面。

· 在底边留下较小的线迹，线距保持在0.7～1cm之间。

· 从左至右交叉缝纫会在服装和底边之间留下X型线迹，这样能增加线与线之间的张力，缝纫这种针迹时，用线量较多。

· 在底摆和服装之间交替缝，缝线可留得相对松散一些。

· 结尾处回针缝固定。

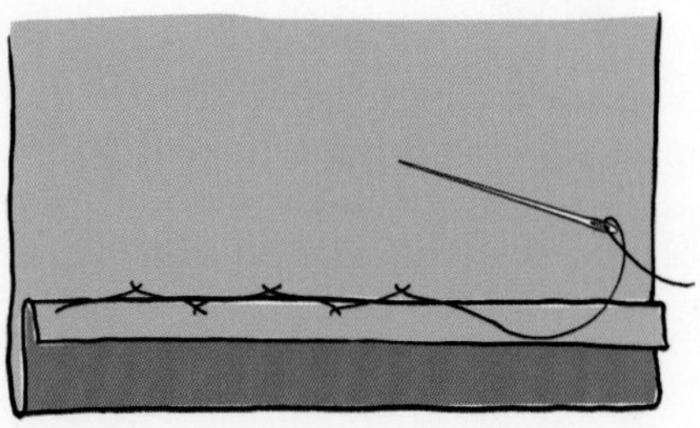

隐藏式的人字缝

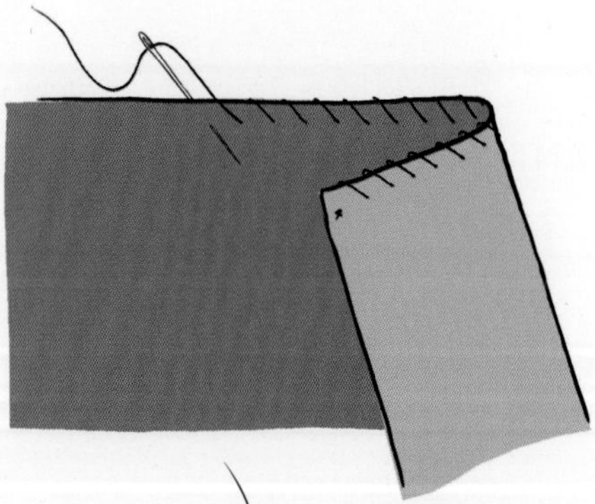

包缝线迹

包缝

包缝是一种斜向线迹，缝纫于单层或双层的毛边布边。这种针法现在很少使用，可用锁边机代替完成，更快速、更高效。不过有些部位无法用机器完成，这时只能使用手工锁缝线迹，以防面料虚边。

· 使用一根较短的手针以及与面料颜色相配的缝纫线。

· 从毛边水平方向从右至左缝纫。

· 用打结和/或回针的方法将线固定在面料边缘。

· 在距离毛边3～4mm处，将手针从面料反面穿入正面。

· 距离上一针脚5mm处，缝纫下一针。

· 针迹需保持均匀的斜向排列。

· 结尾处用回针固定。

锁边缝

锁边缝是一种布边装饰缝法，可使毛边整齐，也可用此针法固定风纪扣、挽线襻。羊毛面料的布边常用此针法，采用对比色羊毛线沿布边缝纫。

· 选择适合面料和缝纫纱线/缝纫线的手针。

· 将服装正面面向自己，从右至左水平缝纫。

· 用打结/回针缝固定线头。

· 距离布边5mm处，将手针从面料正面穿入到反面，将线置于手针下方，形成线圈，将手针拉出即形成毯式线迹。

· 将手针向左缝纫下一针脚，线距为5mm，将针从线圈中拉出。

· 均匀保持针脚间的距离以及距布边的宽度。

· 结尾处回针缝固定。

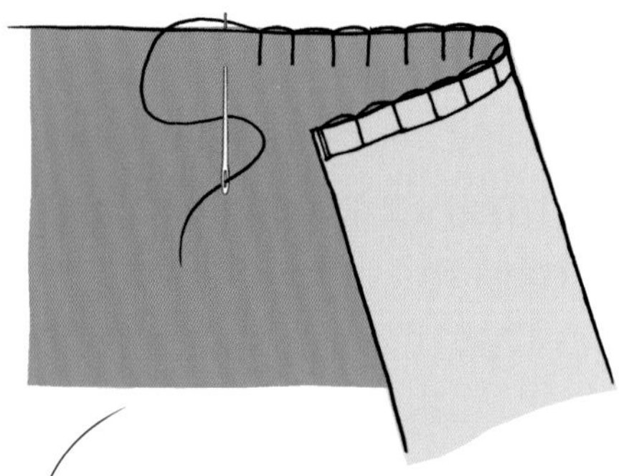

锁边缝

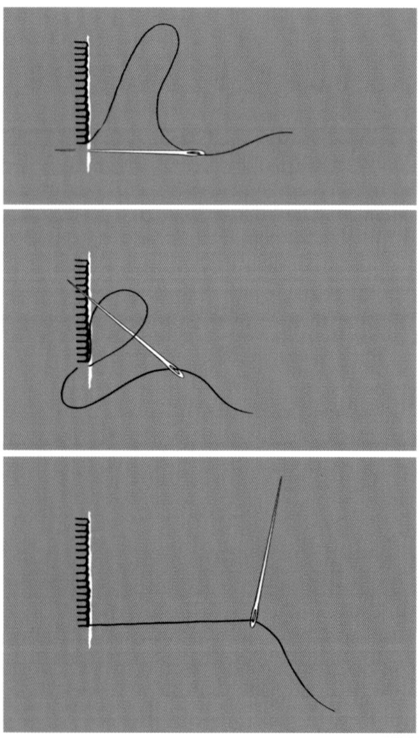

锁眼缝

锁眼缝

锁眼缝是手工缝扣眼的针法，也可用这种针法来缝按扣、风纪扣和扣襻，关于如何手工缝扣眼可参见第230页内容。

· 根据面料选择与之颜色相配的缝纫线和手针类型。

· 用打结的方式固定线头。

· 距离布边2～3mm处，将手针从面料反面穿入正面，将手针拉出来形成一个线圈。

· 将针从后方穿过线圈，并将线拉紧，在布边针脚之间形成编织线。

· 下一针脚紧挨上一针脚缝纫。

· 结尾处回针固定线头。

机缝缝份和缝边处理

服装裁片上加放缝份便于将衣片缝合在一起，使缝合处更牢固，缝合线对服装的塑型起到非常重要的作用，此外也能作为装饰手法，加强服装的设计感。缝合线在服装中的设置十分重要，在进行设计时，需考虑服装廓形、风格和所选的面料。缝份可用多种方式连接，例如缝合、钉缝、布胶黏合、热熔黏合。这一部分将介绍几种不同的机缝缝制的方式，你可根据具体的服装设计、使用面料和服装的最终用途选择相应的缝合方式。

缝份量根据缝份的类型而产生变化，更多关于缝份的介绍可参见第39页的内容。有些缝份，例如平缝的缝边，则需对缝头进行加工处理，以免面料虚边。而其他缝纫方式可将布边隐藏，则无需加工处理，比如来去缝等。参考成衣中缝边的方式，可帮助你掌握不同缝边类型的运用和缝份的处理方式。在绘制纸样前，需确定好缝边方式，因为这将影响纸样放缝的量，可先用面料制作样品参考效果。不同的面料有不同的缝合方式，当然你也可以创造出自己的方式。关于正确的缝合方式的介绍可参见第125页的内容。

缝纫前的准备工作

在缝纫之前的准备工作包括缝纫设备以及服装两方面的准备。

设置缝纫机

· 确认缝纫机上安装的机针为合适的型号和大小。

· 将缝纫机穿上线并检查线的松紧度。

· 将线迹调试到合适大小。

· 缝纫两层面料小样，检查缝线是否正常。

· 如若需要可放置一条缝纫尺或标尺带在机器上，确保沿缝份缝纫时线迹不会发生偏移。

· 手边准备好卷尺、纱剪和大头针。

· 确保座椅有垂直的靠背。避免缝纫时弯腰低头过于靠近设备。

· 摘掉首饰或围巾一类容易卡进缝纫机的物品，并将长发扎至背后。

如果缝纫中遇到什么问题，可参考第26～27页内容。

平缝机在针板上刻有刻度尺

如果缝纫机上无刻度尺，可在针板处黏一条胶带作为参照线

缝纫接缝的步骤

将面料缝边对齐放于压脚下，将缝份一端朝向右边，将机针降下插进面料中固定。

第一步：

在后方用手拉住线头，以免缝纫时将其一起缝进去。

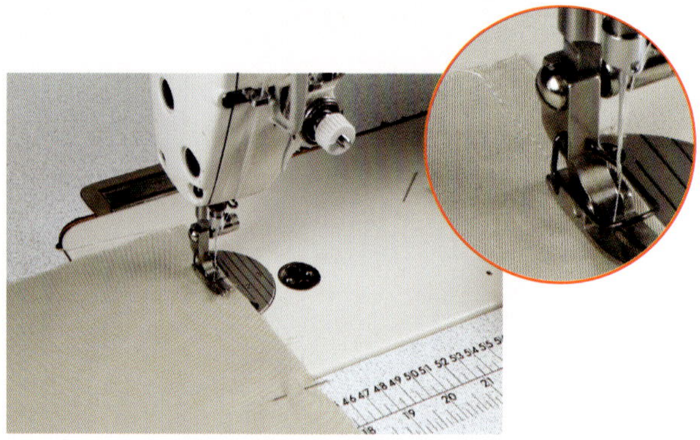

第二步：

在缝纫起止处回针固定，回针缝线迹需与缝合线在一条线上。

第三步：

缝纫过程中，不要回拉面料，将手轻轻放在压脚前控制面料，推送即可，缝纫机会自动将面料向前推送。

第四步：

缝纫后检查有无差错，然后修剪掉线头，熨烫缝头。

针距的大小及使用

工业缝纫机和家用缝纫机都可调适线迹大小，大多数设备可在1~5mm之间调适。

在缝纫前决定线迹大小十分重要，可根据面料材质和缝合用途来决定。

1~2mm：线迹最小也最为牢固，但一旦出错最难拆除。这种长度的线迹通常用来缝制细密的面料、卷边缝、折边固定缝、弧形和直角缝边、手工扣眼预缝和包边扣眼。

2.5~3.5mm：线迹可用来固定缝合大多数材质的面料，适合缝纫中厚到较厚型的面料。这类线迹大小也可用于轻薄面料的明线缝纫。

4~5mm：线迹较长，无法将衣片非常牢固地缝合，所以通常只是用来暂时固定。不过此类线迹可用来缝纫抽褶，或者缝合白坯布样衣，因为线迹松散，所以一旦位置不合适很容易调整。在外套和厚重面料中常用长线迹缉明线，如牛仔和皮革。

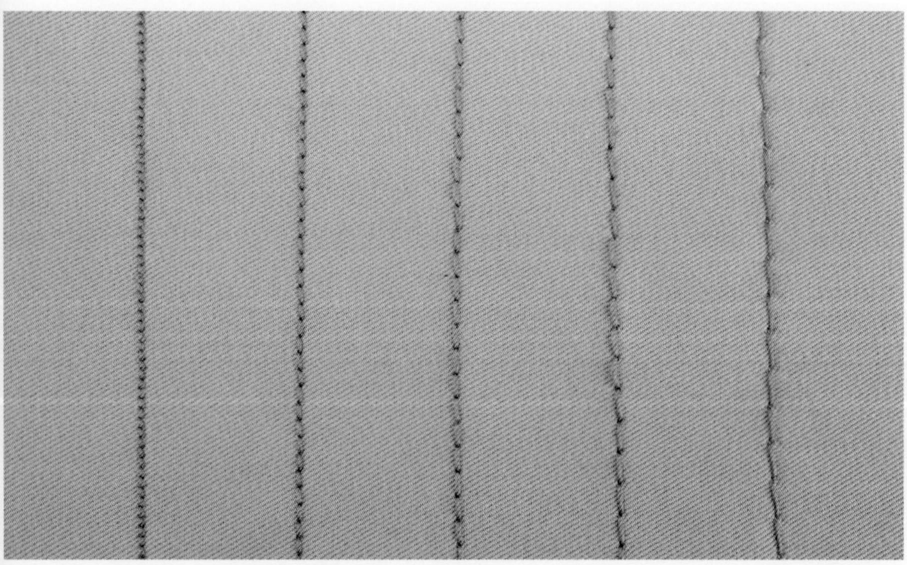

从左至右，线迹大小依次为1mm、2mm、3mm、4mm和5mm

服装裁片准备工作

· 在面料反面用划粉标记出缝合线，使缝纫更加精确。

· 缝纫前用大头针将层叠的裁片固定，大头针可水平或垂直固定，不过缝纫靠近大头针时，需将大头针拆除。专业熟练的缝纫人员可覆盖水平固定的大头针上进行缝纫，但如果没有经过专业训练，机针容易损坏。将垂直的大头针固定在合适的位置作为缝线参照物，切记不要在大头针上缝纫。

· 一些面料最好先用手针粗缝固定，以免缝头处滑动。

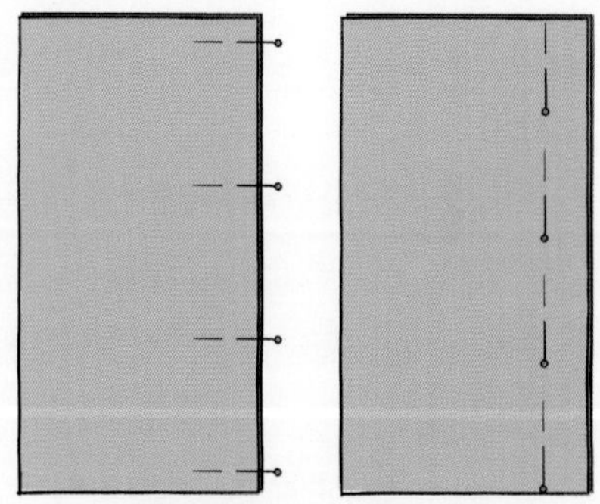

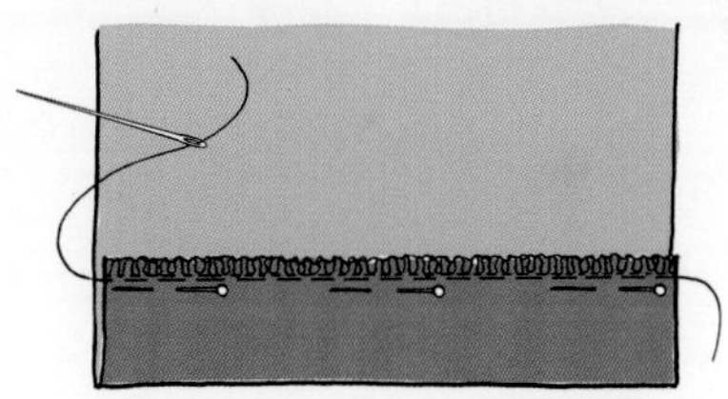

缝边用大头针水平固定（左上图）、垂直固定（右上图）。

缝纫底边前，先用大头针将缝头固定，再用手针粗缝固定（上图）。

缝份的光边处理

平缝缝合的缝边如果不进行缝头的加工处理，容易使面料虚边，服装经过加工处理后看上去更有质感。以下介绍了几种不同的缝份处理方式，可根据面料材质、服装设计、服装用途和服装打理方式选择不同的处理方式。

锁边处理

锁边是一种操作方便简单的缝份处理方式，常用于梭织和针织面料，并且不会产生面料堆积，可运用在劈烫缝头中或将两侧缝份锁结。大多数锁边机上配置的裁剪刀在进行锁边时，随即自动剪掉多余面料和线头，使用时注意不要将缝份裁剪掉了。

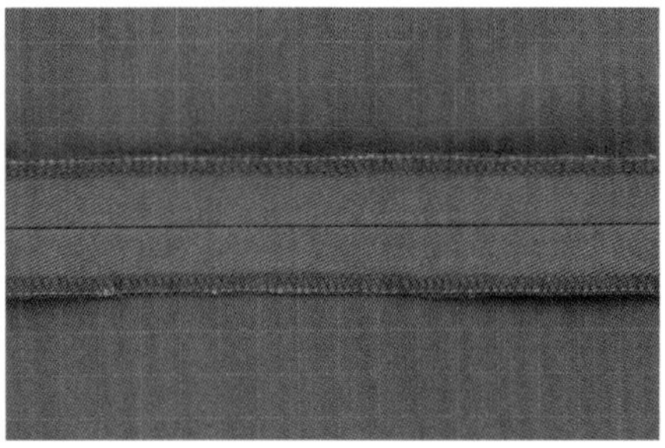

劈烫开的平缝缝边，先将布边锁边，再将面料缝合，然后将缝份左右劈烫开

在缝份锁边缝中，先将面料缝合，再将缝份锁边到一起，再将缝头向一侧倒烫

包边

包边是一种高级精致的缝份处理方式，能将毛边用斜裁布条包裹住。主要运用于半里或无里夹克、大衣或定制裤装中。尽管包边比较费时，但能提升服装的质感，也可运用不同颜色或图案的面料包边使其成为设计点。包边布条可直接购买或自己从面料上裁剪，可手工缝纫也可机缝。

斜裁包边条的步骤

自己裁剪包边条时，为了避免在缝份处过于厚重，需使用轻薄面料。

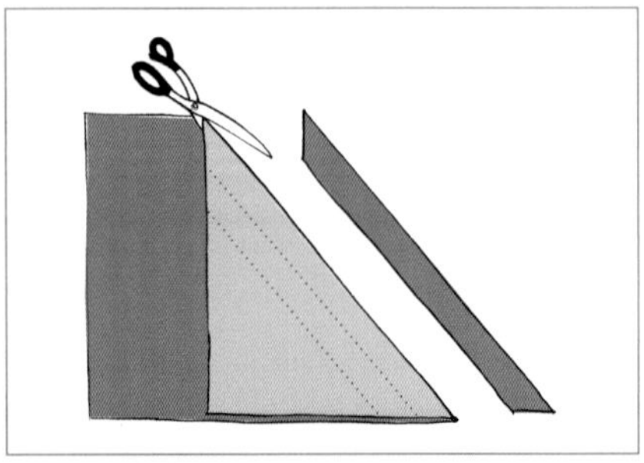

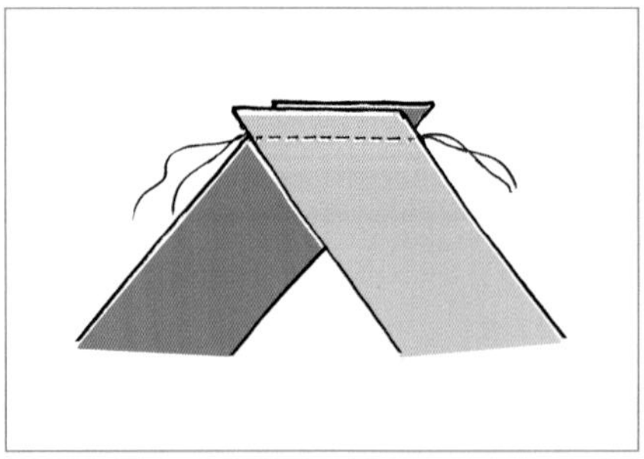

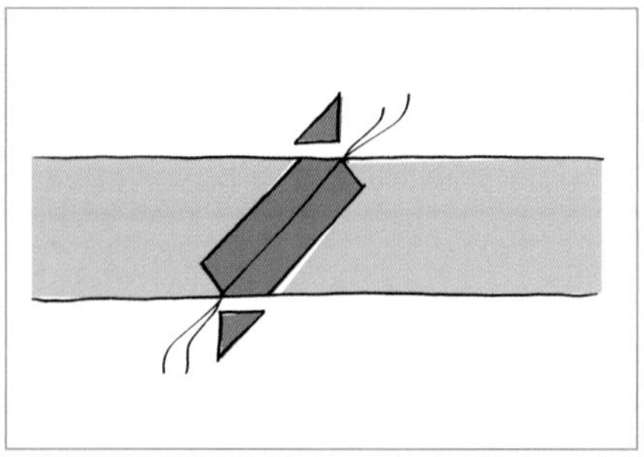

第一步：

将面料长边对齐再折叠宽边，折叠呈45° 斜纱角度。在斜纱上标记出多条平行线，间隔为包边条宽度，如需要可重复此步骤，然后按平行线裁剪包边条。

第二步：

通常达到想要的长度需将包边条拼缝起来。将布条正面相对，对齐直纱方向，如图所示车缝，留下5mm缝份。如需要可重复此步骤拼缝其他布条。

第三步：

劈烫拼缝的缝头，如图所示修剪掉多余的面料。

机缝包边条的步骤

以下图示为在没有包边压脚的情况下，如何使用普通压脚缝纫包边布条。示范中用的包边条为3.5cm。

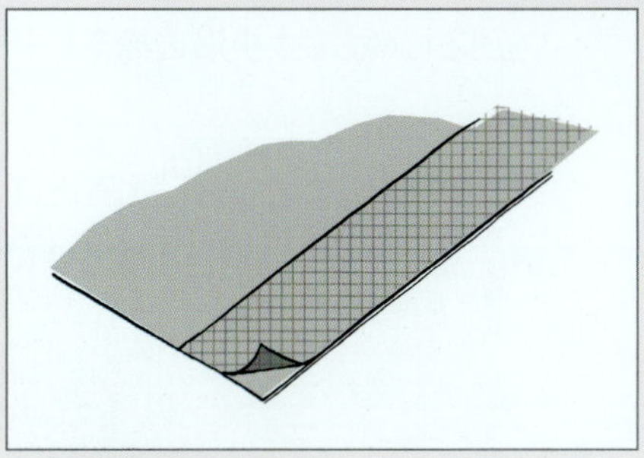

第一步：

将包边条正面与面料反面相对，对齐缝份边缘摆放。

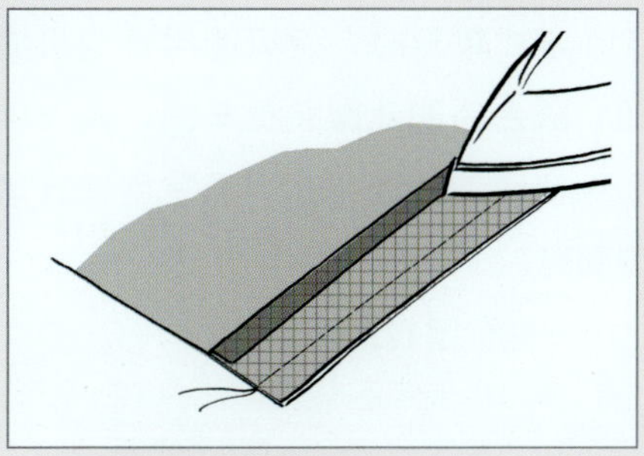

第二步：

将包边条车缝在面料上，缝份为0.7mm，折叠还未缝纫的一侧1cm宽，并熨烫。

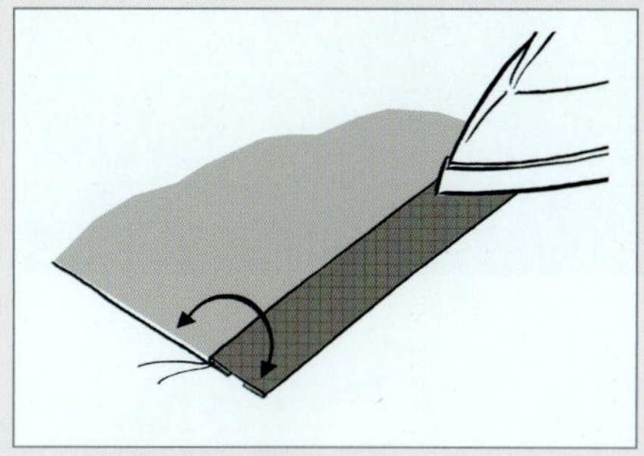

第三步：

如图所示将包边条沿布边翻折，并熨烫。

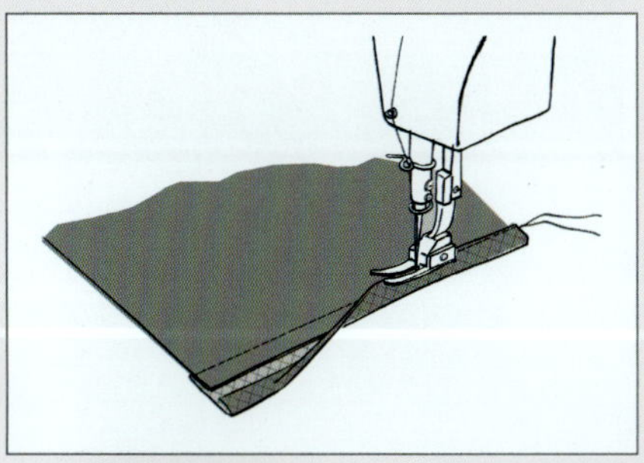

第四步：

将服装翻到正面，折叠包边条，包裹住布边至缝合线的位置。沿包边条边缘车缝，可在缝纫前先用大头针或手针粗缝固定，这样车缝时更容易一些。

第五步：

将包边缝份熨烫后再进行其余的缝纫步骤。

锯齿边处理

用锯齿剪处理的缝份呈“Z”字形边缘，不会造成面料堆积，这是一种快速简便、省钱的处理方式，但不适用于所有类型的面料，主要用于上里布的服装或用在不会虚边的面料上，可以起到装饰效果。

· 需预留1.5cm的缝份。

· 使用锯齿剪沿布边修剪。

· 平缝前或平缝后修剪皆可。

· 修剪后，将缝份劈烫开。

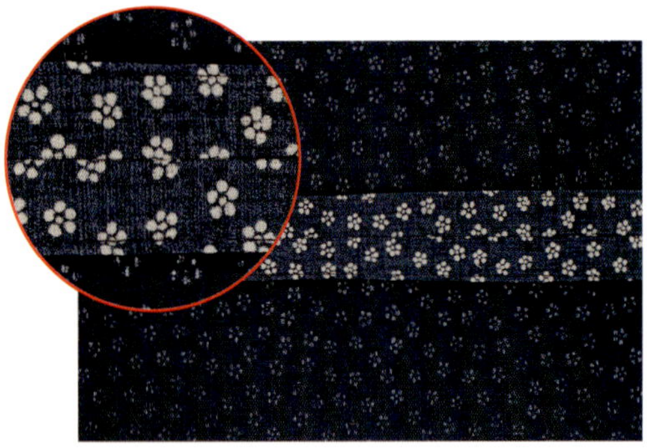

卷边处理

卷边缝是将布边折叠并车缝，不适用于厚重面料，因为会形成面料堆积。这种方式较省时，但只能用直缝机缝纫。缝合后能让服装更牢固，是一种高级精致的处理方式，通常用于轻薄型面料。

· 需预留1.5cm缝份。

· 平缝缝合后将缝份劈烫。

· 将缝头向下折叠5mm。

· 用2mm线迹大小沿边缘车缝折叠部分。

· 轻轻熨烫，避免在服装正面留下凸痕，如需要可将缝头熨烫（详见第245页）。

包缝处理

包缝处理作为一种手工缝纫针法，主要用于厚重面料，防止面料虚边。当缝纫机无法缝纫或在机器不便缝纫的部位可使用这种针法处理。

· 环针缝在平缝缝合前或缝合完成后缝纫皆可。

· 平缝缝合后劈烫缝份，也可将缝份环针缝合到一起然后倒烫。

· 详细缝纫方法请参考第117页。

· 沿缝合线轻轻熨烫，以免在服装正面留下凸痕。

人字缝处理

人字缝是机缝版本的人字缝，缝纫起来快速简易，几乎不会增加面料堆积量。人字缝没有锁边，看起来更加有质感，所以只有在无锁边机的情况下才用人字形线迹缝纫。

· 人字缝在缝合前或缝合后皆可。

· 平缝缝合后劈烫缝份，也可将缝份用人字缝缝合然后倒烫。

· 沿缝份毛边车缝人字形线迹。

· 沿缝合线轻轻熨烫，以免在服装正面留下凸痕。

毛边处理

在不虚边的面料上无需对毛边加工处理，例如羊毛毡、皮革或无纺布面料。毛边可缉明线或用布胶黏合。如果缝份是在服装外部，虚边的毛边效果可作为一个设计点，打造做旧的效果。一些编织紧密的平纹布也能带来毛边效果，裁剪后布边会自然卷曲。

· 毛边处理时，需将缝头裁剪成同一宽度，保持边缘平直。

· 有不同的缝合方式可以选择，例如拼合缝。非纺织材料的缝合方式可参考第292页内容。

选择合适的缝合方式

想要设计并专业制作服装，有必要完全掌握缝合的方法，了解高级定制和手工定制的历史，对比与现代机器制成服装的差别之处。选择缝合方式时需考虑以下几点：

· 服装的设计、风格、质量和最终用途。

· 面料类型、材质、弹力、透明度、虚边的程度。

· 牢固性和洗涤、熨烫需求。

· 流行趋势。

· 缝纫技巧掌握程度和可使用的设备情况。

· 制作经费。

具体不同面料的缝合，可参考第5章——针对不同面料的制作工艺。

平缝缝合步骤

除针织面料外，平缝可运用于大多数材料的缝合，平缝是最常用的服装缝合方式。

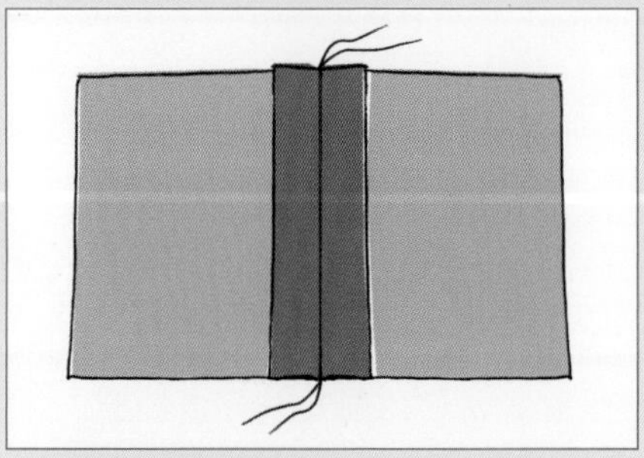

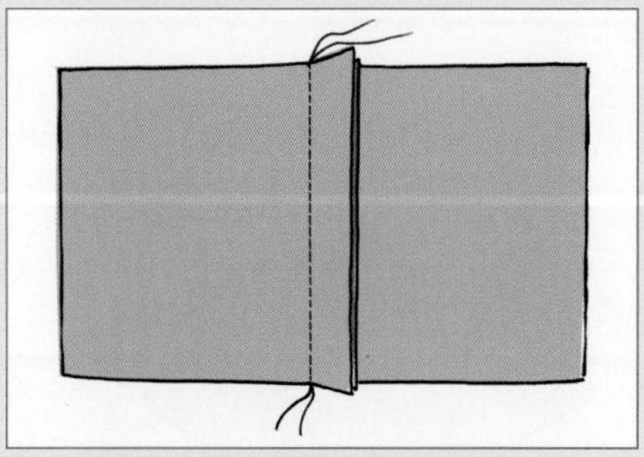

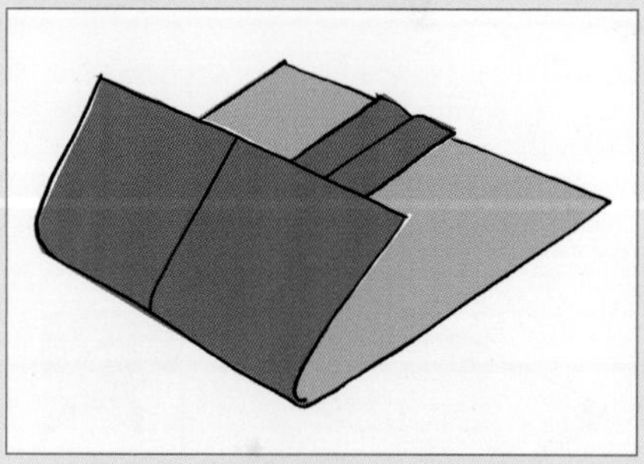

第一步：

根据服装最终用途选择2~5mm的线迹车缝。将服装裁片正面相对，并对齐缝份，用大头针或手针粗缝固定边缘。将裁片缝份放于压脚下车缝，起止处回针加固，然后将缝份劈烫。

第二步：

熨烫时也可将缝份倒烫至一侧。

第三步：

缝份毛边可用锁边、包边、锁边缝或卷边缝等方式处理，防止虚边。根据不同的面料，也可将缝份缉明线或用布胶固定在服装上。

来去缝步骤

来去缝可运用于雪纺、欧根纱等细密面料，缝合后毛边被遮盖住，无需再加工处理。来去缝后会在服装外部或内部留下整洁干净的缝合线。

第一步：

根据面料选择2～2.5mm大小的线迹。将服装裁片反面相对，再对齐缝份，如果需要可用大头针固定布边，然后车缝裁片，缝份为0.5mm。在起止处回针加固，然后修剪缝份至0.3mm。

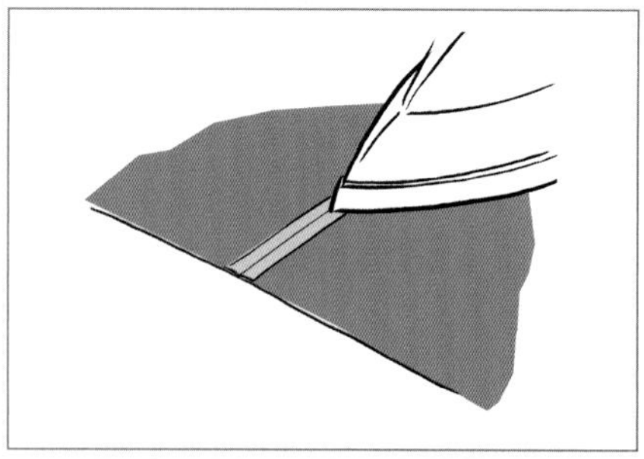

第二步：

将缝份劈烫。

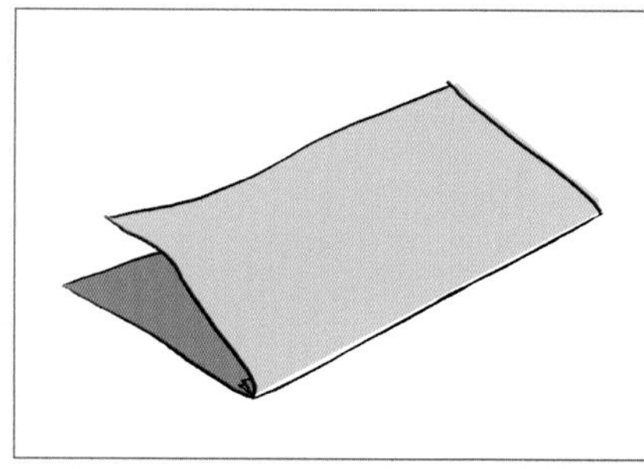

第三步：

沿缝合线将裁片正面相对折叠。

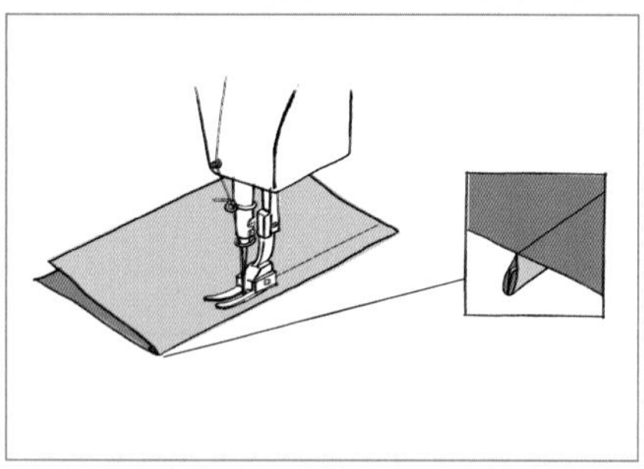

第四步：

在折叠处覆盖住第一道缝合线再次车缝，缝份为5～7mm，在起止处回针加固。这样缝合的目的是为了留下非常窄的缝份，因为来去缝通常用于透明面料和细密面料缝纫中。

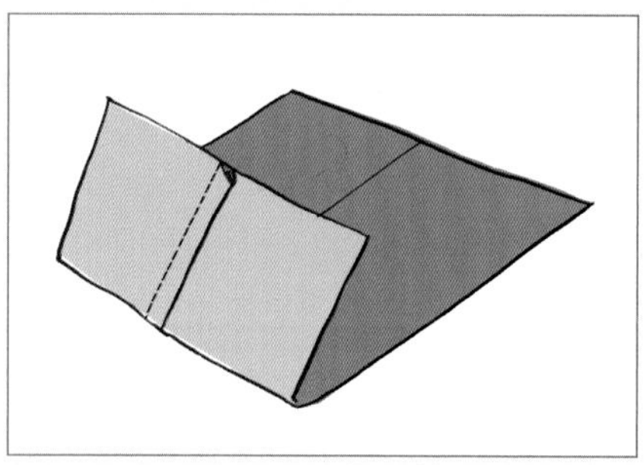

第五步：

将缝边倒烫至一侧。

转角处来去缝步骤

这种缝合方法适合有经验的缝纫者。

第一步：

在边角两侧都加放1～1.5cm缝份。沿内角裁剪，并裁剪一块与之拼合的三角形面料。

第二步：

打开内角并将三角裁片与裁剪边反面相对缝合，缝头为2mm，使用2mm线迹缝合。

第三步：

将拼合的三角裁片裁剪至内角缝份对齐，然后将缝份向外熨烫。

第四步：

将内角和外角反面相对于车缝处。修剪缝头至5mm宽。

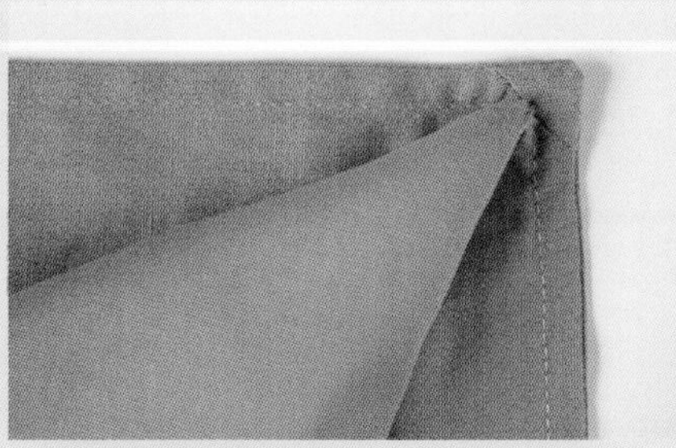

第五步：

翻转面料，正面相对，将缝份覆盖住车缝，缝边为7mm。

第六步：

将来去缝缝边熨烫至内角方向。

平接缝步骤

平接缝十分牢固，并且在服装外部和内部的缝合处整洁平顺，在一侧会留下两道缝合线，另一侧留下一道缝合线。通常用于衬衫的缝纫以及牛仔工装的侧缝缝纫。

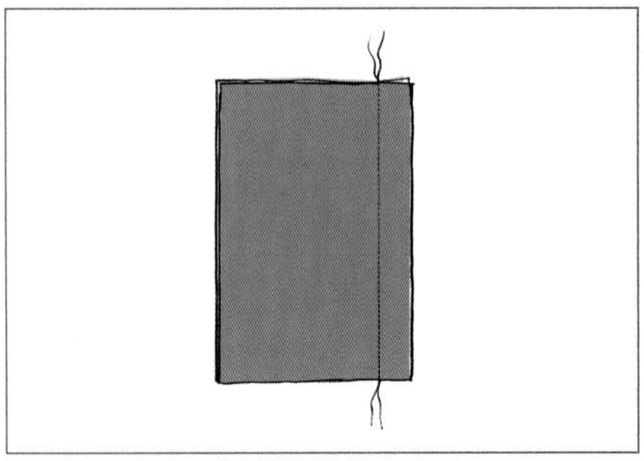

第一步：

根据不同面料选择2.5～3.5mm长线迹。将服装裁片反面相对，如需要可用大头针固定布边。根据服装设计和面料厚度加放1.5～2cm缝份，将裁片车缝在一起，在缝纫起止处回针加固。

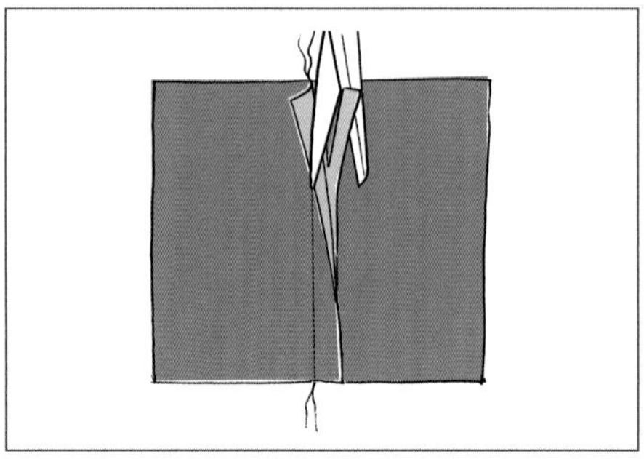

第二步：

修剪其中一边缝份至5～7mm。另一种方式是在开始缝纫时就预留平接缝缝份，即其中一边缝头比另一边窄。

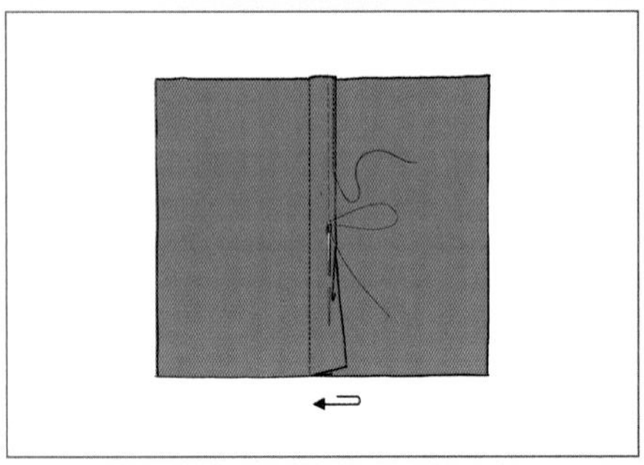

第三步：

将缝份向一侧倒烫，使较宽的缝份边覆盖住较窄的一边。再将较宽的缝份边向下折叠，包裹住修剪的缝头并熨烫。用大头针或手针粗缝固定此处，沿折边缉明线固定。

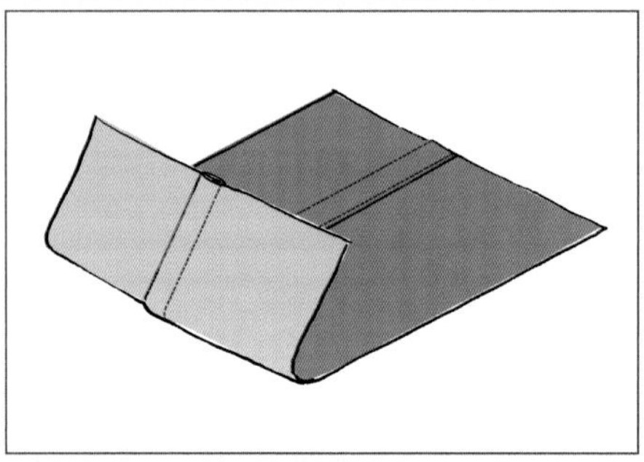

第四步：

从服装正面和反面熨烫平接缝处。

贴边缝步骤

贴边缝与平接缝相似，但其中一侧会露出毛边。这种缝合方式也很牢固，常用在运动装、外套和较厚的面料缝纫中。贴边缝可将毛边一侧放在服装正面作为设计点。

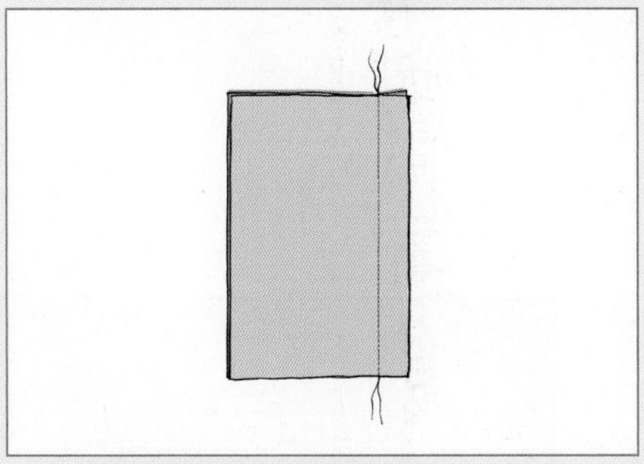

第一步：

根据不同面料选择2.5～3mm长线迹缝纫。将服装裁片正面相对，对齐缝份，如需要可用大头针固定布边。将裁片车缝在一起，根据服装的设计和面料厚度留下1.5～2cm缝份，在缝纫起止处回针加固。

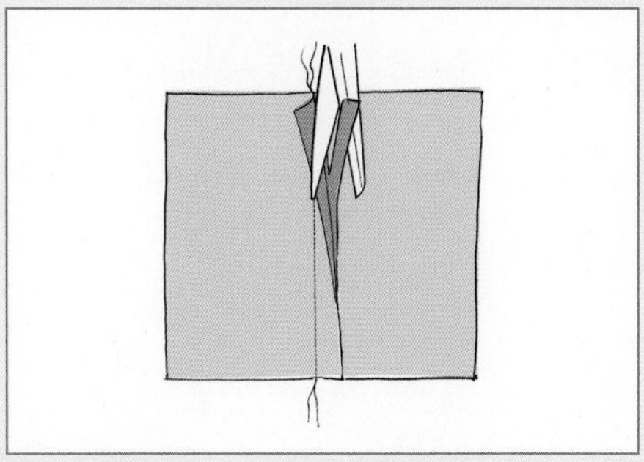

第二步：

修剪其中一边缝份至5～7mm。另一种方式是在开始缝纫时就按平接缝缝头预留，即其中一边缝头比另一边要窄。

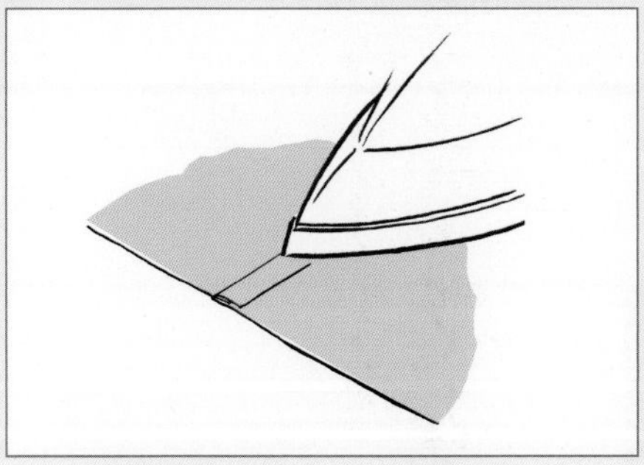

第三步：

将缝份倒烫至一侧，使较宽的缝份边覆盖住较窄的一边。

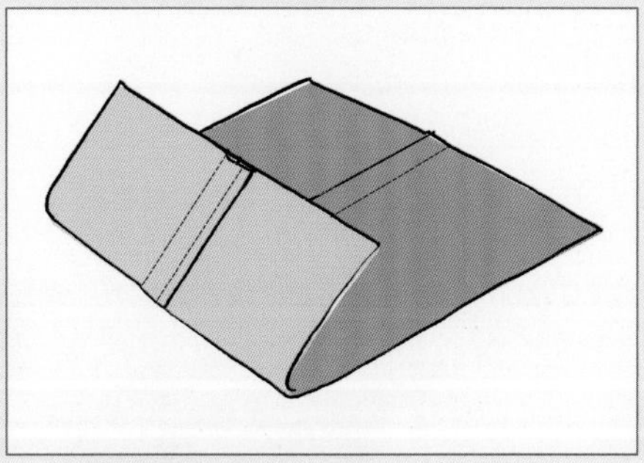

第四步：

如果面料容易虚边，可将毛边一侧锁边，然后用大头针或手针粗缝将较宽的缝份覆盖住修剪后的缝份，沿毛边边缘缉明线固定于服装上。最后分别从服装正反面熨烫缝合处。

对齐缝边的方法

通过标记面料可便于缝纫操作，参考缝份的宽度和对应点位置，在纸样上打剪口或打孔标记，可轻松地用线钉、划粉或打剪口的方式将记号点转移至服装裁片上。更多关于如何将纸样标记在面料上可参考第52页内容，纸样符号可参考第36页内容。

怎样用大头针在剪口和对应点标记

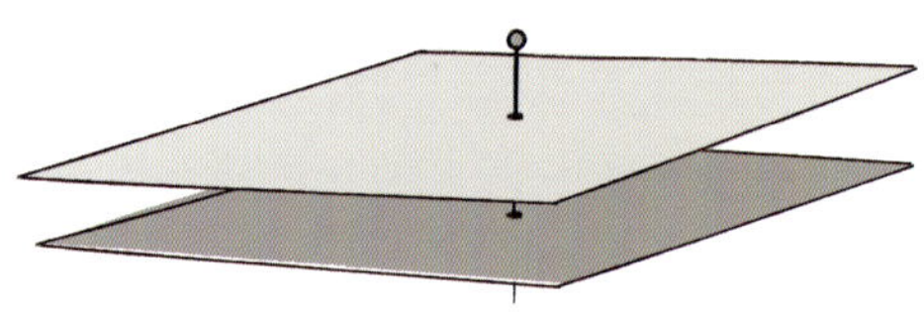

1 将两片裁片剪口处对齐，在此处打剪口是为了标记出缝份的宽度，以及方便对应互相缝合裁片的位置。借助大头针沿缝份线固定住两层面料进行标记。

2 标记对应点时，将大头针垂直插入两层面料，确保两层面料上对齐。

3 待对应点对齐后，别好大头针，固定在面料上。

缝合前用大头针将服装裁片固定在一起

交叉缝合处

服装某些部位可能会出现缝合线交叉的情况，这会造成局部面料堆积凸起，例如在裤裆缝和袖底缝与侧缝交接的位置。

用大头针将缝份直接沿缝合线固定，对齐缝份交叉处。缝纫接近交叉缝合线时，再将大头针拆除。

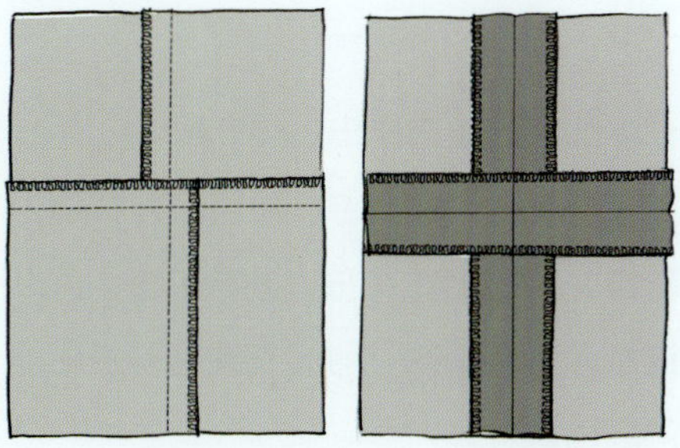

交叉缝合处可在缝合之前分别劈烫或倒烫至一侧。缝份向统一方向倒烫时容易使交叉处面料堆积，可将不同裁片的缝份向不同方向倒烫，如左图所示，以避免此类情况发生。较厚的面料需要将缝头劈烫，如右图所示，使面料重叠，保证厚度尽可能减小。

有些交叉缝合线出现在底摆和贴边处，可将缝份边角修剪掉，减少面料堆积量。

松紧调节缝

当一侧裁片比另一侧裁片边长要长时，可用松紧调节缝使两片刚好对应，缝合在一起，并且不会形成褶皱。

这种缝法经常运用在上袖子、合肩缝、上腰头、臀围和领口等处。松紧调节缝也可用来缝合出有弧度的饱满效果。

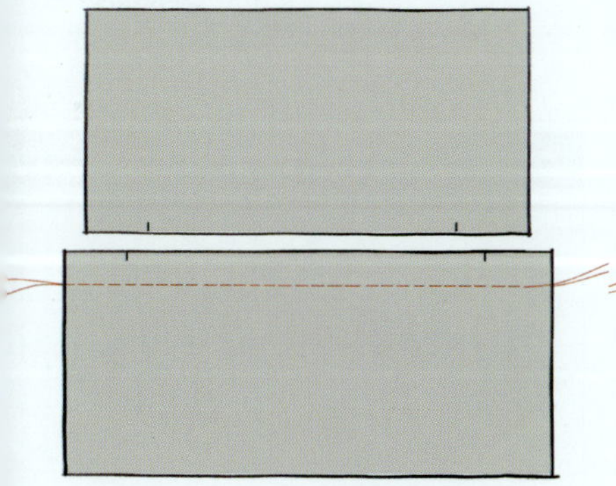

1先将较长一侧的缝边沿缝份内侧用长线迹车缝，不要用回针加固。

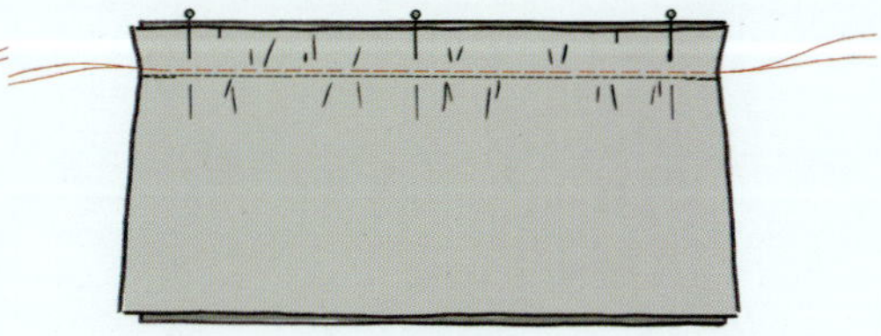

2拉扯底线收紧松量，将两片裁片正面相对，用大头针固定，固定时将松量均匀分布。然后车缝裁片，注意不要缝出褶皱。

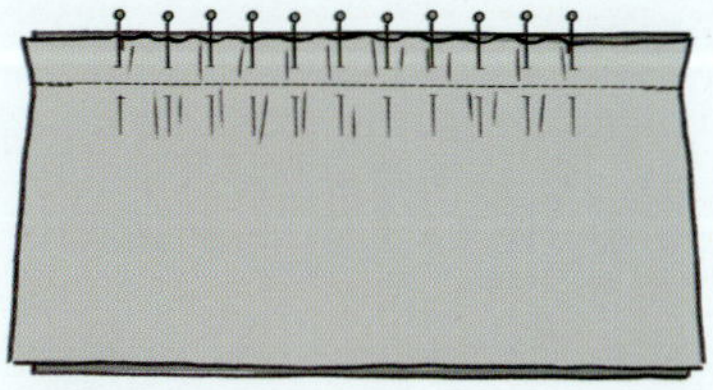

3在松量不太多的情况下，可将两片裁片直接缝纫，无需将较长的缝边先车缝。先用大头针将两片布边固定，对齐对应点，将松量均匀分布，放慢缝纫速度，从较长缝边一侧控制松量推送面料。

起加固和保护作用的缝线

以下几种缝纫方式能加固缝合线，同时防止贴边暴露于服装正面。

缉明线

缉明线可由单条或多条线组成，在服装正面车缝，加固缝边的同时能起装饰效果。可使用与服装同色系的线，也可以通过对比色加强设计感。参考经典款服装明线的运用，通过不同的缝纫线和线迹类型在面料上进行试验，缉明线在服装中的作用不可忽视。

1缉明线的过程请保持耐心，因其将在服装正面显现出来。线迹大小需根据具体面料质地和服装设计进行调整。

2双明线可使用双头机针（见第21页）或单针完成。单针车缝时以布边为基准，将压脚对齐布边进行车缝，再以这条缝线为基准，对齐车缝另一条平行的缝线。

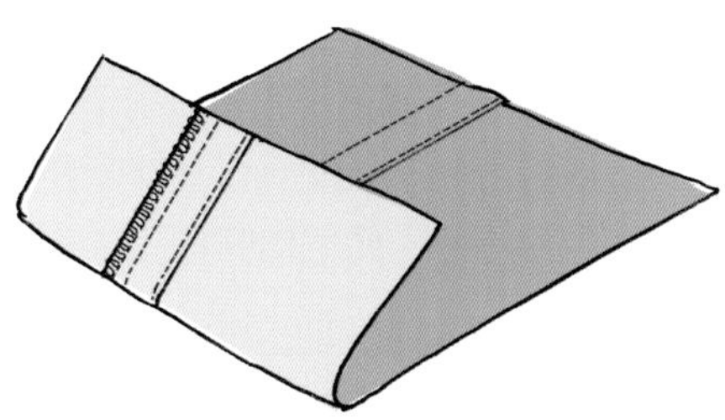

在弧形边缘缝合或缉明线

· 缝纫弧形缝合线时不要急于求成，需一段一段进行缝纫。

· 缝纫一段距离后暂停车缝，机针留于面料中，抬起压脚，将面料稍稍移动摆正，再进行下一段缝纫，重复此动作，直至缝纫完成。

· 如果缝边弧度太大不便于车缝，可手动转动轮盘控制机针，但此时一定确保双脚已离开缝纫踏板。

车边线

此类缝线是一道紧挨接缝车缝的明线，使缝份偏向一侧能加固缝合部位。

先将缝份倒烫至一侧，将服装正面朝上，放在压脚下方，尽量在距离接缝几厘米之内的距离进行缝纫。

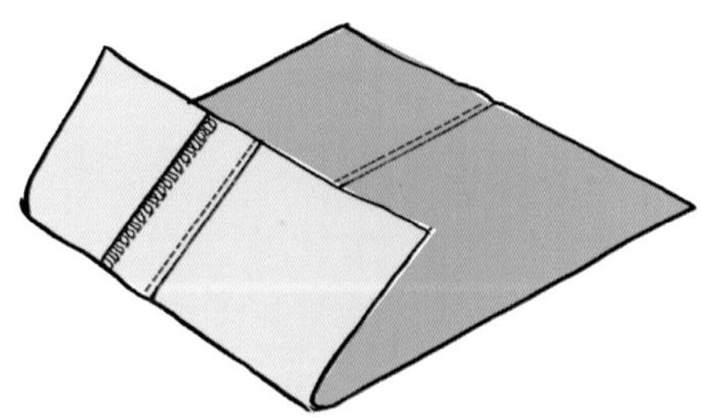

小提示：

如果在缉明线或车边线时线断了，或缝到一半时线用完了，这时无需把之前的缝线拆掉重新缝制。

1将断线拉到服装反面，将两条缝线穿于手针中，如图所示将手针穿进缝头，将断线隐藏其中。

2将机针对准断线处，针脚继续车缝直至结尾，将交接处的线头拉到服装反面，穿进手针并像之前一样将其隐藏于缝份中。

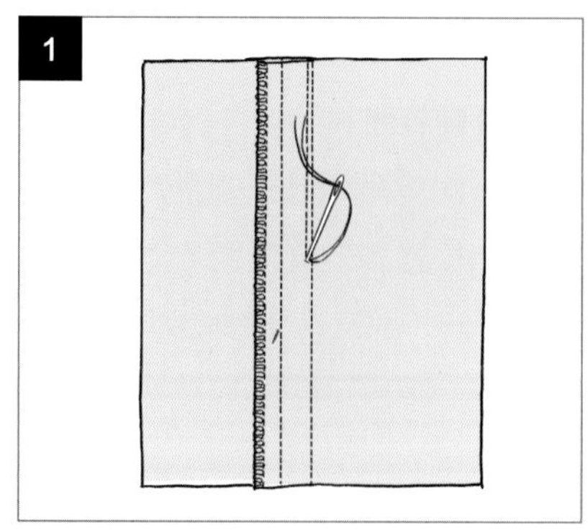

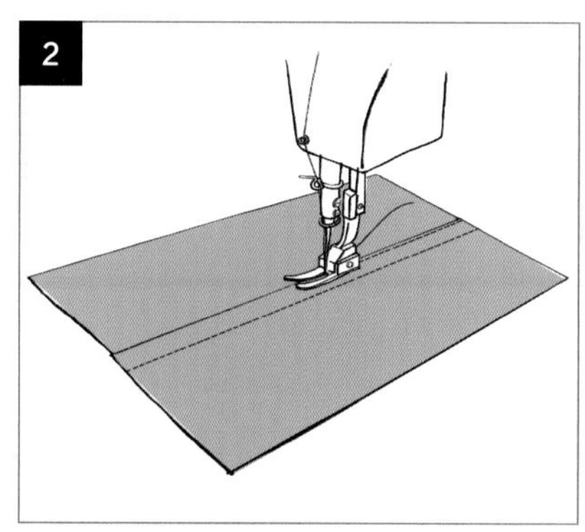

折边固定缝

折边固定缝是在贴边、里布或垫层上紧挨缝合线车缝的一道线，为防止这些部位的面料露到服装正面，这种缝线能让缝边挺括，并在服装正面看不见明线。

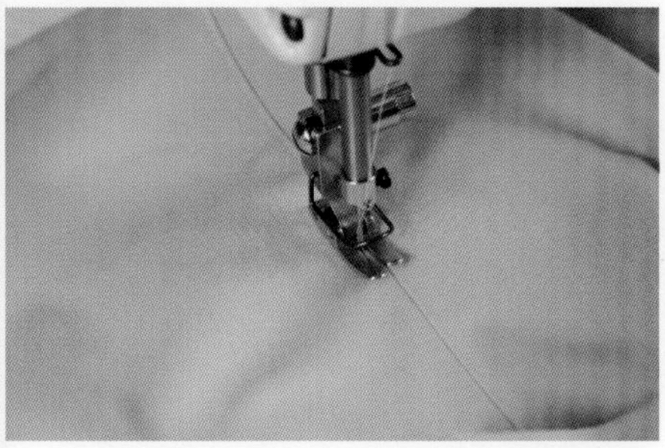

将缝份、里布或垫层熨烫至贴边一侧，将面料放置于压脚下，使服装和缝份、里布或垫层分别位于压脚两侧。

距离缝合线几毫米处，将缝份车缝到贴边、里布或垫层上。

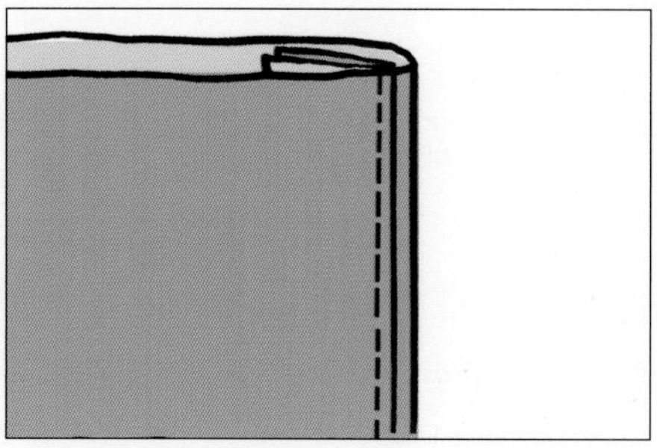

折边固定缝在服装里部的效果，只会在服装反面留下明线。

衲缝

衲缝也称作凹槽缝，沿着缝合线车缝而成的线缝，所以可以达到“隐形”的效果。若不想在服装正面留下明线，可采用衲缝法。衲缝主要运用于贴边、腰头、袖头、领子和包边处。需使用与面料同色的缝纫线，并与面料厚度相搭配的线迹长度。

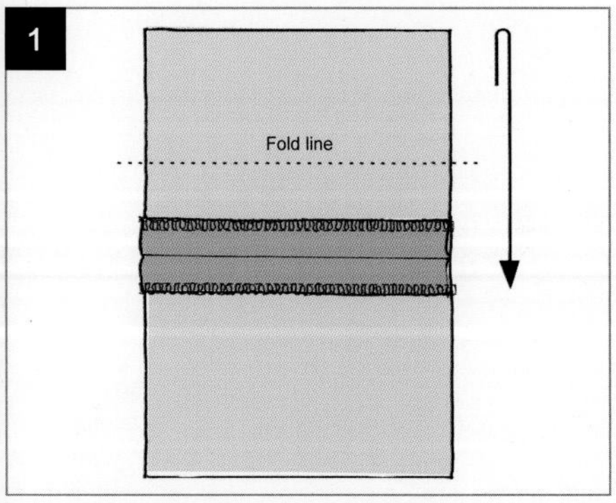

1使用标准压脚或拉链压脚，先将服装裁片熨烫，用大头针或手针粗缝固定需车缝的位置。图示为已经折叠好的腰头，准备进行衲缝。

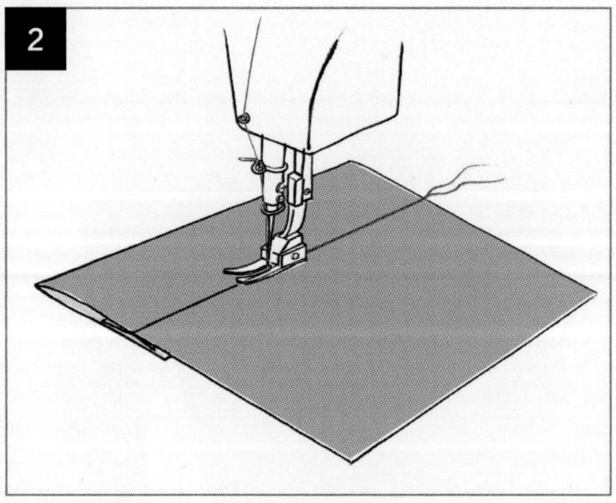

2将裁片正面向上，放在压脚下，小心沿着缝合线进行车缝，与之前的缝合线融为一体。

毛边处理

运用服装毛边效果进行解构或做旧处理已经成为一种流行，这种处理方式可运用在底摆、领口、袖窿、口袋和领部。一些面料非常适合毛边处理，例如：质地稀松的梭织物、羊毛、亚麻面料或者牛仔和帆布。更多关于毛边缝份处理可参考第124页内容。

梭织面料布边可用牙刷、钢丝刷、丝绳绒线刷、浮石或其他摩擦工具打磨，制作做旧效果，如果只有一小块面料，也可用手撕扯。此外，可撕开布边的经纬纱，形成虚边效果。有些面料，比如牛仔，最好用机器水洗做旧，先将衣片缝合后再进行水洗。

漂白水洗牛仔外套留毛边装饰，呈现做旧感，瓦尼亚·戈维亚（Vania Gouveia）

折边固定缝

固定缝运用于单层缝合面料，为加固打剪口或修剪过的缝份，防止缝边在缝纫过程中拉扯变形，详见第141页——折边固定缝。车缝时沿缝份线内缝纫，所以无需拆除，也可在缝合处使用牵条代替固定缝（见第139页）。

修剪边缝

在服装领部、贴边等封闭缝合部位，需修剪缝份以减少面料的堆叠量。在有弧度的部位，需将缝份打剪口或修剪使缝合处平顺。通常在车缝后就应立即修剪缝份处，缝合完成所有服装裁片后不方便进行修剪。

剪边

同时修剪两层面料的缝份至原始宽度的一半，或根据缝边形状和面料厚度修剪至几毫米。黏衬的缝份可修剪得更短，因为衬条能起到加固作用，防止缝份虚边。

分层修剪

这种修剪方式只修剪其中一层缝份，使缝份处边缘错开，较宽一侧的缝份面向服装，弱化修剪后的挺括线条。

打剪口

凹形弧形缝边，可通过在缝份上打剪口的方式使衣片平整。剪口可剪至靠近缝合线处，每隔0.5～1cm打一个剪口。

打槽口

打槽口是在缝头上剪出“V”字形剪口，运用在凸型弧形缝线上，使缝合处达到平顺的效果。

翻折缝（翻袋缝）

翻折缝可运用在领部、底摆或衬条、贴边缝合的袖窿边缘，使边缘整洁。缝纫时将两层面料正面相对，沿缝合线车缝，然后修剪并熨烫缝份，将面料翻折至反面相对，再进行熨烫处理。若想了解更多翻折缝的内容，可参考第163页——一体化领口贴边制作步骤。

成型缝

成型缝的缝制难度较大，需要提前进行一些准备工作，达到最佳的缝纫效果。

弧形缝边

弧形缝边会出现在许多不同部位，几乎每件服装都有弧形缝边。

· 在凹形弧形缝份上打剪口，凸形弧形缝头上打槽口，根据弧度大小增减剪口/槽口数量。

· 一些弧形缝边需要固定缝，并在车缝前先打剪口。

· 车缝弧形缝边时需要耐心，放慢缝制速度，一段一段进行车缝，如果弧度非常大可手动操作缝纫机。

· 弧度越大，车缝线迹越小。

· 一些弧形缝边需用牵条或黏衬条加固，防止缝合处拉伸变形。

· 缝合后将弧形缝边放在烫凳或袖板上熨烫。

半圆形缝边缝纫步骤

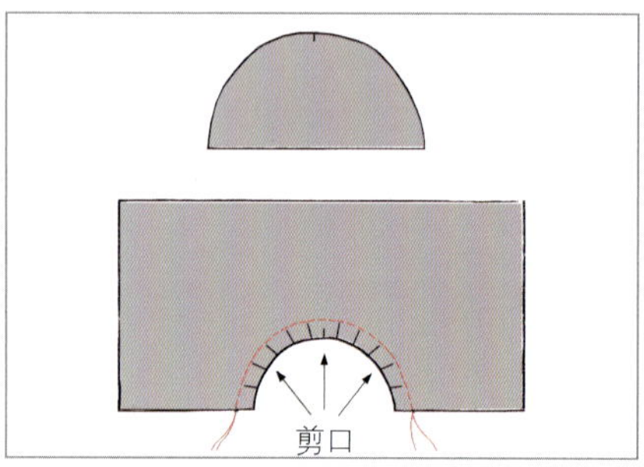

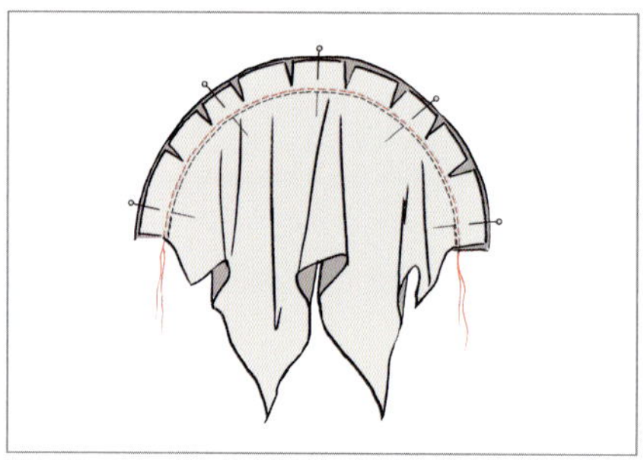

第一步：

采用长线迹在半圆形缝份内固定缝口。在凹形弧形缝份上打剪口，每个剪口间隔距离相同，这样能打开缝份，与凸型弧形缝边对齐缝合。

第二步：

将两片弧形裁片正面相对，用大头针固定，沿固定缝缝线外侧车缝，起止处回针加固。然后将缝份倒烫至一侧，使打剪口的缝份置于底部。

缝纫转角接缝

在服装中常有转角缝边，这种工艺可制作出非圆弧形边角，创造出棱角分明的线条。凸型转角，如领部、袖头等处，需修剪缝份减少面料的堆叠量。凹型转角如领口或分割线设计，需将缝份打剪口，添加黏衬加固。

凹型转角缝纫步骤

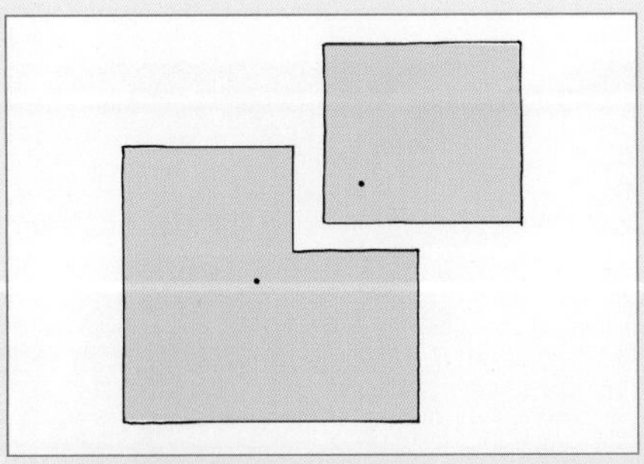

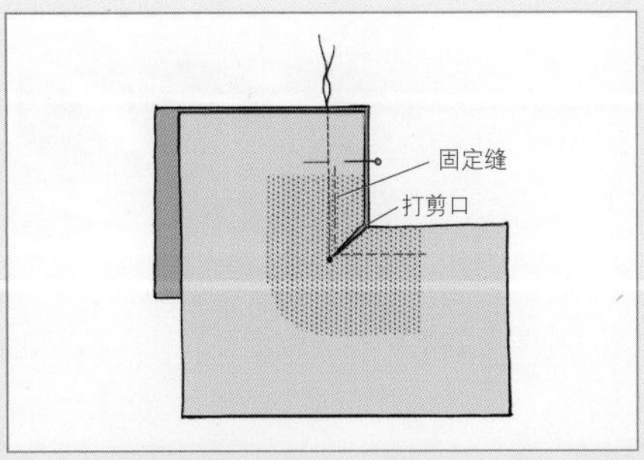

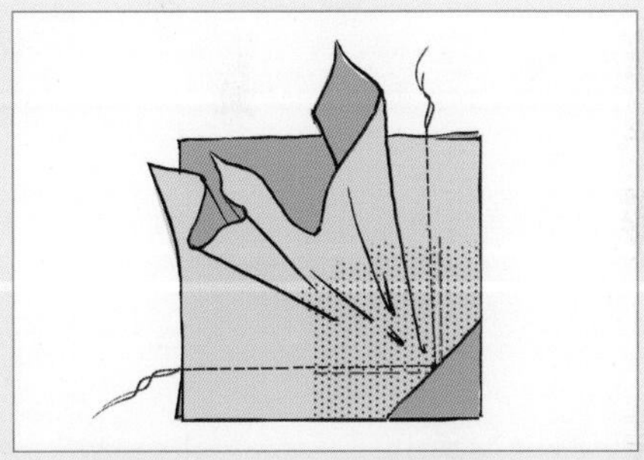

第一步：

在服装裁片反面标记出翻折点，可钻眼、用线钉或用划粉标记。

第二步：

在转角处固定缝或黏衬固定，防止变形或虚边。有些材料需同时运用这两种方式加固，先在小样上试验找到最佳处理方式。将两块裁片正面相对，对齐对应点，将打剪口的裁片放在上面。用大头针固定裁片，将机针插入面料中，在转角处打剪口。

第三步：

旋转上层面料，与下层面料布边对齐，再继续缝合剩余缝份。熨烫缝份至一侧，使打剪口的缝份置于底层。再根据面料材质和服装风格选择合适的毛边处理方式。

转角翻袋法缝合步骤

第一步：

将两层裁片正面相对，车缝至转角处，距离布边一个缝份的宽度停下。

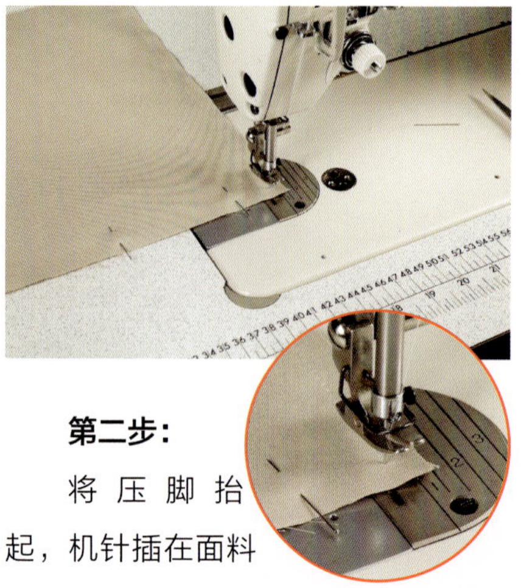

第二步：

将压脚抬起，机针插在面料中不动。

第三步：

以机针为轴心旋转裁片至另一边，对准缝份，继续缝纫直至完成。

第四步：

分层修剪缝份，并斜向剪去转角处缝份，减少面料堆积。

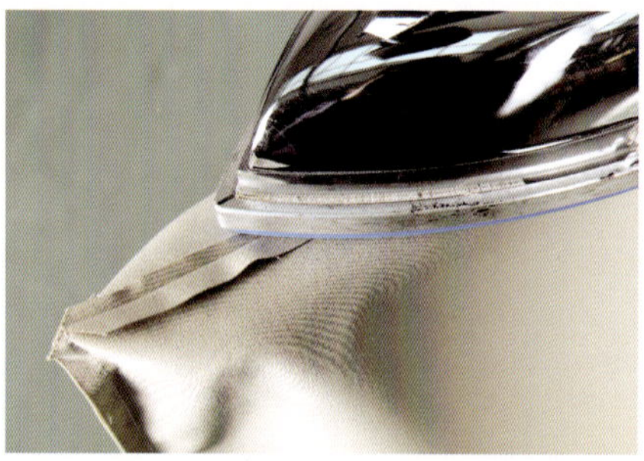

第五步：将缝份劈烫，再将服装翻到正面小心熨烫。一些面料需隔一层熨布熨烫。

第六步：

为使转角处棱角分明，可将大头针针尖插进转角点，将转角点向外拉，但不要太用力，以免面料虚边。熨烫时可将大头针留在转角点，保持转角处平直。

第七步：

除了大头针，还可用手针和结实的缝纫线使边角处平直。将穿线的手针从服装正面插入转角点，轻轻将针穿过，利用线尾将转角点向外拉。

贴带缝

服装中的领口、肩缝、袖窿、翻领边和袋口处是一些需要牵条加固的部位。加固后可防止这些部位在后续缝纫中拉扯变形，也能防止松散的梭织面料或丝线梭织面料虚边。不是每条缝边都需要加固，一些受力部位，如袖窿等处需要使用。牵条有多种不同的材质、厚度和颜色，选择时需考虑服装面料的特性。牵条通常很窄，可在缝份处缝纫固定，也可熨烫与服装黏合。关于牵条和滚边条的不同类型可参考第88页内容。

如何选择牵条

选择牵条后，先在面料上试验效果，不要等到服装缝合后才发现缝合牵条的部位太厚重，或已缝制在服装正面，这时已经来不及补救。牵条的种类包括：直纹或斜裁涤棉条、面料布边、缝合式透明弹力带、熨烫式牵条。其中大部分都有不同宽度、颜色、材质和厚度可供选择，这些都将影响其在服装中加固的效果。针织面料中可使用透明弹力带，例如Framilon®牵条，此类加固带不会影响针织的弹力。

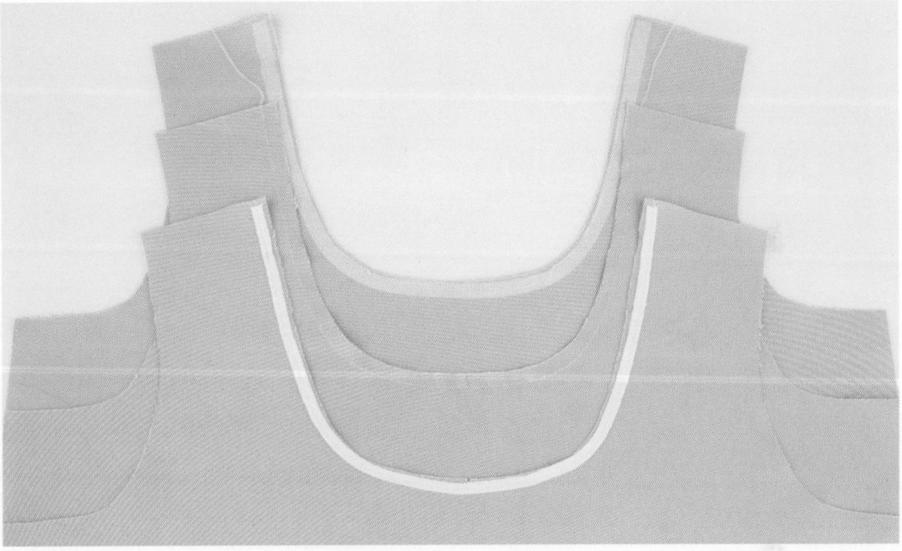

从上至下依次为：黏合式牵条、固定缝加固和缝合牵条的领口

自制牵条

裁剪黏纤面料或真丝里布面料的布边，可作为轻薄织物牵条的替换选择。面料布边都是紧密编织，没有弹力，所以很适合加固轻薄至中厚型的面料。例如，欧根纱或玻璃纱的布边适合加固纱类面料。可尝试裁剪正在使用的面料布边作为牵条，这样就不用担心牵条与面料的颜色或厚度不同的问题了，使用同款面料也不会在缝合处造成面料堆积。

缝合式牵条

以下将介绍如何在领口添加牵条的方法。由于领口处有部分布纹为斜纱，所以需使用牵条防止缝合过程中拉扯变形，即使在穿着和洗涤后也能保持原有形态。有时会将牵条裁剪得比领口大小稍短一些，运用松紧调节缝缝纫，这样能使领口贴合身体。缝合式牵条是最牢固并且结实的选择。

领口处缝纫缝合式牵条的步骤

第一步：

在纸样上测量领口处大小，按此尺寸裁剪牵条，有时领口（或其他需加固的部位）会在裁剪和准备时拉伸。将服装裁片平放于台面上，用大头针或手针粗缝将牵条反面和领口反面相对固定。手针粗缝固定时需沿缝份内侧缝纫，不要拉扯牵条。

第二步：

使用中等大小线迹，沿牵条中心线车缝至服装上，可将牵条放置于缝份内侧加固，或将牵条放置稍稍超出缝合线，同时加固缝合处。

第三步：

牵条缝合后，缝合服装前后片以及贴边。牵条处缝份修剪整齐，将缝份劈烫或向一侧倒烫并进行固定缝。

在领口处应用可黏合牵条

1在纸样上测量领口大小，按此尺寸裁剪牵条，有时领口（或其他需加固的部位）会在裁剪和准备过程中被拉伸。服装裁片平放在台面或熨烫板上，用大头针或手针粗缝将牵条黏性的一面和领口反面相对固定。手针粗缝固定时需沿缝头内侧缝纫，不要拉扯牵条。可将牵条放置于缝份内侧加固，或将牵条放置稍稍超出缝合线，同时加固缝合处。

2合适的温度下熨烫牵条使之黏合于缝份处。

3黏合后可继续进行剩余的缝合步骤。修剪黏合加固的缝份，折边固定缝，并将缝份劈烫或倒烫至一侧。

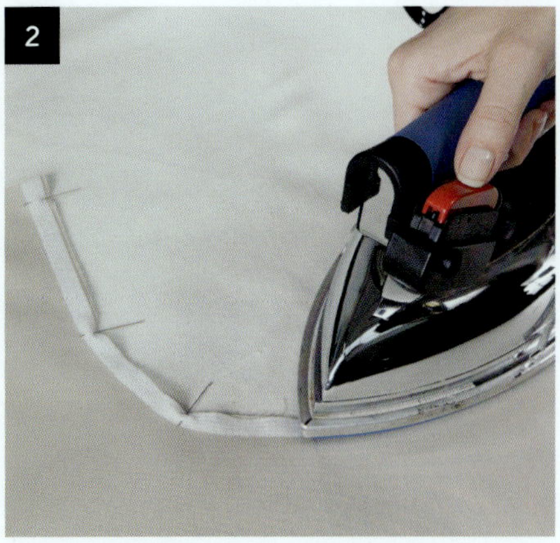

固定缝

如果牵条造成面料堆叠，看起来特别厚重，可在领口处用固定缝方式加固。

领口处固定缝步骤

第一步：

将裁片正面朝上，沿缝合线内用长线迹车缝固定缝线迹。

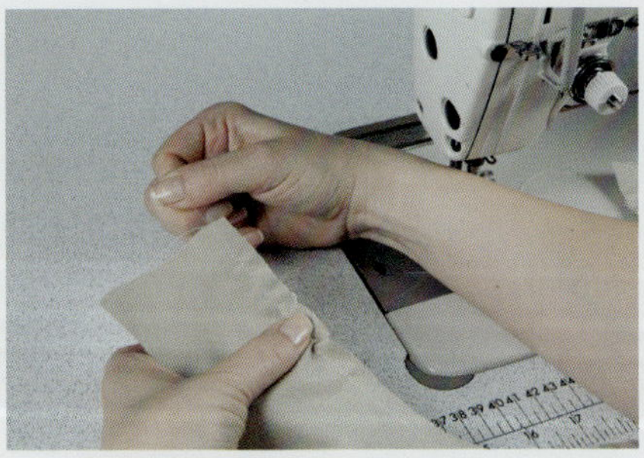

第二步：

在纸样上测量领口大小，拉扯底线使裁片领口与纸样大小相同，将余量均匀分布于领口处。

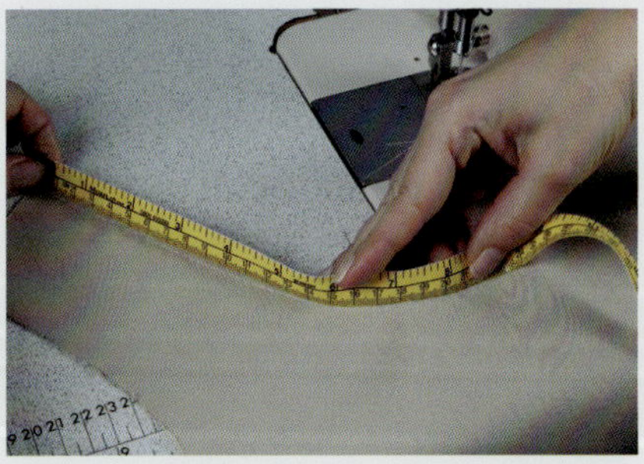

第三步：

再次测量，检查领口大小是否与纸样相同。使用卷尺测量，确保服装中心线到两侧肩缝的长度一样。

贴边

贴边运用在服装边缘开口处，具有功能性和装饰性。贴边分为一体式和拼缝式两种类型。一体式贴边是连着服装裁片一同裁剪；拼缝式贴边是一块单独的裁片，可裁剪成服装边缘的形状或斜裁成条和服装边缘拼缝，拼缝的贴边更多样化，可运用在任何形状的布边上，而一体式贴边只能运用于直边。贴边通常缝于服装内侧，也可露出一部分在外侧作为装饰。

海军风格上衣，在领口处翻折，德里克·林（Derek Lam），2013秋冬

缝纫贴边时需注意

· 贴边缝于服装内侧时，需将贴边裁剪得稍小一些，防止暴露在服装正面。

· 贴边作为装饰边时，裁剪宽度应稍大一些，这样不会拉扯到服装面布。

· 裁剪贴边时，其布纹需与拼缝处的面料布纹保持统一。

· 注意贴边面料的厚度和材质，厚重面料或绒毛面料的贴边尽量宽一些。

· 贴边能加固并支撑服装布边，贴边面料反面需选择适合的衬布黏衬，见第92页。

· 弧形边缘缝合贴边后，用打剪口或槽口的方式让弧形处平整，并以分层修剪或剪边的方式修剪缝份。

· 折边固定缝缝份，防止其显露于服装正面。

· 服装无里布时，选择合适的方式将贴边毛边进行加工处理，可选择包边或卷边缝。在贴边之前，一些服装布边需用牵条加固，防止布边拉扯变形。

· 最后确认贴边平整缝合于布边，没有扭转变形，并且没有露在服装正面。

一体式贴边

一体式贴边是一块单独的裁片，运用在无袖服装中，例如背心或夏装连衣裙，能同时包括领口和袖窿处贴边。有里布和无里布服装都可运用一体式贴边，并有许多种缝合方式。裁剪时，需与拼缝的裁片形状一致，如何缝纫一体式贴边可参考第163页内容。

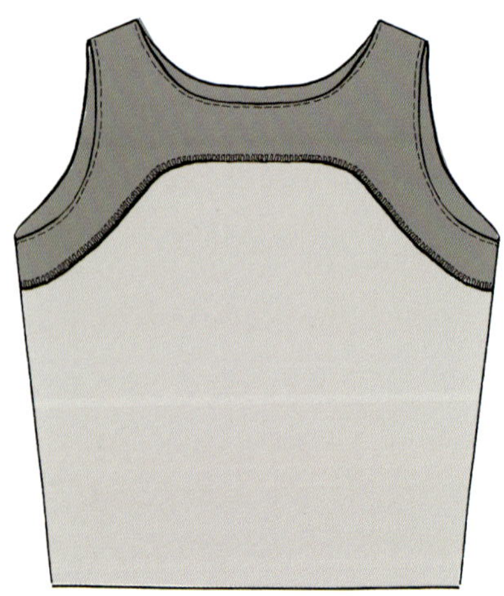

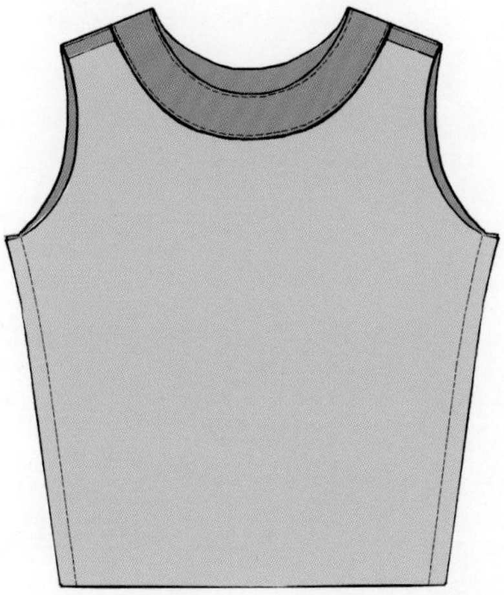

成型贴边

成型贴边裁片需与缝合处服装裁片形状一致，这类贴边运用于腰围、底摆、领口、袖窿和服装其他开口处。贴边宽度根据服装类型而定，但除去缝份至少要有2cm宽。如果服装类型和面料材质允许，尽量将贴边留宽一些，这样不易显露于服装正面。这类贴边通常使用本布裁剪，也可采用对比色或异材质面料，加强设计感。

外置贴边/装饰性贴边

外置贴边不仅有功能性，同时具有装饰性，这类贴边裁剪为与服装边缘相同的形状。贴边宽度可根据服装的具体设计而定，通常会用对比色、不同材质或有图案的面料裁剪，作为设计点。

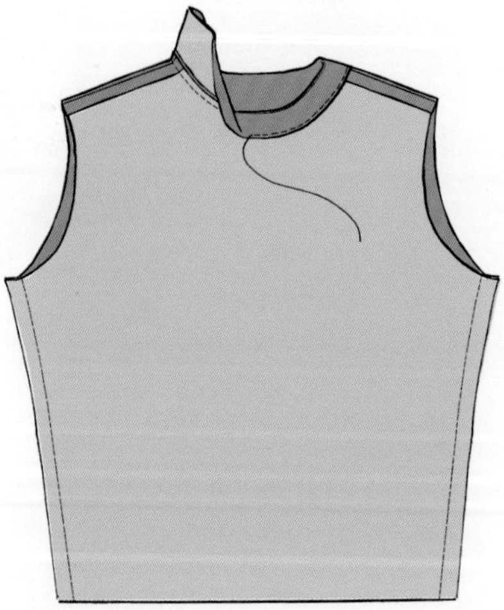

斜裁贴边

斜裁贴边是用本布斜裁而成的窄布条，也可购买预裁好的布条，运用在领口、袖窿和底摆处，这是一种快速、便捷的布边处理方式。裁剪时需按45°角正斜方向裁剪，这样能保证缝纫弧形布边时顺畅。斜裁贴边可手缝或机缝于服装内部，也可作为装饰边缝在服装外部。为防止贴边显露于服装正面，在休闲装中可缉明线固定，或用手针挑缝、衲缝的方式达到隐形线迹的效果。

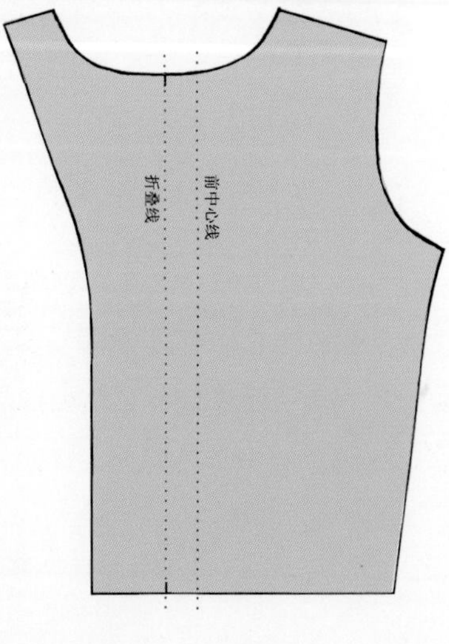

延展式贴边

延伸式贴边与服装裁片连为一体，在边缘处延长裁剪而成，然后再折叠至服装反面形成贴边。这类贴边避免拼缝式贴边产生的缝边厚度，是厚重面料贴边的首选。不过延伸式贴边只能用在前中和后中这样直型的开口处。

4

部件与细节缝纫技术

服装制作

本章将会以传统技法为基础，介绍服装部件和细节的基本缝纫方法，你可以在此基础上进行创新变化，完成不同的服装设计。针对不同面料的特殊缝纫技巧会在第5章介绍。这一章节能让你掌握缝纫的大致流程，例如面料上的褶裥效果，需先在每块裁片上缝出褶裥，再将其缝合组成服装。

碎褶、活褶、褶裥和省道

这类设计元素助于服装塑型或呈现出独特的设计效果。

碎褶

碎褶由小的不规则活褶组成，能让服装起到修身或者装饰的效果。轻薄的面料打碎褶效果最好，较厚的面料容易产生堆积感，为了达到修身效果，可在服装中运用褶裥、省道或分割线等手法。

制作前的准备

· 直布纹效果最佳。

· 缝合衣片接缝处，熨烫平整，再运用平缝针法处理需做褶皱的部分，将线往一边拉紧形成褶皱。

· 用来制作碎褶的线较粗，而通常用于普通缝纫的线较细。

不对称的领口，用打碎褶的钩花花边装饰。米索尼（Missoni），2012春季

制作碎褶的步骤

使用比正常衣片长度长两倍的面料，可制作出适中的褶量，而使用三倍长的面料抽褶可形成密集的碎褶。碎褶也可以通过缝纫机来完成，需将压脚更换为打褶压脚。

1将线迹调为最大，在缝纫线的两端留下较长的线头便于抽褶。在缝合线处平行缝纫两道缝线，最后碎褶能均匀分布。

2只需拉紧一端的底线，褶量即可均匀分布。

3将两端的线头打结，并用大头针将打碎褶的面料缝头与相邻裁片固定。

4缝纫时，打碎褶的一面朝上，用手指或纱剪在压脚前调整褶量，完成后只能熨烫缝份，不要熨烫到碎褶。

水洗绸短裙用层叠碎褶装饰，朱利安·麦克唐纳德（Julien Macdonald）

1

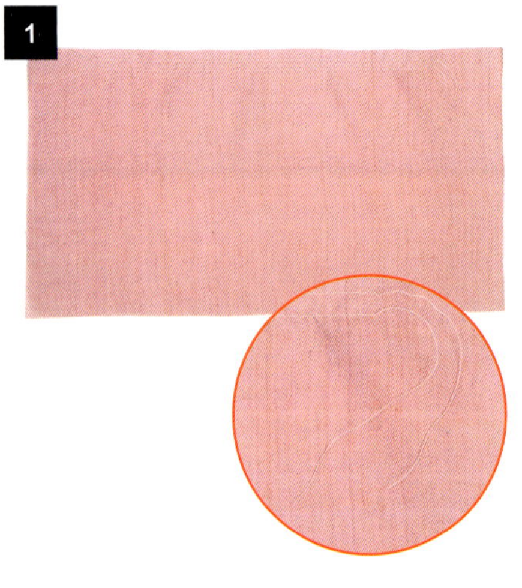

2

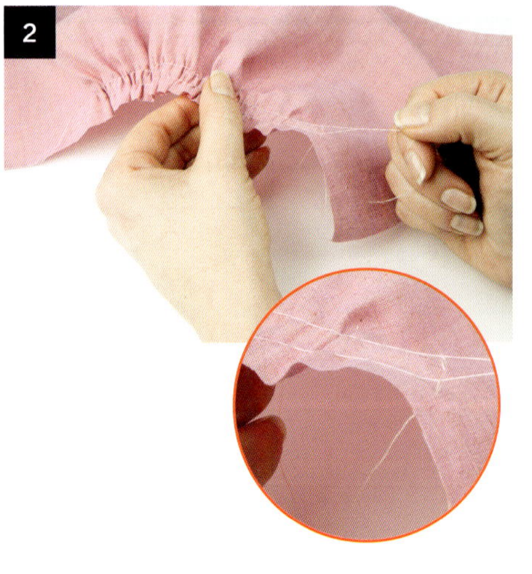

活褶

活褶是在面料上均匀添加的大小相等的褶量，可形成自然开合的状态，也可熨烫成线条分明的褶皱。活褶的运用方式多种多样，比如在腰头处对称添加小活褶的裤装，或者百褶裙。有专业公司直接提供褶皱面料或提供打褶服务。也有以褶皱服装出名的设计师，如三宅一生，通常使用预先打好褶的面料制作服装或在服装制作完后打褶创造出具有代表性的设计风格。

制作前的准备

· 使用经过预缩水的面料和能产生褶痕的面料。

· 用缝线或划粉将打褶的位置和折叠的褶量在面料上标记出来（详见第52~54页内容）。

· 需要将活褶熨烫至底摆处的服装，先将底摆缝纫处理完成后再熨烫出活褶。

划粉标记：用划粉依照尺子标记出褶量线，或用水消笔在面料反面标记

缝线标记：沿着褶量线缝纫，每5cm线迹之间缝一个较小的线迹

箱型褶和剑型褶组合运用的连衣裙，迪奥（Dior），2012秋冬

在缝线中形成的自然柔和的褶，能制作出多余的松量，整体线条柔美，J·W·安德森（J.W. Anderson），2014春夏

用专业设备制作出的人字形褶皱，运用热度、压力及液态化学剂让褶定型，J·W·安德森，2014春夏

箱型褶

箱型褶可单独运用在服装上，也可重复运用。一个箱型褶由两个宽度相同的活褶相对或相反折叠组成。

箱型褶制作步骤

第一步：

标记褶皱的位置，将面料正面朝上，将两个活褶向中心线对折熨烫。

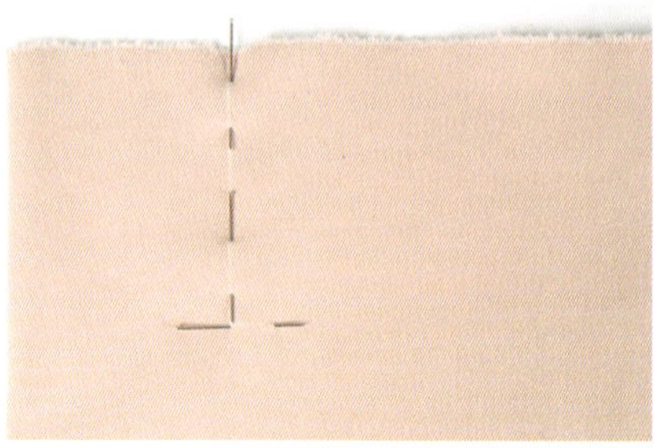

第二步：

第二种方式，以中心线为基准对折，使两条褶线重合，用大头针别住褶线。

第三步：

将褶线缝合到想要的长度。

第四步：

熨烫褶量，使缝线对准之前标记的中心线，缝制布边，固定褶量。

连衣裙的前片运用超大的箱型褶，西蒙娜·罗莎（Simone Rocha），2013秋冬

剑型褶

剑型褶由一连串活褶朝同一方向折叠而成，产生重叠或间隔的褶皱效果。需将褶皱一端缝合固定，褶量可不熨烫，产生自然开合的效果，或全部熨烫，带来干脆利落的线条感。

边缘缝合打褶

褶量边缘可缉线起到加固作用。完成褶皱缝纫后，熨烫褶量形成干脆的线条，面料正面朝上，沿着褶量边缘车缝，车缝结尾处可用回针隐藏线头或用手针将线头穿于面料反面固定打结。

重叠的打褶

褶量重叠可能会增加局部厚度，产生堆积感，可将面料反面重合的褶量剪掉，留下1cm的缝份，面料裁剪前可在纸样上完成该步骤。

剑型褶制作步骤

第一步：

标记处褶量线，并按照线折叠，将折叠后的褶朝向一边熨烫

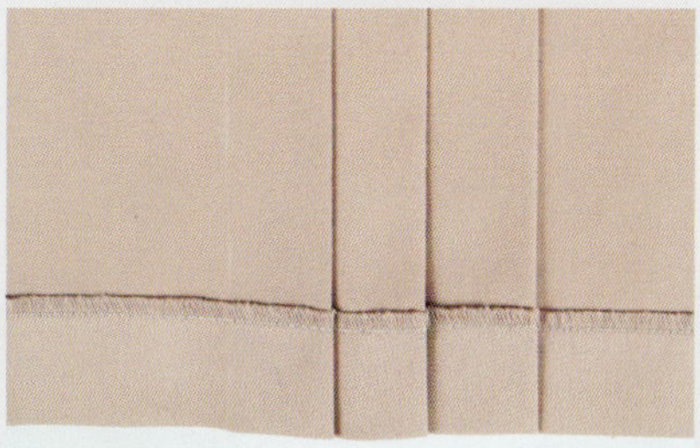

第二步：

如果整条褶量都需要熨烫，完成底边缝纫后再熨烫。从反面将每个褶的顶端用大头针固定，距离布边至少4cm处车缝，这样不会在正面留下线迹。

第三步：

如果褶量呈自然开合效果，则仅熨烫缝合的部分，若褶量为硬挺的线条，需在缝纫后熨烫整条褶量。将褶折朝向同一方向，并在顶端固定住。

各种不同褶裥的组合运用，上身运用发散型活褶，半裙上运用梯型褶和剑型褶。杰米·麦肯纳（Jaimee McKenna），中央圣马丁学院，2013秋冬

正面压线褶制作步骤

第一步：沿着折叠线熨烫出褶量的位置，用大头针或用手针粗缝固定褶量，标记出缉明线的位置。

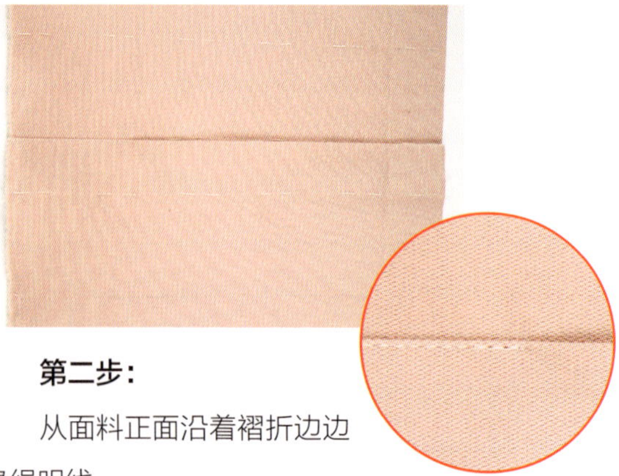

第二步：从面料正面沿着褶折边边缘缉明线。

缝合褶

缝合褶由一排局部或整体褶量边缘缉明线的小活褶组成，可起到装饰效果及增加服装松量的作用。例如，在腰围处增加缝合褶可以增加胸围和臀围的放松量。暗缝褶折叠和缝纫的褶量非常小，想要做出特别的造型可将缝合褶横向运用，或使用扇形褶和衬线褶裥。

· 使用中厚面料。

· 按直纱方向缝合，缝合褶斜向具有弹性。

· 缝合褶，特别是细褶，需在裁剪前就将面料缝纫成褶裥效果。

· 如果是在裁片裁好后缝纫褶量，需在纸样里加入余量来缝褶。

细褶

细褶的每个褶之间会隔一段距离进行排列，沿着褶线缉明线。此类褶可运用在透明薄纱面料上，呈现端庄的感觉，可将褶排放于胸前，或作为纹理装饰细节。

1裁剪前想在面料上缝出细褶，需预估需要的面料量，是否缝完褶后能放下所有的纸样。

2标记出褶的位置，熨烫褶量线，并在褶上缉明线至想要的长度。重复此步骤，直到所有细纹褶完成。

3将纸样放置在缝制好的细纹褶面料上，对准褶纹在服装上出现的位置，裁剪之后缝合衣片。

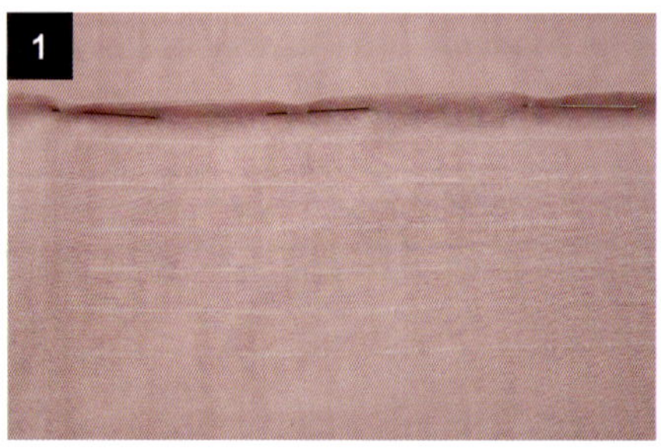

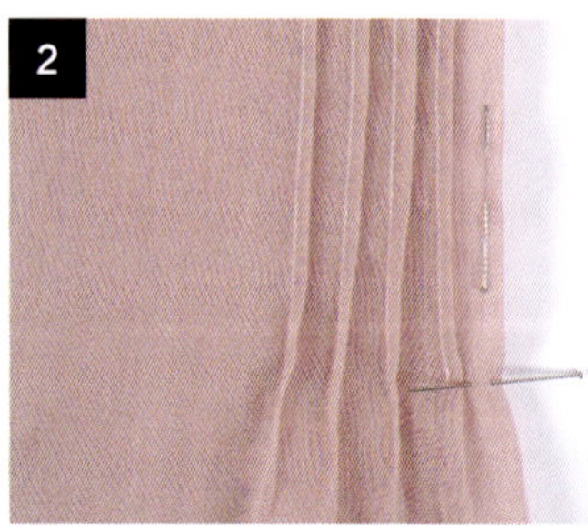

由乌里扬娜·丹妮伊克尔（Ulyana Danyleyko）设计的罩衫，在领围和袖子上半部分运用细褶

省道

省道的运用可使服装更加贴身，也可作为一种设计元素运用在服装中。通常会在胸围、腰围处运用省道，也会在领围、肩膀和肘部运用。省道可以是直线型，也可以变换成其他形状，通常在梭织或无纺布面料上运用。

胸省——可设置于腋下、侧缝或从肩部指向胸高点。胸省不能完全缝至胸高点，通常会距离胸高点几厘米。制作贴身服装，可运用两条胸省，一条垂直于腰线，一条从腋下平行于腰线，形成垂直相对的形式。

腰省——在腰围收省能使腰围处更修身，同时能加大臀围的放松量，可运用于半裙和裤装的腰围处。通常会在前片收两道省，在后片收四道省。将省位稍微移向中间放置，使其更贴合身体。

标记省位

·如何将纸样标记在面料上，详见第52页。

·用划粉在面料反面标记，用尺子画出指向省尖点的两条省边。

·用别针在面料边缘将省位宽度别起来，并用划粉或缝线在面料反面标记省道结束点。

·在不能使用划粉和别针的面料上，用线沿着省边粗缝至省尖点标记。

领省——能让领围处更贴合身体。领省和胸省可以相结合，从领围处指向胸高点，能让两个部位都到达到修身效果。

肩省——在肩缝处收得较短的省或从袖窿处指向肩胛骨处收的省。

肘省——在两片袖中，省道从腋下缝合线指向肘部。在一片袖中，从腕部袖口指向肘部。肘省能让紧身袖穿着更舒适，或让夹克和外套更加合体。

塑型省——为了更贴合身体通常是曲线型的。

楔形省道有两条长度相等的省边交合于省尖点，枣核形省或橄榄省由两条这样的省，在最宽处相对组合而成，在省道两头各有一个省尖点，可参考第37页内容

枣核形省或橄榄省——在腰围处向上指向胸高点，向下指向臀围线，可省去腰围分割线，运用于夹克、外套和连衣裙中。

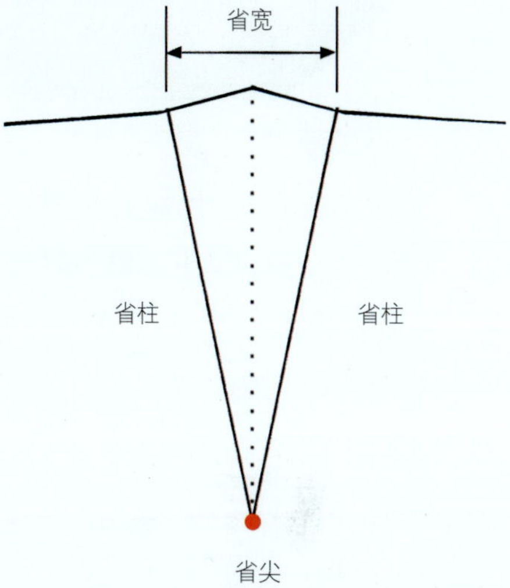

最左图：用粉笔标记的单向省

左图：腰线上有枣核形省的连衣裙，凡妮莎·布鲁诺（Vanessa Bruno），2014

单向省（剑形省）缝制步骤

不同的面料厚度有不同的缝纫和熨烫方式。

第一步：

在面料上标记出省道的位置，反面朝上，将省道对折后用大头针固定两条省边，并用一根大头针别在省尖点标记。

第二步：

从省道较宽的一段缝纫至省尖，最后回针加固。

第三步：

将省道向一侧倒烫，从正面检查省尖点是否熨烫平整。

让省尖牢固的步骤

大多数情况下，省尖都可以通过回针加固。

第一步：

在精细和纱类面料上缝纫省道时，缝线缝制超出省尖，留下一条长的线头，再将线头在省尖处打结固定。

第二步：

将线头尽量靠近省尖打结，并尽量打小一些。

单向省（剑形省）的熨烫

省道在熨烫后容易在服装正面留下印记，可在熨烫时在省道和服装中间垫一张纸（详见第245页），为保证服装省道处的弧度，可在烫凳或熨袖板上熨烫。

向一侧压烫

由垂直的省道向服装中线压烫，水平的省道向下压烫。

压平烫

1单向省可以缝合线为中心，将省道烫平，如上图

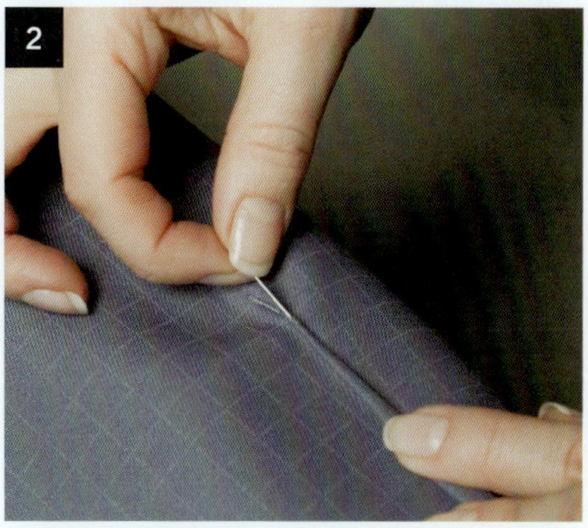

2为了让平烫后的省尖处也均匀平整，在省尖处插入一根大头针，将针左右摆动使面料分隔开。

厚面料省道的处理

在厚面料上，可剪开省道，减小面料堆积量。沿折叠的中线剪开，距离省尖点1～2cm处停止，如不平整，可将剪开的底端剪成平角状，劈烫省道使其平整。

塑型省的处理

1塑型省需剪去省量，留下1cm缝份。

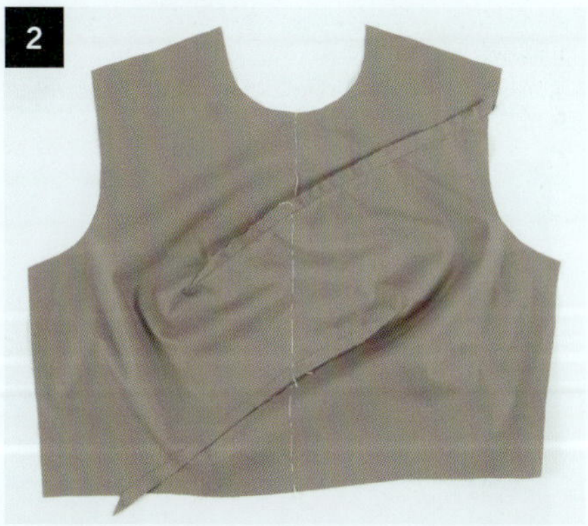

2将省道缝合，将缝份劈开烫或向一侧压烫。

双向省（枣核形省）的制作步骤

不同材质的面料有不同的缝纫和熨烫方式。

第一步：

在面料上标记出省道的位置。反面朝上，对折面料使两边省边重合。将省边用大头针固定，并在两个省尖点用大头针标记。

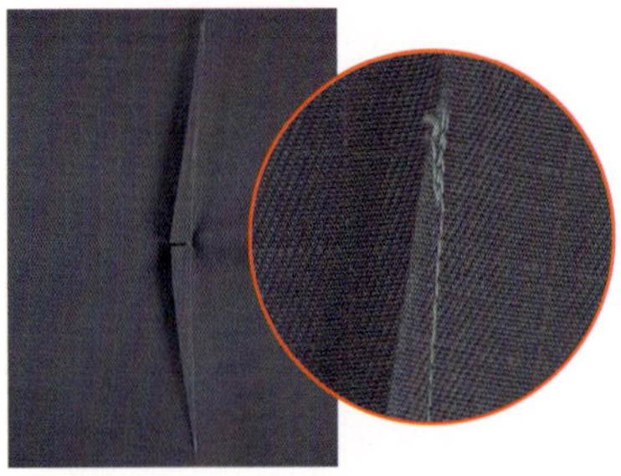

第二步：

在精细和纱类面料上，从省道中心点分别向两侧缝合，在省尖处将线打结固定。或者从一端省尖缝合至另一端，需在两端都回针固定。

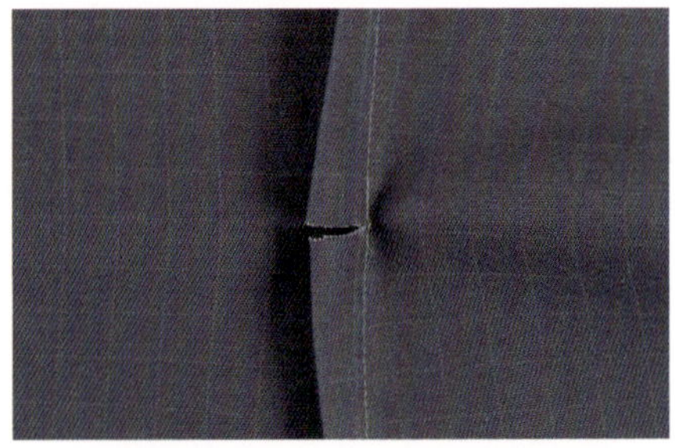

第三步：

将省道倒烫至一侧，或将省道按折叠线剪开进行劈开烫。进行操作前，需将省道横向从中线剪开使其平整。

衬牵条省

1 可将衬好牵条的省斜向设置于经线上以免被拉伸，在轻薄面料上或热熔衬上沿经线方向剪下一条长度跟省道相同的条形面料。面料反面朝上，将牵条别在省边一侧或衬黏在一侧。

2 用大头针固定好后，再将牵条与省道一同缝合，将省向一侧压烫覆盖住牵条。

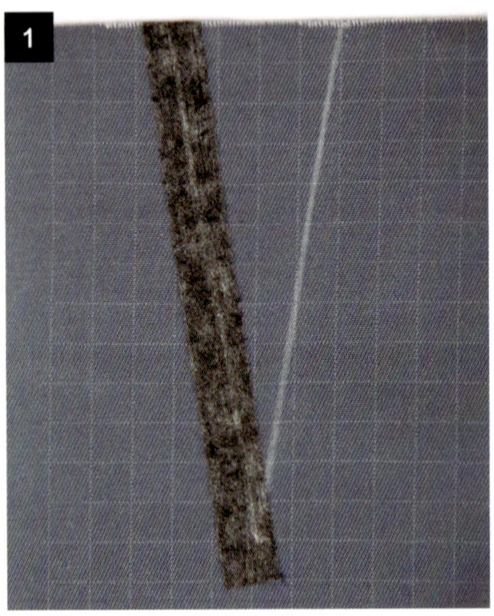

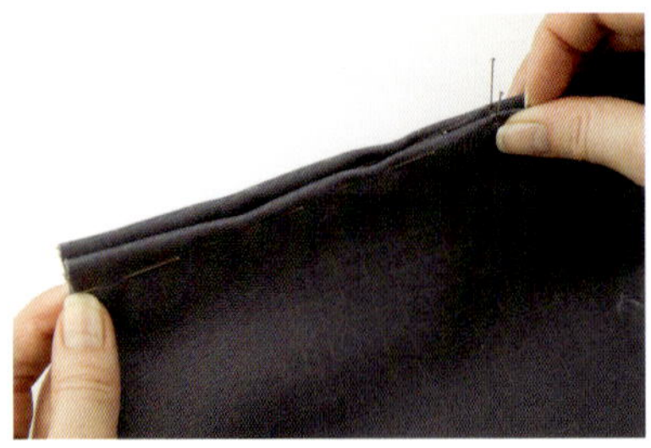

确保两条省道等长

缝制两条长度一模一样的省道有点难度，特别是这两道省对称分布于服装两侧时。在将省道用大头针固定后，将两道省的中心线对齐，同时标记省道起始点。通常省道是从较宽的一端缝向省尖点，但这样比较难掌握距离和大小，而从省尖点朝向较宽处缝合会容易很多，并能保证两条省道一样长。可同时试验两种方法，决定哪一种更易掌握。

造型手法

其他有助于服装塑型的技巧有缩褶、抽褶和弹性抽褶等，以下介绍几种通过塑型技巧处理过的面料。

缩褶在这条丝绸连衣裙上类似育克，运用于领围处，缩褶后的面料自然散落，加大放松量，普林（Preen），2011春夏

瓦尼亚·戈维亚（Vania Gouveia）制作的仿鹿皮绒布装饰缩褶面料小样

在腰围处抽褶，起到收紧服装和肌理装饰的效果。路易·威登（Louis Vuitton），2009高级成衣发布会

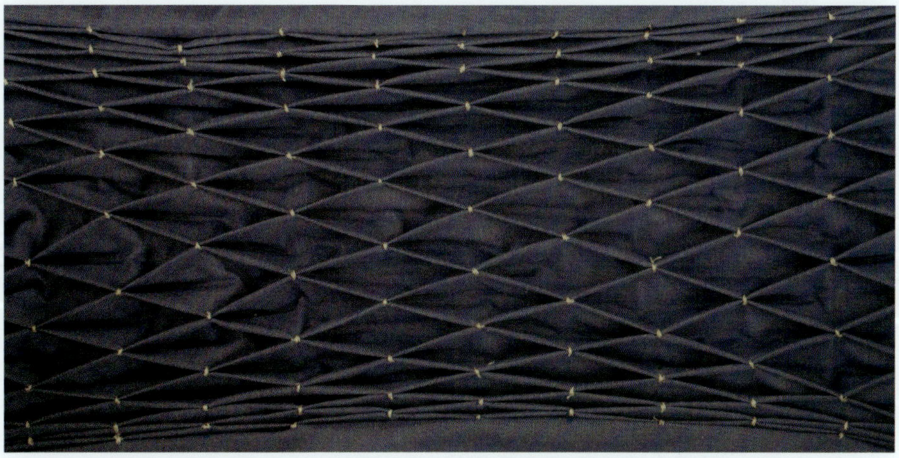

棉布装饰衣褶的面料小样，瓦尼亚·戈维亚（Vania Gouveia）

衣领

衣领是服装中的一个视觉焦点，领子可以设计为不同形状和大小，大致可分为三大类：立领、翻领和袒领。领子可以是与领围处单独缝合的裁片，如衬衫领，也可以与上衣连为一体，如青果领。这两者也可以结合运用，例如缺口领，是由翻领和独立领组合而成。缝制独立领、连领、平驳领以及缺口领等衣领的方法基本相同。

将立领的前中剪去了一些量。香奈尔（Chanel），2012春夏

翻领夹克，艾克瑞斯（Akris），2014高级成衣

超出肩膀的大袒领，艾尔丹姆（Erdem），2013秋冬

立领——在领围四周呈直立形态。领子前端可以是边与边相对，或者使用圆形或方形的钮扣连接，经典的立领领型有旗袍领。

翻折领——后侧有一定高度的领座。将翻领部分翻折下来后，由于领面略宽于领座，会将领座盖住，例如青果领和驳领。

袒领——平置并紧贴于服装上，经典领型有彼得潘领。

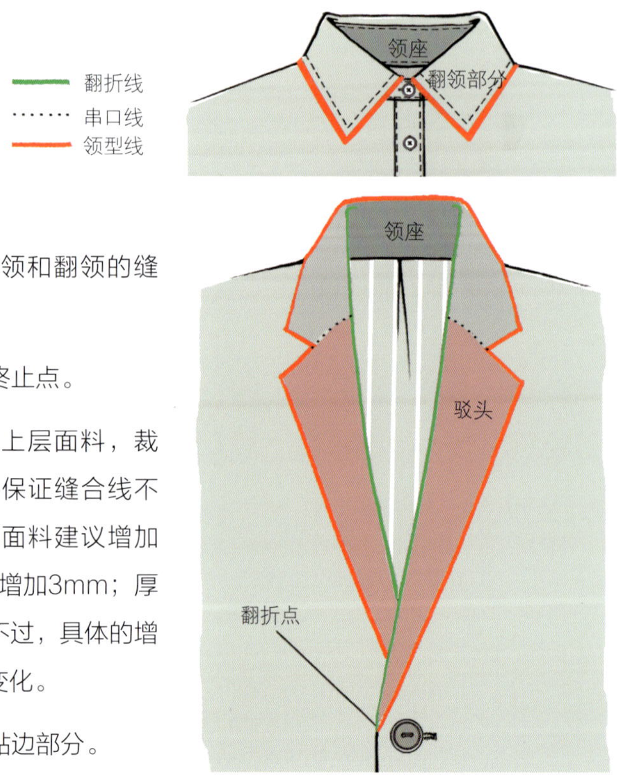

衣领各部分的称谓及含义

领座：领座与领围相连，能让领子立起一定的高度。几乎所有类型的领子都需要领座，即使是袒领也在纸样中加入了少量领座，这样才能保证领子向外翻折。

翻折线：领座与上级领的分界线。

翻领部分：沿翻折线翻折的可见部分。

领型线：领子边缘形状的线，决定领子的大小。

驳头：翻领是翻折挂面后在服装正面显现的部分。

串口线：连接上级领和翻领的缝合线。

翻折点：翻折线的终止点。

领面：领面是领子上层面料，裁片比领底稍大，这样能保证缝合线不会显现在领面上。轻薄面料建议增加2mm的领面；中厚面料增加3mm；厚型面料增加4～6mm，不过，具体的增加量还需根据面料厚度变化。

领底：领子背面的贴边部分。

领子加固

领子通常会黏衬固定领型，起到加固作用。根据最终成品效果和舒适程度选择不同的衬。如果只在领子其中一层面料上黏衬，需黏在领面上，领座部分通常需在两层面料上都黏衬。

定制衬衫领摸起来很硬，具有挺括的外观效果，因为领面和领座处都黏有领衬。领衬大小需剪裁成净领面和领座，不要缝进缝份。

领子的制作没有既定的搭配规则，可用不同材质的面料，试验不同类型的领型，直到找到最合适的种类为止。

上领子

1内领边长度需与领圈围长度一致，衣领反面缝合后，将正面翻出进行整烫，再将内领边缝合在服装的领圈上。最好在纸样上打剪口标记出前后中点、颈侧点，在制作类似于青果领和翻驳领之前，需在翻折点处打剪口标记。

2领片和上衣领围处的缝份通常可留0.5 ~ 1cm。缝合前用大头针将领片与领围处的缝份别起来，对齐每个对应点。有领座的领子可先将领座与领片固定，也可先与衣片固定。

3将领片和衣片缝合时，小心熨烫领片和领座的缝份。将缝份倒向领片或领座的一侧，如果需要可用手针挑缝固定缝份。

4领边可用绗缝或缉明线的方式处理，可将领面先缉缝或先将领底与衣片缝合。两种方式都从领面一侧缝纫。

特殊的领型效果，领尖与钮门搭位相连接。三宅一生（Issey Miyake），2012秋冬

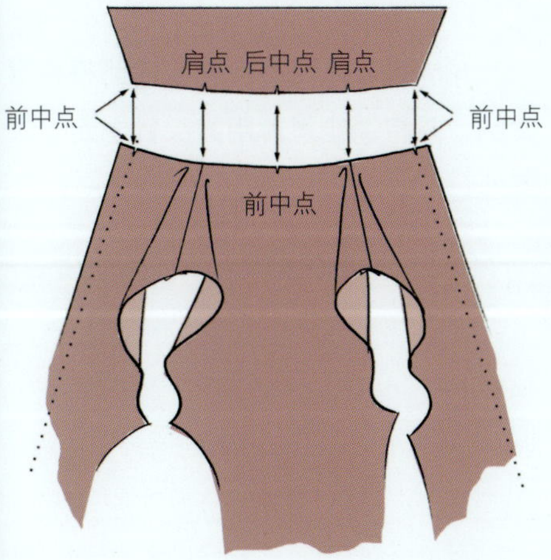

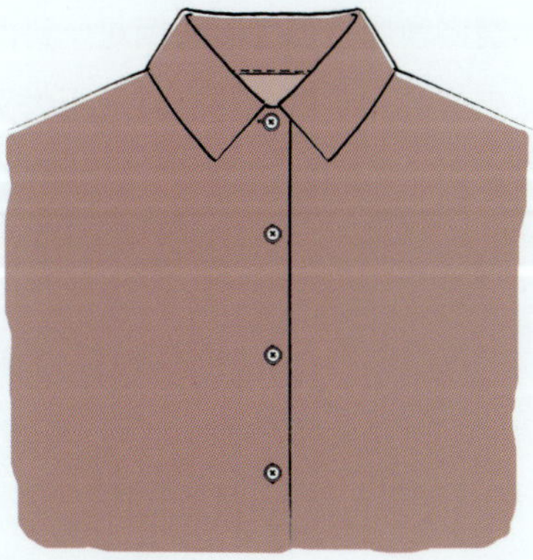

衬衫领

衬衫领可由领座和领面两部分组成，或将领座与领面一体式裁剪。前者更加合体，看起来更正式，后者通常运用于休闲装或时装中。衬衫领有多种领型，例如系扣衬衫领、八字领、领针领、圆角领、翼尖领、意大利领等。大多数拼合缝制的领子，如中式立领、彼得潘圆翻领、领带领都可用这种方法缝制。

两片式衬衫领的缝制步骤

1

2

4

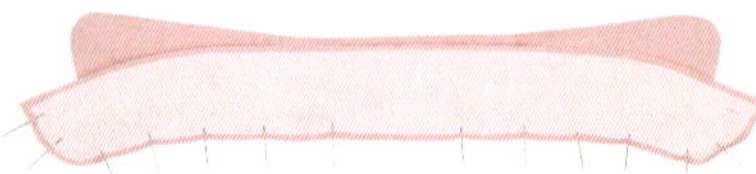

5

6

1 裁剪领面和领底及两片领座，将其黏衬。图中领面和两片领底黏衬起到加固和定型的作用。

2 先缝合领片，将领面与领底正面相对，缝合领型线，暂时不缝领围线。修剪缝份，将边角处缝份剪短，使领子呈尖领效果。详见第129页。

3 将领片翻到正面并熨烫，确保领片两边形状是对称的，如需要可缉明线。如果要制作带扣尖领，需在上领子前在领尖打扣眼。

4 将领片与领底正面相对，将两片领底夹住领片，对齐对应点后用大头针固定。

5 缝合后修剪多余缝份，减少面料堆积。

6 将领底翻到正面并熨烫。

7 将领底与衣片领围缝合，缝合时对齐所有对应点。

8 从服装内侧，向领座内侧将缝份烫倒，并将领座里片用大头针固定于领围处。

9 在领座周围缉明线，最后熨烫。

翻驳领

翻驳领也称作翻领、西服领、缺口翻领，通常运用在夹克和外套中。这种领型由两部分组成：驳头和驳领。驳头的形状和串口线的角度决定了整体领型，例如戗驳领或三角凹口领。

制作西装领可用传统的工艺方法定型，如手工缝纫添加帆布衬垫。也可运用工业生产技术，直接在领部烫衬。领部的定型对于精良的翻驳领的制作十分重要，更多细节内容可参考第92页。也可以运用相同的制作方法完成其他风格的领型，如披肩领、页岩领、和戗驳领等。

西装领制作步骤

领底为斜裁，分为两部分，确保领子能够翻折，保持领面挺括。

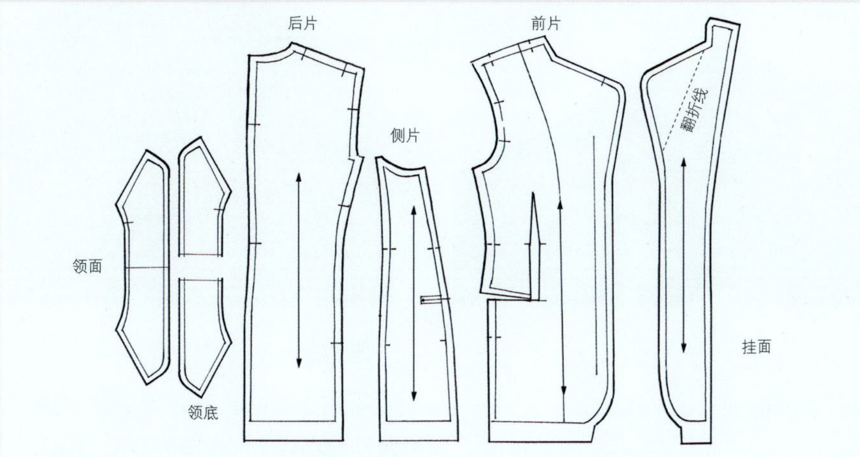

第一步：

将领底和领面压衬，同时将后边上半部分、前片、侧片和挂面黏衬。用衬条在翻折线处黏衬。

第二步：

缝合领底，将缝份劈烫。将领底与领面正面相对，沿着领型线缝合，暂时不缝合领围线，修剪缝份后尽量减小边角处的缝份。将领子翻到正面熨烫，检查领子和领尖形状。

第三步：

将挂面与前片翻折处用大头针固定。沿底摆将两者缝纫至翻折点，修剪缝份和边角处，底摆呈弧形。缝合前片、侧片、后片和肩缝。

第四步：

将领围处黏衬条，防止其拉伸变形，详见第140～141页。将领底从服装后领围开始，经过肩缝直到挂面驳头处，再用大头针固定，确认无误后缝合。

第五步：

将领面与挂面驳头处用大头针固定。从挂面的驳头处开始缝合，缝至距结尾3cm处为止，留出空隙为上里子做准备。

剩下步骤见160页

西装领制作步骤（接上页）

第六步：

将领面与领底的缝份劈烫。

第七步：

将领子翻到正面，熨烫驳领缝合处及挂面和领子的拐角处。

第八步：

将领子翻至反面，将挂面折回原处，露出领围和翻领缝份，将领围处的缝份用大头针别起来，尽量靠近之前的缝合线平行缉线。

第九步：

在服装正面进行整烫。

单排扣戗驳领西装夹克，普拉达（Prada），2014春夏

制作具有弹性的领口

弹力和针织面料服装的领口可使用罗纹、本布、松紧带拼接或用弹力包边条包边。当处理套头衫的领口时，需用弹力处理方式使服装方便穿脱，详见第259～260页内容。高翻领亦是用这种方式处理。

T恤领口用罗纹或本布处理的步骤

第一步：

测量服装领口围度，裁剪相应长度的罗纹或本布，宽度可根据不同服装设计变化。将剪好的条带宽度对折，用大头针别在肩点、前后中缝处标记。

第二步：

服装右肩缝用4股锁边机缝合。

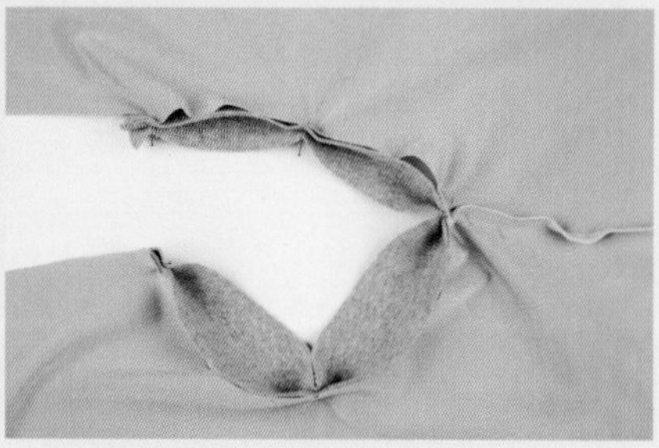

第三步：

用大头针将罗纹与衣片领口固定，对齐对应点，将肩缝缝份倒向后中方向。罗纹因其弹力的特性，应比领口围度稍短，具体根据不同的罗纹弹力决定。

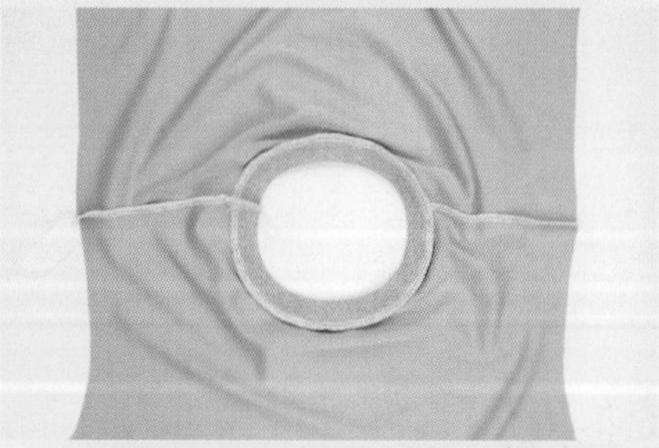

第四步：

将罗纹与领口用4线锁边机缝合，再将左肩缝缝合，将所有缝份包边。肩缝缝份向后倒烫，领围缝份向衣片方向倒烫。

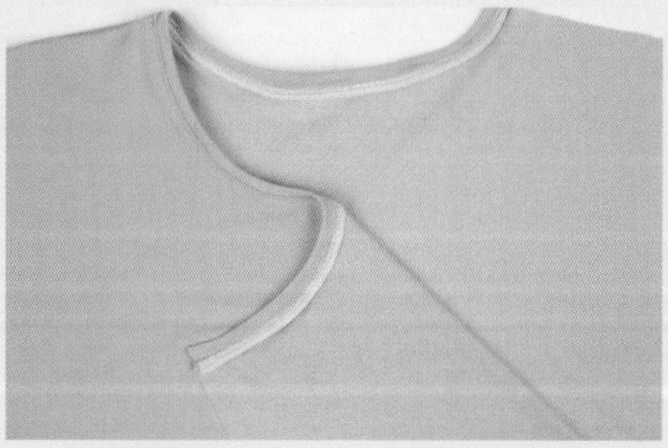

第五步：

如果是用本布处理领口，将本布贴边条沿领口从右至左缝纫，最后再缝合左肩缝。

第六步：

继续缝合T恤的其他部位。这个方法也适用于袖窿和底摆处拼接罗纹、本布或松紧带。

飞行员夹克领口拼接罗纹步骤

上拉链或按扣的飞行员风格夹克，通常会在领口使用罗纹做拼接。

第一步：

缝合夹克的肩缝，将罗纹剪为最终成品宽度的两倍宽，长度稍比领围短一些，具体长度根据罗纹弹力大小决定。

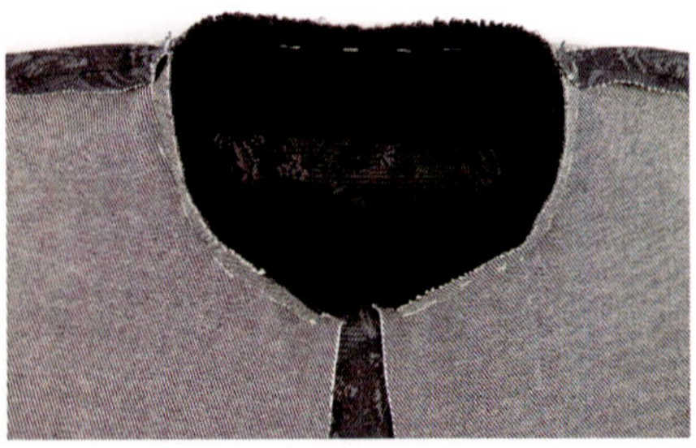

第二步：

将罗纹用手针粗缝于领围处，再用缝纫机车缝。

第三步：

剪去多余的罗纹，在前中留下1cm缝份。在服装上上拉链或按扣。

这类服装通常要上里子，所以领围处的缝份无需加工处理。

领围、腰围和袖口处用罗纹拼接的飞行员夹克，约翰森·桑德斯（Jonathan Saunders），2014春夏

上贴边的一片式领口制作步骤

领围贴边使服装边缘看起来清爽整洁，有领和无领服装均可运用。贴边面料可从本布面料中裁剪或运用轻薄面料、对比材质面料，起到减少面料堆积或装饰的作用。贴边也运用于底摆和袖窿处，使边缘平顺整洁，详见第142页。一些与衣片一起连裁的领子，如荡领需要在领口贴边，裁剪和缝合步骤如下。

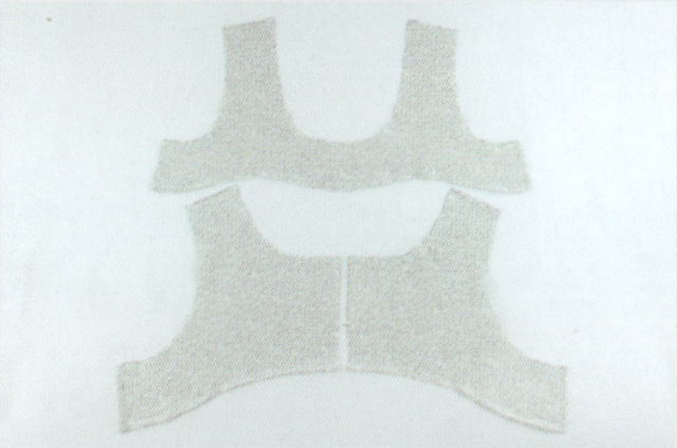

第一步：

裁剪出服装前后片的贴边。使用轻薄面料贴边时，需将面料全部黏衬，并在服装领围和袖窿处黏衬条，衬条和黏衬的选择需与面料相匹配。

第二步：

缝合服装衣片的省道、侧缝和肩缝，将缝份劈烫。

第三步：

缝合贴边裁片的肩缝和侧缝，将缝份劈烫，后中缝暂时不缝合。将底摆折向反面1cm锁边，也可包边处理。如果是上里子的服装，贴边底摆则无需加工处理。

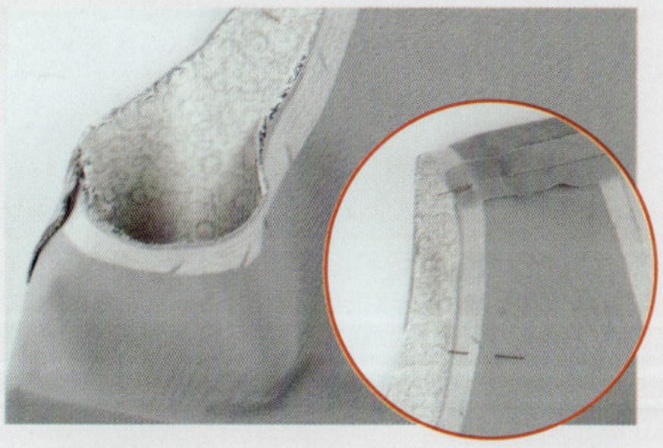

第四步：

将贴边衣片和服装衣片正面相对，对准肩缝、侧缝、前后中点，用大头针固定。

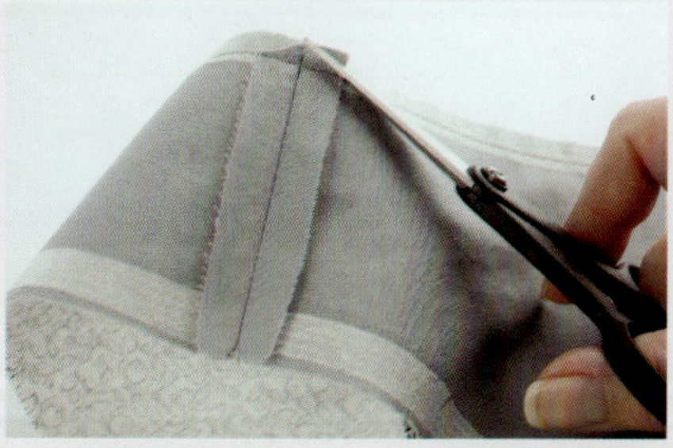

第五步：

车缝领口修剪贴边面料缝份，减少面料堆积。

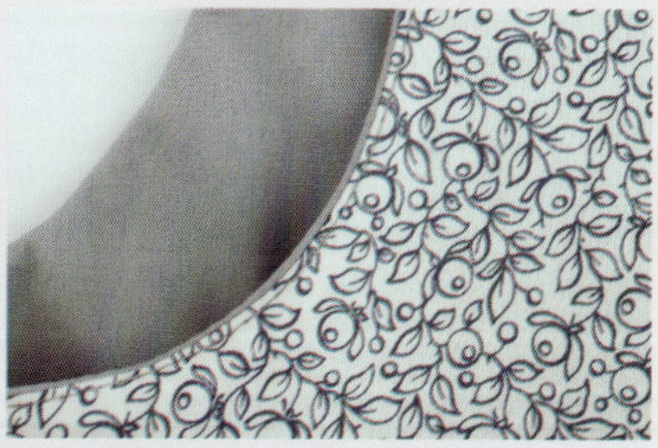

第六步：

将服装正面翻出，将缝份靠贴边折，并在贴边这侧沿缝边缉明线固定，使贴边固定于服装内侧，同时使领口线平顺光滑。

剩下步骤见164页

上贴边的一片式领口制作步骤（接上页）

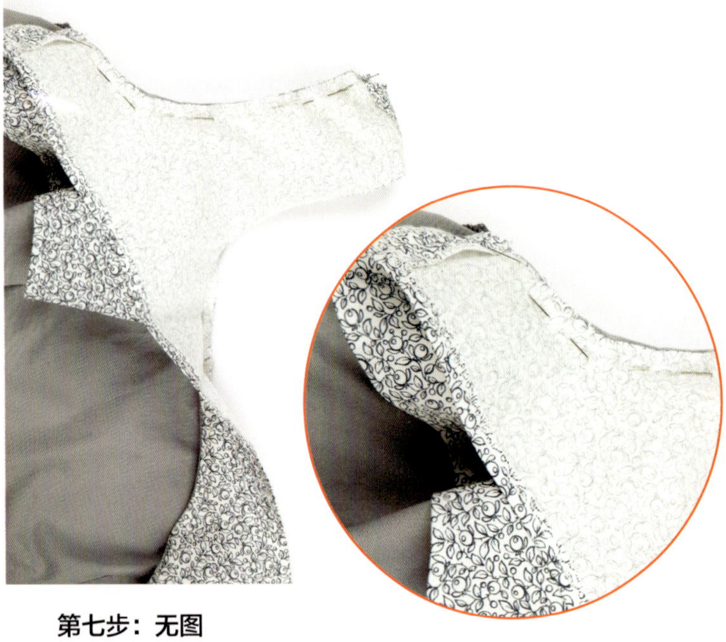

第七步：无图

从服装正面，对齐肩点、侧缝，并用大头针别起来，这样能保证将衣片翻到反面后好操作。

第八步（如图）：

将衣片翻到反面，调整大头针位置，将贴边和服装的袖窿处对齐，此步骤并不容易，在贴边一侧可先从侧缝由下至上，再到肩缝处用大头针固定，车缝也由侧缝缝至肩缝。另一侧也按照此步骤操作。

第九步：

翻到服装正面，将袖窿的缝份靠贴边折，在服装正面缉明线固定缝，并在袖窿贴边一侧尽量靠近缝边，缉明线固定。在熨烫领口和袖窿之后，便可缝合服装剩余部位。

腰头

半裙和裤装的腰线有多种腰头和贴边处理方式。制作中腰下装时，腰头可直接裁剪，做低腰下装时需将腰头分段，组合成有弧度的腰头。腰头开合处可放置在任何位置，通常会设置于前中、侧缝或后中。最后收边的方式取决于具体的服装设计和选择的面料。

腰头是服装中承受最多压力的部分，因此腰带或贴边面料需黏衬加固，根据具体面料质地和呈现效果选择衬布。一些腰线的缝合方法将舒适度放在首位，而有的腰线则主要为了修饰身材。不管何种缝合方式，腰头都在缝合所有裁片、完成拉链或钮扣的制作后再车缝于下装。

直式腰头

直式腰头由一片式或两个相同的裁片缝合而成。一片式腰头从中间横向对折，通常成品腰头宽度为3cm。裁成两片裁片时通常出于装饰性，或运用轻薄面料拼缝以减少腰头面料堆积感。

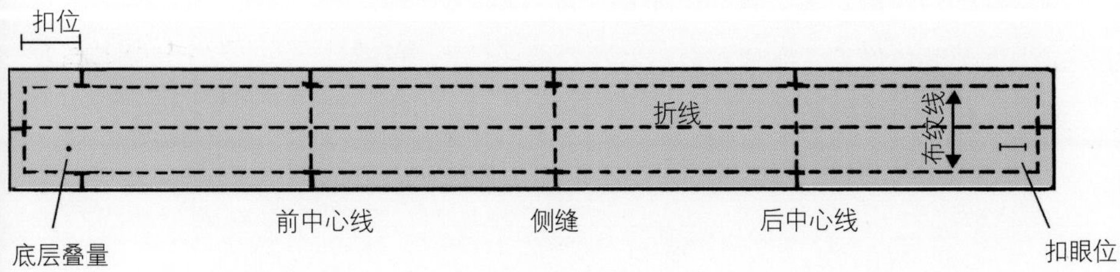

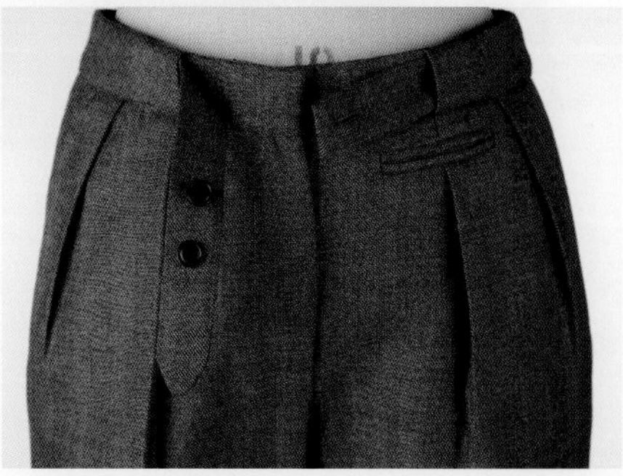

双腰头。裤片上腰头和门襟使用大号风纪钩和拉链固定，上层腰带部分用隐藏式扣合方式固定，外观上看，腰带由本布制作

压明线直腰头制作步骤

第一步：

在腰头反面黏衬，将腰头反面相对对折，将外侧缝份折向面料反面并熨烫。将内侧缝份正面与裤片反面面料沿布边用大头针固定，固定时对齐所有对应点，之后进行车缝，在起始和结尾处回针加固。

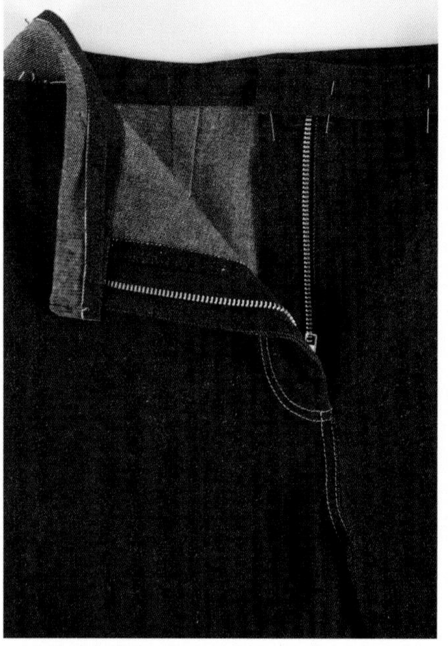

第二步：

如需添加裤襻，可在上一步骤完成后添加，详见第168页。将腰头两端分别正面相对对折，车缝并回针加固。为减少局部面料堆积，需修剪缝份并在边角处斜向修剪掉缝份。

第三步：

将腰头翻到正面，将外侧稍向下熨烫盖住缝合线。将外侧腰头用大头针固定在裤片上，确保其平整，也可用手针粗缝。

第四步：

将腰头缉明线车缝于裤片上，明线线迹可自行设计。

无明线车缝腰头制作步骤

这种方法几乎和缉明线的方法相同。

第一步：

在腰头反面黏衬，将腰头反面与反面相对对折，将外侧缝份折向面料反面并熨烫。

第二步：

如需添加裤襻，可在腰头上添加。

第三步：

将腰头外侧正面与正面相对，用大头针别在裤片腰围处，注意对齐所有对应点。将腰头与裤片缝合，起始两端回针加固。

第四步：

将腰头两端分别正面与正面相对对折，车缝并回针加固。为减少局部面料堆积，需修剪缝份并在边角处斜向修剪掉缝份。

第五步：

将腰头翻到正面，熨烫腰面使其稍微盖住缝合线。用大头针或手针粗缝将其固定，使腰头平整。

第六步：

在服装正面用衲缝针迹沿着腰头与裤片交接处缝纫，同时也将腰里衲缝进去。如何衲缝详见第133页。

腰带襻

腰带襻在服装中能起到固定腰带的作用，可以由面料、线、绳或饰带制作。裤襻的位置可变化，比如在裤装腰头上通常有两个裤襻，分别在前片两侧，后片有三个裤襻，其中一个在后中，其余两个对称摆放；通常在连衣裙和上衣的侧缝挽线襻；短外套和夹克的前片底摆应有两个腰带襻，后片至少也有两个。在用面料做腰带襻时，最好将位置向前中和后中移动几厘米，以免分布在两侧，造成厚重的视觉效果。

用面料做带襻

制作带襻时应选择合适厚度的面料，如果制作厚面料的服装，使用轻薄面料做带襻可减少面料堆积感，制作时在带襻反面黏衬。

1 裁剪一条足够制作所有带襻的面布：测量腰带的宽度，在此基础上加上2cm松量使腰带方便穿脱。

2 带襻宽度可根据面料厚度和服装设计而变化：如果是轻薄面料，裁剪成品带襻四倍宽的面料布条。

3 制作翻袋式腰带襻时，将面料反面与反面对折车缝，将缝份劈烫。将面料翻到正面，使缝合线处于中心线，将带襻烫平并在两侧布边缉明线。

制作折叠式腰带襻时，将裁剪好的布条较长的两侧布边分别折向中心线，使原始布边置于内侧，熨烫并沿两侧车缝。

4 制作带襻的布条裁剪好后，将其裁剪成单个带襻，长度需在腰带宽基础上增加2cm作为缝份量。

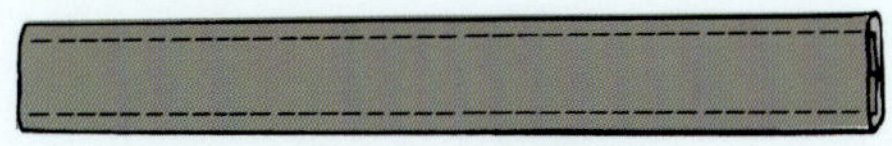

在中厚面料上制作带襻

1 裁剪一条宽3cm的条形面料，将其中一侧长边锁边，另一侧长边折叠1cm缝份并熨烫。再将锁边的一侧熨烫至覆盖另一侧1cm处，沿两侧长边车缝之后裁剪为单个独立的带襻。

2 将带襻下端缝纫于裤片腰围处对应点上，上好腰头后，将带襻正面朝上，沿腰头边缘车缝于腰头上，带襻需留1cm的松量，方便腰带穿脱。

3 如果服装腰头已经上好，可将带襻两端向内折叠，直接放置于对应点，缉明线固定。

朱利安·麦克唐纳德设计的连衣裙，运用了不同于常规形状的腰带襻

缝制面料腰带襻的步骤

具体缝制腰带襻的方式要根据腰围处缝合方式和服装的设计来决定。以下介绍的方法适用于直腰头裤装或短裙。带襻需要在腰里车缝于服装后再进行缝纫操作，从零开始的制作步骤详见第170页。

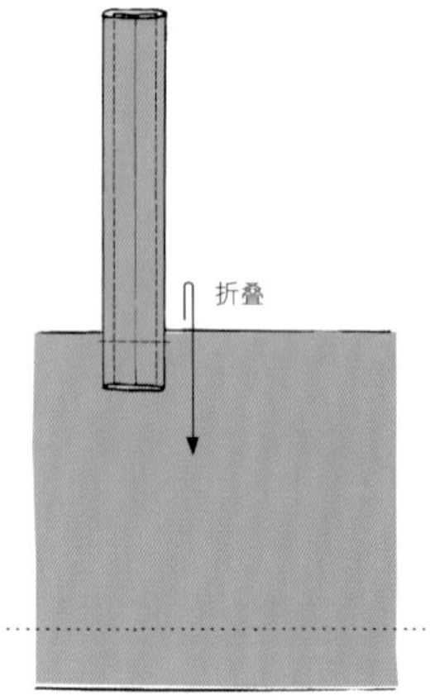

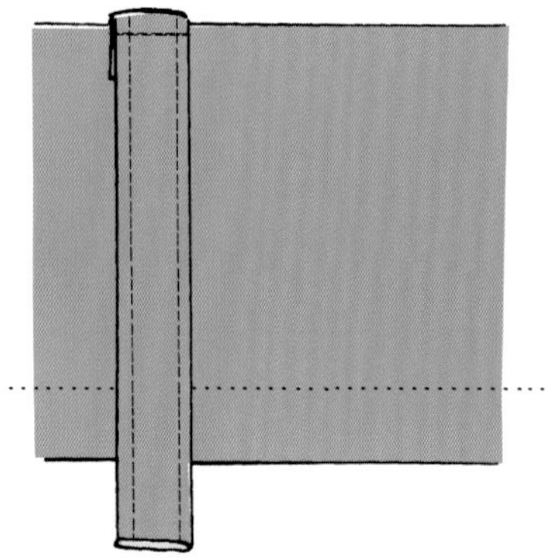

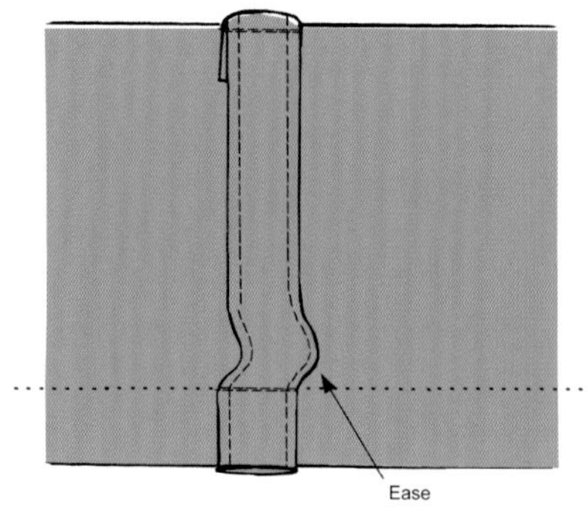

第一步：

首先用大头针在腰围处标记出腰带襻的位置。面料正面与正面相对，用大头针将带襻一端别在腰头顶端后，在此处来回车缝起到加固作用。

第二步：

将带襻折下来，在带襻顶端沿腰头边缘来回缝缉明线固定。

第三步：

将带襻底端对齐腰头底端，留下2cm放松量，方便腰带穿脱。将带襻来回多缝几次固定于腰头。

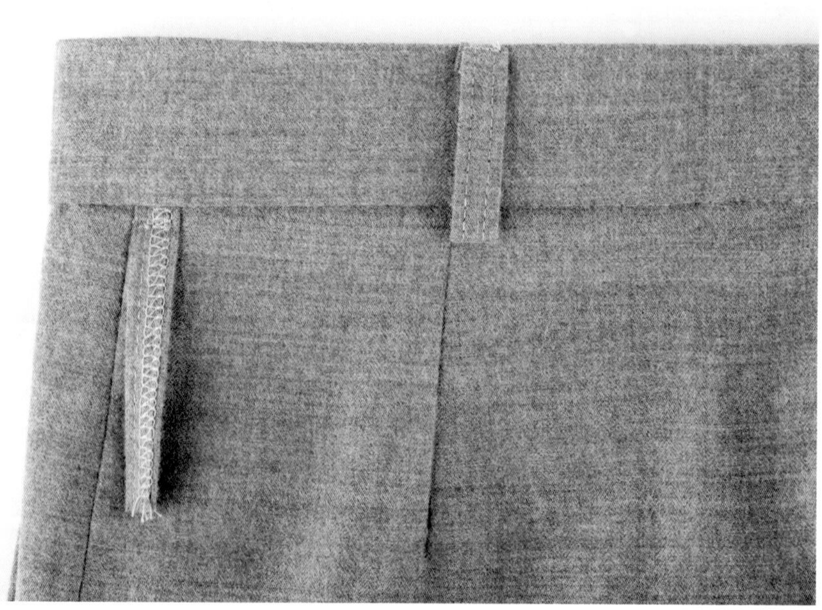

在上腰头之前将带襻一侧固定于腰围缝合线。腰头上好后，再将另一端车缝于腰头，留出松量，方便腰带穿脱

松紧腰头

松紧腰头常运用于运动装和休闲装中。松紧带可直接车缝于服装上，也可将松紧带设置于面料做成的套管中。如直接缝制的话可使用稍宽一些的松紧带，这样既牢固又可以尽量避免出现褶皱和折痕。松紧带的套管，可在裁剪时直接在腰头加上套管量，或是单独裁出套管。可以把已经穿好松紧带的套管直接夹缝在服装接线处，也可将空的套管用平行的明线缝在服装上，再穿上适当长度的松紧带。松紧带适用于任何开口的部位，比如领口、腰部、踝关节等部位。

明线装饰松紧套管

1裁剪一条宽度为松紧带宽度两倍的面布，留出0.5cm松量及缝份量，使松紧带能伸缩自如，套管长度和腰围长度一样。

2裁剪松紧带时，确保松紧带伸展后的长度大于臀围，并且保证腰围穿着舒适，不宜太紧。缉明线时松紧带稍稍拉伸，不同弹力的橡皮筋其拉伸量不同。

3处理套管一侧的毛边，可用包边、锁边、折边缝的方式处理。将套管窄边两端正面与正面相对平缝缝合后熨烫，在后中留下一个开口，使松紧带可穿进去。

4将套管正面相对，将毛边用大头针别在衣片腰围处，对齐所有对应点并将套管的缝合线对准衣片后中缝后车缝。确认套管上穿松紧带的开口位置，折叠后位于服装里侧。

5从服装反面，将套管对折并用大头针固定。再从服装正面衲缝或沿套管低端缉明线。

6运用穿带器或安全别针固定于松紧带一端，将橡皮筋穿过套管，穿套时握住套管另一侧，以免松紧带滑动。

7将穿好后的松紧带两端拉出至开口外，如图所示，将松紧带两端车缝或以人字缝缝合。

8将松紧产生的褶皱均匀展开，可借助大头针别在侧缝、前后中缝，将腰围处的褶量均匀分布。两只手紧握住套管，把两根大头针之间的松紧带拉紧，然后平缝在腰头处车缝线迹。

9缉明线的步骤也可省去，只是牢固性稍弱，橡皮筋一处断裂，就会使整圈橡皮筋缩回，腰头失去弹力。

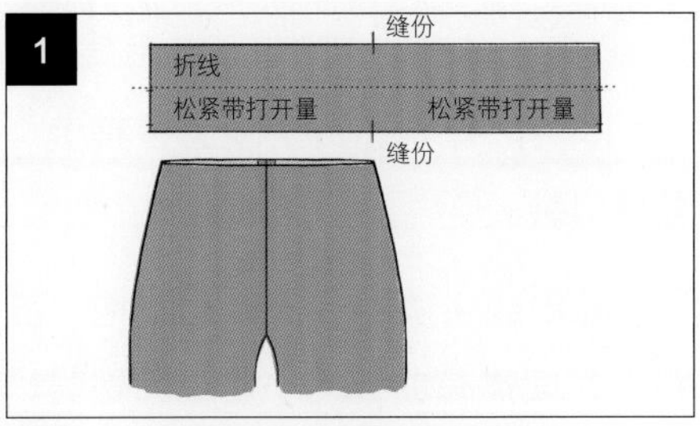

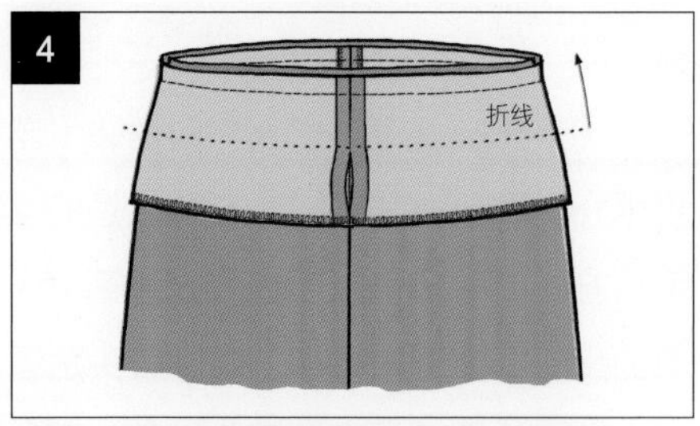

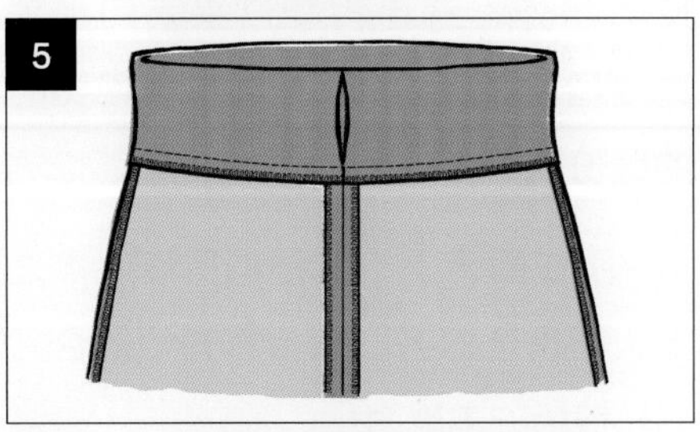

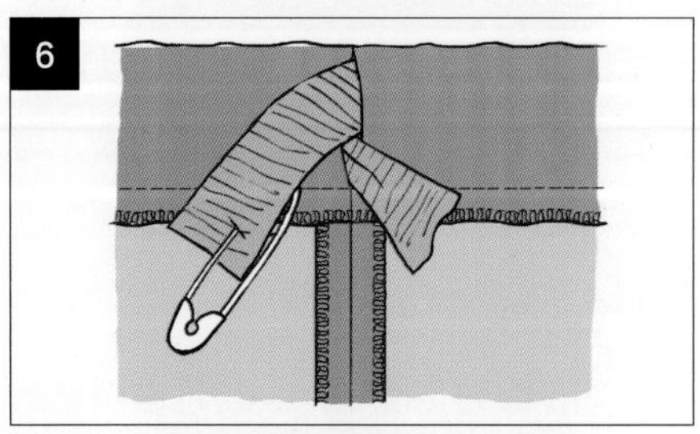

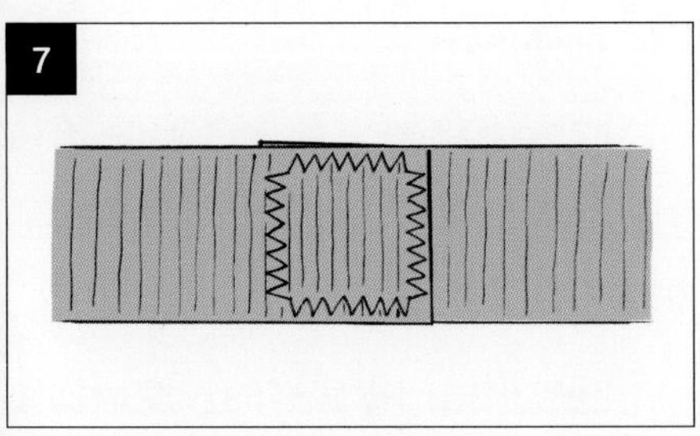

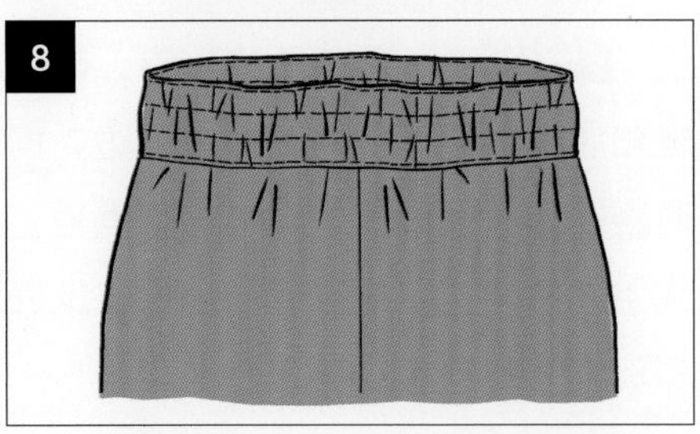

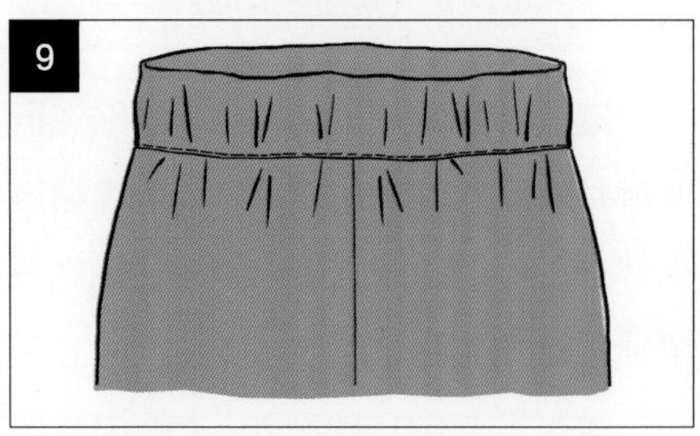

合体腰头与拉链门襟

合体腰头的制作工艺更为复杂，但制作过程中仍会沿用直腰头的一些制作方法。大多数服装设计师在设计中运用合体腰头以提升服装的品质感。例如，在腰头后中心线拼接的方式，使裤腰更贴合人体曲线。另一个方案是重叠式裤子门襟可以用翻袋法，即先进行反面缝合再将正面翻过来，门襟顶端缝进腰头内侧，而其余部分的结构及制作方式就基本按照直腰头的制作方法。

3

4

1首先在服装两侧制作斜插袋（详见第188页——斜插袋）。选择合适的收毛边方式，并将袋布包边。按照第167页的步骤准备好腰带襻。准备腰头贴边或为贴边使用成品定制腰头衬带，可参考第88页的缝合式牵条。这里腰头贴边需要准备两片，斜裁并在中间打破，再在两片之间嵌入一条镶边使其更为牢固稳定。将贴边外边缘烫平。

2正面与正面相对，将拉链门襟贴边对齐门襟缝份，车缝到拉链止口处。

3返回到服装正面，将门襟贴边折向裤片的反向，紧贴折缝，在门襟贴边侧缝一条明线，在门襟上用划粉或水消笔标记出门襟明线。

4将口袋朝向门襟接缝并用手针将袋布粗缝在裤片腰围处。

5将门襟贴边折于反面并整烫，盖住口袋。

6用翻袋法将底襟贴边（格子面料）和底襟有曲线的一边正面相对，反面朝外，缝合再翻过来。门襟顶边要留出1cm的距离用于上腰头时的缝份。

7正面朝上，将拉链置于底襟之上，与直边对齐。从顶端开始缝合，到拉链齿的末端为止。

8将裤子门襟开口的正面，与拉链和底襟的正面相对，对齐直边，同时腰线也必须对齐，没有任何偏差。先用大头针将位置固定好，再在反面将它们车缝在一起。

9把底襟贴边和底襟翻到正面来。这时拉链就夹在了底襟和裤子之间。

10将门襟和底襟用大头针固定住，裤子门襟开口重叠，左侧盖过右侧大约1cm左右。

11回到反面，用大头针将拉链固定在门襟贴边上，闭合拉链齿然后缝合，将拉链完全固定于裤子门襟部位。

12将腰头贴边铺在腰头上，略盖过5mm，并沿着接缝缝一道针迹。也可以运用Z字形针将贴边与腰头缝合。缝至门襟部分时，在靠近前中心线剪口之前停止缝纫。

13将腰带襻上到腰头前片边缘时，距离口袋开口处3cm（腰带襻的相关内容请参考第168页）。

14应根据门襟底襟的长度增加腰头的长度，正面相对，止于接缝线。

8

9

10

15

16

15 将腰头用大头针固定在裤子上，在门襟一边，正面相对。将腰头缝到腰线上，在门襟贴边的接缝处停止。将门襟贴边的边缘进行包边处理，并延长腰头。

16 翻袋法制作腰头延长的部分和腰头部分，再反过来将缝份修剪掉一些，以免面料堆积过厚。

17 可以在腰头门襟延长部分使用风纪钩或扣子，翻到正面并整烫。

17

18

19

20

21

18在裤子前片门襟的底襟上增加腰头量。

19根据拉链底襟贴边顶端的形状，用翻袋法在反面完成底襟腰头的制作，再翻到正面。

20将底襟正面朝上，大头针将拉链和底襟固定，然后紧贴折缝缉线，尽量车到拉链底端。

21转到反面，用大头针将拉链底布、门襟贴边和底襟固定在一起。

22将底襟翻过来。

23再翻到正面，在门襟的正面沿着之前做好的标记车明线。

24在裤子的背面，后口袋袋布超过腰线。将裆缝的缝份进行包边处理。

25缝合腿内缝和侧缝，平缝并劈烫。

26将腰带襻上到后腰线，并将腰头上到腰线上，从后往前缝合直裆和横裆，直到前片拉链末端。从后中心线开始缝合，缝份3cm宽，然后逐渐变窄，前片为1cm。完成缝合后将缝份劈开烫。

27将反面朝上，在腰头后中心线缝份处，将缝份顶端的角折住，并用大头针固定。

22

23

24

25

26

27

28

28把腰头贴边折下来，并用大头针固定在腰部内侧。正面使用灌缝法，即压着接缝缉线的方法将腰头和腰头贴边全部都固定在腰线上。

29将腰带襻的顶端与腰头缝合固定，留出一定松量。

30熨烫腰头。在腰头的门襟和底襟处钉上风纪钩固定，或用打扣眼钉扣子固定。

抽绳腰头

抽绳腰头可将腰围处延长，裁剪折叠形成套管或单独裁剪缝合。抽绳的种类可根据服装的设计选择，例如可选择线绳、橡皮筋或用本布制作。在抽绳两端添加套锁扣防止抽绳滑落。

1在绘制纸样时，可将腰头处延伸至套管两倍长度，再留出缝份。在服装前片标记套管的抽绳处并贴衬加固。选择抽绳处开口可打扣眼或打气眼（详细步骤参考制造商说明书）。缝合服装侧缝、前后中缝。

2将腰围套管处缝头折叠并熨烫，再将套管对折至服装反面，用大头针固定前后中点，从服装反面车缝。翻到服装正面，在套管上端边缘缉明线，使套管成型。

3用本布面料做抽绳时，斜裁或沿经线裁剪面料，除了本布也可运用有装饰效果的线绳。用穿线器将抽绳穿过套管，在抽绳两端打结或安装套结扣以免抽绳滑落。

1

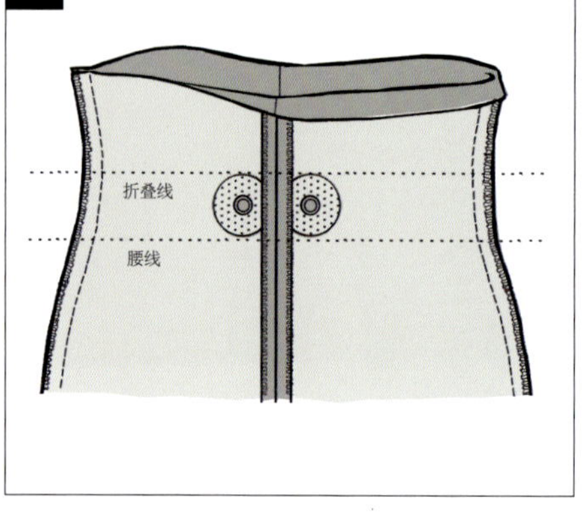

2

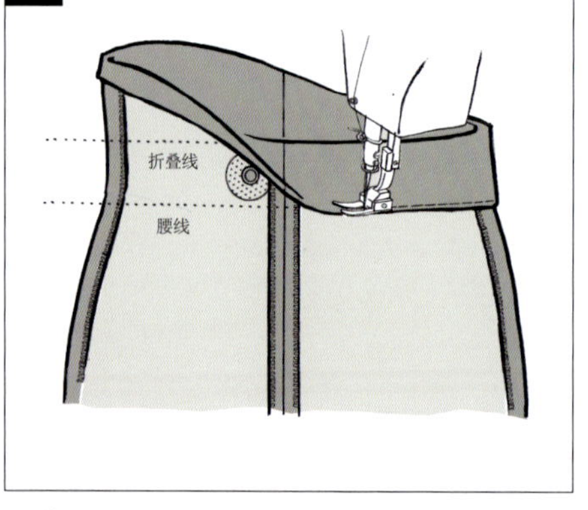

3

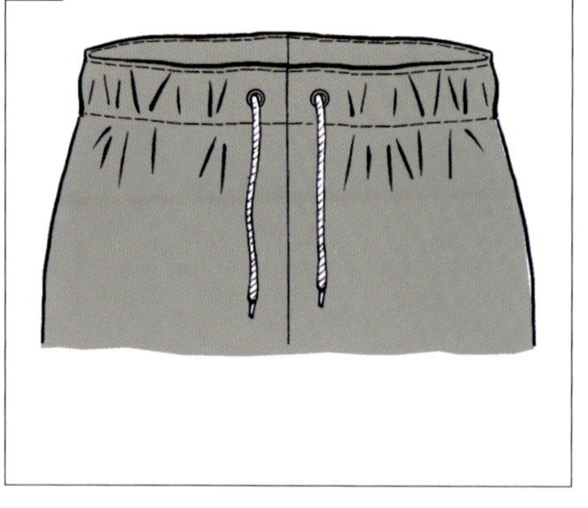

背心上衣，在腰围处运用抽绳。抽绳可运用在服装的任何部位，既可以车缝于服装上，也可以设计成穿过套管的设计，斯宝麦斯（Sportmax），2012年春夏

腰部贴边

附有贴边的腰头从服装正面看起来更加清爽整洁，弱化腰头处的视觉焦点，突出服装其他部位的设计点。贴边面料可运用本布或对比材质面料，比如可以在厚重面料上运用轻薄面料贴边，减少局部面料堆积。或者将贴边面料换为宽缎带或饰带缝合于腰头。

腰部贴边步骤

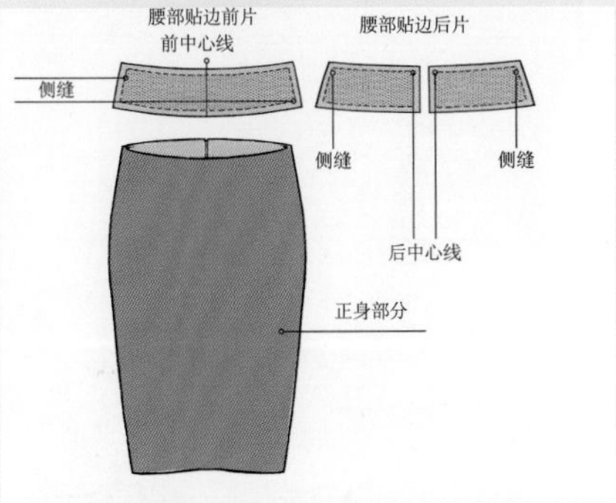

第一步：

制作贴边的纸样，可直接复制服装腰围处5～8cm的纸样大小。贴边面料按纸样裁剪好后，在面料反面黏衬。将衣片缝合上好拉链。

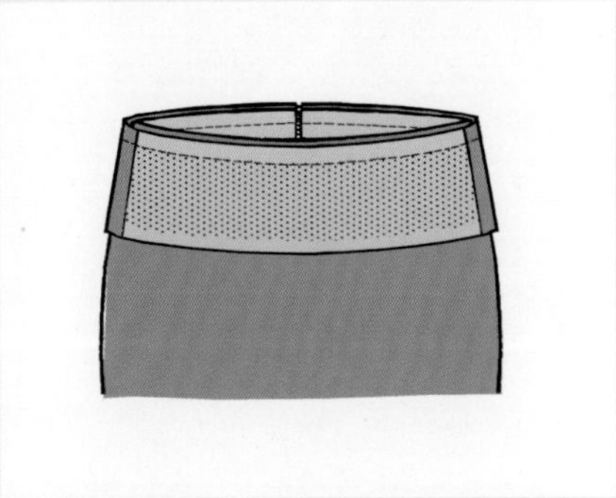

第二步：

将贴边的裁片缝合。将缝合后的贴边与服装正面相对，用大头针固定腰围线处，对齐所有对应点并车缝。

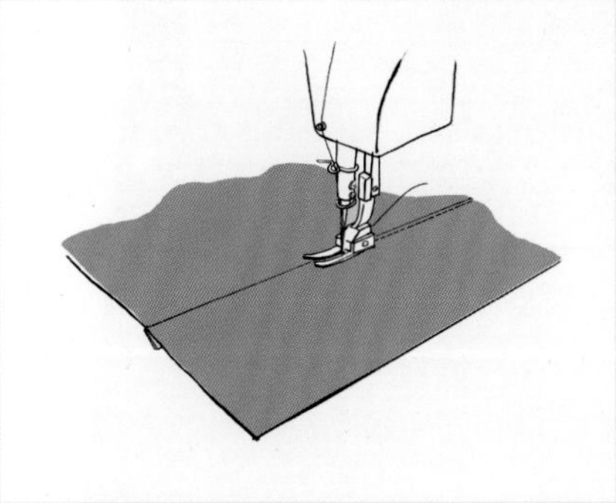

第三步：

缝合后将贴边向上翻折，缝份倒向贴边一侧，从服装正面沿腰围线在贴边面料上缉明线。

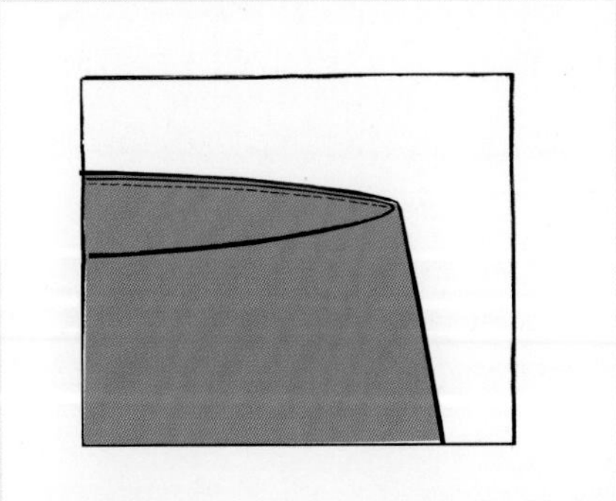

第四步：

将贴边折进服装里，熨烫腰围处。

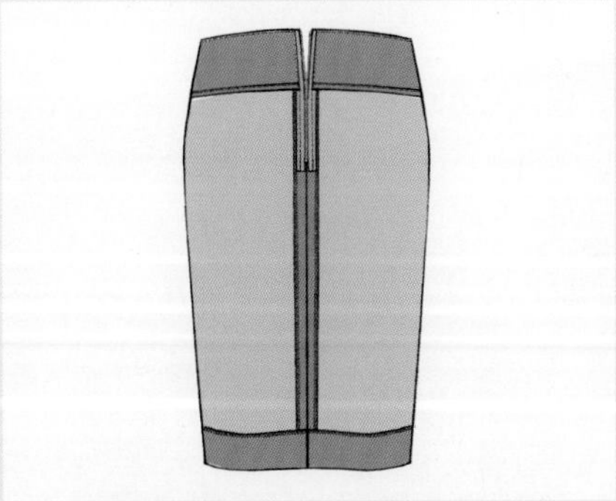

第五步：

贴边底部毛边可锁边或折叠明线缝，如果想要更精致的效果可将边缘包边。用手针将贴边两端缝纫于拉链上，或用翻袋法将拉链机缝上，也可以将其装于缝份上。

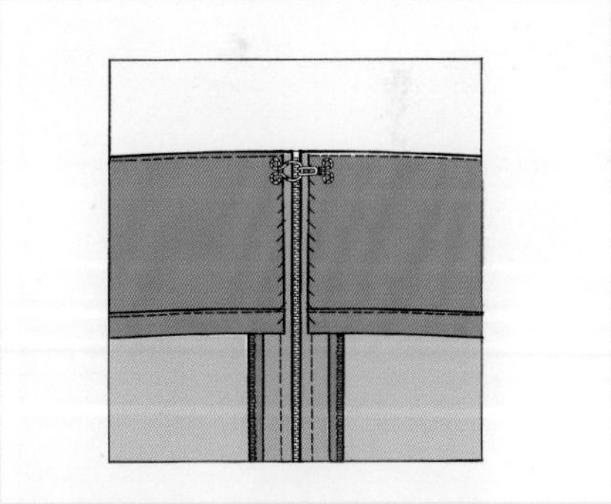

第六步：

将风纪钩缝于服装里侧，拉链顶端。

腰头固定方式

腰头可用拉链、扣子、钩扣或风纪扣固定。大多数服装腰头处会结合两种固定方式，如拉链和扣子的组合。以下有一些设计案例可供参考。

这条裤子使用成品定制的腰头贴边，门襟处用扣子和风纪扣固定

延长腰头用本布面料贴边，运用拉链和两个风纪扣固定，并在门襟处添加了一个扣子及眼扣

宽腰头裤装，前中用拉链和风纪扣固定，侧缝运用金属卡扣，可调节腰围大小。在腰围里侧的定制贴边和门襟底襟上打上扣眼和钉扣

直腰头半裙，用耐用的按扣和拉链固定

半裙上运用隐形拉链固定，并在腰头顶部添加风纪扣，腰头贴边面料为本布

口袋

口袋在服装中具有功能性和装饰性的双重功能作用，服装外侧和内侧都可设计口袋。但口袋设计需根据具体的服装风格设计口袋的大小和摆放位置，使之具有美感，服装看起来更精致、更具舒适性。口袋大致分为两种类型：插袋——与缝合线结合或只在服装上看到开口线；贴袋——直接将口袋形状缝合于服装上。

口袋袋布

口袋袋布能储物，也能插手，所以袋布需要做到足够大小并且要坚固耐用。

袋布衬里

衬里可选择具有装饰性或者耐磨的里料，可根据服装的设计和面料的材质来进行挑选。

· 在短外套、夹克和西裤中使用口袋布或斜纹棉里布，这类面料经久耐磨。

· 轻薄或中等材质面料的服装中，袋布可使用本布或同等厚度的里布面料。

· 本布面料制成的袋布能避免在正面出现显影。

· 对于一些休闲装，如卫衣、帽衫等，是否满足舒适度的功能需求是最重要的考虑因素，所以袋布可选用卫衣面料或拉绒棉等。

· 半透明、白色或浅色服装需使用裸色口袋布，以免在服装正面太显眼。

· 千万别把口袋布裁剪得太小，裁剪时保证袋布能装下一只手并稍深过手腕。

袋布形状

· 裁剪袋布纸样使其宽度能绕手一周，增加2～3cm松量。裁剪足够的深度，使手能活动自如。

· 在平坦的表面朝向正确的方向将口袋布用大头针钉在一起。

· 将袋布边角修圆，否则较小的物品容易卡进直角边缘里。

· 前中有破缝的裤装或半裙，将袋布与中缝缝合，这样更加牢固并且服装内部更加整洁（如下左图）。

· 后片的口袋延长到腰头处，看起来更精致，更贴身，同时能防止口袋松垮下垂（如下右图）。

使袋布边缘整洁

· 袋布不应在服装正面显现。

· 如果服装需上里子，无需处理袋布的边缘，因为袋布夹于面料和里料之中，恰好起到了保护作用。

· 如果是无里布的服装，需要对袋布边缘进行处理，看起来更精致并且不易磨损虚边。袋布边缘可锁边，不会增加太多厚度，或者包边，使外观看起来更精致。袋布也可以通过翻袋法制作，即在反面车缝后再翻到正面来，从而使缝份藏在内侧。

前片口袋与前中缝相连，增加牢固度

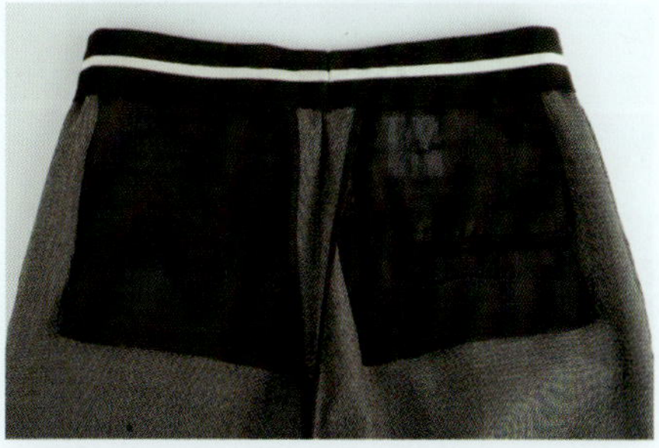

后片口袋延伸缝入腰头，避免袋口松垮张开

不同类型口袋的应用

贴袋直接缝制于服装，所以任何大小和形状皆可，可上里布或贴边。口袋顶部可以呈开口状也可以添加袋盖，或用拉链、扣眼扣、尼龙搭扣、按扣进行固定。

夹克上拼贴贴袋和斜贴袋，并在口袋上有袋盖细节装饰，渡边淳弥（Junya Watanabe），2012秋季

贴袋制作步骤

第一步：

在服装上标记出口袋的位置，裁剪贴袋裁片时，在顶部留4cm贴边，在其他布边上留出0.5～1cm的缝份量。裁剪里子时，按口袋净尺寸大小裁剪即可。

第二步：

将袋布和里布正面相对，使贴边边缘与里布顶部边缘对齐，沿贴边边缘车缝，在中间留下3cm空隙，翻袋法完成缝合，便于口袋翻出。缝合后将缝份劈烫。

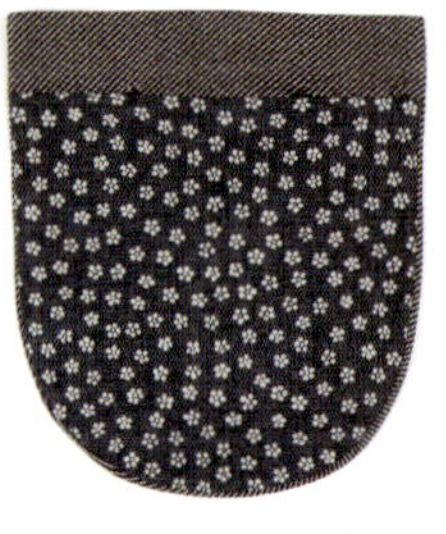

第三步：

将袋布按贴边折线折叠，将里布与袋布正面相对，对齐四周布边后车缝，缝合后小心将口袋从上一步骤留下的开口处翻折至正面。熨烫口袋。

第四步：

将未完成的开口处挑缝缝合，并在贴边边缘缉明线。将口袋放置于服装上，对齐对应点，缉明线将口袋车缝于服装上，缝纫后熨烫。

无衬里贴袋制作步骤

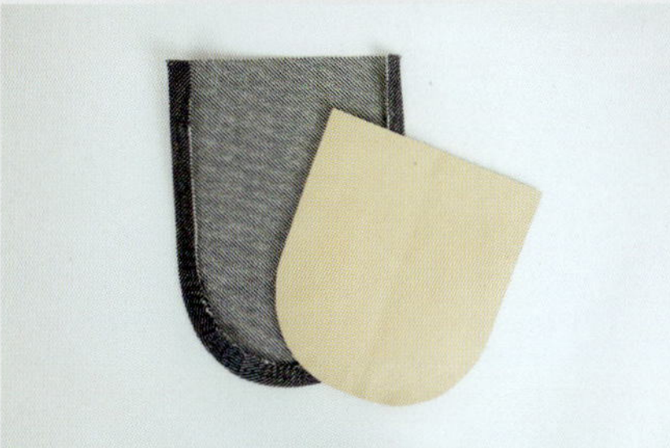

第一步：

在服装上标记出口袋的位置，裁剪贴袋裁片时，在顶部留4cm贴边量，在其他布边上留出0.5～1cm的缝份量。将口袋顶部锁边，如果面料容易虚边，可将四周都锁边。裁剪一个口袋净尺寸大小的硬纸模板，能保证口袋的最终形状对称均匀。在缝制前使用硬纸模板，有助于对服装的一些细节部位塑型。

第二步：

如果口袋是圆角的，可用手针在面料反面沿缝头缝纫，最后拉扯其中一端线头，聚集面料，形成圆角。硬纸板模型垫于缝份下方，用熨斗熨烫出边角形状，然后可将纸板移开。

第三步：

将贴边翻到反面并在口袋两侧车缝。

第四步：

将贴边翻回正面并熨烫。在贴边处有多种缉明线固定方式，例如沿贴边顶端和底端边缘缉明线，可考虑使用对比色缝纫线缉明线。

第五步：

将口袋用大头针固定在服装上，对齐对应点，如需要可用手针粗缝。

第六步：

在口袋上缉明线固定，完成后熨烫。

风箱式口袋制作步骤

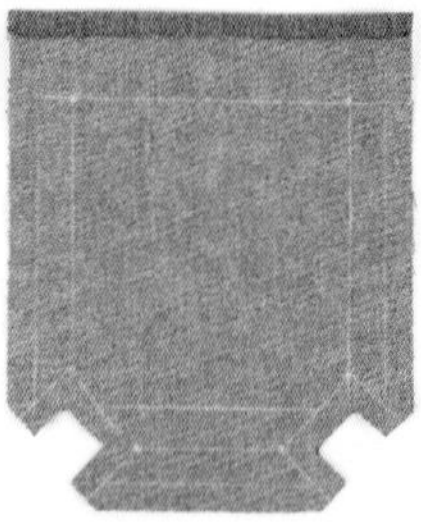

第一步：

在服装上标记出口袋的位置，裁剪出口袋裁片。在口袋面料反面划出所有折线，将贴边顶部边缘向反面折叠并熨烫。

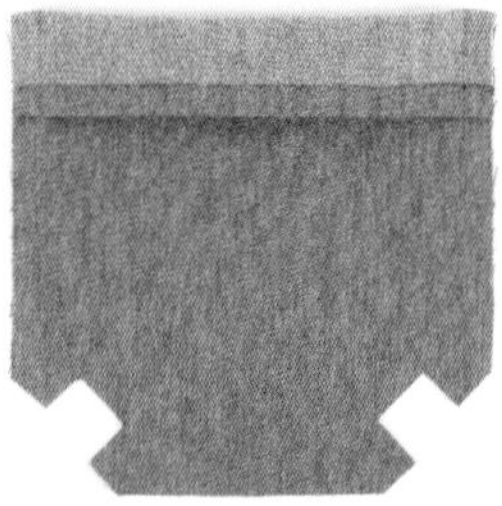

第二步：

将贴边沿折线向正面折叠，在两边车缝固定，如果面料较厚可修剪此处缝份，减少面料堆积。

第三步：

将贴边翻到正面，沿贴边底部边缘缉明线。将口袋沿每条折叠线向内熨烫，包括缝份。熨烫时要对准折线，只有在精确的位置折叠才能正好拼合。

第四步：

折叠袋墙部分时，正面相对并缝合，在夹角处打剪口至接缝线。

第五步：

将袋墙翻到正面并熨烫。

第六步：

从口袋正面沿上层折边边缘车缝，确保口袋形状不被破坏。将口袋用大头针固定在服装的对应点上，沿缝份折边边缘车缝于服装上。

嵌入式口袋的不同类型

嵌入式口袋可与接缝线结合或在服装上开袋口，将袋布隐藏于服装内。前者能完全隐藏于服装里，从正面看不出痕迹，这种插袋主要为增加服装的功能性，而有袋口的口袋，在服装正面能看见嵌线或贴边，或用拉链代替贴边，也可以用翻袋法制作袋盖附加在斜插袋上。

由朱利安·麦克唐纳德设计的大衣，漆皮拼接的细节处理，以及使用深嵌入的单开线贴边口袋。口袋处贴边插入到服装上而不是贴缝于服装上。制作贴边口袋的步骤详见第185页

小提示：

将口袋和袋口黏衬可以使其边角形状挺括，同时能防止口袋拉扯变形。衬布的种类需根据面料材质选择，并在制作成品之前在面料小样上试验。

· 制作插袋时，将袋口黏衬，为保证袋口处面料均匀覆盖，将嵌条大小剪至比面料长2cm，宽4cm。

· 为防止衬布轮廓显现于服装正面，可将衬布剪成圆角或将边剪成锯齿状。

· 嵌条、垫袋布和袋盖处都需要黏衬加固。

单嵌线袋

单嵌线袋通常运用于定制夹克、外套和裤装中，也可用于半裙或休闲装中。图中的单嵌线袋缝纫于无里布服装中，所以将袋布包边进行装饰处理。单嵌线袋制作步骤详见下页。

裤装上的嵌线袋，其中一个有袋盖。朱利安·麦克唐纳德设计的裤子，上面有一个带袋盖的单嵌线口袋和一个双嵌线口袋

单嵌线袋制作步骤

第一步：

在服装正面标记出袋口的位置，在袋口反面黏衬。

第二步：

剪两条嵌条，宽4cm，长度为袋口长加2cm，可以与服装的布纹方向一致也可以斜裁。在嵌条反面黏衬（如图左），并反面相对对折熨烫（如图中）。裁剪一块本布用来贴边（如图右），将其中一条长边锁边。

第三步：

裁剪袋布，宽度比袋口宽1cm作为缝份量，长度为成品长度。裁剪袋布底片需比之前的一块顶端长1cm。

第四步：

将垫袋布正面朝上，放置于底片袋布反面，对齐毛边，将垫袋布两端车缝于袋布上。

第五步：

将嵌条毛边相对折叠，用大头针沿记号线固定在服装正面。使用2mm长的线迹车缝嵌条于袋口处，沿嵌条各边中线车缝。

第六步：

在服装反面，沿标记的开口线剪开，在距离两端1cm处停下，两端斜向剪裁为三角剪口。

第七步：

从口袋袋口处将嵌条翻到服装反面，对齐折叠边。用手针将嵌条和折边粗缝在一起，确保相互对齐。再由服装正面将袋口一端的面料掀起至三角剪口处。沿三角剪口底边与嵌条车缝在一起，再将面料折回原处，袋口另一端重复此动作。

第八步（如右图）：

将袋布顶部朝下放置于嵌条底部，对齐毛边，沿嵌条缝合线车缝。

第九步：

将袋布向下翻折并熨烫，沿袋布顶部缉明线车缝于嵌条，但不要将衣片一并缝纫。

第十步：

将袋布底片贴边处折叠后，放置于袋口处，顶部与嵌条顶部对齐，沿嵌条缝合线车缝。

第十一步：

将两片口袋布用大头针固定，并沿边缘车缝。袋布毛边可以锁边或包边（如图所示）处理。

第十二步：

完成后的口袋效果。

有袋盖的单嵌线袋

添加袋盖的单嵌线袋制作步骤和前几页介绍的单嵌线袋制作相同，仅有几步稍作修改。袋布底片上的垫袋布可省略，因为袋盖会盖住袋口。

有三个带袋盖的嵌线口袋的休闲西服，口袋成为服装的焦点。安东尼奥·贝拉尔迪（Antonio Berardi），2014春夏

有袋盖嵌线口袋的制作步骤

1

2

1 在服装正面标记出袋口的位置，在袋口反面黏衬。剪两条宽4cm的嵌条，在袋口宽边上留1cm缝份，这些裁片可以按照相同的经向裁剪，或者斜裁。在嵌条反面黏衬，并反面相对，对折熨烫（可参考第182页的第一步和第二步）。裁剪袋盖并在其中一片袋盖上黏衬，如果面料易虚边或是材质稀松的针织面料则将两片袋盖都黏衬。

2 将两片袋盖正面相对车缝，顶部边缘暂时不车缝。修剪缝份并剪去边角处的缝份，减少翻折后面料堆积量。

3 将袋盖翻到正面并熨烫，沿边缘缉单明线或双明线。在服装正面将袋盖顶部毛边沿口袋标记线的顶端与嵌条对齐，用手针沿嵌条中线粗缝。将袋盖反面朝上放于嵌条顶部，对齐毛边。用大头针或手针粗缝固定之前粗缝的中线。从袋口一端车缝至另一端固定所有层叠的裁片。将第二片嵌条放置于口袋标记线之下，第一片嵌条的毛边与袋盖的毛边对齐，车缝方式与第一片相同。

4

5

4 在服装反面，沿标记的开口线剪开，在距离两端1cm处停下，将两端斜向剪裁为三角剪口（可参考第182页第六步）。从袋口处将嵌条翻到服装反面，留下袋盖在服装正面。

5 从服装正面，将袋口一端面料掀起至三角剪口处。沿三角剪口底边与嵌条车缝在一起，再将口袋处面料折回原处，袋口的另一端重复此动作，完成后熨烫。

6 袋布的缝纫方式可参考第183页第8到第11步，记住此时袋布没有垫袋布，与之相关的步骤可省略。

手巾袋的制作步骤

手巾袋可运用于许多不同类型的服装，贴边宽度可从1～4cm不等，如果还需更宽，缝合方式则与单嵌线袋相似。

第一步：

在服装正面标记出袋口的位置，在袋口反面黏衬条。

第二步：

裁剪嵌条裁片，可斜裁也可与服装衣片相同方向裁剪，宽度与袋口相同，在此基础上两边各加上1cm缝份。裁剪后在反面黏衬，正面相对，横向对折。将贴边纵向两条毛边车缝，修剪缝份，将边角处缝头斜切修剪，以减少面料堆积。将垫袋布翻到正面并熨烫，沿折叠线边缘车明线。

第三步：

裁剪袋布裁片，宽度与袋口相同，在此基础上两边各加上1cm缝份，长度为成品尺寸长度。裁剪袋布底片时顶端比面布长1cm。

第四步：

将嵌条放在面布袋布的反面，毛边对齐，两边各留1cm，将两者车缝。

其余步骤见第186页

贴边口袋制作步骤（接上页）

第五步：

将袋布面布和贴边朝服装正面放置，毛边对齐底端袋口标记线，从袋口一端车缝至另一端，缝合所有层叠裁片，沿着之前已有的缝合线车缝。将袋布底布毛边与面布相对，车缝比面布袋布各边短1cm的线迹。

第六步：

在服装反面，沿标记的袋口中心线剪开，在距离两端1cm处停下，在两端剪三角形剪口。

第七步：

将袋布翻到正面，贴边翻到服装正面，覆盖住袋口并熨烫。

第八步：

在服装反面，将袋布底片翻起，与面布相对，将袋布面布与嵌条固定车缝，不要将衣片缝纫进去。

第九步：

从服装正面，将袋口一端面料掀起至三角剪口处。沿三角剪口底边与嵌条车缝在一起，再将口袋处面料折回原处，袋口另一端重复此动作，完成后熨烫。

第十步：

在服装反面将口袋底布掀起来。

第十一步：

在服装正面，将贴边两端短边缉明线，固定衣片。

第十二步：

将两片口袋布用大头针固定，并沿边缘车缝。袋布毛边可以通过锁边或包边（如图所示）的方式处理。

斜插袋

斜插袋常出现于裤装、半身裙，分布于臀围线两侧。袋口可以是斜线形、方形或弧形，袋口大小不能太小，至少保证手能随意放入。

斜插袋制作步骤

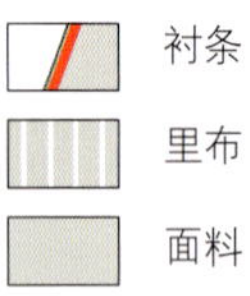

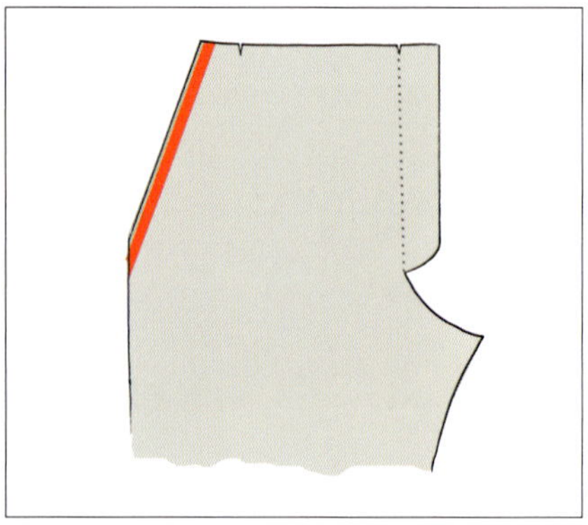

第一步：

在绘制服装纸样时标记并空出口袋的位置，裁剪衣片后在袋口反面黏衬条加固。

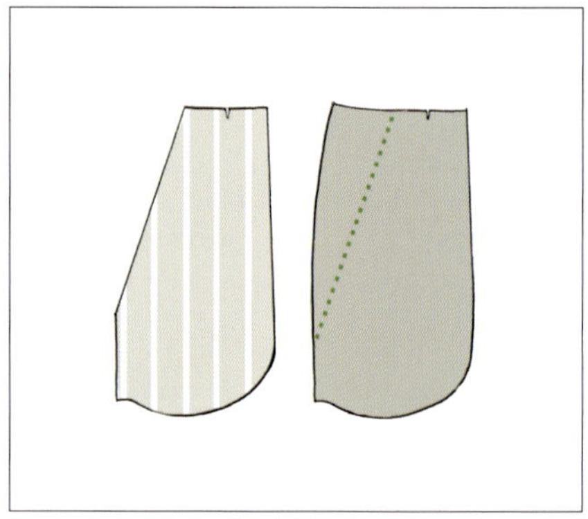

第二步：

用里布裁剪口袋贴边，用本布裁剪袋布底布，底布大小包含衣片上裁去的口袋形状。

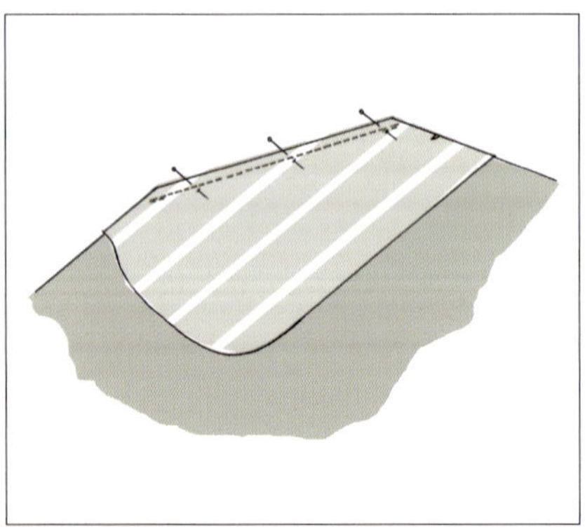

第三步：

将里布放于服装上，正面相对，与袋口边缘对齐，用大头针固定并从上至下车缝袋口处。

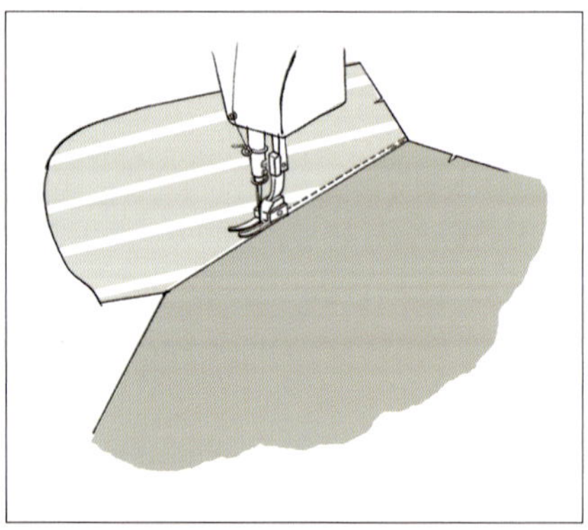

第四步：

将里布翻折，再沿正面边缘车缝一道明线。

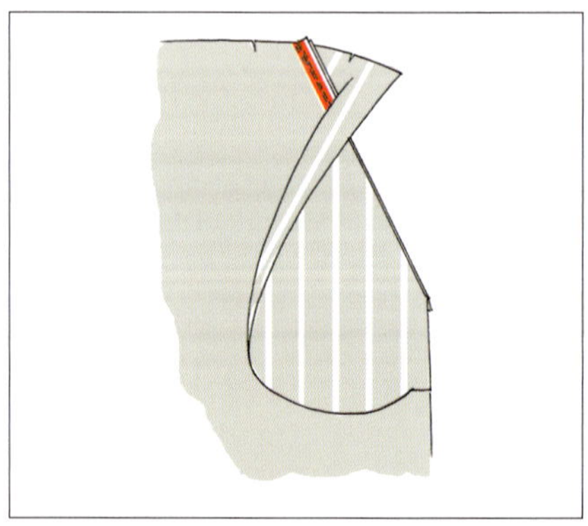

第五步：

将里布折向服装反面并熨烫，如需要可从服装正面在口袋与衣片边缘缉明线固定。

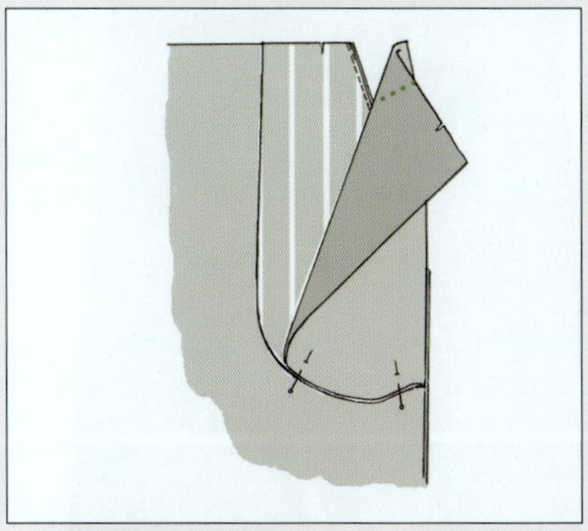

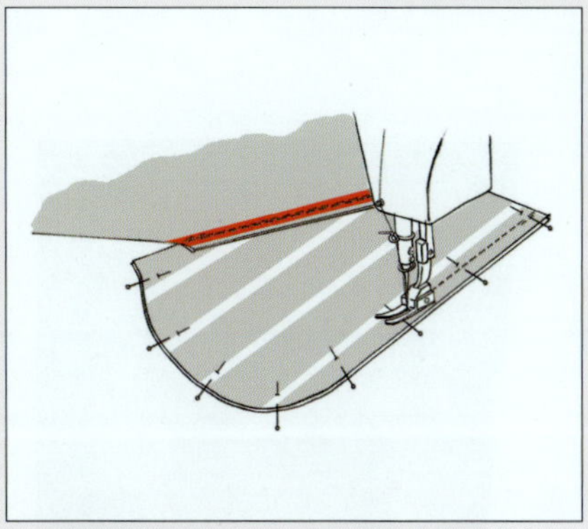

第六步：

将口袋底片与口袋贴边用大头针固定，对齐边缘对应点，只固定口袋，不要将衣片固定到一起。

第七步：

从里布一侧将口袋布车缝，将布边锁边或包边。

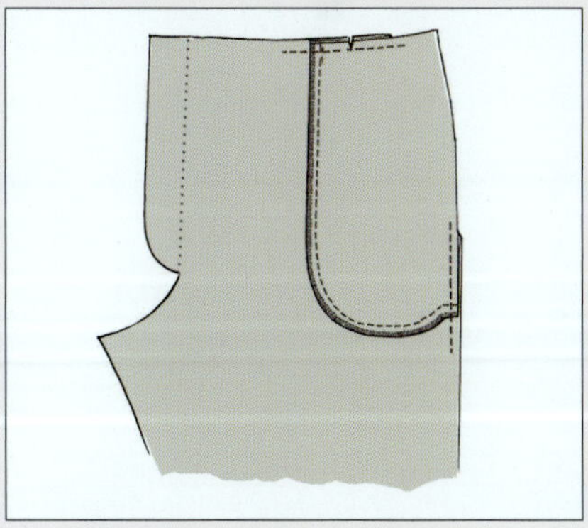

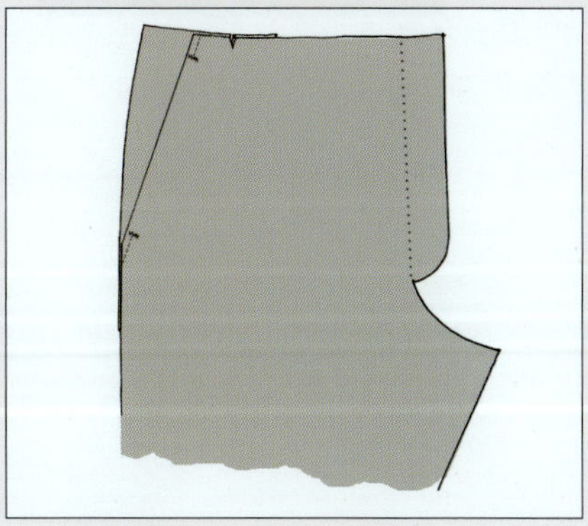

第八步：从服装反面，将口袋与腰围线和侧缝车缝到一起。

第九步：从服装正面，在距离袋口两端2cm处缉明线起到加固、防止脱线的作用，完成后整烫。

里布和本布贴边的口袋垫布

定制服装的口袋垫布由里布和本布面料在袋口贴边而成。

在里布上裁出垫布裁片，将用于贴边的面料锁边，将其反面与垫布正面相对，大头针固定，沿布边缉明线，剩余步骤可参考第188页斜插袋的制作。

侧缝口袋

侧缝口袋与服装侧缝融为一体，在服装上达到“隐形”的效果。这类口袋具有功能性，但不会破坏服装的设计感。

右图：蚕丝缎面连衣裙上的侧缝口袋（下图），朱利安·麦克唐纳德

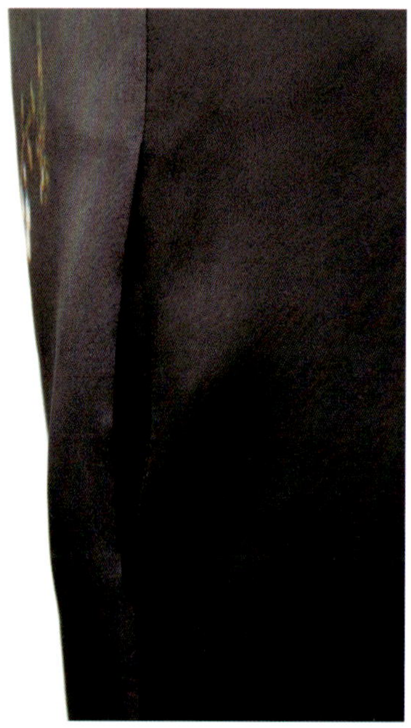

侧缝口袋制作步骤

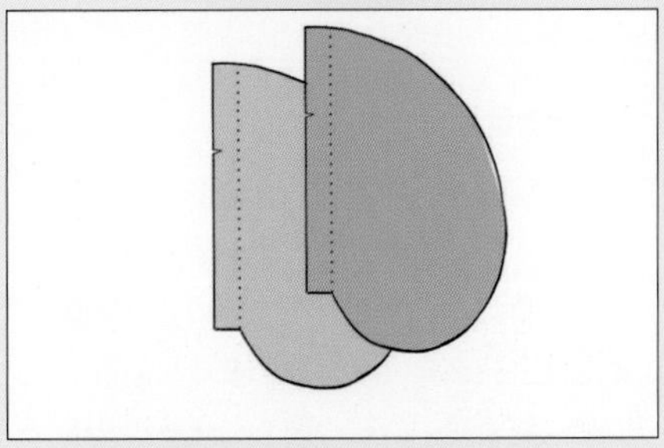

第一步：

在服装侧缝正反面都标记出袋口的位置，两侧侧缝需留出2cm缝份。用本布或里布裁剪两片大小相同的口袋布，裁片需留出1cm缝份。

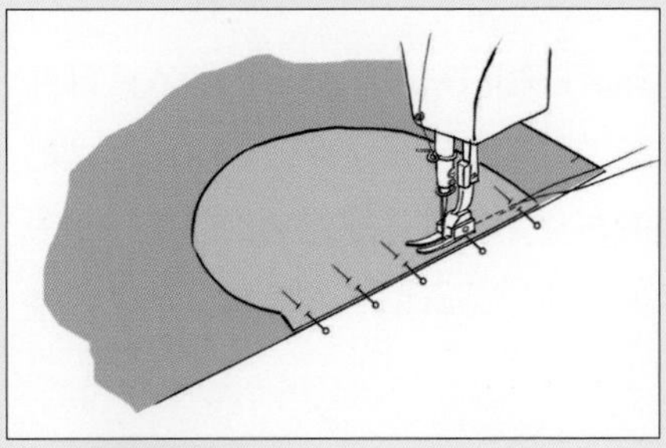

第二步：

将其中一片袋布放于服装上，正面相对，对齐标记的口袋位置，将袋布车缝于侧缝，车缝线迹从距离袋布一端1cm起始处至距离另一端1cm处停止，缝份为1cm。

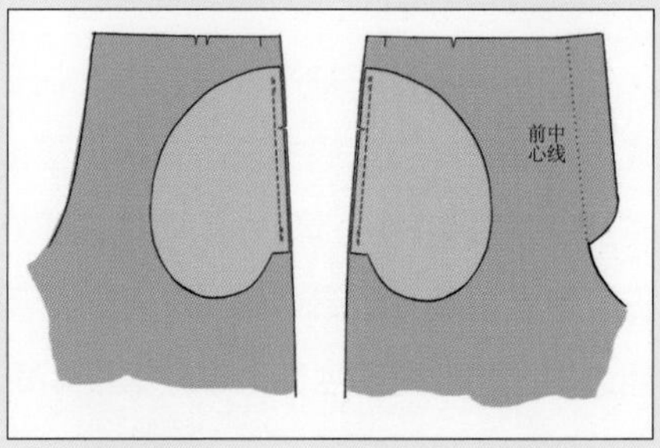

第三步：

在衣片后片用相同的方式与另一片袋布缝合。

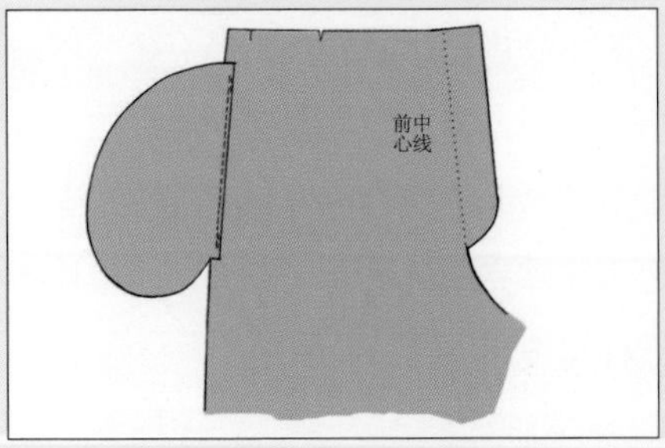

第四步：

从服装正面将袋布翻折并缉明线，线迹同样要距离袋布两端1cm。

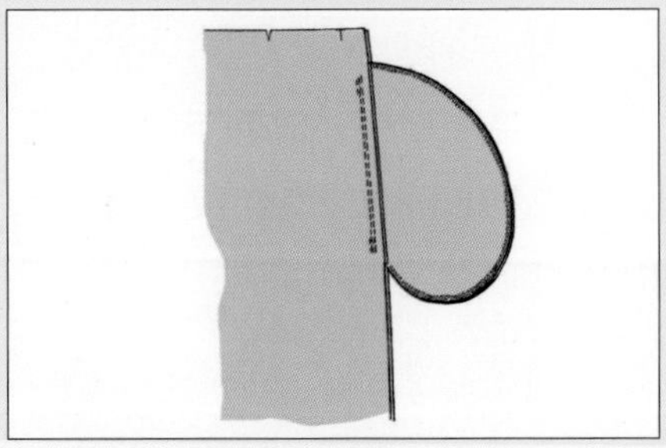

第五步：

将服装前后片正面相对，侧缝和袋布边缘对齐，将袋布用大头针固定并车缝，袋布毛边可锁边或包边，第四步中在袋布两端留下1cm的未缝制部分，正是给边缘处理留下了可操作的空隙。

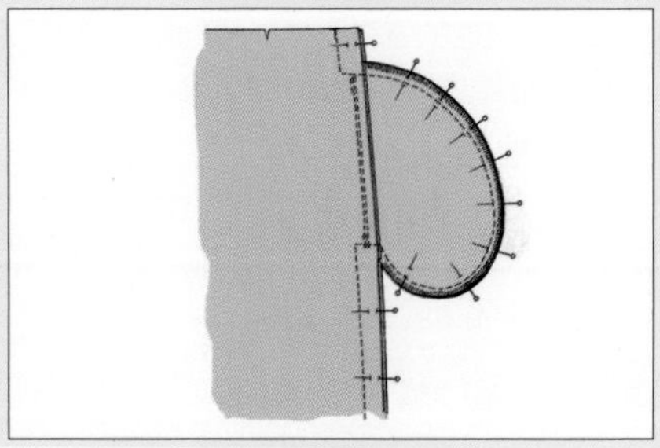

第六步：

将服装衣片正面相对，用大头针固定侧缝。用中等长度线迹从上至下车缝，缝份为2cm。在第一个对应点，即袋口起始处回针缝纫，然后以机针为支点旋转衣片，转换缝纫方向缝至袋布缝合线处，再沿袋布缝合线在此缝合至袋布底端，转换缝纫方向，在此处回针缝纫，再继续缝纫服装的侧缝，缝份保持2cm直到底摆处。

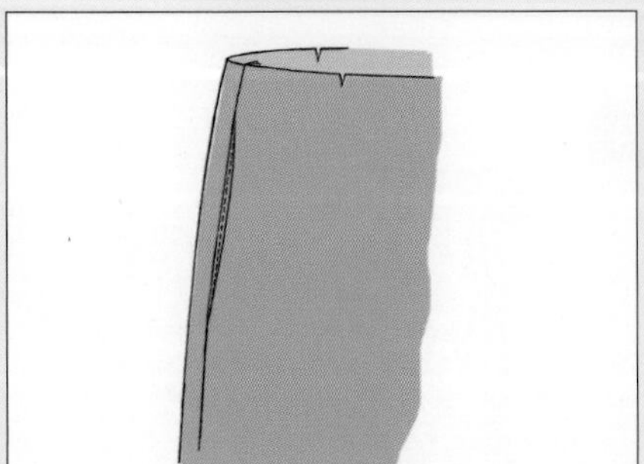

第七步：

将侧缝倒烫，使口袋垫布偏向前片。袋口处如需要可缉明线，袋布也可缉明线于服装前片，不缉明线则从服装正面看不见口袋，达到“隐形”的效果。

袖子

袖片可与衣片在袖窿处缝合形成袖子，如装袖和衬衫袖，或由服装衣片延伸而成，如插肩袖和蝙蝠袖。所有袖型都可以通过以下制作方法完成。不同类型的袖子能增强服装的设计感，因此袖口的处理需与整体风格相配，袖口的类型十分多样，包括使用松紧带或饰带处理，运用抽绳，袖口装有扣子或拉链，袖衩或袖口翻边等。如何处理袖口可参考第204页。

小提示：

与衣片缝合的袖片会在袖山处加一些放松量，使袖山能更好地与肩膀处融合成弧形，更加贴合身体曲线。放松量根据面料厚度进行调整，多余的松量可在上袖子时融进缝合线中，松紧调节车缝法的介绍及缝纫步骤详见第131页。

袖子的类型

不同袖型的制作工艺各不相同。

装袖：这类袖子会先将袖片缝合再与服装袖窿处缝合，详细步骤可参考第194页。

衬衫袖：这类袖子与落肩袖窿拼接，袖山头几乎无需松量。

插肩袖：这类袖子的缝合线呈斜线，从服装前片和后片手臂下延伸至领围，这类袖子的结构使肩部的穿着舒适，常用于休闲装设计中。插肩袖可以在肩缝处破缝或添加肩省，或直接用针织面料裁剪袖片，则无需用到前两种方法。

和服袖/蝙蝠袖：这类袖子与衣片连为一体，可在肩线侧缝处缝合，或裁剪时不破肩缝，前后片连为一体。不破肩缝的设计需在前片或后片中破缝，并需要综合考虑面料宽度和经纬线方向，是否能够完成此裁片，因为这类裁片的纸样需按照纬线方向排放。

衬衫袖的制作

1先在袖口处缝好袖衩（袖衩及袖口开合方式详见第196页）。

2在肩部用育克连接服装前后片。

3在袖片和服装侧缝缝合线均未缝合之前，将袖片用大头针固定在袖窿处。

4顺着袖底缝一直缝到正身侧缝，将袖子和正身缝合在一起，形成完整的衣袖形态。

1

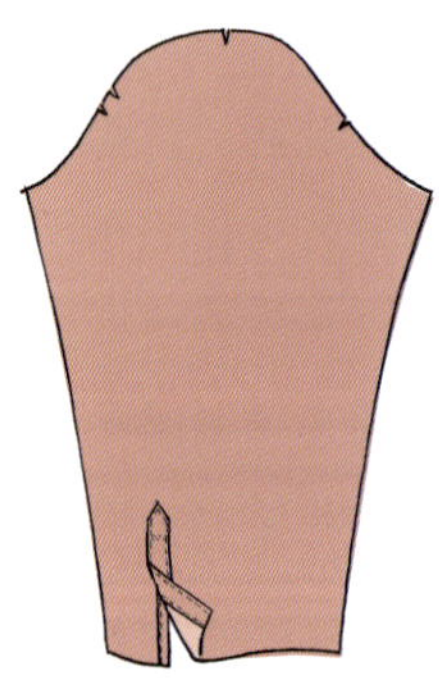

2

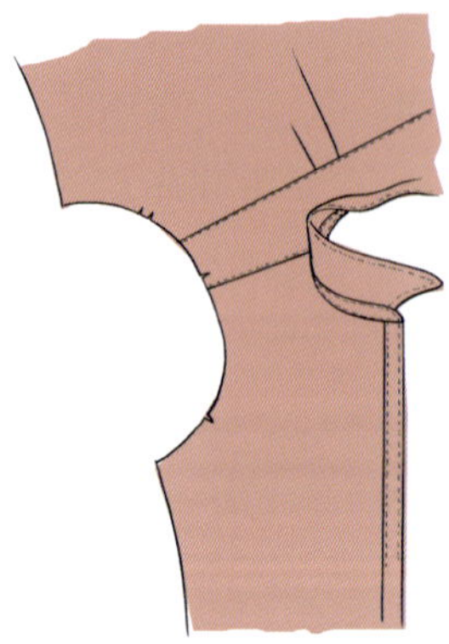

3

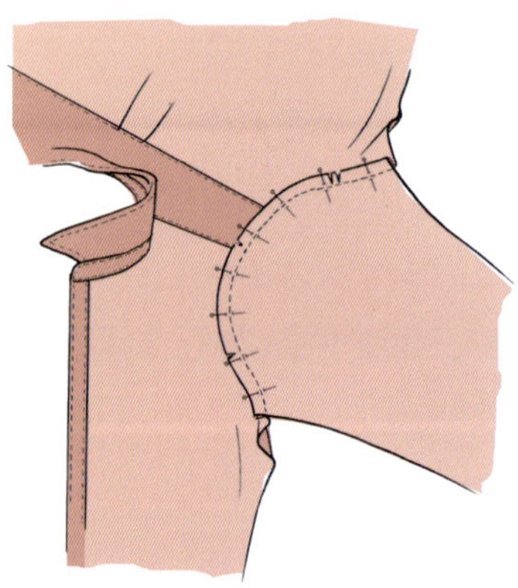

4

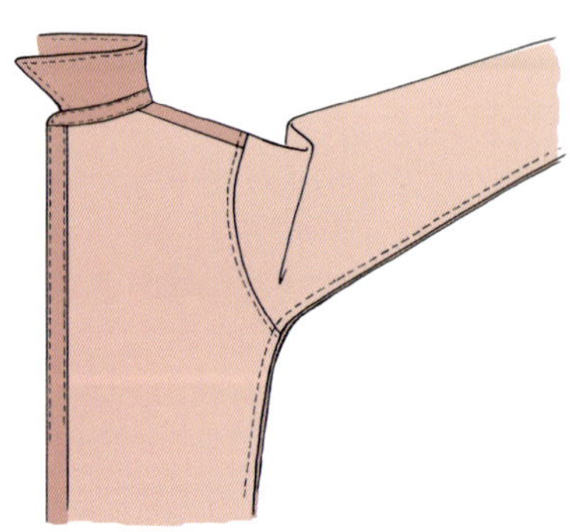

插肩袖的缝合

1用大头针（a）固定两片袖片的肩线并缝合（b）。

2如果裁片上采用肩省代替肩缝，则先将肩省缝合。

3将服装前片与插肩袖前片缝合，后片与插肩袖后片缝合。

4最后一步将袖底缝合服装侧缝一并缝合。

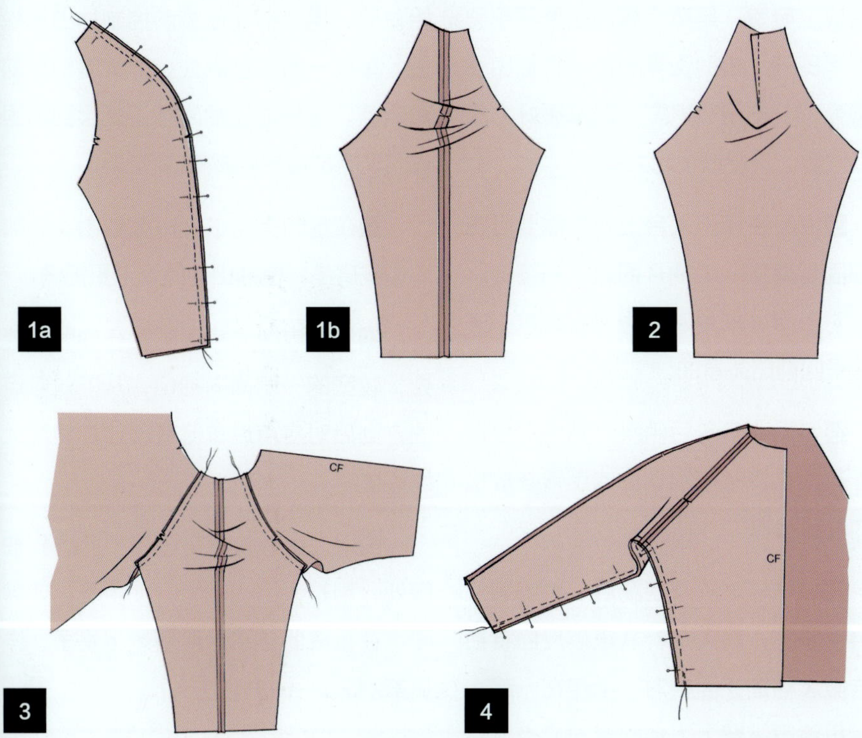

插肩袖的设计为连衣裙增添了运动元素，VRSU，2012春夏

有肩缝的和服袖/蝙蝠袖的缝合

将前片与后片重叠，对准边线对应点，例如前后片在肩膀处打的剪口标记。缝合肩线以及上袖缝和袖底缝及侧缝。

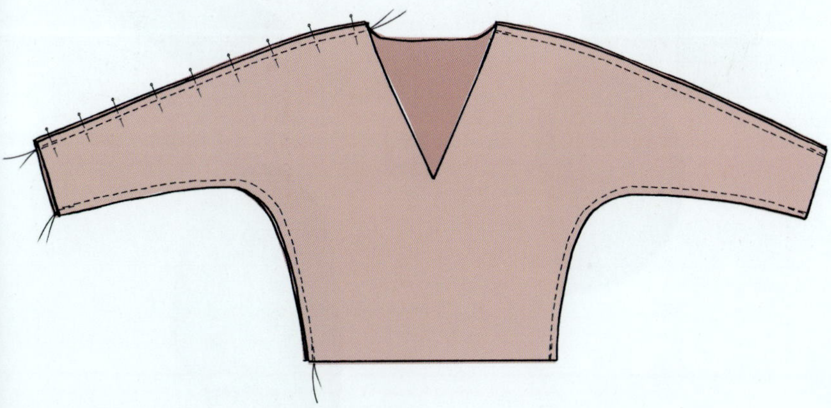

男士蝙蝠短袖上衣，朗万（Lanvin），2013秋冬

如何制作完　美的装袖

装袖通常留有松量，袖山长比衣片的袖窿弧长稍长，袖片一定要有袖山高度才能符合身体曲线。在车缝接合袖至服装上之前，先将接合袖固定于服装上，对齐对应点，确保车缝时准确无误。

1缝合衣片的肩缝和侧缝，再合袖片，在袖窿处黏衬条加固，避免拉伸变形。完成袖口的处理，如袖衩或袖头。

2将缝纫机上的线迹调到最大，从服装反面车缝，在起始处留下长线头，在袖山缝头线之内，从前对应点车缝至后对应点，车缝两道平行线。

3拉扯其中一端的线头使袖山长度与袖窿弧吻合，另一侧袖子也以相同方式操作。袖山头处的松量应向后片分拨一些，以适应后背肩胛骨的弧度。不要使袖山处的面料产生褶皱的效果，而应该微微向内侧卷曲，形成圆顺的弧形，如肩膀处线条。收紧松量后的袖山长需与纸样袖窿部位尺寸一致，如果不确定，可以测量袖山长是否与衣片袖窿弧长一致。

4使用蒸汽熨斗将袖片垫在烫凳或压袖板上熨烫，用蒸汽将袖山处不平整的小褶烫开，借助烫凳的形状将袖山烫成圆弧形。使用蒸汽熨斗时掌握好力度和蒸汽量，不要过于用力。

5将服装穿于人台上，如需要可在肩部固定肩垫，将袖片固定于袖窿处，对齐对应点，袖片应选用直纱布纹，并且袖子向前略微弯曲。

6如果袖子向后倾斜，则为对位错误，可站在镜子前观察你的手臂在放松时的位置状态。

7袖子与对应点匹配后，将服装从人台上脱下。用大头针从服装反面将袖片与服装袖窿正面相对，固定在一起。然后再将服装穿上人台检查对应点及袖片状态，如需要可在车缝前将袖片用手针粗缝服装。

8从后袖片缝合线或后对应点处开始车缝，用手指在压脚前控制袖山处松量。车缝一圈至起点处，继续缝纫至前对应点，这样能让袖底腋下处起到加固作用。完成后轻轻熨烫缝合线。

9在定制夹克中，可在袖山头添加肩边或肩垫，使袖山的圆弧形更饱满。

10将肩边用大头针固定在袖窿肩缝处，较宽的一侧面向袖山，从前对应点固定到后对应点后车缝或手缝，使用大线迹缝纫。

11用大头针将肩垫固定于肩缝和袖窿处，用较大的线迹车缝或手缝。如需要可在完成此步骤后给服装上里子。详见第212页——衬里。

1

2

3a

3b

4

5 正确

6 错误

7

9

10

11a

11b

袖衩及袖开口

可开合的袖头需在袖口处开衩，开衩处通常位于袖片后方，并与手肘在一条线上，开衩处可使用门襟翻边处理或翻转卷边处理，可根据服装风格选择开衩方式。无论哪种方式，开衩部分都需要在袖底线缝合前完成。这里介绍的开衩方式也可运用在服装其他部位，如领围或后中心线。

包连式开衩

这类开衩可用本布或不同面料包边，但不要使用容易虚边的面料。袖头闭合则会将开衩隐藏起来，表面看起来整洁。

1 标记开衩线位置，并在其两侧车缝加固线迹，从底边开始缝纫，起始处需距离开衩线6mm，到顶端时逐渐减小到3mm，然后以机针为轴心，转换缝纫方向至另一侧，到底端线迹逐渐变化为6mm。

2 沿标记的开衩线剪开。裁剪一条4cm宽的面料做袖衩，长度与开衩线长度一致。熨烫包边面料的缝份至反面，再将面料反面相对对折熨烫。预折好的包边条只用将缝份折烫即可。

3 将袖片正面朝上放在水平的桌面上，将开口处打开呈一条直线。用大头针将包边面料正面和开衩处反面固定在一起，别一根大头针在开衩中心点固定。

4 将包边车缝于开衩处，沿加固线旁车缝，线迹大小调为2mm，开衩处缝份从6mm逐渐朝中心点减小，包边上的缝份量不变。

5 将包边条对折到袖片正面至稍盖住车缝线的位置，沿包边折边缉明线。

6 对齐包边两侧的边缘线，从袖子反面，将包边烫平，并在包边上端车缝一道斜线。

7 翻到服装正面，将包边朝向袖片前侧熨烫，包边的背面形成下搭门。完成后可添加袖褶并上袖排。

2

3

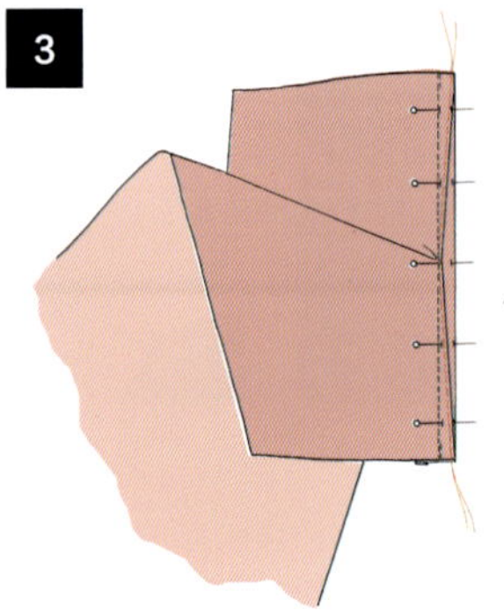

5

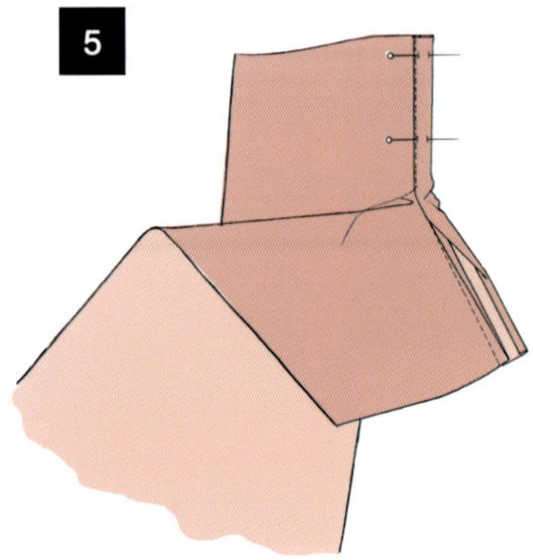

6

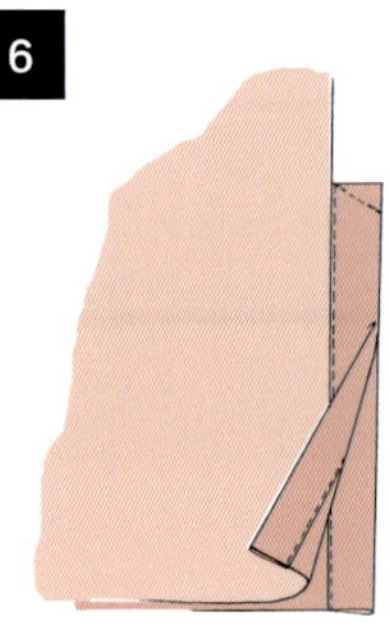

卷边式袖开衩

这是操作最简单和最快速的袖口开衩方法，这种卷边开口形式，就像是在顶端作一个短小的省并打开做折边缝处理，容易虚边的面料不要使用这种方法。

1标记并裁剪开袖衩开口，在袖片反面，将开衩处面料反折两道并熨烫，隐藏毛边，起始处折叠宽度为3mm，逐渐向开衩点减小。从手腕处开始车缝至开衩点，再将压脚抬起转换缝纫方向车缝另一侧。

2将袖口正面相对，对齐折边开衩处（如2a）。从距离开衩顶端2cm处向开衩点车缝一个弧形省道，结尾处继续向袖衩车缝1cm，使开衩处得到加固（如2b）。

3将省向后袖片倒烫。完成后可添加袖褶或缝合袖头。

1

2a

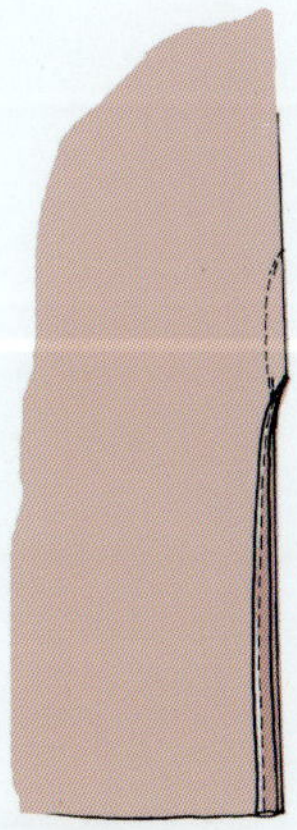

2b

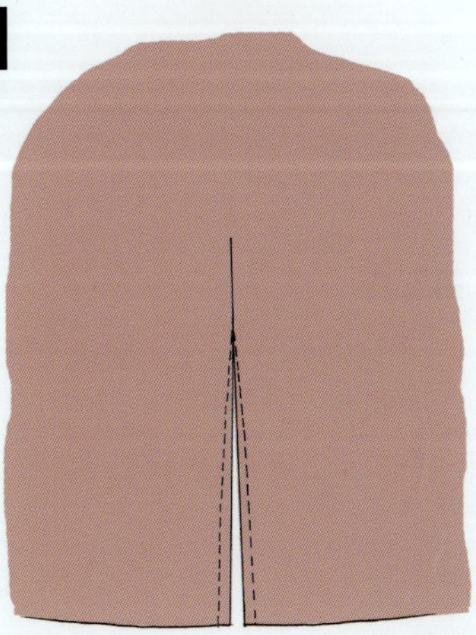

夸张的超大尺寸袖头，梅森·马丁·马吉拉（Maison Martin Maegiela），2013秋季

衬衫袖衩制作步骤

制作衬衫袖衩或定制袖衩最耗时，但也最牢固耐用，此类袖衩给人较正式的感觉，既可用于一片袖，也可用于两片袖，前者比后者步骤简单，具体介绍如下。

第一步： 将袖衩开口标记于袖片反面，裁剪出袖衩裁片。

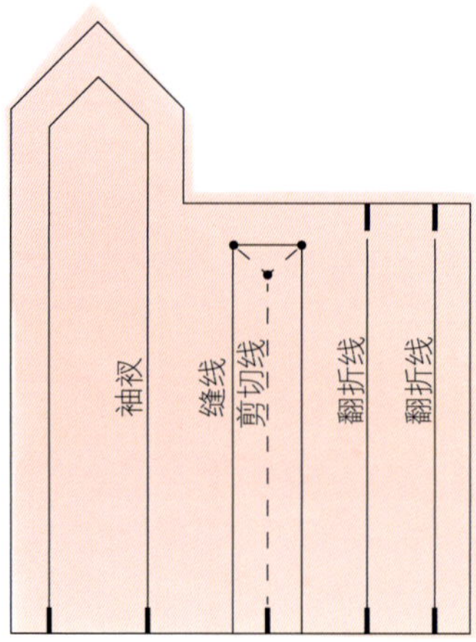

第二步：

在袖衩裁片反面，标记出所有折叠线。

第三步：

袖衩反面朝上，折叠右侧、左侧处布边，折叠尖角处布边使之形成三角形，也可将尖角折叠成方形。

第四步：

将袖衩反面朝上，放在袖片反面，对齐标记的开口线，将两者固定。沿车缝线用2mm线迹车缝。

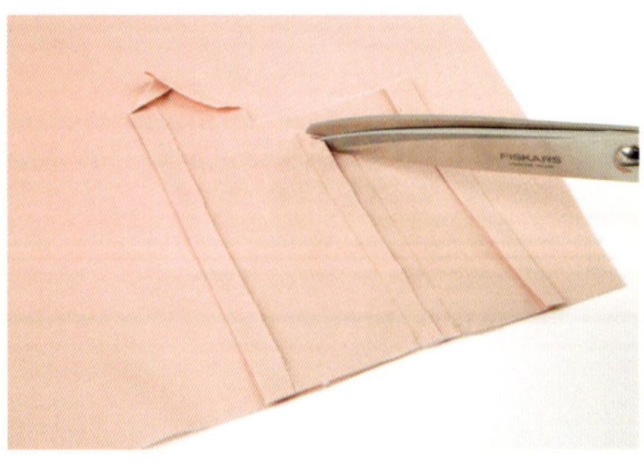

第五步：

沿开口线剪开，并在尾端打三角剪口。

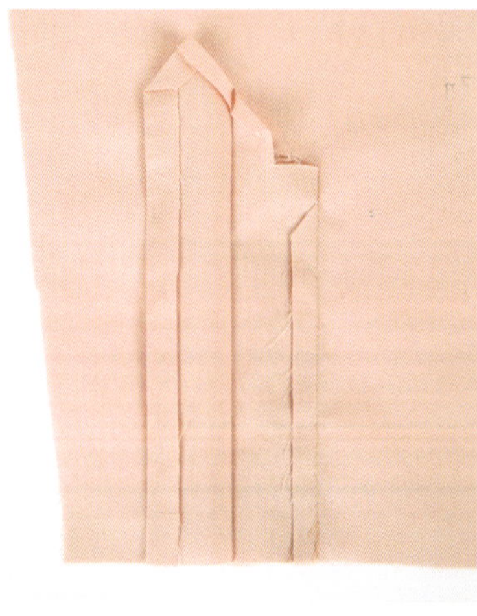

第六步：

将袖衩翻到袖片正面并熨烫上下搭门翻折线。

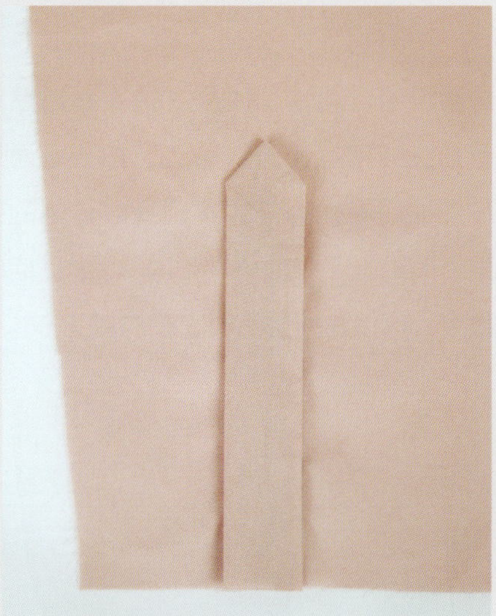

第七步：

将袖衩底襟折叠部分稍稍盖住车缝线，从上至下沿袖衩边缘缉明线。

第八步：

将袖衩门襟盖住底襟并熨烫。

第九步：

用大头针固定并沿袖衩边缘缉明线，在开口末端横向缉明线。完成后可添加袖褶和袖头。

上袖头的准备工作

裁剪袖片时通常会在臂膀处留出松量，提高穿着者舒适度，而多余松量到手腕处可以采取收褶或抽褶的方式，使袖口收到与袖头相同的大小（详见第146页碎褶、活褶、褶裥和省道）。这一步骤需在袖口开衩部分完成后再操作，上袖头是最后一步。传统的袖褶通常运用在衬衫袖或包连式袖衩袖，两或三道褶折向袖衩方向。抽褶通常运用在卷边式开衩袖口，将褶量均匀分布于腕部。不过，设计师们可尝试不同的搭配或工艺方式，比如省道的运用。

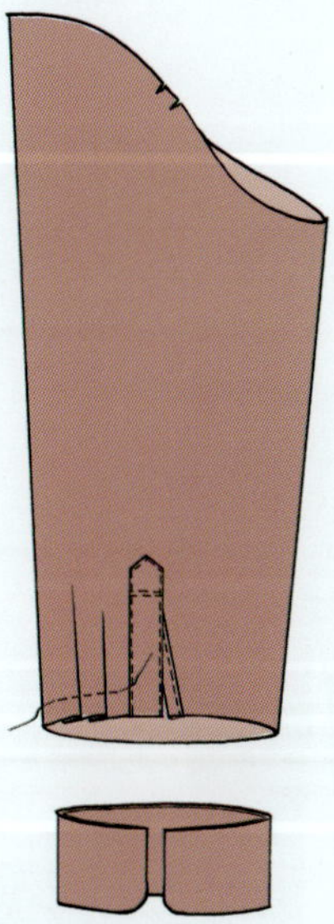

带褶裥的衬衫袖衩

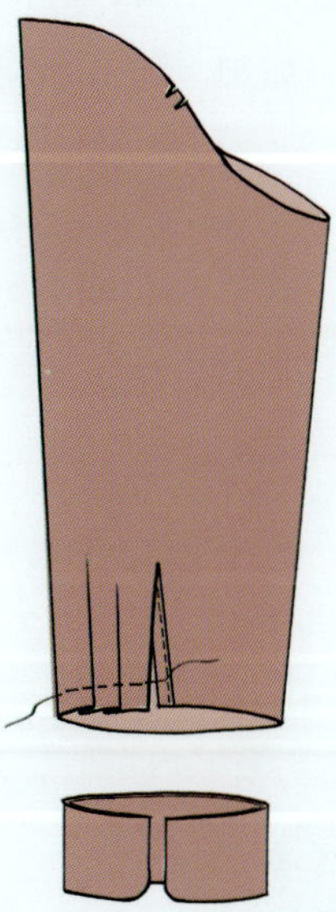

带褶裥的包连式袖衩

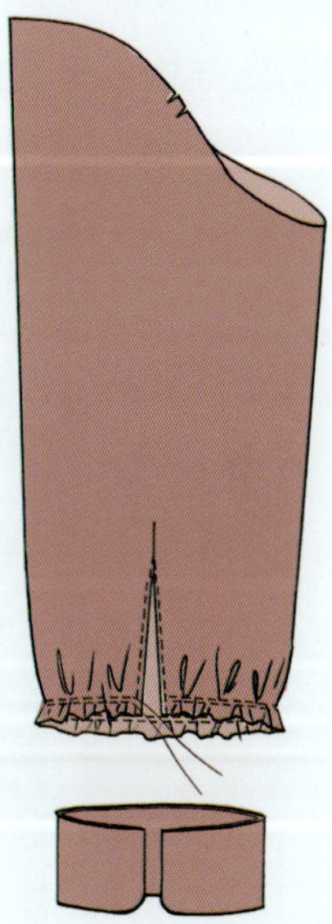

带抽褶的卷边式袖衩

小提示：

双层袖头需用袖扣固定，袖头开口不是重叠扣住的，而是边与边对齐，用扣固定。因此上袖头之前，将袖衩折向衬衫内侧。

不同的袖头

袖头分为有开口和无开口两种，有开口袖头需要用扣合方式固定，无开口袖头则将两端缝合在一起。袖头可以是一片式的，将面料对折形成双层，也可以由两片面料缝合而成，由外袖口和贴边面料组合缝合。两片式袖头通常是定型袖头或用其他面料贴边。袖头可通过在外袖口黏衬的方式呈现线条分明的效果，同时起到加固作用，如需更挺括的效果，可以在两层面料上都黏衬。

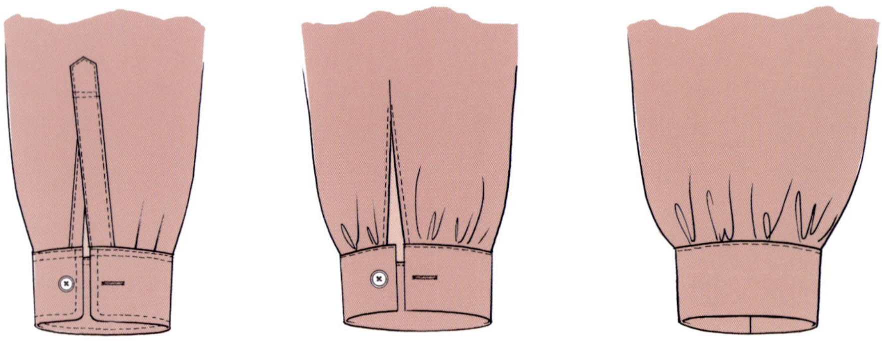

图从左至右：可开合两片式袖头，袖口处添加衬衫袖衩和袖褶；一片式袖头拼接于折边缝开衩袖口，在腕部抽褶；腕部抽褶的闭合式袖头。

裤脚口翻边

尽管克夫通常只用于袖头处，但也可将此结构用于其他开口处，如脚口。以下为一些设计案例，详细制作步骤见第207页。

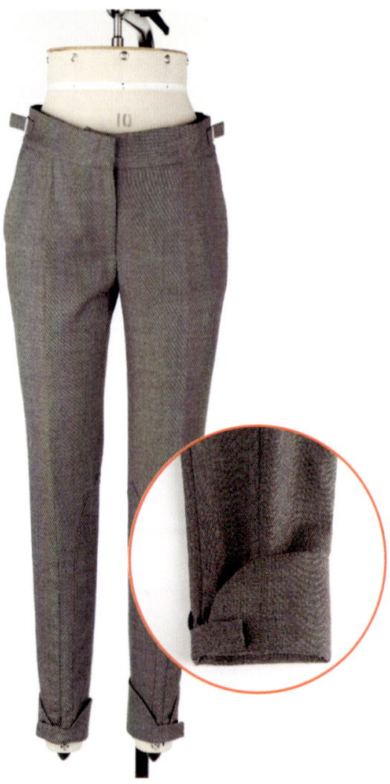

裤脚处翻折式克夫，用魔术贴固定

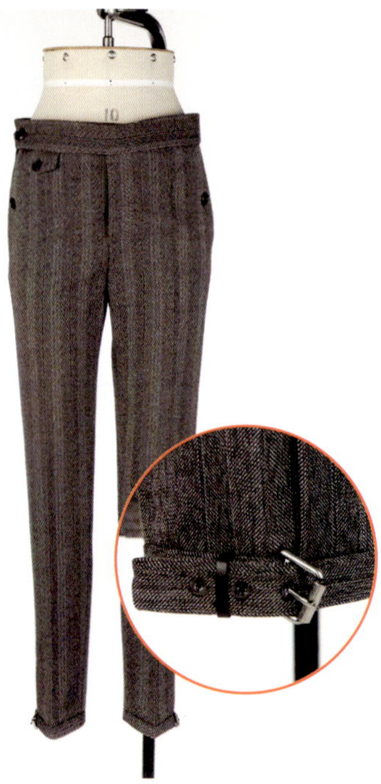

裤脚处运用可调节式日字扣

小提示：

为保证服装的舒适性，用皮尺测量手掌最宽处的围度，而不是腕部的围度，使皮尺围成的圈能轻松滑动于手部。测量的围度加上缝份和重合量，即开合式袖头的围度。闭合式袖头需在测量围度的基础上，再加上1～2cm松量和缝份量。

开合式袖头

开合式袖头有不同的形态风格，传统扣结方式为扣眼扣。一片或两片式的袖头可呈圆角或斜切角的形式。需做定型的袖头时需用两片式，双层袖头也可将面料裁为两倍袖头宽度，再沿中线折叠而成，可用袖扣固定或做成翻边的效果。

两片式开合袖头，用对比面料贴边

双层袖头与衬衫袖衩

包连式袖衩搭配窄边袖头

传统一片式袖头搭配包连式袖衩以及两个袖褶

1 先完成包连式袖衩的制作（详见第196页），然后在袖口处朝里襟方向打两个褶，然后缝合袖底线。

2 在袖头外层面料的反面黏衬，黏衬部位需超出折叠线1cm。

3 正面相对折叠袖头，将两侧车缝，修剪缝份，减少面料堆积量。

4 将袖头翻到正面并熨烫，确保边角处完全翻折。

5 用大头针将袖头正面与袖片反面固定，对齐袖衩和袖口边缘，并用大头针固定住。

6 在袖片正面，将袖头贴边车缝于袖口。

7 将袖片翻到正面，将袖头外层面料固定于袖口，稍盖住之前的缝合线。

8 在袖口处沿袖头外层边缘将所有层叠裁片车缝在一起，袖头的其余边缘可缉单明线或双明线，完成后熨烫。

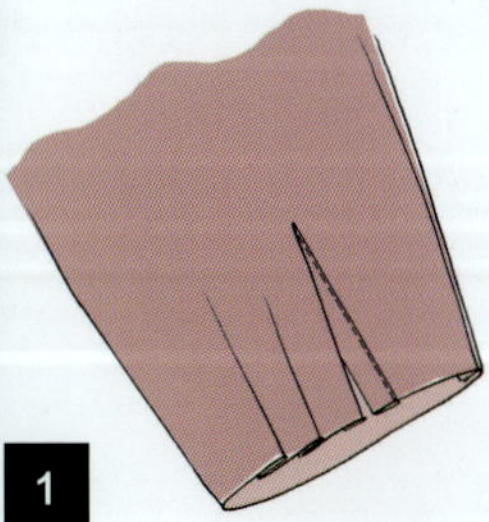

1

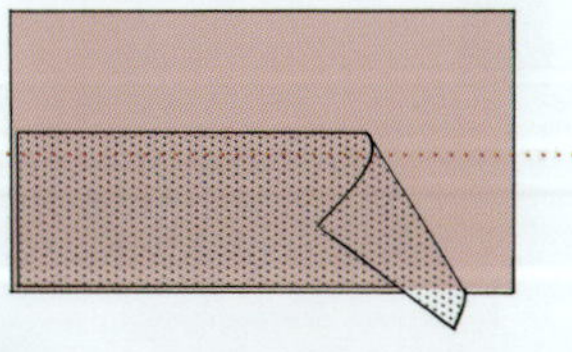

2

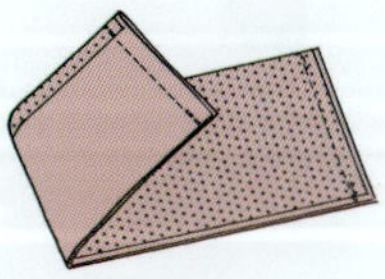

3

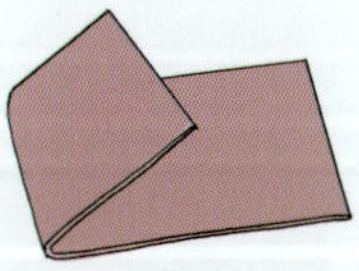

4

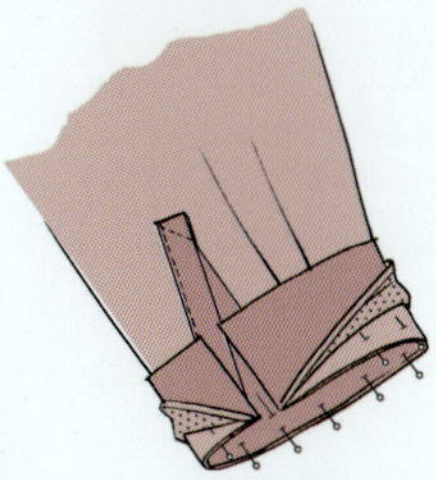

5

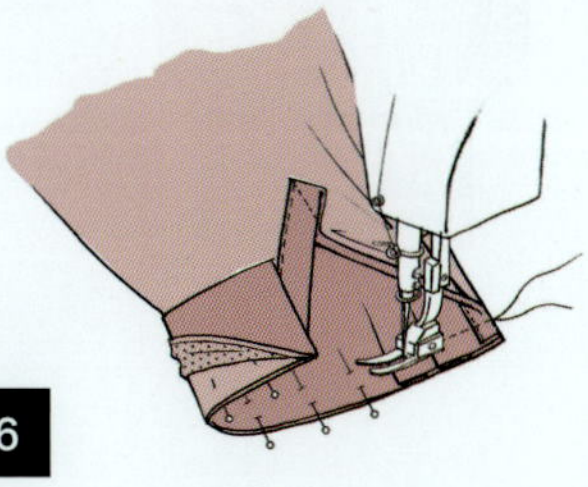

6

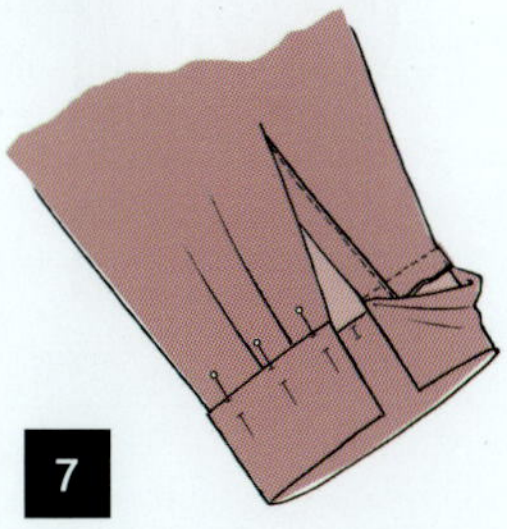

7

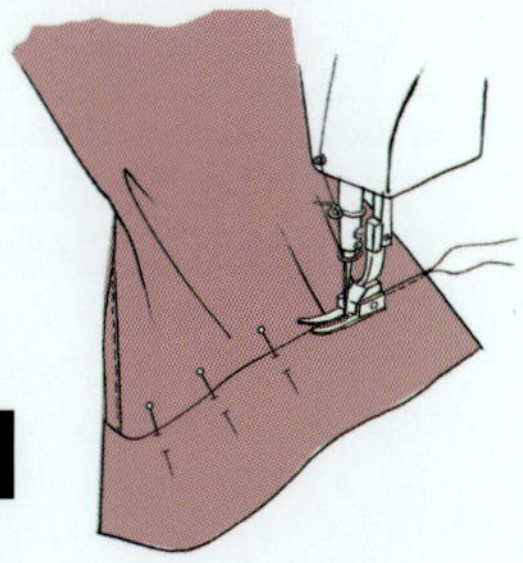

8

闭合式袖头

闭合式袖头无法开合，所以确保其大小能使手掌轻松穿过。这类袖头大多是一片式，也可分为两片，用对比面料贴边。

1 在袖口打褶或抽褶。

2 在外侧面料反面黏衬，黏衬部位需超出折叠线1cm。

3 与袖片正面相对，将袖头用大头针固定，使缝份边对齐。确保袖口处褶量均匀分布。

4 车缝袖头于袖口处。

5 反面朝上，向袖头方向倒烫，但不要熨烫到抽褶部位。再将纵向缝份倒烫至袖头反面。

6 袖片正面相对，大头针固定袖底线和袖头缝，然后车缝。

7 翻折袖头至袖口，稍稍盖住之前的缝合线。

8 在袖片正面，沿袖头边缘车缝，也可在底边车缝装饰，完成后整烫。

1

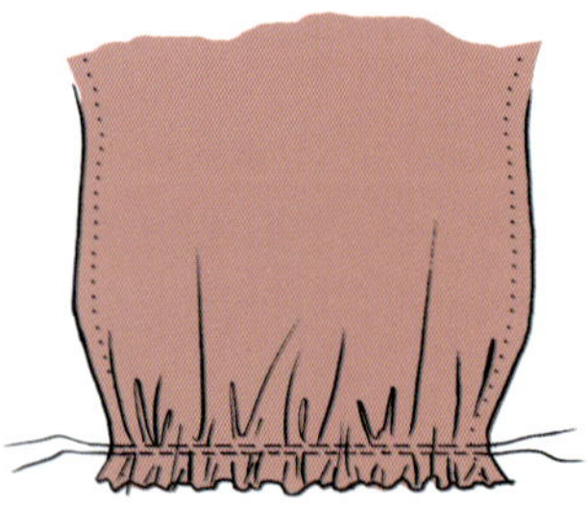

2

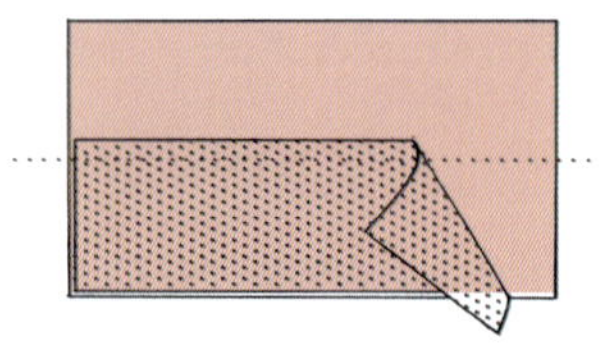

3

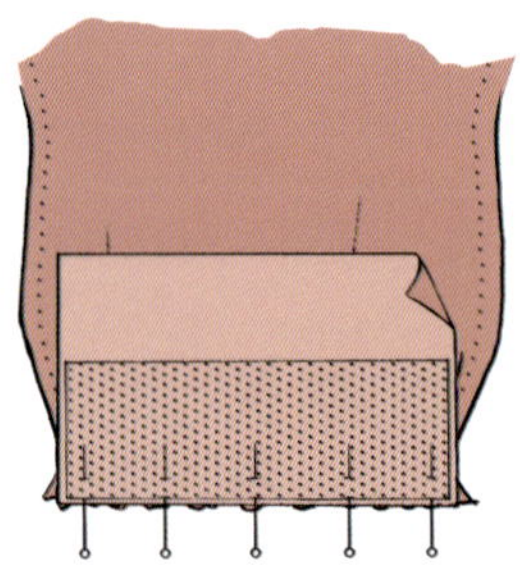

4

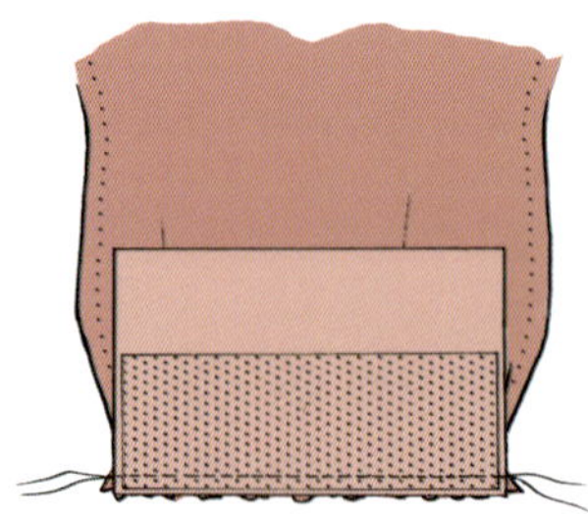

5

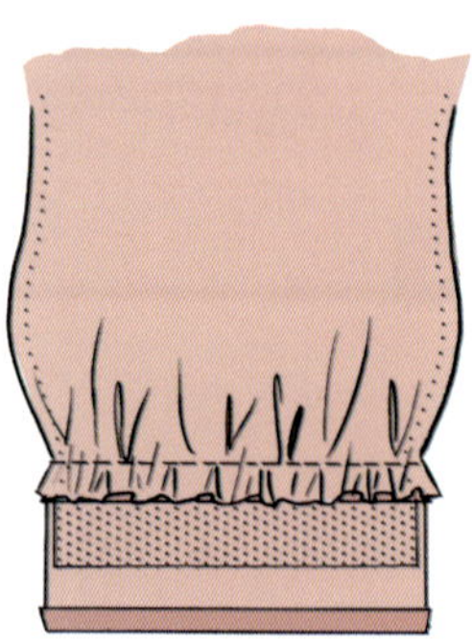

6

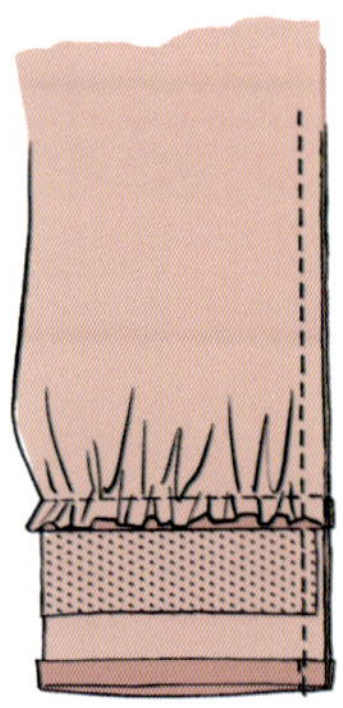

7

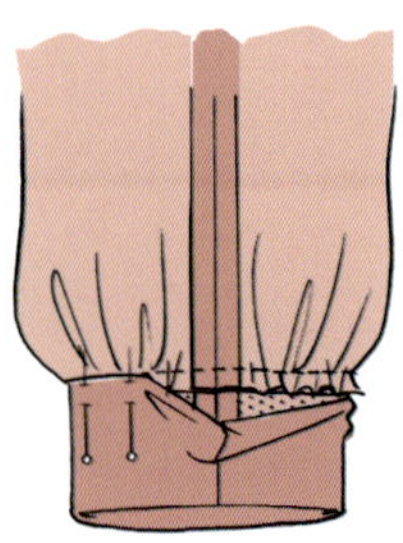

8

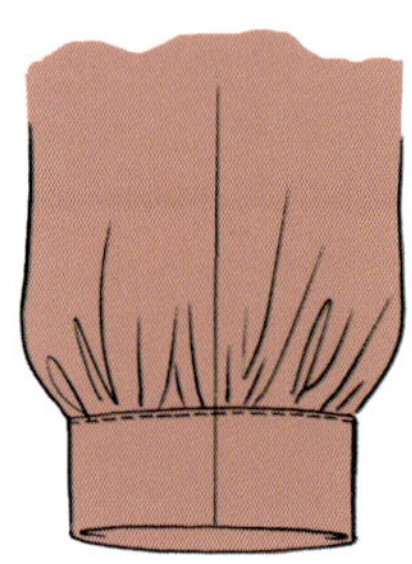

腋下加裆

在袖底可添加一块面料用来增加活动量。这块面料可以是一片式的菱形面料，也可以是两个三角形拼合而成的，斜置于腋下。

1在服装和插角布反面标记出所有对应点和裁切线。在服装反面，用圆形衬布或轻薄面料，如里布，加固于前后片裁切线交点。在标记线周围加固缝，在标记线两旁缝距为6mm，缝向每一个尖点逐渐递减为3mm。

2沿加固缝线内剪开服装前后片，留出缝合插角布的空间。缝合袖底线和侧缝至插角布开口处。

3折叠开口处缝份至服装反面并熨烫。将插角布与缝份面料正面相对，用大头针固定其中一边，在加固缝线旁将两者车缝在一起。在尖点处放下机针，微抬压脚转变缝纫方向至插角布另一条边，重复之前的缝纫步骤，直至完成所有边。

4为使插角布缝份布边整洁，可贴边、锁边或缉明线。缉明线时，将缝份向插角布外侧倒烫，并从服装正面沿插角布边缘车缝，将缝份也车缝进去。

1a

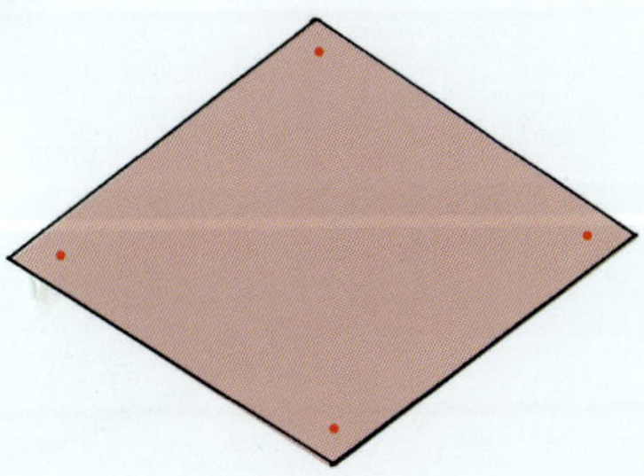

1b

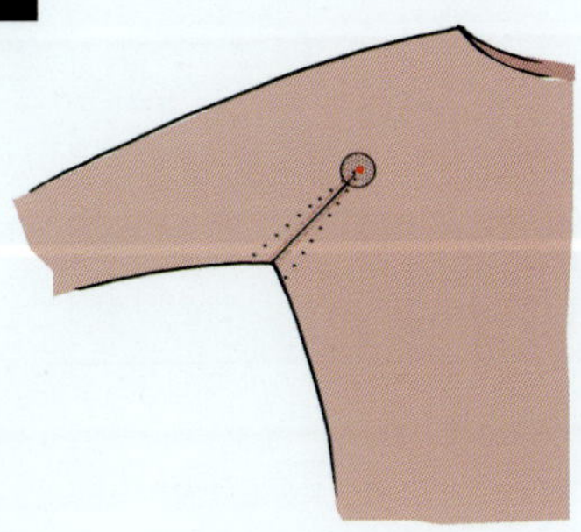

2

3

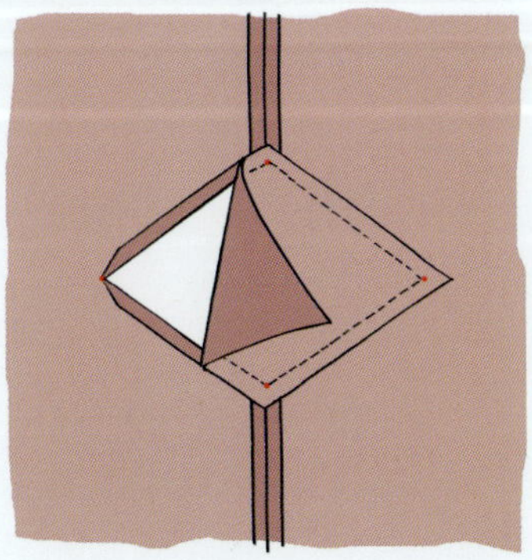

4

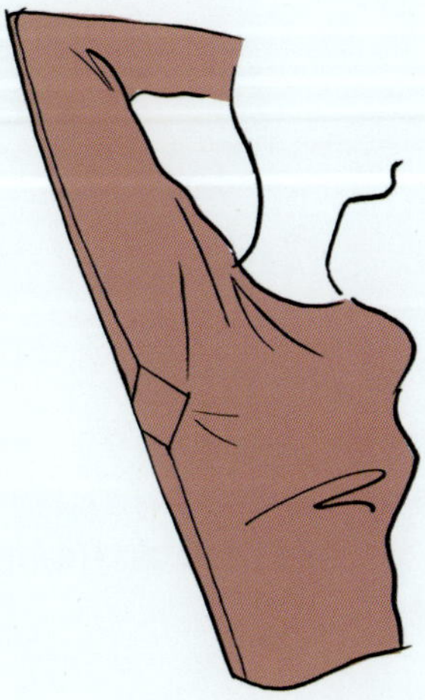

底摆

对底摆处进行恰当处理，服装能展现工整的外观效果。底摆的折边长度可根据不同服装风格变化，详见第39~40页的缝份和边缘处理。底摆可手工处理、机缝或用黏合材料黏合，例如手针暗缝的翻折边，或具有装饰性效果的外翻式底摆折边等。底摆的处理手法需与服装设计和面料质感相搭配，不同面料的底摆处理可参考第5章。

翻边底摆的前期准备

底边需在侧缝缝合后处理，翻边后的底摆则会重叠两层缝份，造成局部面料堆积，缝份可用几种不同的方式修剪。

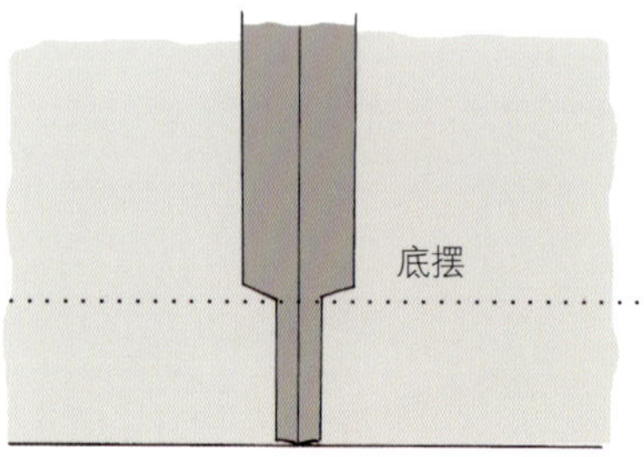

1 将缝份劈烫，剪去翻边处的缝份。

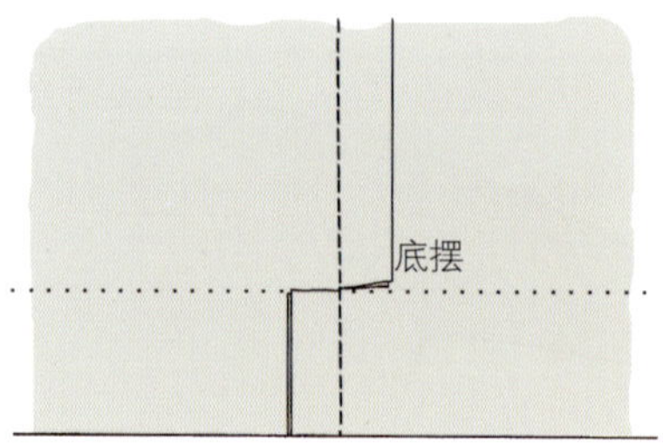

2 在翻折线处，将缝头打剪口，将衣片侧缝缝份倒烫，将翻边处缝份倒烫至相反方向。

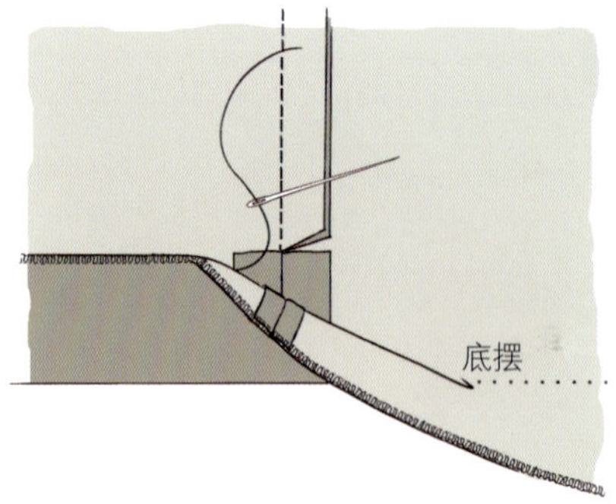

3 还有一种方法是前两种方式的结合，将衣片缝份倒烫后，在底边折叠后的位置打剪口，并劈烫剪口以下的缝份，为进一步减少面料堆积，可将折边线以下的缝份修剪折叠。

小提示：

一些服装如夹克和外套的底摆处，常黏衬来加固及塑型。黏衬时，黏衬面料超过折叠线1cm，这样成品的底边能保持利落的线条。如图所示。

正面缉明线底摆

在大多数非正式着装中，可用缉明线方式处理底摆，车缝的明线通常使用较大的线迹和对比色的缝纫线，如果服装已经有明线装饰部位，则统一明线的线迹和颜色。如果不希望明线太明显可用与面料颜色相同的缝纫线。

双折边底摆

如果是轻薄面料，可两次折叠底边。因此需在纸样上加上两倍底摆折边量。将底摆向服装反面折叠两次，用大头针固定后沿边缘缉明线，最后熨烫。

想要达到与众不同的效果，运用双面异色面料时，可将折边向服装正面折叠，达到装饰效果。需在底摆折边基础上额外加上1cm用来翻折，第一次折叠1cm至服装正面，然后再沿底摆线翻折，沿折叠边缘缉明线。

单折边底摆

大对数面料厚度适合单折边底摆，通过锁边或包边使毛边整洁。厚重面料不太适合包边处理，可能会使面料堆积，并且包边容易显露于服装正面。可尝试用饰带或蕾丝在毛边处装饰。

在底摆处添加折边量，在翻折前将毛边锁边或包边，折叠后沿反面布边缉明线。

贴边底摆

在底摆处贴边能减少面料堆积，保持底摆形状或起到装饰作用。为减少底摆处体量感，使用轻薄面料或里布贴边。为保持底摆原有形状或弧度，将贴边按照底摆形状裁剪或使用斜裁布条。装饰的贴边，则从对比面料上裁剪贴边或使用饰带。

用饰带贴边的步骤

第一步：

在底边添加1cm缝份，将饰带反面与底摆正面相对，覆盖住底边1cm缝份，用大头针固定。

第二步：

在服装正面，沿饰带上侧边缘车缝。

第三步：

将饰带部分折到服装反面并熨烫，车缝或手缝固定饰带于服装上。

斜裁贴边

斜裁一根宽度为2～4cm的贴边条，长度足够缝底摆一周。将贴边与底摆正面相对用大头针固定，固定时不要拉伸贴边。先将斜裁贴边末端固定好，再将它缝合于衣摆线处。将底摆缝头向贴边方向倒烫并固定缝于贴边上。将贴边折向服装反面并熨烫底摆处，用大头针将贴边固定并缉明线或用手针挑缝固定。

卷边

挑缝和卷边底摆适用于有弧度的底边及轻薄面料服装。可将缝纫机换上卷边压脚，使卷边和缝纫一步完成，不过普通压脚也可完成卷边缝纫。

挑缝底边也可卷边，需手工完成，在高级定制中会用到这种手法，具体可参考第267页。

在底摆处加放1.5cm缝份，将服装反面朝上，折叠0.75cm至反面并尽量沿折叠边缘车缝。尽可能贴近缝线，小剪刀修剪缝份。

依然在服装反面，再次折叠0.75cm缝份在上一条缝合线上方车缝，最后整烫。

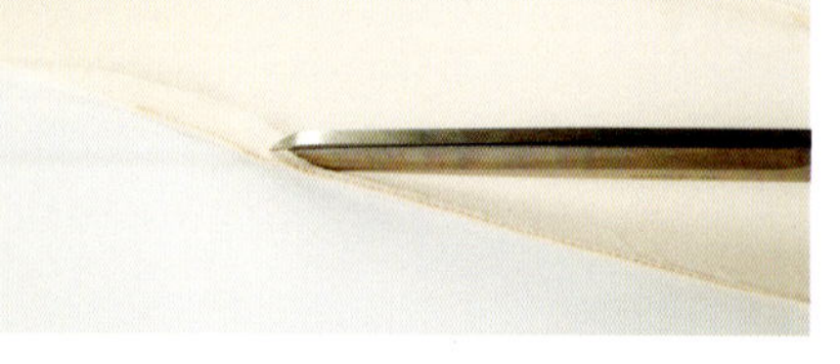

裤脚口克夫（翻边）

制作精良考究的定制裤装，可在裤脚口添加克夫或翻边。更多裤脚底摆形式详见第42页和第200页。

裤脚口克夫制作步骤

第一步：

底摆折边应为克夫的两倍长，另加放2～3cm缝份量。将底摆毛边锁边或包边。

第二步：

折叠一个克夫的宽度，这时缝份也翻折到了服装反面，可车缝或手缝固定。

第三步：

将克夫翻到服装正面并熨烫。

第四步：

用手针将克夫暗缝于裤侧缝。

第五步：

如需要可熨烫裤中缝，最后整体整烫。

在底摆处运用超大尺寸的裤克夫，达克 · 布朗（Duckie Brown），2013

手工缝制底摆

手工缝制底摆可以隐藏线迹，这种手法也可运用在服装不便于机缝操作的部位。

翻折底边

在底边加放2～5cm缝份，将毛边锁边或包边。将底边折向服装反面并熨烫，用大头针固定，在梭织面料上用卷边缝手法，在针织/弹力面料上用人字缝手法缝纫（详见第116、117页）。在工业生产中，有专业机器用单线链形针脚可缝纫暗卷边缝。

卷边底摆

可以使用手工缝纫在纱质和精细的面料上缝制精致窄小的卷边。在布边加放1cm放缝，用挑缝或拱针暗缝法手工缝纫底摆（详见第115、116页）。

密拷缝底摆

经过密拷缝的底摆无需翻折，使底边能呈现细密的效果（详见第24页）。通过调整锁边机的线距也能缝出密拷缝的效果。这类底摆处理方式可用于弧形底摆和纱类面料服装中，是一种快速处理底边的方式，特别运用在层叠服装中。缝纫时无需加放缝份，直接将毛边放于机器中密拷缝。

底摆包边处理

包边因其装饰效果运用于底摆中，能强化底摆轮廓造型效果。在弧形底边上包边时，需斜裁包边条，直边底摆则按经线方向裁剪。

进行包边时无需在底摆加放缝份。可购买预制好的包边条，自己准备斜裁包边条的步骤详见第122页。将底摆毛边放置于折好的包边条中间，沿边缘车缝。若包边底摆看起来厚重，则可替换成饰带和蕾丝缝合于毛边处。

风衣上运用对比色面料包边底摆。马丁·格兰特（Martin Grant），2012春夏

斜接角底摆

斜接角可运用在服装开衩处及底边方形边角处，比如领带。

开衩处运用斜接角折边，并在毛边处进行包边处理

斜接角制作步骤

第一步：

面料相邻布边处加放缝份，折叠缝份使两者重叠，划粉标记或打剪口，标记两边重合处。

第二步：

打开折边，面料正面相对，对齐标记点，将面料按对角线方向折叠。从标记点沿斜向折边车缝。

第三步： 剪去多余面料留下1cm缝份。

第四步：

将缝份劈烫。

第五步：

将折边翻到服装内侧，再将缝份车缝或手缝。

衬衫下摆

衬衫下摆的常规做法是双折边并紧贴折边线缉明线。在底摆折边处设定好钮扣搭门的位置，对应折边，在搭门的起点和终点做出标记，由于在此处双折边的处理会产生一定的面料堆积量，但在批量衬衫生产中，钮扣搭门处依旧实行双折边处理。

但是在非常规服装设计中，可运用减少面料堆积的工艺，这种工艺也可用在休闲夹克和外套中用以加强底摆缝份。

衬衫折边制作步骤

第一步：

在折面宽度为1cm的双折边中，需在摆边处加放2cm缝份，预留钮扣搭门量，可参考第226页。从服装正面沿折叠线向内折叠，钮扣搭门底襟，然后从底部经过钮扣搭门，以2cm间距车缝。

第二步：

沿钮扣搭门外层折叠线修剪至车缝线，向上折叠底摆缝份1cm并沿折叠边缘车缝，缝线不要超过搭门。

第三步：

裁剪掉钮扣搭门处多余的缝份，将其翻至正面，同时折叠底摆1cm。确保边角处呈直角并熨烫。在上折线旁车缝底摆，最后整烫。

黏合处理的底摆

对于一些编织紧密的梭织面料，需要达到隐形底边效果，而又很难手工缝纫时，可使用黏衬的方式。有两种不同的方法可运用，运用前在成品面料上试验效果。在底摆处需加放缝份并将毛边锁边。

黏合衬操作步骤

第一步：

裁剪1～2cm宽的反面纸质的双面黏合衬，具体宽度根据底摆折边宽度决定，折边越宽，则黏合条越宽。根据使用说明，将黏合衬放于底摆反面，距离毛边5mm处，撕掉衬反面的纸。

第二步：

翻折底边，用熨斗熨烫将底摆缝份黏合至服装，熨烫部位上方垫一块熨布熨烫。

第三步：

完成后的效果。

手缝黏合衬底摆

如果双面黏合衬不太牢固可手工缝纫、热熔梭织衬。

1裁剪2～3cm宽衬条，根据底边宽度决定具体宽度。将衬条放于服装反面，确保底边折叠后会盖住衬条。

2熨烫衬条使其黏合于服装上，待衬条冷却后，将底边缝份用手针缝于衬条上而不是服装面料上。

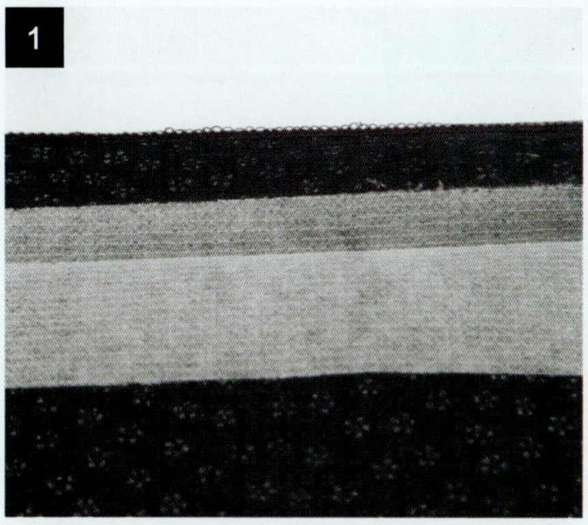

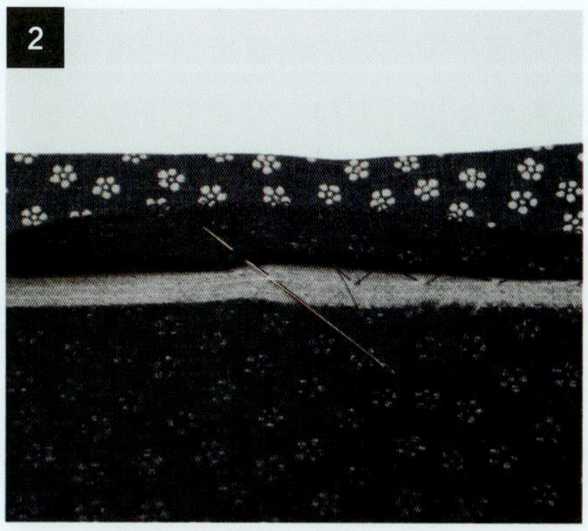

衬里处理

服装的里子与面子同样重要。衬里作为服装设计中的一部分，在起到功能性作用的同时也具有装饰性。衬里先单独缝合再与服装面布缝合，可以保护面布的缝分和底摆缝份不虚边，并且增加穿着者舒适度，使服装更加挺括。根据服装的穿着需求，选择衬里材质并与面料相搭配。本书中介绍衬里面料的部分可参考第76、77页。服装可全部上衬里，也可局部上半里，衬里有闭合的，也有可开合的。闭合的衬里与服装底摆相连，所以底边缝份全部缝进衬里，无需再加工处理。在可开合衬里服装中，一部分缝合处和底摆缝份没有被覆盖，所以需要处理毛边。大多数半裙和裤装中使用开合式衬里以增加活动量。

衬里纸样

衬里的纸样可从面布纸样中拷贝，在细节处需进行调整，比如，在衬里纸样中添加褶量，达到增加舒适活动量的作用。

拷贝面布纸样，需去除贴边部分和不起塑型作用的分割线。

· 不要将衬里纸样裁剪大了，因为衬里在服装内部就像第二层肌肤，只在纵向上添加松量和褶量即可，如下图细节处所示。

· 将面布纸样上所有标记点拷贝至衬里纸样上。

· 衬里通常比面布面料轻薄，当轻薄面料车缝于厚重面料时，较薄的面料可能会拉扯，所以需将衬里裁剪得稍长一些，在与面布缝合时，将多余的量融进面布中，使缝合线平整顺滑。

· 闭合式衬里的底摆需裁剪得比成品服装底摆长1cm，将面布和衬里缝合后，底摆处压褶所需要的量，对应的量可增加活动量并防止缝合处拉扯。

夹克和外套

· 处理袖片衬里时，在衬里正身和袖片之间的腋下缝加放1cm，以使袖子的衬里与服装的腋下缝更为贴合舒适。

· 在后中心线加入一道褶，增加肩胛骨处的活动量。

· 面布袖头处的松量运用衬里袖头时可能会使面料堆积，可将多余的松量抽褶或收省。

· 添加绗缝衬里时，面布需稍稍裁大一些。

半裙和连衣裙

· 在开衩服装中，将衬里纵向加放1～2cm松量，防止开衩处衬里拉扯。在衬里纸样上加上缝份。

· 有摆量的服装可不上衬里，如需要可上半里。

· 有许多褶量或抽褶的服装中，在衬里纸样上减掉这些褶量，以减少面料堆积，特别是在腰围处。而在臀围和胸围处，衬里最好不加褶量，以保证此处适宜的体量感。

· 可将面布的单向省在衬里上收成活褶，而不全部车缝，可增加放松量。

· 在连衣裙中可将衬里与底边缝合，也可做成可开合式衬里。

· 在连衣裙后中添加一道褶，以增加肩胛骨处的活动量。

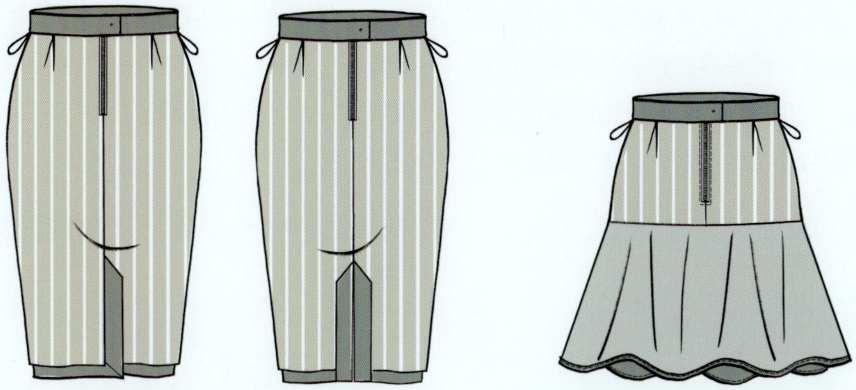

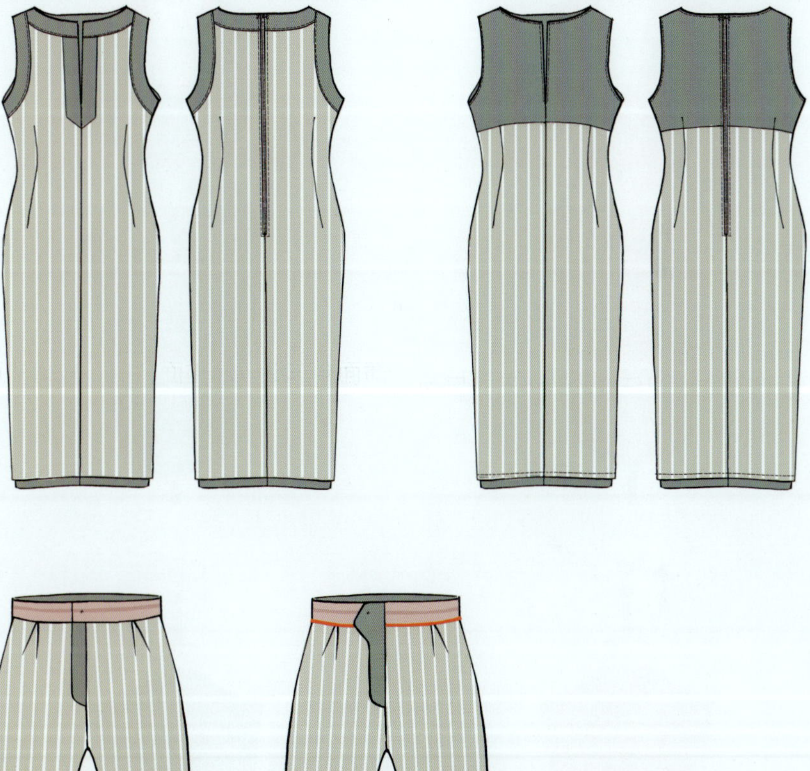

裤装

· 裤装可只在前片添加衬里，可上全衬里或上半里至膝盖处。

· 半衬里边需作为底摆去处理，或剪成锯齿状布边。不要翻折缉明线处理，这样会使局部面料堆积，容易在服装正面显现。

全衬里

全衬里是将服装反面全部缝合衬里进行覆盖，适合易虚边及不亲肤的面料服装，或是设计了许多分割线或口袋细节的服装适合上全衬里。上衬里时可根据服装廓形选择与面料缝合为一体或者半开放式。选择衬里的材质时需与面布的材质相搭配。以下展示了几种不同的全衬里设计。

上全衬里的连衣裙：衬里前片和后片沿领口线形状贴边并缝合，在袖窿处直接与面布袖窿形状对应缝合。衬里在底摆处是半开放式，没有与面布缝合，底边双折边车缝处理，在后中心线处上拉链，并与衬里翻袋式缝合，开衩处同样翻袋式缝合处理

上图：上全衬里至腰头处的半裙，前中拉链门襟处翻袋式缝合处理。衬里与前片装饰拉链缝合只露出拉链齿，并在拉链两侧固定缝以免拉动拉链时将衬里卡进拉链齿。衬里底边是开放式的，双折边后缉明线固定

左图：一件用对比色衬里做全衬里的男士外套

小提示：

在夹克和外套中，常会在衬里上设计内插袋，一些会有钮扣固定，保护口袋里的物品不会掉落。为确保钮扣不与夹层面料缠绕以及增加其牢固性，可从衬里上裁剪一块方形面料对折，再向中线斜边对折形成三角形，将这块三角形面料车缝于钮扣上方。

下图：用对比色衬里上全衬里的男士夹克，在前片镶细节

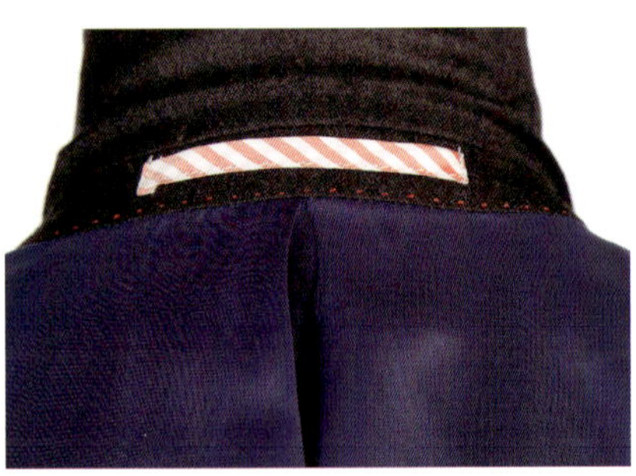

小提示：

在夹克后片领围处缝上一个挂襻，可夹缝于衬里和领围缝合线中，或上好衬里后贴缝于后领贴边处。挂襻可直接用买来的饰带缝纫或用本布裁剪缝合成条带状。

外套的衬里

制作考究的外套通常会上全衬里，并在底摆和开衩处与衬里缝合。衬里需在面布缝合好口袋、挂面/翻领、袖片和领子后再与面布缝合。

外套上衬里的步骤

第一步：

将衬里裁片缝合，在左袖片缝合线中间留下一段不缝合，缝隙大小需保证上好里子之后，面布能从缝隙中翻过来。

第二步：

将衬里与面布正面相对，用大头针从底摆固定至肩缝，然后车缝。

第三步：

在衬里与挂面缝合处，从底摆固定缝缝至肩缝。

其余步骤见第218页

外套上衬里的步骤（接上页）

第四步：

将挂面肩缝和衬里后片肩缝缝合在一起然后劈烫。

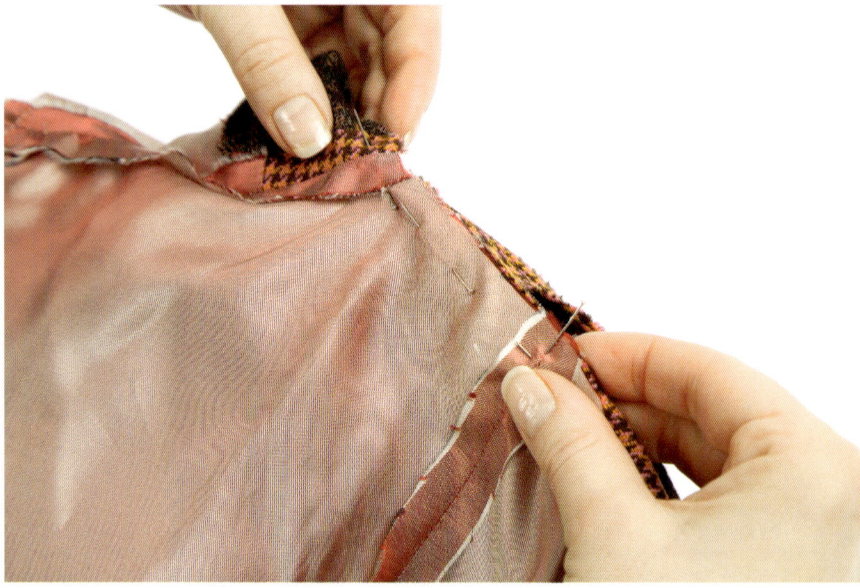

第五步：

将衬里后领围与服装领面缝合，对准肩缝和后中缝，将领面与领底缝合。

第六步：

对齐衬里与面布的底摆，用大头针固定后车缝。

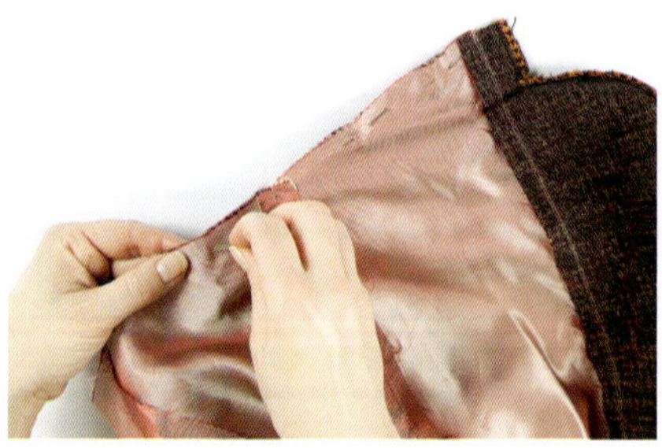

第七步：

将外套翻到正面，并熨烫衬里，向下熨烫至下摆处，形成褶量。

第八步：

将衬里与面布的袖口对齐，用大头针固定，保证服装翻到反面时里子不会偏移。

第九步：

将外套从左袖片缝隙翻到反面（见第一步），重新将衬里与面布正面相对固定，并车缝在一起。

第十步：

用手针将衬里与面布袖窿处的缝份在肩点和袖底线处缝纫固定，再从袖片缝隙中将外套翻到正面，将衬里袖片向下熨烫形成褶量。

第十一步：

从衬里正面，沿边缘缝合左袖片留下的缝隙。最后将服装整烫。

开衩

由于需要满足人体行走、坐立或伸展时的活动量，通常会在服装上开衩，服装的开衩常见于底摆和袖口处。

有里斜接角开衩制作步骤

第一步：

在服装缝合线上标记开衩止点，并在左侧接缝添加贴边，并延长右侧接缝作为底襟。如需要可将开衩部位和底摆处黏衬。

第二步：

缝合衣衩所在的缝合线，缝至开衩止点，衣衩和底摆缝纫是服装缝合的最后步骤。将底边缝份锁边或包边处理。

第三步：

将衬里裁片缝合，缝合至开衩止点处，将缝合后的缝份劈烫。将衬里底摆双折边并缉明线。

第四步：

将服装反面朝上，铺于平坦的台面上，沿折叠线折叠并熨烫底襟贴边，将贴边重合处用大头针固定，不要将衣片也固定进去了。在贴边上距毛边1cm处车缝。

第五步：

在重叠处完成斜切角缝合，详见第209页斜切角制作步骤。

第六步：

将衬里用大头针固定于底襟上，并沿毛边处标记线车缝，距终点1cm处停止。

第七步：

用大头针固定衬里与底襟，从开衩止点至标记点，固定后车缝距终点1cm处停下。注意缝纫时将其余部位的服装推向一边，不要一起缝纫进去。

第八步：

在标记点处停下，不要将机针抬起，在衬里边缘打剪口至机针/标记点。

第九步：

转换方向，缝合剩下的衬里至底襟贴边处（也可参考下一张图片）。

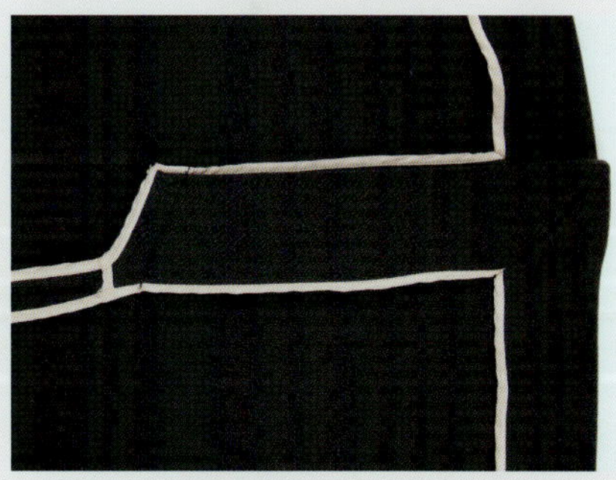

第十步：

熨烫开衩处的衬里，完成服装底摆线的缝纫。

无衬里服装：

在无衬里的服装中，可将门襟和底襟布边包边或锁边处理。

局部衬里

轻薄面料制成的夹克，通常选择上半里，凸显趣味的内里设计，同时能减少面料堆叠。在有廓形或褶皱的设计中，上全衬里会影响服装的美观或减小服装的活动量。为减少面料堆积，可将轻薄材质的衬里代替本布，在服装反面缝制部分服装裁片，如领子、育克或袋盖等处。局部衬里可根据具体的服装廓形选择开合式或缝合式。

在一些外套中也可无衬里，取而代之会有较宽的贴边设计，同时所有毛边会进行包边或折边缝处理。

局部衬里服装内侧工艺处理

局部衬里的服装中，需考虑服装内侧口袋、缝合线和底摆缝份的处理方式，可包边或折边缝。衬里和挂面有多种剪裁方式，但始终要确保覆盖黏衬部位。处理局部衬里时，尽量减少分割线的设计，最好设计贴袋，避免有太多布边。在选择布边处理方式时，应根据服装面料材质、服装设计和穿着用途来决定。

· 缝合线可平缝、暗包缝、法式缝、接搭缝或滚边缝。

· 底边可翻折缝或包边。

· 口袋可包边处理，或将缝份置于袋布内侧，或将插袋换成贴袋。

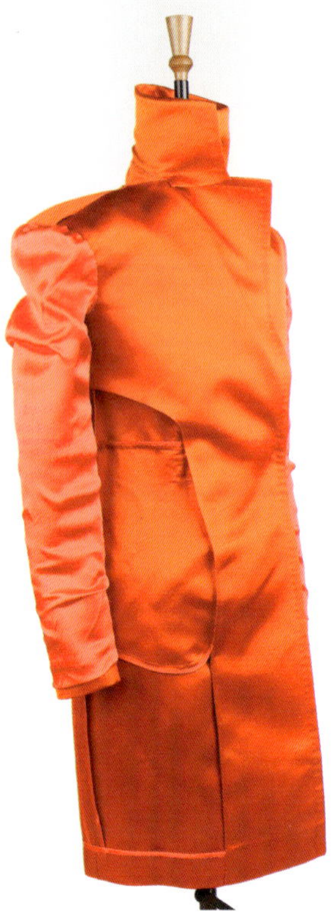

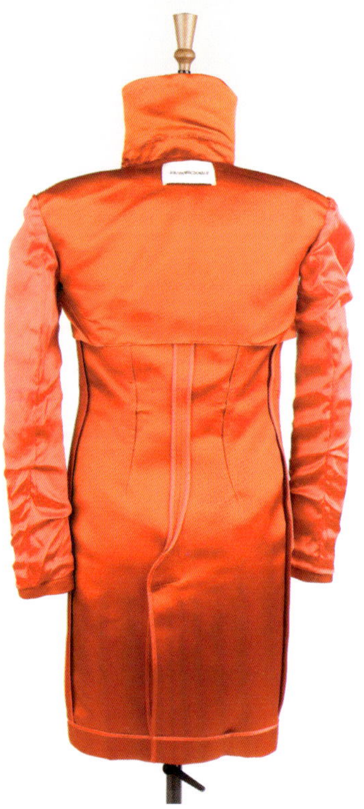

局部衬里的大衣，将前中的挂面裁剪得很宽，从肩缝延伸至后片。袖片缝合缎面衬里，便于轻松穿脱。底摆、口袋袋布和缝合线用包边方式处理

这件夹克的前片用本布当做衬里缝合，后片半里用宽的斜裁布条缝合于领围、肩缝和袖窿处，横向在后片中缝合半里能增加服装的活动量，袖片全衬里覆盖

男士灯芯绒夹克，在前片及后片上半部分缝合棉质衬里，在袖片缝合顺滑的黏纤衬里，方便穿脱

扣合方式

扣合方式既可以成为服装的亮点，也可以通过不同的工艺处理将其隐藏起来，一件服装上可运用多种扣合方式固定。扣合的方式需在裁剪纸样之前就确定下来，因为有些扣合方式需对纸样进行调整。服装的开襟处可以是对称的、不对称的、边与边相接或重叠的形式，其中重叠门襟的设计可运用单排、双排扣或隐形扣的方式固定，在女士服装中，右片门襟重叠于左片之上，男士服装则相反。

小提示：

为选择合适大小的钮扣，可将不同大小的圆形纸片放在纸样或样衣上，看看哪种大小更适合于服装，在考虑将钮扣排放位置时，也可用此方法。

钮扣与钮孔

钮扣和钮孔应置于服装着力点，比如胸围线、腰围线、臀围线、颈围等。这类扣合方式需要在服装开襟两旁另外延伸面料来缝钮扣、打钮孔。交叠于上方的延伸面料打钮孔，称做门襟，在下方的面料上缝钮扣，称作底襟。通常是在前中或后中延伸门襟，如果是双排扣的设计，则需延伸至更宽，至少能排放两排钮扣。在单排扣设计中，水平钮孔应超过中线2mm，以保证钮扣刚好位于中心线，垂直钮孔则沿中心线排放。

扣位可根据服装的材质用大头针、划粉或线钉标记。

服装打上钮孔后，通过钮孔标记缝钮扣的位置。将门襟关合后用大头针固定，门襟和底襟交叠于中线。如果是水平钮孔，用大头针在钮孔尾端朝向门襟边缘标记，如果是垂直钮孔，则将大头针别于钮孔中间（如下图）。将大头针穿过钮孔固定于底襟，之后将门襟打开，将钮扣缝于大头针标记的地方，如果服装面料不适合用大头针，则使用水消笔或划粉标记。

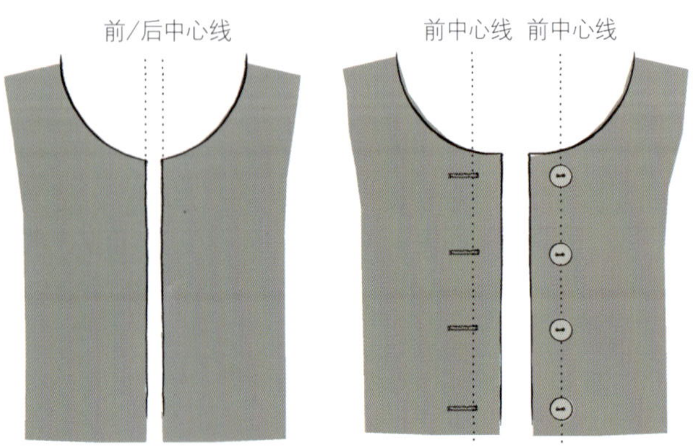

左图：确定前片中心线位置

右图：门襟和底襟以及扣位与钮孔位置

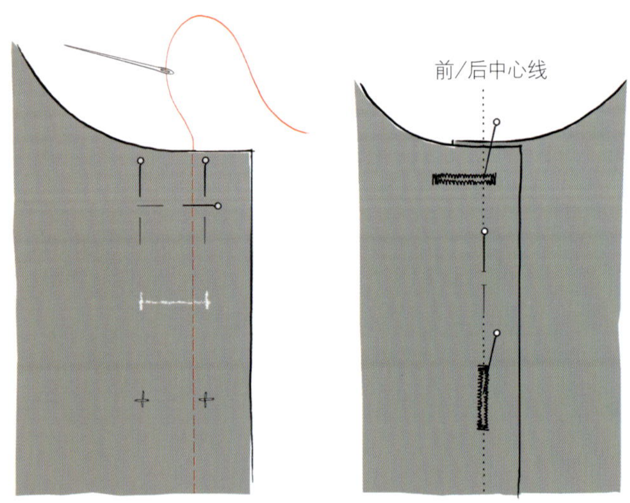

左图：三种不同标记钮孔的方式，分别为大头针、划粉和线钉，红色缝线标记中心线

右图：水平和垂直钮孔不同的标记方式

钮孔大小

钮扣的大小决定了钮孔的大小和门襟及底襟的宽度。在测量钮扣大小时不仅要测量宽度，还要考虑其厚度，更多钮扣形状可参考第81页。

将钮扣放于直尺或皮尺上，测量直径，钮孔大小需在测量的数据上加入松量，以保证钮扣能轻松穿脱。

· 扁平的钮扣需在直径基础上加放2～3mm松量。

· 有柄钮扣需在直径上加入钮扣的厚度作为松量。

· 球形钮扣用纸条或皮尺绕周长测量其直径，在此基础上加放2～3mm松量。

> **小提示：**
>
> 对于超大尺寸的钮扣不要打钮孔将其固定，因为太大的钮孔看起来不美观。可将钮扣缝于服装外侧，在服装内侧缝接扣固定。

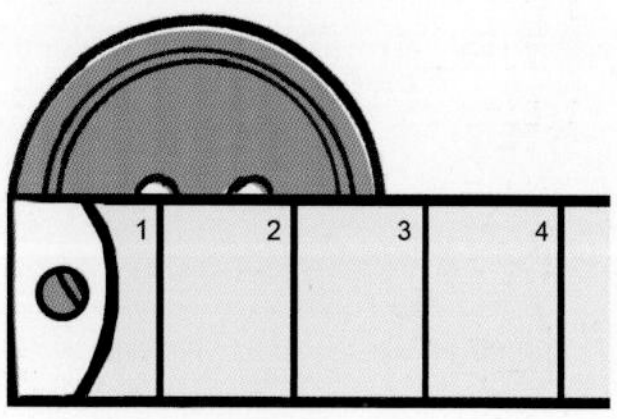

平钮扣

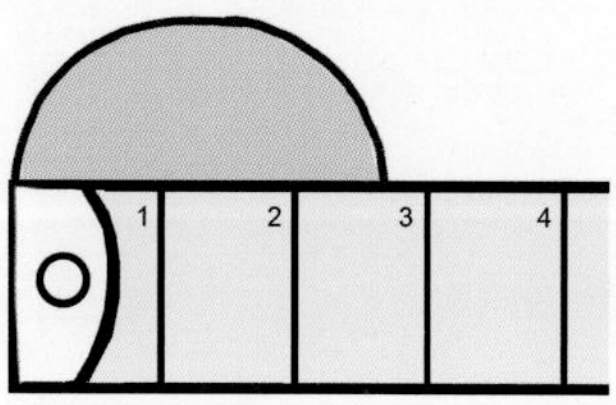

有柄钮扣

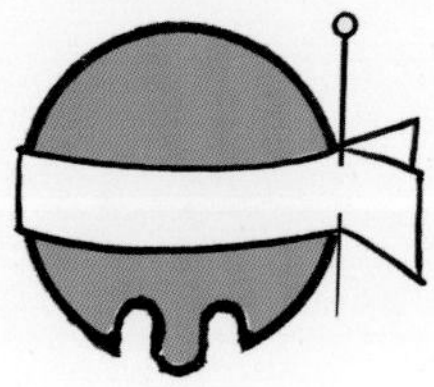
圆扣

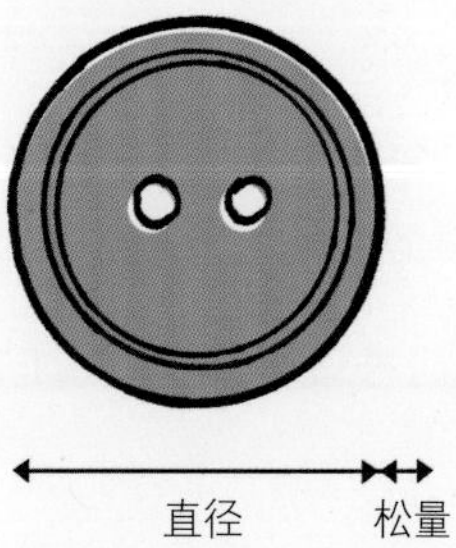

柄+扣身高

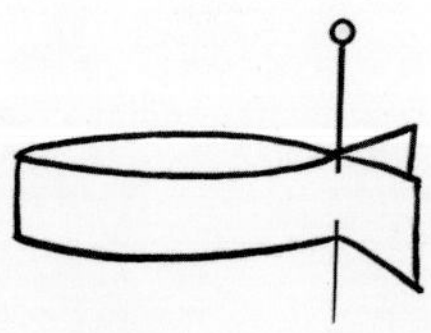
纸带围绕钮扣

钮扣搭门

一旦确定钮扣尺寸，就应在纸样上添加扣位的延伸量，即门襟量。确保扣位门襟处留有足够的宽度，使钮扣位于门襟及底襟内。通常扣位就是钮扣的直径大小，例如直径为1.5cm的钮扣需要1.5cm的扣位添加于门襟中线两旁。不规则形状的钮扣需在样衣上做实验，因为无法测量其直径大小。

服装衣片裁剪后，在扣位和钮孔处黏衬加固，根据面料材质和厚度选择合适的衬布。黏衬后能防止钮孔拉扯变形，起到加固作用。裁剪一条衬布熨烫于扣位和钮孔部位的反面面料，将衬条黏合于内侧，而不是在表面，这样不会改变面料的质感和外观。

钮扣搭门的不同形式

扣位可以是衣片的一部分或者单独缝于门襟处，钮扣可显露在外，也可制作暗门襟隐藏钮扣。

一片式或原身出衬衣钮扣搭门

这是制作扣位门襟最简单快速的方法，可适用于任何服装款式和面料厚度。

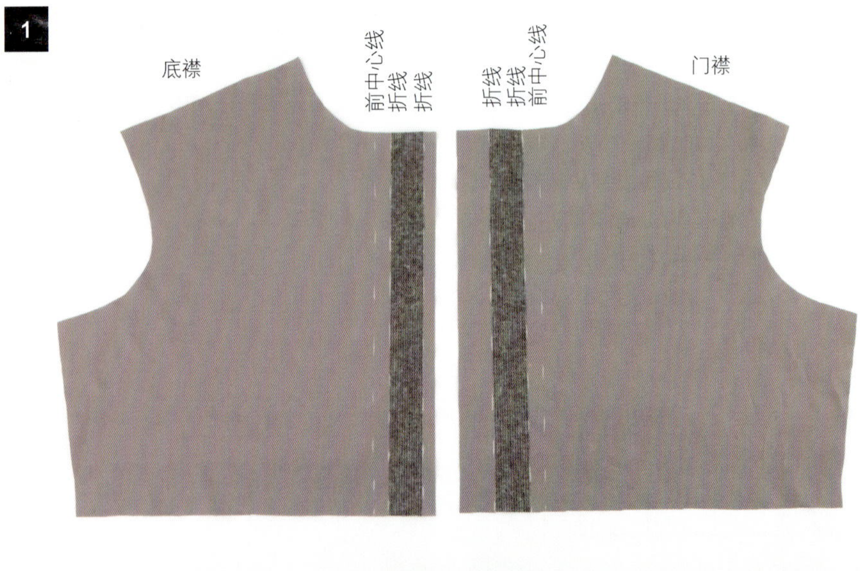

1门襟纸样：向中心线外延伸两个半扣位的宽度。

底襟纸样：向中心线外延伸一个半扣位的宽度，再增加1cm的翻折边。

当服装面料较厚时，门襟纸样可按照底襟绘制。

2门襟的制作：向服装内侧折叠一个搭门宽度并熨烫，再次向内侧折叠一个搭门的宽度并熨烫。

底襟的制作：向服装内侧折叠1cm并熨烫，再向内侧折叠一个扣位的宽度并熨烫。

3缝合完成：在门襟和底襟上沿折叠线边缘缉明线固定，如需要可将门襟外侧边缘也缉明线。

钮扣孔应被设置于搭门纵向的中心线上。

缝接式衬衣门襟

这类设计可在钮扣搭门处运用对比面料，在针织面料服装中，可裁剪梭织面料当作扣位门襟以起到加固的作用。较厚实的面料服装不要运用此类设计，容易让局部面料过于厚重。

4
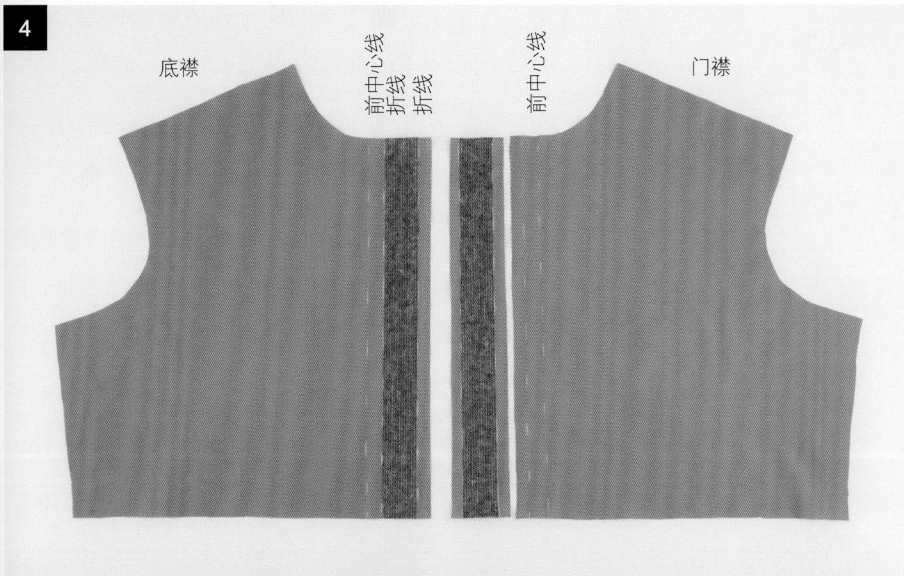

5
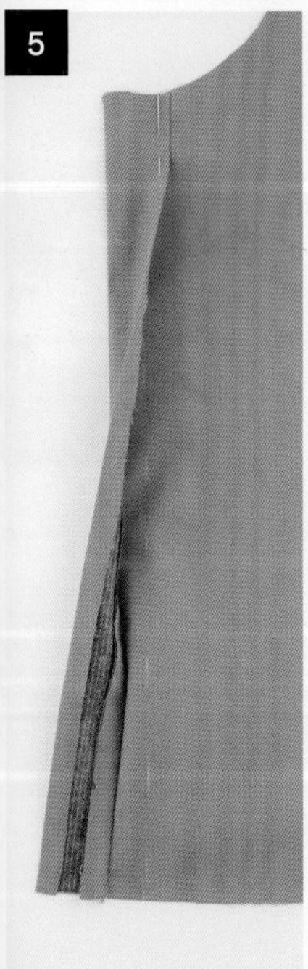

6
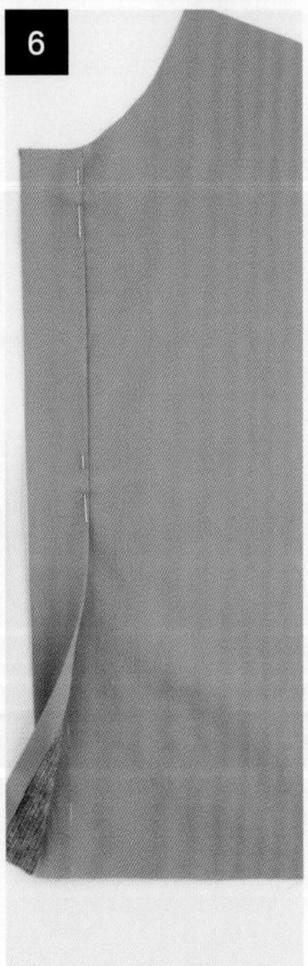

7

4门襟纸样：单独裁剪一片成品门襟宽度的面料，并在两侧各加放1cm（3/8英寸）缝份，长度与服装开襟处长度相同。在服装纸样中心线旁增加半个门襟的宽度并加放1cm（3/8英寸）缝份。

底襟纸样：在中心线旁增加一个半扣位的宽度并加放1cm（3/8英寸）翻折量。

5门襟构造：将门襟反面与服装正面对齐车缝，用平缝的方式，缝份为1cm。缝合后将缝份倒烫至门襟一侧。折叠门襟至服装正面并沿缝合线熨烫。

6底襟构造：向服装内侧折叠1cm并熨烫，再向内侧折叠一个扣位的宽度并熨烫。

7缝合完成：沿门襟折叠线缉明线固定，传统方式是距门襟两侧0.5cm处缉明线。再沿扣位折叠线边缘缉明线固定。

在缝接式衬衣门襟服装中，钮孔需打在底襟纵向中心线上。

隐藏式衬衣钮扣搭门（暗门襟）

暗门襟让服装从外观上看起来显得非常简洁，因为“隐藏”了钮扣。暗门襟可运用在任何服装款式中，但不要运用在较厚的面料上，容易使局部面料厚重。

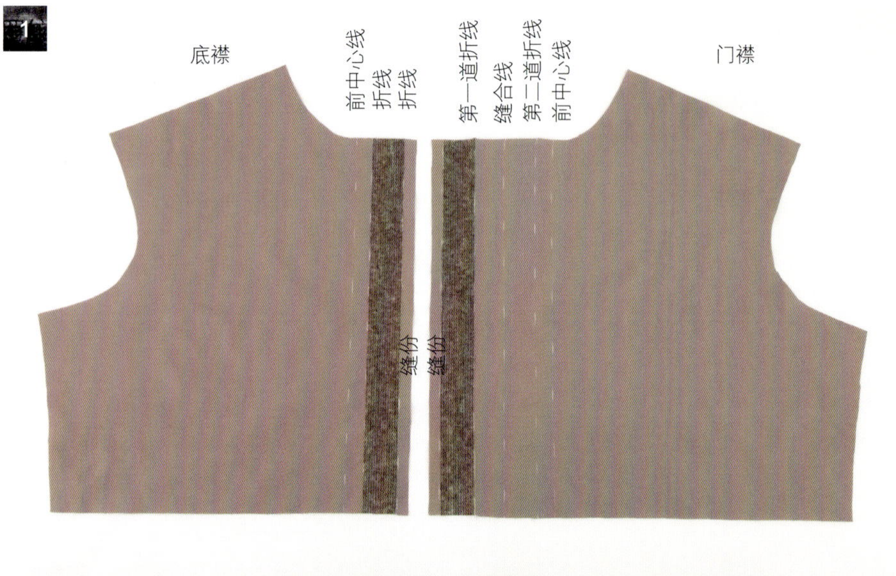

1 门襟纸样：在中心线旁增加3个半扣位的宽度并加放1cm折边量。

底襟纸样：在中心线旁增加一个半扣位的宽度并加放1cm折边量。

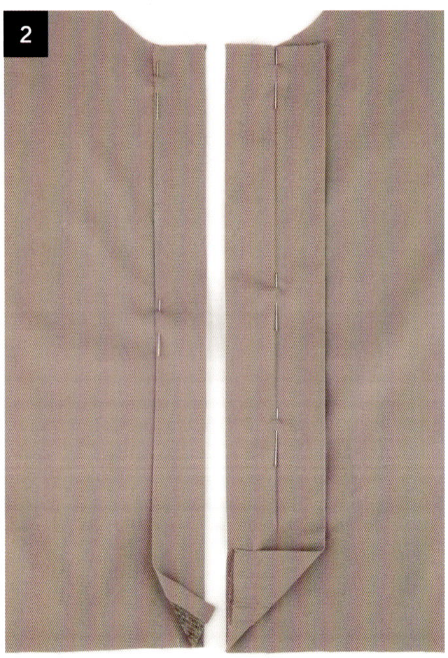

2 门襟的制作：沿第一道折叠线朝服装内侧折叠并熨烫（如图所示）。再沿第二道折叠线朝内侧折叠并熨烫（如图所示）。

底襟的制作：向服装内侧折叠1cm并熨烫，再向内侧折叠一个扣位宽度并熨烫。

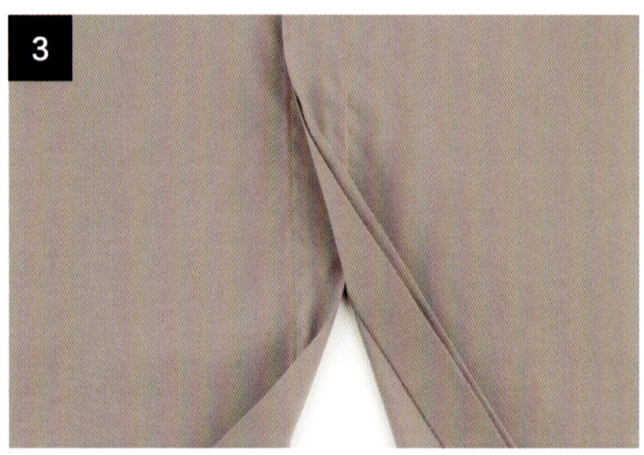

3 完成门襟：沿扣位中线车缝，1cm缝份也同时缝纫进去。沿缝合线将扣位门襟对折至两条折叠线重合，稍稍将上层熨烫至超出下层隐形门襟。

完成底襟：沿扣位折边边缘缉明线固定。

4 在暗门襟中，钮孔需设置于隐藏式门襟内层中心线上。

图示为一片缝合暗门襟衬衣领的完美示例，连领座处的钮扣也“隐藏”起来。钮扣钉在底襟领座搭门上，而钮孔缝于隐藏式门襟内侧

缝合钮扣

钮扣有不同的缝纫固定方式，有的钮扣需穿过钮扣上的孔洞缝纫，有的钮扣有底座，则在钮扣反面缝纫。缝钮扣的线需穿双线并上蜡，可防止缝线扯断或打结。

右图：钮扣有双眼扣和四眼扣，四眼扣有三种不同的缝法：交叉缝、扇形缝和平行缝

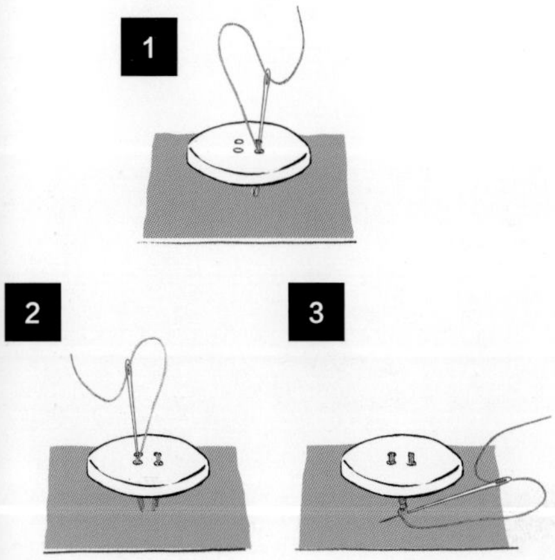

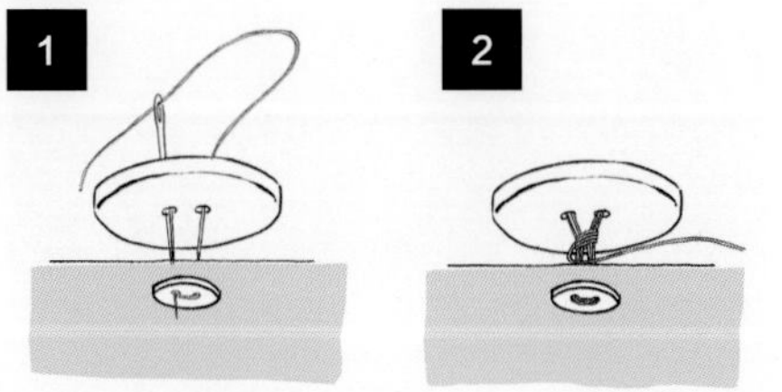

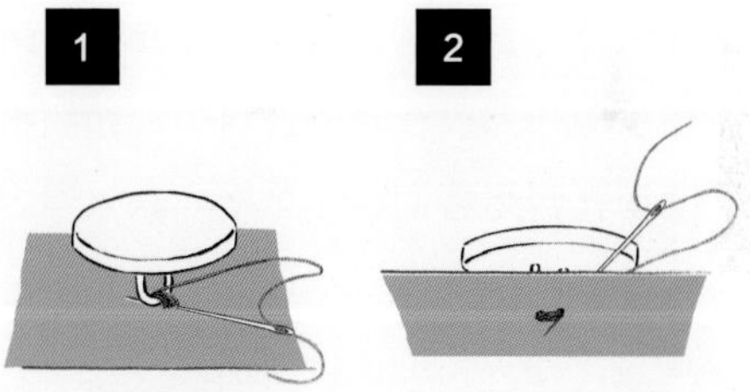

平缝扣

1通过打结固定缝线。将手针从标记点反面缝入，再将手针穿入其中一个钮孔，在钮扣和面料之间留些空隙可以绕线形成线柄。

2固定缝纫几道之后，可选择不同的缝线样式，交叉缝或平行缝，通过钮孔将钮扣缝在服装上。

3最后一步，将手针置于钮扣和面料之间，将钮扣下的缝线缠绕几圈，形成线环。再将针穿到面料反面，加固缝几道后打结，尽量在同一位置完成以保持整洁。

支撑背扣

支撑背扣缝于服装反面，正面钮扣之下，防止如皮革、皮草或编织稀松的面料在拉伸后撕裂。最常用于大衣和夹克中。

1底扣可使用小的双眼扁平扣。先缝纫服装表面的钮扣，步骤同平缝扣一样，但缝纫时需将底扣一起缝纫。

2将底扣尽量贴近面料反面，服装表面的钮扣还是和平缝扣一样，完成后将钮扣下的缝线缠绕几圈形成线柄。

有柄钮扣

这类钮扣在底部有底座，通常是金属环状，所以需将缝纫线上蜡以免扯断。

1通过打结固定缝线。将手针从反面向正面缝入标记点，穿过钮扣底座，将钮扣贴近面料缝紧，这时没必要再留空隙，因为底座有足够空间便于使手针穿过钮孔。

2在面料和钮扣底座之间来回缝纫几道，将手针穿到面料反面，加固车缝后打结，尽量在同一位置完成以保持整洁。

钮孔类型

钮孔有几种不同的种类，其中机缝的钮孔是最快最简易的缝钮孔方式。其他类型的钮孔有手缝钮孔、包边钮孔、中缝钮孔、环襻钮孔。根据服装风格和面料材质选择钮孔的类型。

机缝钮孔可用自动锁钮孔功能缝纫，衬衫钮孔（如右图）或锁眼（如最右图）形状钮孔，另外还有一种较为简单的方式，可用人字形线迹间隔紧密地缝制。

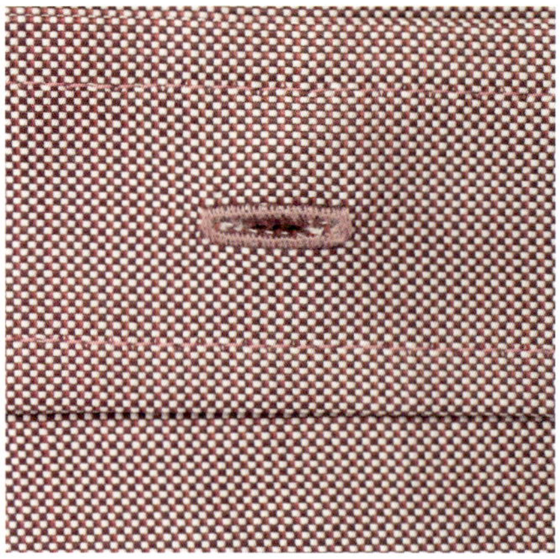

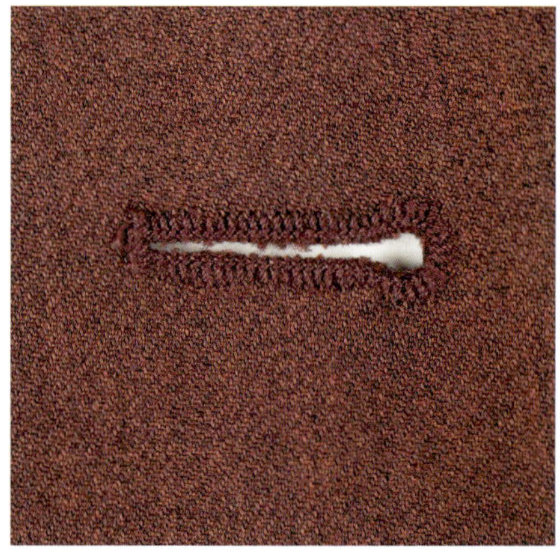

手缝钮孔的步骤

手缝钮孔需花费较多的时间，并且要求缝纫者熟练地掌握一定的手针缝纫技巧，通常高级定制服装中会采用手缝钮孔。在轻薄面料中，如用机缝钮孔容易将面料拉扯损坏，较理想的方式则是用手针缝钮孔，如想用特殊的缝纫线缝钮孔，也需用手工缝纫。

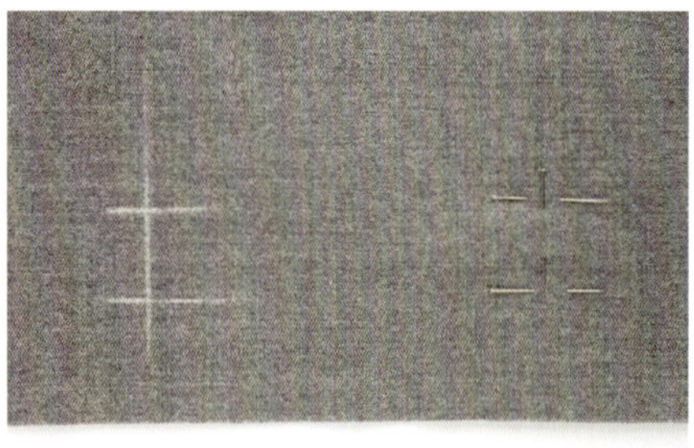

第一步：在服装反面用划粉或大头针标记出钮孔的位置。

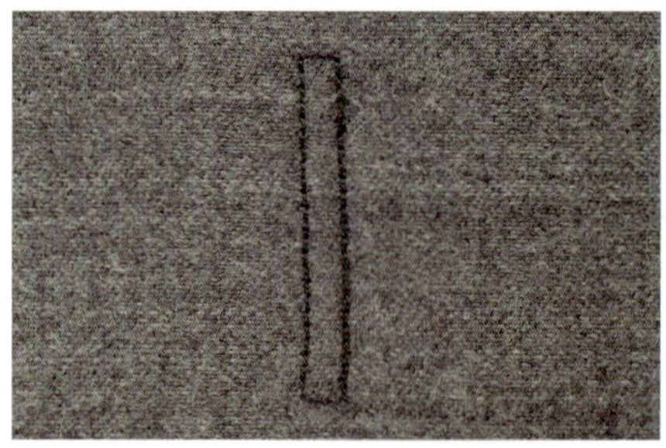

第二步：在服装反面沿标记线，用1mm长的线迹车缝一个2mm宽的矩形。

第三步：

沿矩形中间剪开。

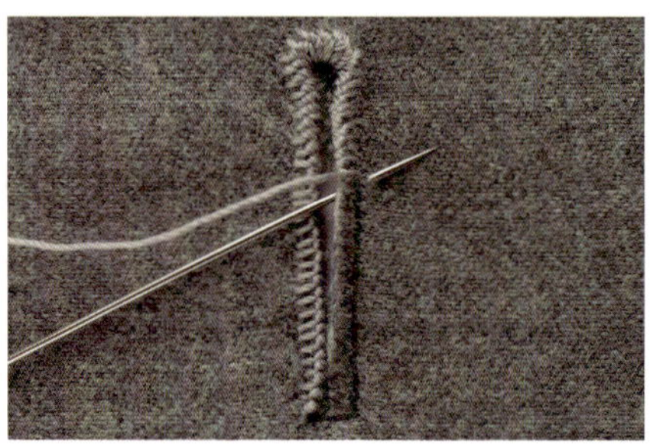

第四步：

在服装正面，用钮孔锁眼线迹（可参考第118页）沿矩形边缘缝纫。

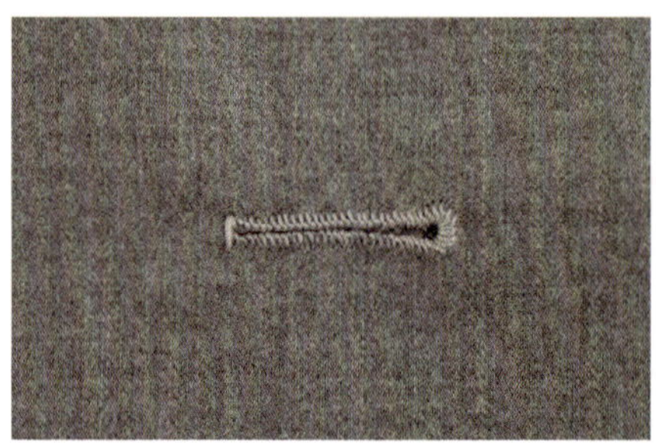

第五步：

缝锁眼钮孔时，需在矩形靠向扣位一端的边角处打剪口，或在此处钻一个小孔，然后缝纫成圆形锁眼状。

包边钮孔缝纫步骤

包边钮孔需用两块条状面料制作，称作嵌线，为使边缘整洁，需在服装反面贴边，掩盖住嵌线毛边。在皮革、麂皮绒或其他容易被针眼损坏的面料服装中适合用包边钮孔。根据服装风格款式可选择用相同或对比面料来制作钮孔。

第一步：

在服装正面用划粉标记出钮孔位置，在服装反面标记出黏衬加固。

第二步：

沿经线方向或斜裁两条2cm宽的面料，净长与钮孔长度相同，在此基础上加放2cm缝份量。在面料条反面黏衬并反面相对对折熨烫。

第三步：

将两条嵌线用大头针固定在服装正面，使毛边相对。在嵌线中心线处用1.5mm线迹车缝口沿标记线长度，并回针固定。

第四步：

在服装反面，沿钮孔中间剪开，距车缝线两端5mm处停下，打三角剪口至两端缝合线起始处。

第五步：

将嵌线从开口处翻到反面，将折边对齐。

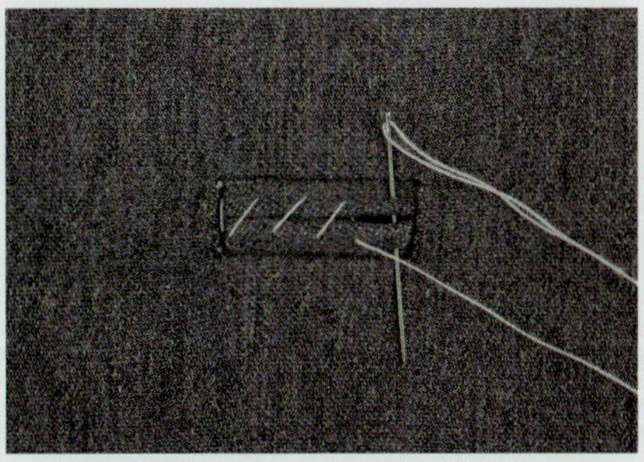

第六步：

用手针将嵌线粗缝在一起，保证对齐。

其余步骤见第232页

包边钮孔缝纫步骤（接上页）

第七步：将反面向上掀起，翻折面料至三角剪口处。将线迹调到1.5mm，沿三角形底边车缝，使其与嵌线固定。

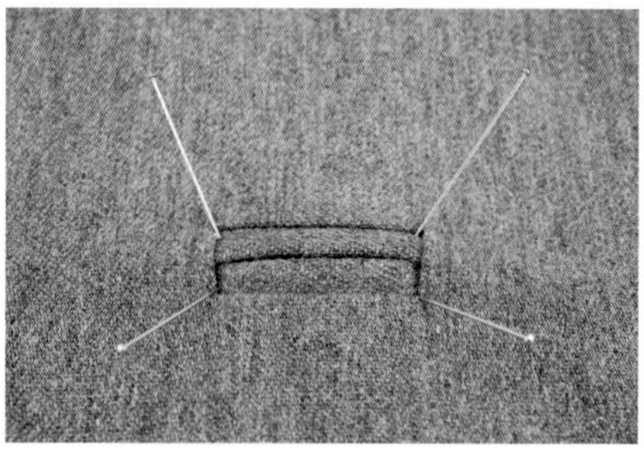

第八步：

熨烫钮孔处，然后用大头针将服装和贴边处固定。在服装正面，用大头针垂直标记钮孔的每个角至贴边面料上。

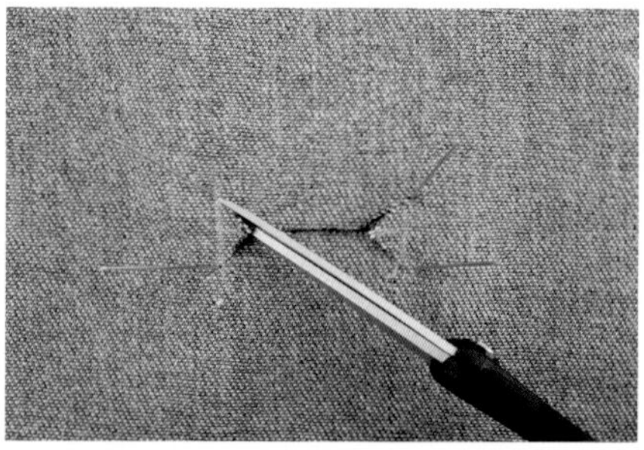

第九步：

在贴边的一面，剪开钮孔中心线，距两端5mm处停下，再打三角剪口至大头针标记点。

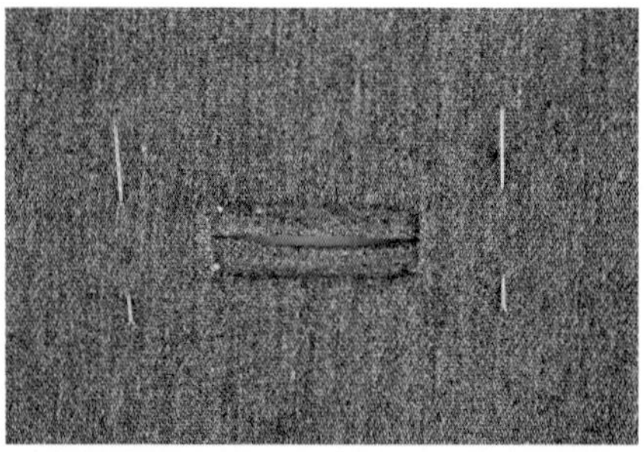

第十步：

将贴边用大头针固定在服装上，将开口处折边向内折叠露出钮孔，并用手针将贴边边缘挑缝至嵌线。

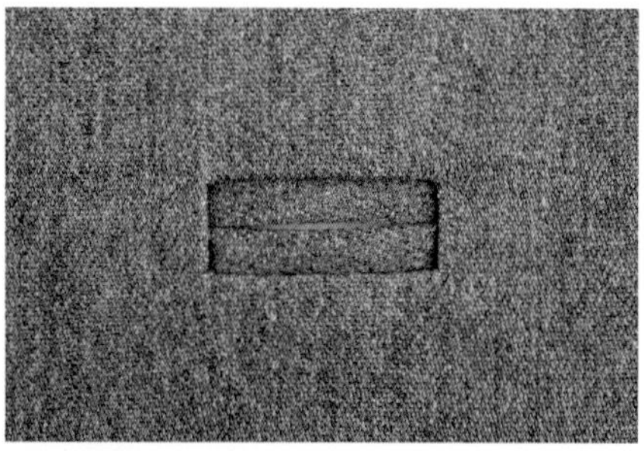

第十一步：

将钮孔正面的粗缝线拆除，从服装反面熨烫钮孔。

中缝钮孔

有时钮孔可能会破坏面料上的花纹或结构线，这时可在缝合线上留下开口当做钮孔即中缝钮孔，可达到“隐形”的效果。在上衬里或贴边的服装中，也要相应地在衬里和贴边面料上留出钮孔位置。

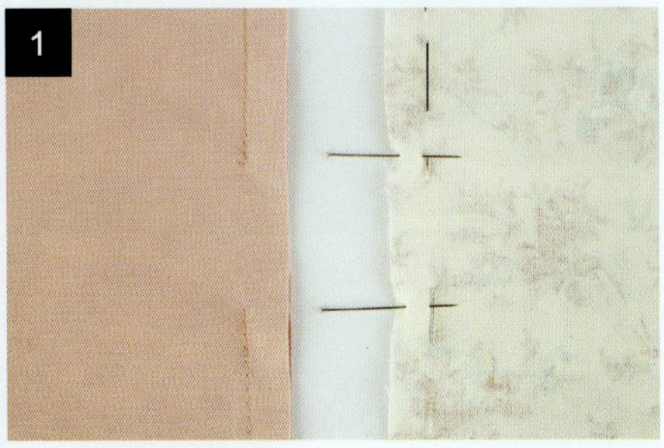

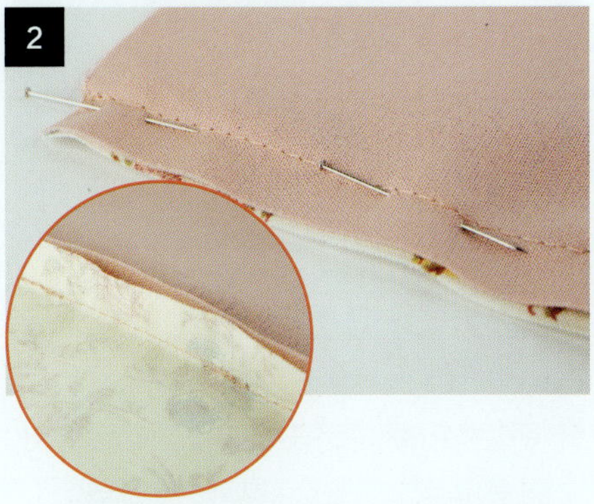

1 确保缝边相互对齐，用大头针在服装和衬里缝份反面标记钮孔的位置，沿缝份平缝留出钮孔，在钮孔起始和结尾处回针加固。

2 将服装面布和衬里缝份正面相对，用大头针固定，对齐钮孔开口处，尽量贴近之前的缝线将面布和衬里车缝在一起。

3 在服装正面熨烫。

环扣

钮襻和襻扣是缝合在服装面布与贴边之间的具有装饰性的扣合方式，钮襻可以与钮扣边对边固定，或是固定于底襟，如下图所示。

钮襻

钮襻常运用于正式的衬衫和礼服中，形态呈管状，也可运用松紧带、缎带或细绳代替钮襻，同时起到装饰作用。钮襻可制作成圆形、直形或椭圆形，通常与圆扣或半球形钮扣搭配。

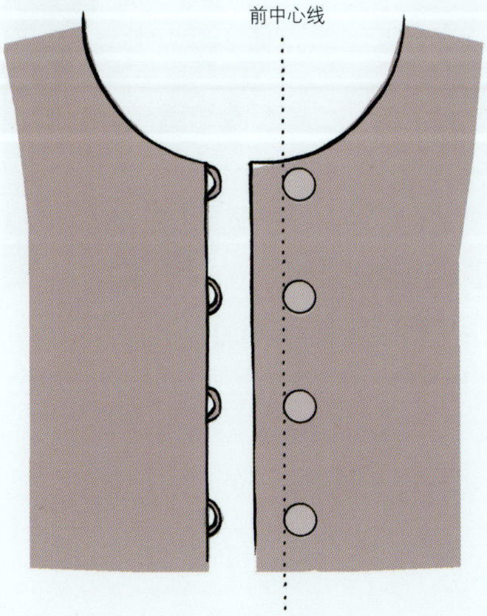

圆形纽襻

直形纽襻

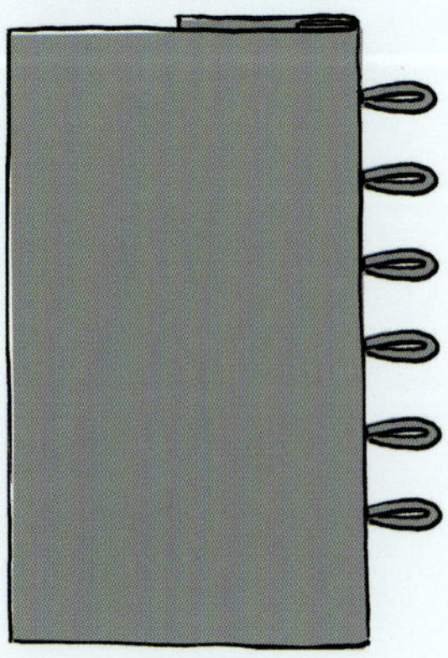

椭圆形纽襻

钮襻缝纫步骤

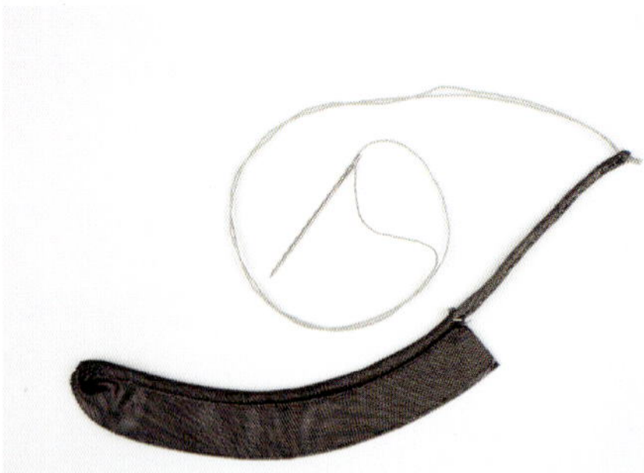

第一步：

斜裁一块条状面料，正面相对纵向对折，用1.5mm长的线迹沿折边车缝。使用钝头绣花针，穿双线固定缝于带管其中一端，将针眼一端穿进带管内部，慢慢向前移动手针直至从另一端穿出，这时整个管状面料也翻到了正面。

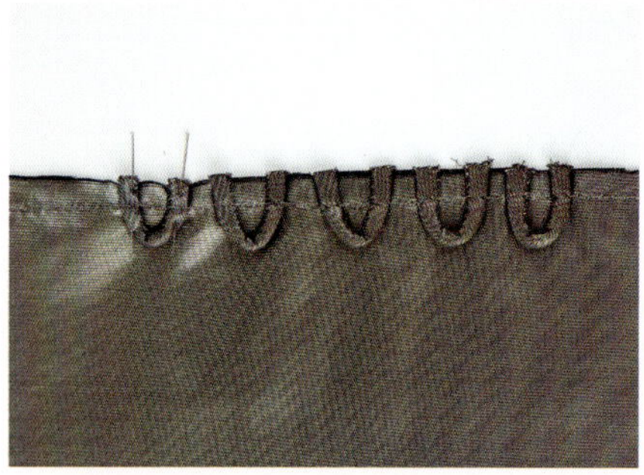

第二步：

将带管剪成小段当做钮襻，用大头针将这些钮襻固定在贴边正面的边缘处（如图所示），并沿缝份车缝固定。

第三步：

正面相对将贴边面料与服装面布用大头针固定，并沿缝份车缝在一起。

第四步：

将缝头折向贴边一侧，并在贴边正面缝合线旁缉明线固定缝。

第五步：

将贴边和面布叠合在一起，并将边缘轻轻熨烫，注意不要将钮襻烫平了。

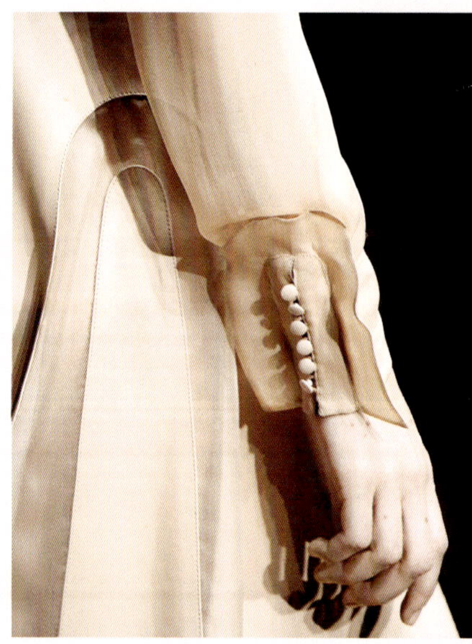

袖口处运用钮襻和本布包扣，使细节处体现出优雅的感觉。华伦天奴（Valentino），2013春夏

襻扣

襻扣可增强服装的设计感，可裁剪成任意大小和不同形状。可与钮孔扣或有柄钮扣搭配。以下有两种不同的襻扣例子：第一种叫环状襻扣，由面料经线方向裁剪的条状面料制作；第二种平襻扣，也可裁剪成任意大小，在其中一端成三角形、弧形或方形。

环襻扣

1 裁剪一条3cm宽的面料，其中包含了0.5cm的缝份量，将布条正面相对对折，沿0.5cm的缝份车缝，使用翻袋法制作扣襻。将扣襻翻到正面并熨烫，沿两侧边缘车缝。

2 如图所示将一端折成三角。

3 在扣襻末端车缝使之固定，再将扣襻缝于服装面布和贴边之间。

平襻扣

1 根据需要裁剪两片相同扣襻形状的面料，并在其中一片反面黏衬。将两片面料正面相对车缝，修剪边角处缝份以免翻折后边角处面料堆积。

2 将襻扣翻到正面，并沿边缘缉明线。在襻扣上根据钮扣大小锁钮孔。

3 将扣襻夹在服装面布和贴边面料之间车缝固定，也可直接将扣襻缉明线固定在服装上。

根据不同的设计，一字型盘扣的运用使服装增添几分军装风或东方元素，华伦天奴，2011秋冬高级成衣系列

1

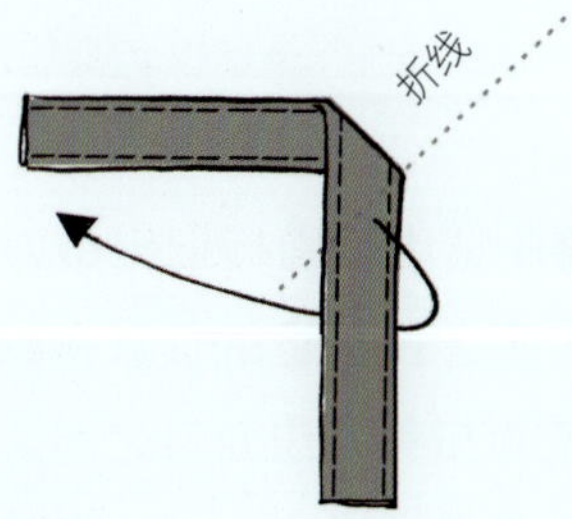

2

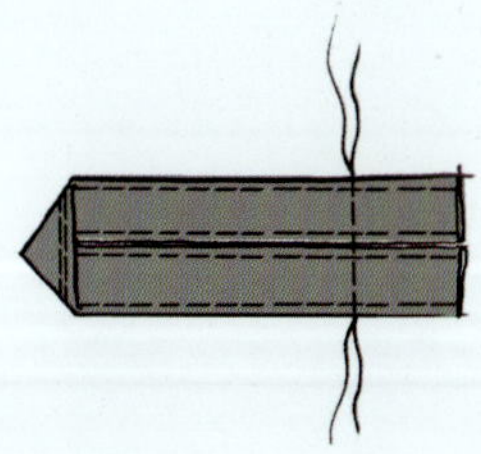

3

环襻扣

1

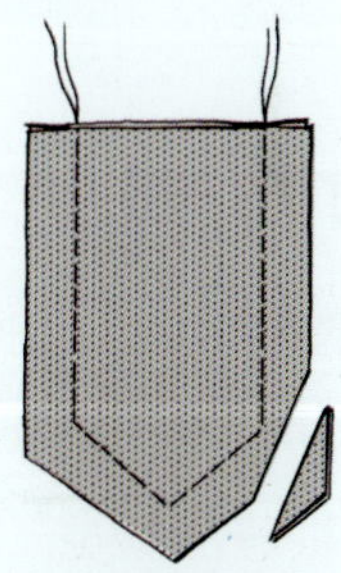

修剪转角处缝份

2

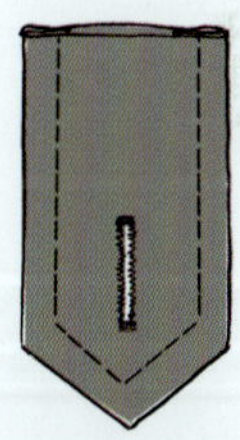

3

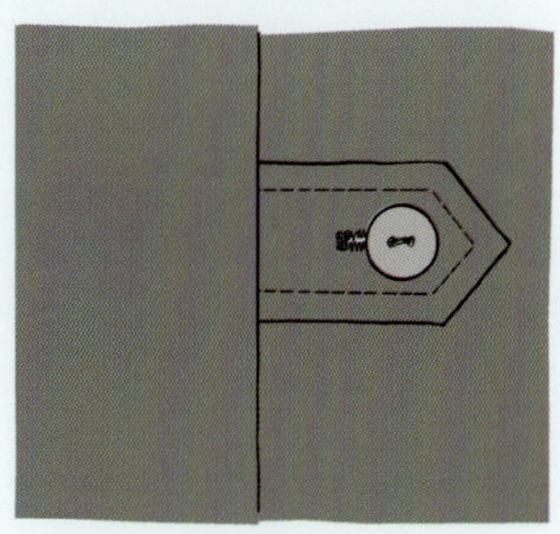

平襻扣

按扣

在服装上想让扣合处达到平整的效果，可使用按扣。按扣的材质有金属或者塑料，并且有多种大小和色彩可供选择。其中有缝纫固定的按扣，也有无需缝纫的种类，使用特殊的工具或锤子将其固定。更多按扣详情可参考第83页。

手工缝制按扣

1 用单线在按扣的每一个角缝纫并打结固定。按扣带有钉的那一半缝于门襟反面，有凹槽的一半缝于底襟贴边上。

2 先在门襟上标记按扣的位置，底线打结后，将手针从服装反面标记点处穿入到服装正面。

3 将带钉的一半按扣缝于门襟上，通过按扣上的钮孔将按扣缝纫于面料上，在结尾处加固缝几道。

4 按扣两半扣合，用大头针在面料上标记凹槽的位置，缝纫方式与之前相同。

在合成橡胶大衣中使用大号的按扣，朱利安·麦克唐纳德（Julien MacDonald）

磁力扣

磁力扣的运用常见于配饰设计，并成为了一种时尚，磁力扣极具现代感，并能让扣合处达到“隐形”的效果。磁力扣详情可参考第84页。

1 在贴边正面标记出磁力扣中心线的位置。按标记的位置将磁力扣放在服装面布和贴边面料之间。在车缝前，可用手针沿磁力扣边缘粗缝，固定位置。

2 将缝纫机压脚更换为单边压脚，这样车缝线能更贴合磁力扣边缘。从服装正面缉明线将磁力扣固定于缝线内，试验并调整明线样式，确保与服装设计相搭配。最后确认缝合于门襟和底襟的磁力扣相匹配。

1

2

魔术贴

魔术贴有不同的尺寸和颜色可选择，以米为单位进行购买。可运用在休闲装或运动装上，服装可快速固定，通常会与其他的扣合方式搭配使用，如拉链或按扣。更多魔术贴详情可参考第83页。

1在门襟和底襟上标记出魔术贴的位置，并按需求尺寸裁剪魔术贴。将魔术贴带刺钩的一面用大头针固定于底襟贴边上，有绒毛的一面固定于门襟反面。

2将魔术贴缉明线固定于服装上，可沿边缘车缝或沿对角线车缝。

袖口处的魔术贴

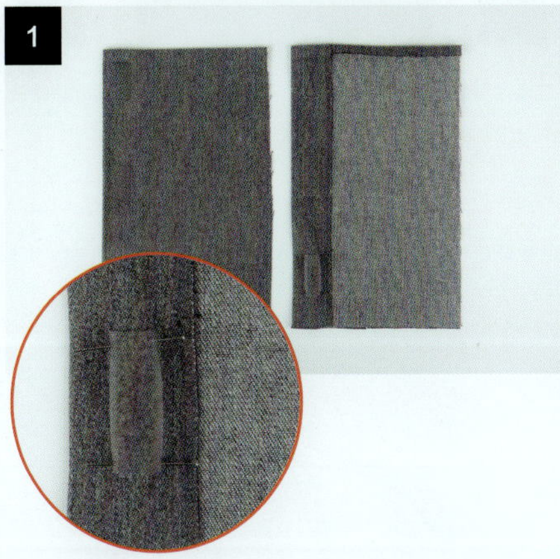

风纪扣

风纪扣由两部分组成，通常结合其他扣合方式同时运用在服装上，如运用在拉链顶端。更多风纪扣详情可参考第84页。

钩扣

将服装翻到反面，用双线或单根明线将钩扣缝于贴边面料内侧，结尾处使用回针缝，并打结固定。将钩扣放于布边稍稍向里的位置，手针从贴边面料反面穿到正面钩扣处，用锁钮孔的针迹沿环形处缝纫，尽量缝密一点。

将手针在服装面布和贴边面料之间移动至钩扣的另一侧，用锁边缝方式固定，结束缝纫后将线在服装面布和贴边面料之间打结固定。

孔眼

孔眼放置于布边，稍稍超出布边的位置。为使风纪扣能完美地扣合，在钩扣缝合后可将钩扣和孔眼扣合，再将孔眼的位置标记于面料上，这样可使布边之间的距离尽可能地靠近。将孔眼放于标记点后，用手针从贴边面料反面穿过正面钩扣处，用锁钮孔的针迹沿环形处缝纫，尽量缝密一点。

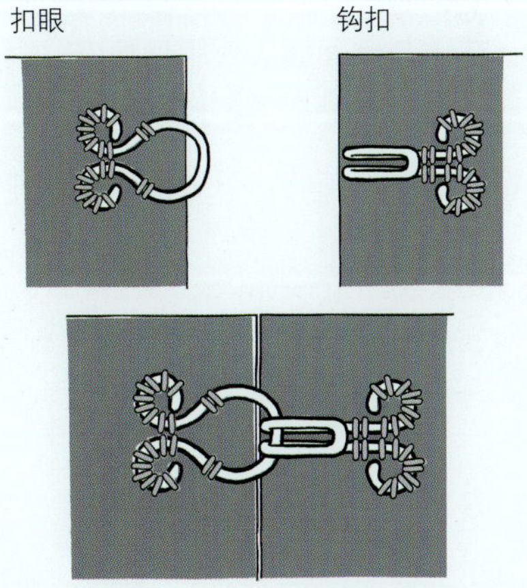

将手针在服装面布和贴边面料之间移动至钩扣的另一侧，用锁边缝方式缝纫固定，结束缝纫后将线在服装面布和贴边面料之间打结固定。

裙头扣

裙头扣可用于半裙和裤装腰头处，缝纫方式和风纪扣相同。钩扣缝纫于门襟布边内侧，扣襻缝纫于相应位置的底襟上。

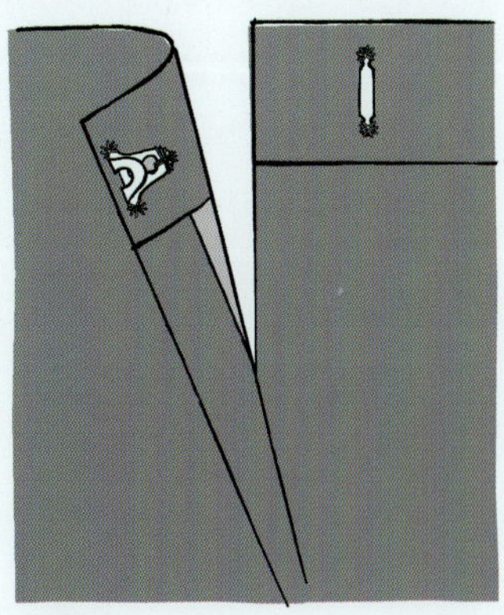

风纪扣

拉链

拉链常规开合方式为从下至上拉合，也有双向拉链，可从两端同时拉合，也可以是圈齿或链齿（详见第82页）。拉链可装在服装中线上，也可以做成暗拉链、或露于服装表面，亦或隐藏于服装，或位于门襟下。在安装双向拉链时有几个需要注意的要点。

上图：运用拉链固定并作为装饰的平纹单面针织布和网眼面料女装，朱利安·麦克唐纳德设计

右图：真皮机车套装中运用双向拉链，在裤片上用一条长拉链贯穿于整条裤腿，两端都可拉合，拉链元素也贯穿于口袋设计中，范思哲（Versace），2013秋冬

将拉链剪短

任何拉链的长度都可剪至想要的长度，不过双向拉链只能从顶部剪短。圈齿拉链可从顶部或底端用一把旧剪刀剪短至想要的长度。然后在顶部裁剪处用锁边缝针迹加固，如果从底部裁剪的，可机缝人字缝加固，防止拉链头滑落。链齿拉链由很多个独立的拉链齿组成，所以需用钳子夹掉多余的拉链齿至想要的长度，再用与圈齿拉链相同的方式在顶端加固，或将原来的金属帽放回顶端固定。

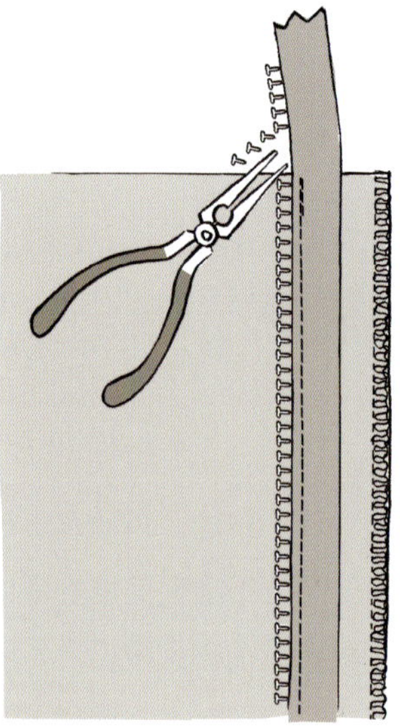

拉链缝制前的准备工作

在服装中设计拉链开口时，首先需考虑拉链的大小是否合适，除非是定制拉链。测量拉链长度即拉链齿从头到尾的长度，而拉链两端多出的织带助于拉链缝合于服装。拉链顶端的织带缝于腰头或贴边上，底部织带则缝于门襟或缝合线中。

在服装上有多种开口方式用来装拉链，一些安装方式需要将缝边提前车缝处理。在服装反面缝头处用打剪口，大头针或划粉的方式标记出拉链长度。如果需将缝边提前车缝，可选择以下几种方式。

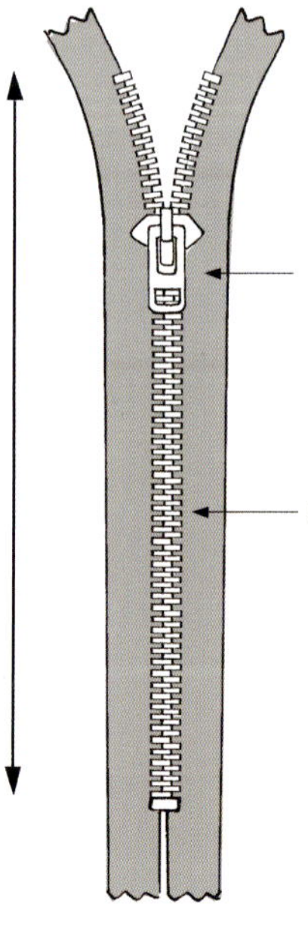

方法1：

用4～5mm线迹将衣片平缝，缝合至拉链长度，在拉链底部标记点回针缝，然后再将线迹调小完成剩余部分的缝合。将缝份劈烫，待面料冷却后，将装拉链处较大线迹的缝线拆除。

方法2：

平缝缝合衣片，空出上拉链的位置不缝合，再将缝份劈烫。

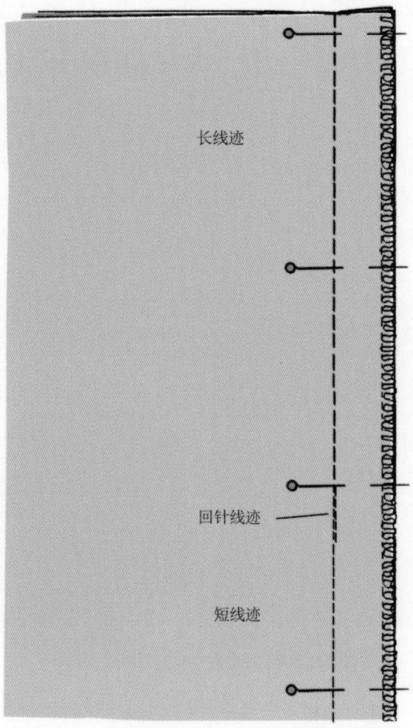

置中拉链

这是一种常规的上拉链方式，拉链位于缝合线之下，拉链齿被两片盖布遮挡，并在拉链两旁缉明线。拉链可安装在服装中心线上或其他地方，但避免安装在侧缝，会将盖布撑开。缝纫置中拉链时可用机缝缉明线或用手针运用拱针法缝纫（详见第115页）。

车缝置中拉链：

1 根据方法1做好上拉链前的准备缝纫工作。

2 将服装正面朝上，将拉链放于服装拉链开口底部中心线处，使拉链顶部的织带对齐布边。用大头针固定拉链于服装上，确保拉链齿被覆盖。对于初学者，可先用手针将拉链粗缝固定，然后拆掉大头针。将缝纫机压脚换成上拉链的单边压脚。

3 将拉链拉开一半，将服装正面朝上，放于缝纫机上准备缝纫，将机针尽可能靠近拉链顶端拉链齿。开始缝纫时加固几道回针，之后紧挨拉链齿缉明线，大约距布边5～6mm。

4 靠近拉链一半处停下，机针扎在面料上不要抬起，抬起压脚关合拉链至顶端，继续缉明线至开口底部，然后改变缝纫方向，横穿拉链底部车缝，不要在拉链齿上车缝，而在接近拉链齿的织带处车缝。

5 车缝至拉链另一侧的一半时，将机针留在面料上，抬起压脚，将拉链打开至缝合处。将剩下的部分缉明线缝合，在尾端回针加固。

1

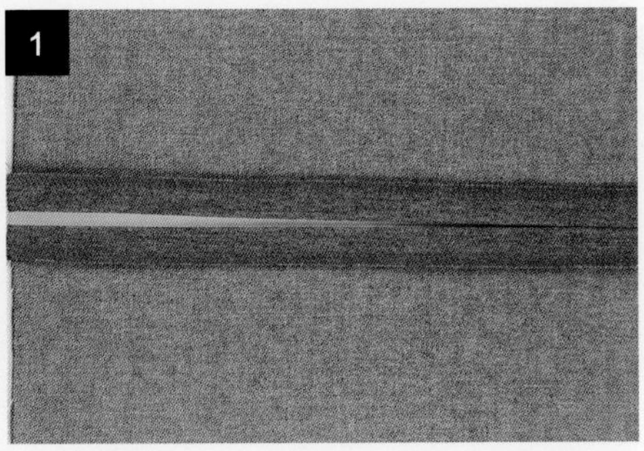

2

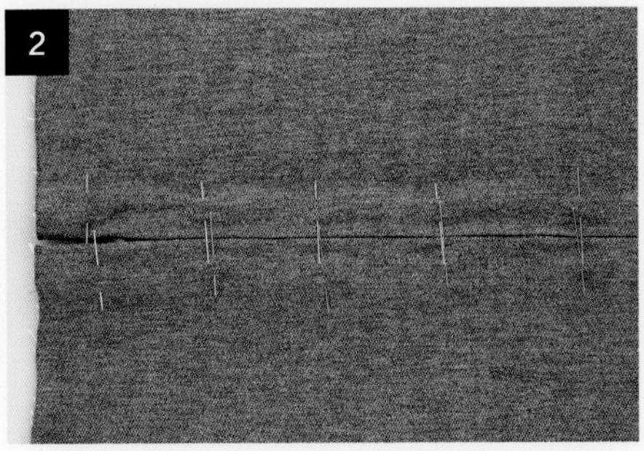

5

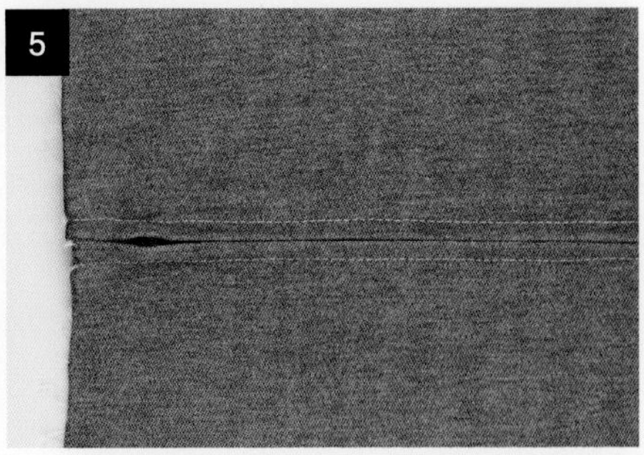

门襟拉链

门襟拉链主要运用在裤装和半裙中，为防止拉链拉合时将面料夹进拉链齿，会在拉链下方添加底襟或门襟贴边，所以拉链不会接触皮肤。女装的门襟朝向左边，男装则朝向右边。

门襟拉链缝制步骤

第一步：

裁剪底襟和门襟贴边，并将门襟贴边其中一侧的长边和宽边锁边。将底襟贴边反面相对对折，将其中一侧长边和宽边锁边。或者可将底襟贴边用翻袋法缝制。

第二步：

将裤片前片正面相对，车缝前裆线至拉链开口处，起始处和终点处回针加固。用大头针将门襟贴边固定在拉链开口处，并车缝至拉链开口结尾处，将缝份折向贴边一侧。

第三步：

将裤片翻到正面，将底襟贴边展开，并在缝合处缉明线加固缝。

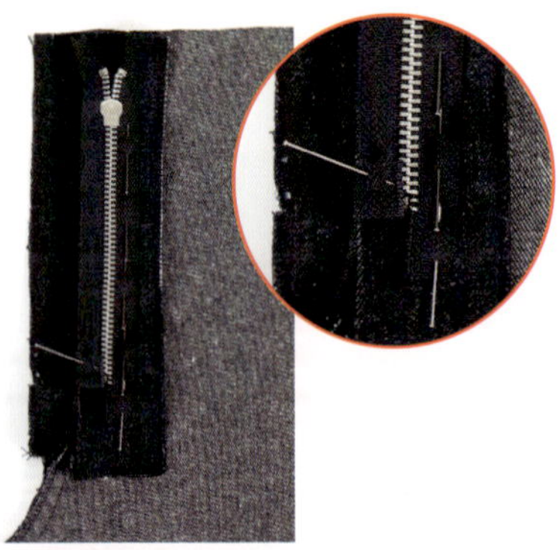

第四步：

将底襟贴边折回裤片上，将拉链反面朝上放置于贴边上，拉链左侧织带对齐贴边左侧缝边。用大头针将贴边右侧及拉链织带右侧固定即可，在拉链底端，将多余的织带向上别起来（如图所示），避免车缝底襟贴边时一起缝纫进去。

第五步：

将拉链拉到一半的位置。缝纫机换上拉链压脚，车缝拉链右侧织带至贴边上，尽可能靠近拉链齿车缝，缝至拉链长度中间时停下，不用抬起机针，将拉链向下拉到底。

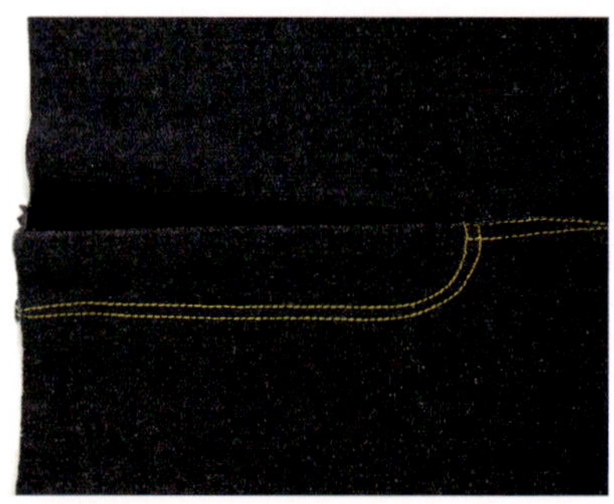

第六步：

在门襟上标记出明线位置。从服装正面在门襟上缉明线，根据服装的设计可选择缉单线或缉双线。通常线迹在拉链底端处呈弧形。

第七步：

将拉链织带底部的大头针拆除。固定底襟与拉链织带，对齐缝头与织带布边，车缝时尽可能靠近拉链齿。

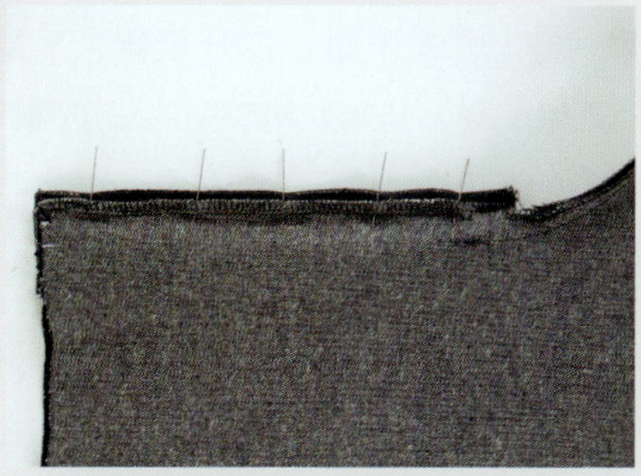

第八步：

将底襟门襟贴边用大头针固定于底襟一侧，这样可使拉链位于门襟贴边和裤片之间。如图在缝份内用大头针固定。

第九步：

将裤子翻到正面，拉开拉链，沿拉链齿旁车缝，同时将底襟门襟贴边车缝进去。车缝至一半时，不用抬起机针，将拉链拉好后再继续车缝。

第十步：

翻到裤子反面，在贴边底部来回车缝固定，注意只缝制两块贴边，不要将裤片车缝进去了。

第十一步：

完成后可装上裤子腰头或贴边，具体上腰头方法和如何制作考究的腰襻，以及无门襟贴边拉链的制作方式可参考第165页。

裤装门襟开口处也可用钮扣代替拉链固定

暗拉链

暗拉链会由一片盖布遮挡住拉链齿，只在表面留下一道明线，从而达到“隐身效果”而得名。可在侧缝处运用此类拉链缝纫方式，盖布方向需从前片朝向后片。

1绘制纸样时在拉链开口处加放2cm缝份。用方法2做好上拉链前的缝纫准备工作（详见第239页）。将服装正面朝上，将拉链放于拉链开口下方，拉链织带对齐服装顶部布边。将右侧布边用大头针固定于拉链齿旁，如必要可用手针粗缝，然后再使用拉链压脚车缝。

2将左侧面料盖住拉链齿，稍稍超过缝合线。用大头针固定，如有必要可距布边1cm粗缝。用水消笔标记出缉明线的位置，或依照手针粗缝的线迹做参照车缝。

3在服装正面，拉开拉链，从顶部开始车缝，起始处用较短的线迹回针缝，车缝至一半时，不用抬起机针，将拉链拉好后再继续车缝。

4在拉链尾端，可横向车缝成弧形或矩形，但不要在拉链齿上车缝，需在拉链齿下方的托布上车缝，结尾处回针加固。

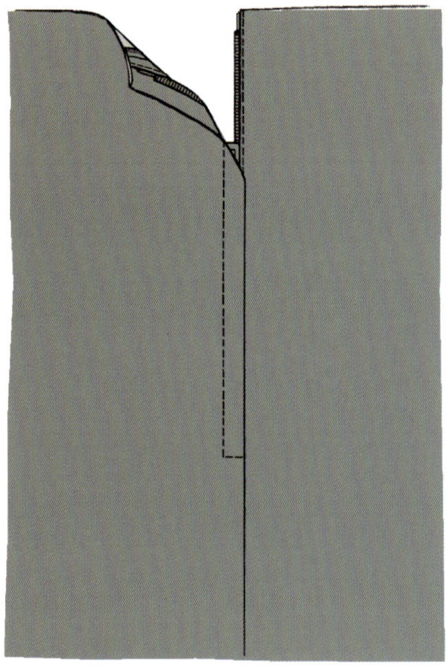

一条暗拉链

明拉链

明拉链可安装在服装任何部位，因为不需要额外加放缝份。露出的拉链齿可作为一种设计元素运用在服装中。

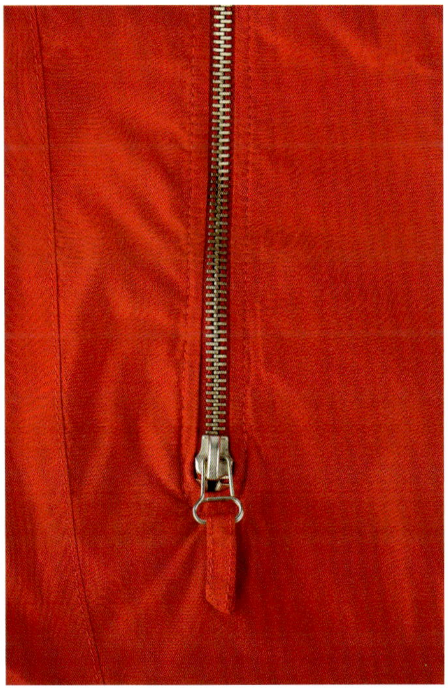

右图：红色塔夫绸夹克上运用明拉链细节，朱利安·麦克唐纳德

最右图：皮革半裙口袋上运用明拉链和袋盖装饰，朱利安·麦克唐纳德

明拉链缝制步骤

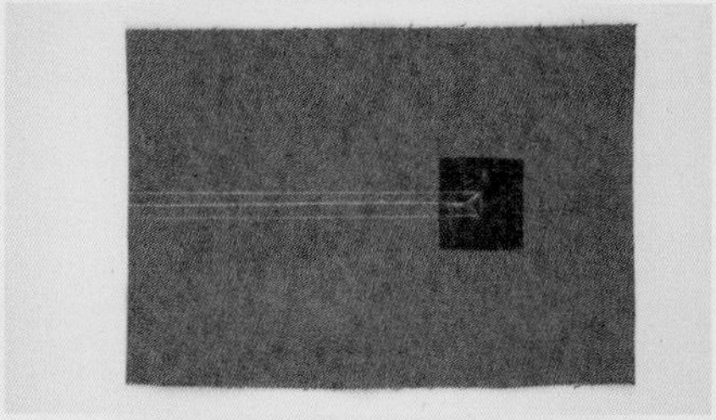

第一步：

在服装反面，标记出拉链开口的长度和宽度，宽度根据拉链类型和大小决定。在开口底部黏一小块衬加固。

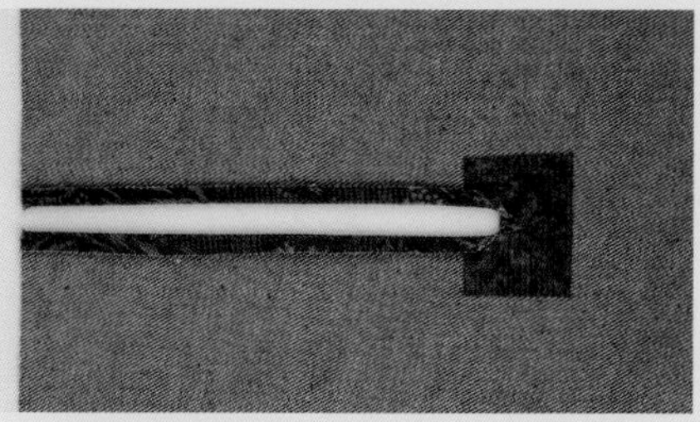

第二步：

沿标记的矩形中心裁剪，距两端1cm处停下，打三角剪口。在服装反面，折叠剪开的边缘5mm，具体折叠宽度根据需要露出多少拉链决定。

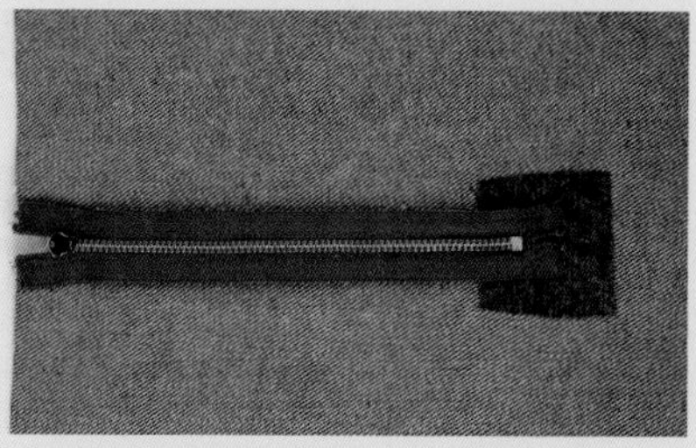

第三步：

将拉链反面朝上，对准中心线放置，将织带用大头针固定于折叠边上。缝纫机装上拉链压脚，从上至下车缝拉链两侧，起始和结尾处回针加固。

第四步：

在底部边角处，将拉链织带折向反面，靠近三角剪口处。沿三角剪口底边车缝织带，同时将拉链开口底部缝合。

第五步：

最后可在服装正面拉链周围缉明线，在服装内部可用贴边、上衬里或包边的方式使内部整洁，不会露出毛边。

隐形拉链

隐形拉链缝于衣片缝合线中，不会在服装表面露出明线，可在服装中达到“隐形”效果，可装于大多数不同类型的面料服装中。购买拉链时，需购买比实际要求尺寸长2cm的拉链。拉链可在衣片缝合前或缝合后安装，车缝时使用隐形拉链压脚，确保机针尽量贴近拉链齿缝纫。

缝合衣片之前安装隐形拉链的步骤

第一步：

将拉链拉开，从左衣片开始缝纫，将拉链反面朝上，放于衣片正面，用大头针沿拉链织带固定于衣片缝份处，拉链位于缝合线中央。

第二步：

缝纫机装上隐形拉链压脚，车缝拉链于面料上，直至车缝于拉头处停止。闭合拉链，将拉链另一侧用大头针固定于衣片上，再将拉链拉开车缝。

第三步：

装好拉链后，如需继续车缝剩余的缝边，再将压脚更换为传统拉链压脚，从拉链尾端开始车缝。

第四步：

使拉链织带尾端加固于服装缝份处，可来回车缝几道。

全开式拉链

全开式拉链可露于服装表面，也可用盖布隐藏。通常运用于大衣或夹克，因为拉链可以完全打开。在一些面料中，拉链开口处需要用牵条或衬条加固。

1 测量拉链尺寸是否适用于服装开襟处。用较大线迹平缝服装开襟处，并将缝份劈烫。

2 将拉链反面朝上，放置于缝份上，中心对准缝合线，用大头针或手针粗缝固定。拆开开襟处缝合线。

3 将缝纫机更换上拉链压脚。从服装正面，沿拉链两旁缉明线。明线可紧靠布边车缝，也可距离布边1cm车缝，距离大小可自由变换。

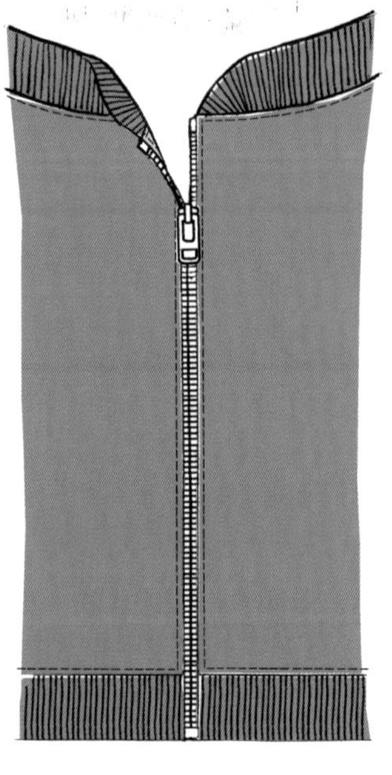

全开式拉链

整烫

当完成服装全部缝纫工作后，检查所有缝合处，最后进行调整以及熨烫，以保证服装的品质。将服装挂在衣架或人台上，从各个角度远处观察服装形态是否达到预期效果。拆掉所有粗缝线迹，最后完成需手工缝制的部位，如钮扣、风纪扣或按扣。检查服装的每个细节处是否完成，确保衬里没有超出面布，最后修剪掉缝合处的线头。

半成品熨烫和最后的整烫

制作服装的最后一步是整烫服装，留出充足的时间熨烫整件服装，有许多技巧和细节需注意，熨烫工具详见第28页。

1 熨烫较长或厚重的服装时，将熨烫板周围的地面铺上纸，以免弄脏服装。在熨烫前清理熨斗底部，保证底部干净，待熨斗到达面料需要的温度时再熨烫。

2 将服装翻到正面之前，熨烫服装的省道、缝合线及底摆缝份半成品，避免正面熨烫时将服装结构点或线在服装正面留下印记，熨烫时在缝份下方垫一层纸。

3 最后的整烫需熨烫服装正面，在熨烫时垫一层熨布保护面料。

4 如果熨烫服装表面时留下了折痕或极光，可在无绒熨布上喷洒薄荷水，再垫在服装上使用蒸汽熨烫或直接进行熨烫（详见第29页）。

5 弧形或有廓形的部位需在烫凳、手套式烫垫或袖板上熨烫，通常袖子需在袖板、袖烫垫或手套式烫垫上熨烫。

6 熨烫钮扣、按扣、磁力扣和魔术贴部位时需将扣合打开，拉链处则闭合熨烫，熨烫时隔层熨烫。

7 熨烫服装时按经线方向熨烫。上衣、衬衫和连衣裙从领围处向下熨烫。

8 裤缝最后再熨烫，裤缝通常熨烫在裤管前片和后片中缝上，如前片有腰褶，则裤缝线需从褶线延伸出来。

9 将熨烫后的服装挂在衣架或人台上，待面料冷却。一些服装可穿上人台后再用蒸汽轻微熨烫，达到最好的效果。

10 整烫完成后用衣刷刷掉服装上的线头和绒毛，最后将服装放进衣袋中存放。

熨烫缝份

熨烫省道缝

5 针对不同面料的制作工艺

不同面料的运用

不同的面料和材质有不同的特性和结构，针对不同面料会用到一些特殊的处理和缝制方法。设计师、制板师和样衣工对于某些类型的面料会比其他人更熟悉，但有时只熟练掌握一或两种类型的面料。本章将以设计成品为例，介绍针对不同面料和材料的具体处理方法。请记住尝试制作非常规服装时，使用最后确定的面料制作样衣。

在下列面料目录中，每个部分都解释了不同面料的结构或织法、该面料的整理方式、购买面料的注意事项。以及进行立裁、打板和裁剪的技巧。特别要注意在运用专门设备进行裁剪、熨烫及缝纫面料时的工艺方法。针对不同的面料，从以下几个方面进行步骤详解：衬布/夹层和衬里的选择、缝合类型和表面处理、下摆和边缘的处理。最后，扣合件的选择方法会在制作各种面料的经典款服装中展示出来。

牛仔面料

丹宁实际上是产自法国尼姆的一种非常耐用的面料，源于法语Serge de Nimes，后来简称为丹宁，一种与之相似的牛仔面料，在16世纪诞生于意大利。丹宁面料由一种彩色线及白色线织造而成，而牛仔面料由两种相同颜色的线织造，与牛仔面料相比，丹宁面料更加耐用坚韧，因此价格更加昂贵。直到18世纪，丹宁和牛仔面料因其耐用且好打理，常出口到英国用于制作工装裤。

一整套水洗牛仔服装，经过漂白和未经漂白的面料缝合拼接成的飞行员夹克，呈现犬齿及勾状花纹。彼埃尔·巴尔（Pierre Balmain），2014春夏

牛仔服装

专业设计生产牛仔服装的品牌有李维斯（Levi’s）、威格（Wrangler）、迪赛（Diesel）、德国野马（Mustang）和李（Lee）。牛仔元素也常被其他一些时尚品牌运用在休闲装及时髦的款式中。大多数几乎都拥有至少一件牛仔单品，一条经典的牛仔裤、一件衬衫，或是一件夹克。尽管这部分主要讲述牛仔裤的处理及制作方式，但同样也适用于其他牛仔服装和配饰的制作。

牛仔的织造及加工处理

丹宁是一种紧密编织的斜纹织物，十分坚韧耐用，可织造成不同的厚度。丹宁通常由100%纯棉织造而成，也可在棉里混合人造纤维，比如黏胶或涤纶。如果需要生产弹力丹宁，弹性纤维将会植入面料中。传统织造中，经纱会染成靛蓝色，纬纱保留自然的白色。这样呈现的效果为：一面看起来是蓝色的纱线（通常是正面）；而另一面白色的纱线比较明显。

经过多次水洗后，牛仔的靛蓝色会逐渐褪成斑驳的浅蓝色，但正因为如此而备受青睐。随后推出的做旧牛仔，其运用物理或化学的方式，使面料看起来好像是自然磨损的。

购买时需注意

· 选择合适的面料厚度

· 检查牛仔的做旧方式，可能未清洗或没有进行预缩水处理。

· 制作紧身裤及窄脚裤时使用弹力牛仔面料。

· 制作修身型牛仔裤时避免使用弹力牛仔，以免服装变形。

· 加工处理的牛仔服装，裁剪时需考虑到面料缩水的情况，可多预留一些面料。

石磨水洗：在工业用的滚筒洗衣机中，放置浮石，以磨损面料，使其表面看起来呈现做旧的效果，同时面料变得更柔软。

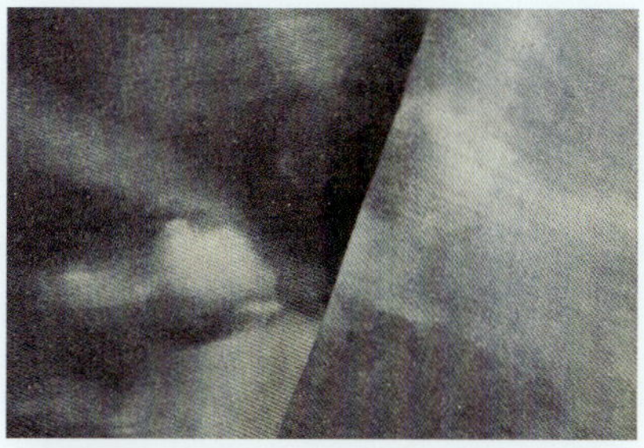

漂白：可以购买预先漂白的牛仔面料，也可以在购买后再进行漂白，制成的服装颜色更淡一些，展示出特定的细节和图案。

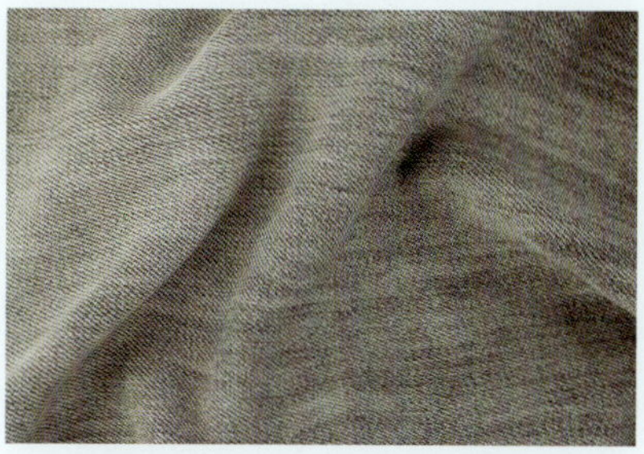

打磨和刷绒：面料表面使用砂纸或坚硬的刷子进行打磨，呈现出破旧或仿麂皮绒的效果。

酶处理和酸洗：经过这项处理后面料表面会变得柔软光滑，尽管会降低织物的重量和强度。

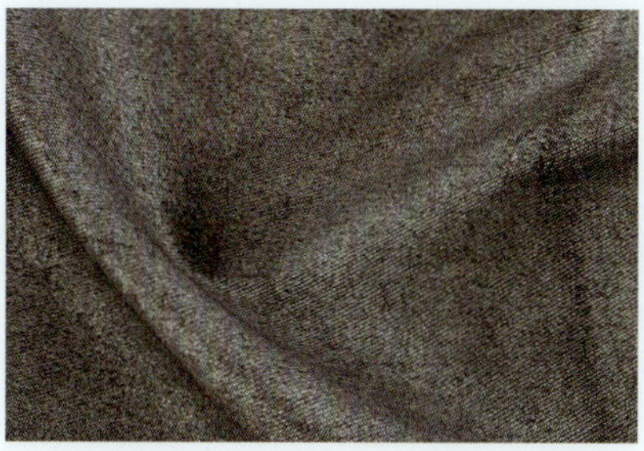

涂层处理：经过喷涂、着色、树脂涂层，面料表面会呈现出金属感或高光泽的质感。运用塑料涂层能呈现出表面闪亮发光的效果。

特氟龙功能性涂层：经过处理后的面料运用于户外服装中，增加服装的耐穿性，同时也能增加保暖性能。

彩色印花或激光印花：运用类似植绒印花的技术为面料增加花纹图案。

做旧处理：通过打磨面料表面，实现这种效果，比如利用砂纸手工打磨，产生出破洞的效果。

纸样裁剪

选择一条合适的样裤当作模版（例如一条旧的修身牛仔裤），可以以此为基础调整版型。测量需调整部位的尺寸，如果需制作一条十分合身的裤子，尤其注意测量横裆及臀部的尺寸大小。如果是一些流行的或者造型独特的款式，测量时可以参考购物网站上所售服装的细节，通常都可以放大图片，能更直观地查看直裆、横裆及脚口的大小。

裁剪

准备工作

· 预先将面料进行缩水处理，留出足够余量，确保成品留有收缩量。

· 查看面料护理的要求，裁剪前最好清洗面料，或只清洗一块面料小样，检验面料收缩率。

· 清洗使面料变得柔软，可在清洗过程中添加白醋，防止面料褪色。

· 放置纸样之前熨烫面料，有助于面料固色。

排料

· 斜纹面料依照对角线方向放置，需统一纸样方向。

· 裁剪面料时可以单层裁剪或双层裁剪，双层裁剪时，面料需正面与正面相对裁剪。

标记

· 用划粉在面料反面作标记。

· 在裁片边缘打一个V型剪口标记定位点，注意牛仔面料不要过度磨损，以免虚边。

· 用打孔器或划粉标记定位点。

裁剪工具

· 使用弯柄剪刀更易于操作。

缝纫准备

缝纫机针

· 缝合处会比较厚重，需使用16/100号或牛仔专用针，这种针足以穿过几层厚重的面料。

· 缝纫缉明线时需使用较粗的线，因此使用针眼较大的针。

针距

· 观察牛仔成衣上的线迹宽度，缉明线宽度通常为3.5～4.5mm。

· 正式缝纫之前，试验不同线迹长短的明线效果。

线

· 缉明线通常使用对比度强烈的橙黄色聚酯线，强调缝合边线的同时又增加了视觉美感。

简单的平缝明线，运用两种不同颜色的线，创造出微妙的设计细节

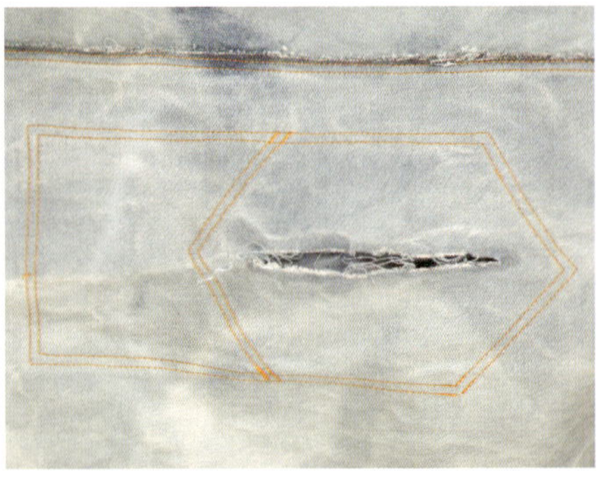

毛边的口袋设计使用双明线装饰

缝制方法

接缝处理

牛仔服的缝合处通常都比较厚重，比如腰头处。因为面料较厚且需要层叠缝合的原因，家用缝纫设备无法满足要求，例如在上裤襻时很难操作，这时可以手动操作缝纫机上的皮带轮，必要时可将压脚更换为双送压脚，面料更容易向前推送。在缝制口袋边角前，将边角捶压平整再开始缝制。通常在接缝处，特别是腰头部分都需要后期加工或修整，因为牛仔面料会在缝纫的过程中产生损耗量。设计牛仔服装时可选择对比度鲜明或本布面料进行贴边、装饰。

平接缝的线迹通常在裤子侧缝、牛仔服后中缝、后育克中可见，步骤详解见第128页

在裤子内侧缝用平缝方式缝纫，缝合后将反面的缝头锁边并进行劈烫

缉明线

牛仔服装上的缝合线大多都是缉明线，不仅能起到加固服装的作用，同时服装看起来质朴，还原自然本真的质感。具体介绍见第132页。服装的右侧缝通常会平缝两条明线，缝纫前可参考测量这两条线迹之间的距离。在袋口，贴袋，前后口袋处用双缉明线缝纫，可以参考牛仔成衣上线迹的宽度。缉明线可通过更换缝纫机的压脚，车缝不一样的线迹，如拉链压脚、滚轴压脚、同步送料压脚、双送压脚。

一些设计会在牛仔裤的侧缝、裤襻、袋口、髋关节等处“打枣”（译者注：一种针脚，28或42针，一般呈Z字形紧密排列），起到加固作用

底摆

在底摆处最好将面料往里折两次，然后缉明线缝合。如果服装在缝好后需要水洗，可尝试不缝纫底摆处，留下原始布边，产生自然的做旧效果。

牛仔裤裤脚通常进行双折边，再缉明线，做旧的裤边是牛仔裤的经典款式

扣合方式

牛仔服装上适宜使用坚固的扣件，如金属拉链、四合扣、工字扣和机缝扣眼。腰头处通常使用一种传统的金属牛仔扣，由两部分钮扣和一个平头钉组合而成，一般会经过做旧抛光处理成银色、镀铜色和青铜色。一些设计师会在牛仔扣上设计品牌标识的Logo。女装的牛仔裤和男装一样，腰头的钮扣放在右侧。

在钉腰头的工字扣前，先用划粉或记号笔在腰头中间做好需要打孔的记号，打孔之后将平头钉反面穿过小孔，再将嵌入组合的另一半钮扣，用锤子将两半钮扣固定在一起，锤打的时候底下垫一块平板，以便于操作。

牛仔装都十分耐穿

牛仔装系列设计

设计前对传统牛仔服装的设计特点及结构进行调研，其中有的元素仍可以直接运用，有的可以进行创新设计，如借鉴后贴袋的形状，但改变缉明线的设计。大胆创新，如改变整体的廓形，只要保留一些特有的元素及一些具有代表性的部位，让人一眼能看出这是牛仔装，但整体感觉却很不一样。

在家里自己很难制作做旧、水洗等效果的牛仔服装，因为这需要专业设备。但仍能通过分析牛仔成衣设计中的腰头设计、口袋设计、扣合方式、缉明线及剪裁方式，再结合款式设计和配饰的搭配设计出一件时尚的牛仔装。

制作步骤

首先缝制前后口袋和贴袋、前裆。然后缝合裤腿内侧缝，在裤腿外缝先缝上，缉明线，再将裤管缝合在一起，最后上腰头。

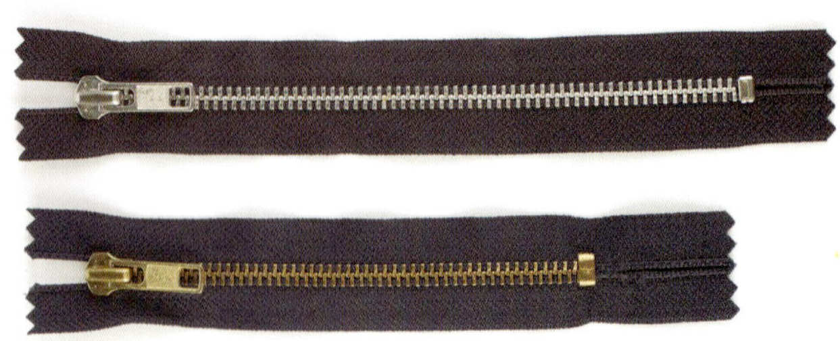

传统的牛仔扣分为两个金属扣部分（如上图）、用于结实硬挺面料的金属拉链（如右图）

针对面料的细节设计

腰头

牛仔裤的腰头是一片式裁剪，后中无破缝。裁剪时可裁剪两个腰头宽度，再进行对折缝制，或者裁剪两片再缝合在一起。腰头后片按经线方向裁剪，前中则稍微下弧，不完全垂直经线，这样能更贴合身体。成品腰头宽度一般是4cm，测量参考你自己最喜欢的一条牛仔裤。

牛仔裤前裆门襟

可以在门襟处缝纫拉链或扣子，方便穿脱。门襟处使用的拉链通常都是金属材质，并且从上向下拉开，使用扣子时一般使用工字扣和暗门襟遮挡。制作时可以参考牛仔裤成品，缉明线和打枣的方式多种多样。如何在牛仔裤门襟处上拉链详见第240～241页内容。

口袋

通常有5个口袋：两个铲形后贴袋，在前片有两个斜插袋，在右边的斜插袋上有一个小的“表袋”。口袋的里襟面料用棉质面料，最好是原身收缝，包缝锁边也可以。口袋边角处用铆钉或打枣工艺加固。一些设计师会在口袋的明线上进行复杂、创意的设计，传统做法是在袋口上方缉双线，在边角处打枣。

腰头上的明线可以是一条边距很窄的单线或在下方缉双线，根据你想要的整体效果进行缝纫

裤门襟采用隐藏式里襟设计，从腰头到里襟都使用牛仔扣扣合

上图：小口袋的起源仍不清楚，据说从前人们将其用来放置怀表

下图：铲形后口袋是一个展示空间，设计师可通过不同的线迹展现不同的设计效果

打枣

打枣是一种用于加固容易脱线处的工艺，呈很窄的Z字形线迹。在一些牛仔裤的设计中，打枣会运用不同颜色的线缝纫起到装饰的作用。

在牛仔裤上打枣出现在袋口、裤襻、门襟下方等处，起到加固的作用

铆钉

金属铆钉通常设计在口袋角、门襟上方，起到加固作用，与其他金属配饰如拉链和钮扣的风格呼应。

这种金属铆钉由两部分组成，钉在服装上的效果如图所示

针织和弹力梭织面料

相比于传统的机织面料，针织和弹力面料的延展性和回复性更好（拉伸后能恢复为原始的形状和大小），减少分割线的运用也能使服装更加贴合身体，即使运动状态也能伸缩自如。弹性面料不易起皱，并具有“记忆功能”，即快速恢复成原来的状态。面料进行拉伸和恢复的程度由面料中的纤维、纱线和织物结构决定。针织面料包括强缩绒、单面汗布、双面针织、螺纹针织、拉舍尔面料、网眼面料、经向斜纹毛织面料、米兰尼斯经编织物、卫衣针织面料、弹力毛圈布、丝绒、运动针织面料、弹性网眼经编面料、摇粒绒等。

针织T恤衫搭配运动衫面料的马甲和裤子，路易斯·戈登（Louise Goldin），2013春夏成衣发布会

在服装中的运用

弹力面料能满足不同服装设计的需求，例如运动衣、专业运动员服装、功能性服装，穿着此类服装便于身体无拘无束地活动，即使运用在日常休闲装、家居服中也能增加舒适度，而内衣、束身衣使用弹力面料能更好地贴合身体。得益于弹性纤维和面料的创新性发展，设计师现如今既能保留传统服装的舒适度，又能满足更为合体的设计，例如弹力面料运用在定制的套装中，改变了传统套装的形态。

不同针织、弹力面料的设计与运用

· 平纹单面针织面料柔软并具有垂坠感，适合抽褶、打褶等随意休闲服装的设计。

· 双面针织面料挺括并且弹性相对较小，适合简单裁剪的服装。

· 拉舍尔面料根据重量的不同用途不一，适合运用于合身的廓形、无领服装、口袋里布、落肩等设计。

· 运动衫和卫衣面料非常柔软，常见于简单的无领休闲服装，腰部和袖口有松紧设计，袖子适合蝙蝠袖或和服袖。

· 网眼面料通常与其他面料拼接或作为里料，或运用在简约设计的套头衫中。

· 经编面料通常用于内衣和睡衣、运动装，或者用作里料。

· 毛衣针织面料外观类似手工针织，运用此面料设计时可选择简单的结构、宽松的袖子、无领、侧缝口袋的设计。

· 螺纹面料通常运用于管状服装廓形，或者在领口或底摆处做装饰。

· 弹力毛圈织物和丝绒都是表面有绒毛的柔软型面料，适合于宽松的休闲服装设计，比如落肩袖、插肩袖、蝙蝠袖及和服袖。

· 运动针织面料是双面或四面弹的面料，是紧身服装和高性能运动装的理想面料。

· 弹性网眼经编面料能很好地贴合身体，有助于塑型，适用于内衣、紧身衣、塑身衣。

· 摇粒绒是一种体积小、重量轻但具有很好保暖性能的面料，适用于无衬里的服装。

织造、制作、加工、整烫

弹力面料分为两种：一种是“舒适弹力”型，适用于日常休闲服装，如平纹单面针织面料和弹力牛仔；另一种是“高弹”型，能够很好地贴合身体，如经编网布。

弹力织物

弹力织物是标准的单向或双向弹力面料，由天然或人造的纤维和人造弹力纱线织造而成，如莱卡、橡胶、氨纶面料。同样的效果也能通过包芯纱线或强捻纱线织造而成。这种织造方式能使针织面料更舒适、更合体，并且赋予传统面料以时尚感，如牛仔和蕾丝。

平纹单面针织面料

针织面料可以由天然纤维或人造纤维或两者混合织造而成，分为单向弹、双向弹和四面弹等。有些针织面料添加弹力纱线来加强面料的弹力，制作的服装更贴身，并且拉伸后能快速恢复成原有的形状。更多关于针织和平纹布的介绍详见第74页。

购买时需注意

· 设计服装时确定面料所需的弹力程度，选择面料前还需确定面料的弹力方向。

· 不要选择布纹已经扭曲的面料，因其通常很难变正。

· 检查拉伸面料是否能回弹为原状。

针织面料

· 针织面料上的印花有时在拉伸的情况下会破坏，形状扭曲，将面料撑开观察是否会影响花纹的效果。

· 当需要保留面料的原始边缘时，选择双面针织面料，剪裁后边缘处不会卷曲。

· 管状或裁剪好的带状螺纹面料在弹力、回弹度和打理方面都不同。根据需要选择运用在颈部或下摆的螺纹面料。

主面料运用双层平纹布，在袖子上运用弹力网纱面料，朱利安 · 麦克唐纳德

纸样裁剪

大多数用于机织物面料的纸样也适用于弹性面料，但没有精确的细节，只能确定大致的形状。留出预估的伸展量，尽量减少接缝数量，消除省量。不同弹力面料的弹性不尽相同，裁剪时考虑面料的弹力程度以及准备裁剪的面料大小。在此之前可以使用一块相同弹力的面料进行试验，将面料缝纫、装上拉链，然后观察大小变化，再调整原始纸样。

针织面料

· 不使用收省的设计，运用宽松或者收褶的设计。

· 在用针织面料制作腰头时，避免按照常规方式裁剪腰头，最好使用橡皮筋、抽绳、贴边等方式使腰头合身。

· 针织面料很难做出有角度的边缘或缝线。

· 滑雪服和舞蹈服需按弹力的横纱向进行裁剪。

· 制作运动针织面料的纸样时，宽幅上不要留放松量，或减去5～15cm的松量。先制作一件样衣测量袖长、裤长、袖窿弧长是否合适。侧缝或后中缝处破缝缝合。

弹力织物

· 领口和口袋处运用简洁干脆的线条。

· 避免在面料上打褶裥，可运用省道或分割线。

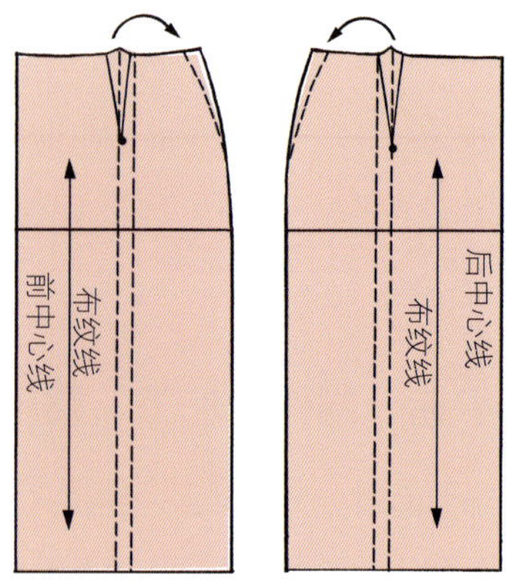

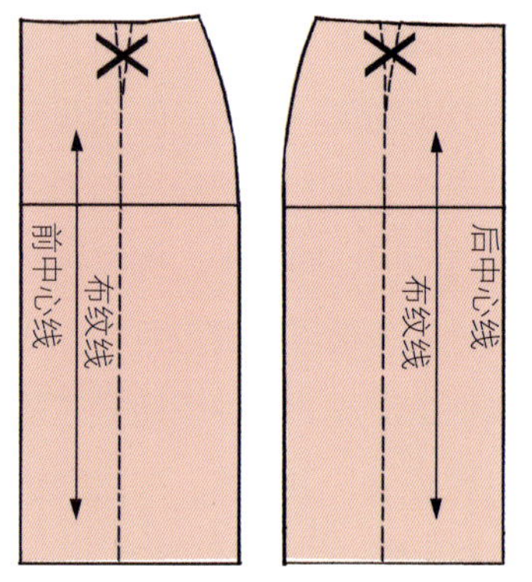

可以将省转移至侧缝对基本原型进行调整，将纸样放置在面料上时对准面料的纵向经向（如右上图），不要只移动省道（如右下图）

裁剪

准备工作

· 根据不同类型的面料，有些面料需要提前进行缩水处理。

· 裁剪之前尽量将面料展开，平放在桌面一晚上。

· 将面料上的褶皱烫平，或放置纸样的时候避开不平整的地方。

· 在转移纸样或裁剪时不要拉扯面料。

小提示：

如何检验面料是否需要预缩水，剪一块10cm宽的正方形面料小样，过水清洗。晾干面料小样，测量缩小的量，和原始面料进行大小对比。

排料

· 避免面料悬挂在裁剪桌的边缘。

· 一些针织面料的边缘呈不规则状，可运用罗纹竖向纹理确定一个直向的布纹。

· 当面料上有不规则的色彩或图案设计时，注意纸样排列方式。

· 面料织造成管状时，沿一侧将其裁剪开。

· 判断面料的正反面，单面针织物的边缘在拉伸后会向正面卷曲。

· 将纸样在面料反面排版，如果是有图案的面料，将纸样放在面料正面，根据图案进行排版。

· 有图案、颜色不规则或绒毛织物面料只能将纸样放在单层面料上单向裁剪。

· 一些针织和弹力面料可以将面料正面与正面相对，双层进行裁剪，如果不确定裁剪效果则进行单层裁剪。

标记

· 在面料反面进行标记。

· 在标记前，用重物压住纸样，或使用圆头大头针在纸样缝头处固定于面料上。

· 在用笔、划粉、线做标记的时候不要拉扯面料。

· 对蓬松针织物或网眼面料进行标记时，使用珍珠头大头针、安全别针或用粗线进行标记。

· 不要在针织面料上使用拷贝纸，因为拷贝过程中转动方向时会破坏面料纤维。

· 纸样边缘打V型剪口或用大头针标记对应点，但不要在面料上标记，针织面料具有弹性，对应点的位置会发生变化。

· 针织面料上可以用缝衣线标记出对应点，因为用锥子锥孔标记会破坏其纱线。

· 在弹力面料上用划粉或缝衣线来标记对应点。

剪裁工具

·使用适合面料厚度的锋利的弯曲柄大剪刀。

熨烫

·先用边角余料测试一下合适的熨烫方式，如蒸汽熨烫、劈开烫，或直接压烫，并在熨烫的过程中掌握合适的压力和温度。

·熨烫针织面料时不宜太用力压烫，容易使面料拉伸变形。

·不要直接在起绒织物的表面熨烫，需要在织物表面隔一条毛巾布或针板进行熨烫。

·在熨烫面料的正面时，隔一块本布或熨布进行熨烫。

·在面料上喷洒加入白醋（比例为50/50）的自来水或薄荷水可祛除面料上的折痕。

·每当完成一个缝纫步骤都要进行熨烫。

小提示：

在进行单层面料裁剪时，如需剪裁双份纸样，可将该纸样复制一份，同时放在面料上进行排版，避免遗漏裁片。

缝纫准备

手缝针

·根据面料厚度选择圆头5～9号手针。

机缝针

·使用圆头机针缝纫，可防止针头穿过纱线线股时损坏纱线。

·家用缝纫机上安装双圆头机针可模拟缝制出绷缝线迹，但需选择在服装无应力部分缝纫，因为缝线没有弹力。

线迹大小

·缝纫较薄的针织面料，如平纹布、拉舍尔、经编、双螺纹面料时，针距为2～2.5mm宽。

·缝纫中厚针织面料，如卫衣和毛衫针织面料时，针距为2.3～3.5mm宽。

如何避免缝纫时出现的问题

·剪一块准备缝纫面料的小样，在面料小样上试缝。

·避免面料拉扯变形，可减小压脚的压力。如需要可换上滚轴或双送压脚。

·如果出现跳针的情况，调整线的松紧度并检查机针是否是圆头针。

·保留领围、腰围和下摆处的缝线。

·使用平缝机或家用缝纫机缝直形线迹时适当拉扯面料，但不要过度拉扯以免线迹不平整。

·在缝Z字形线迹或使用锁边机和绷缝机时不要拉扯面料。

缝纫线

·使用涤棉混纺线、结实稳固的涤纶线，或有弹力的松捻线如聚酯复丝线等。

缝制方法

缝合

接缝处的线不能拉得太紧，否则容易扯断；在制作最终的服装之前，在面料小样上测试接缝处线所需要的放松量。缝合一些几乎没有弹力的面料时用平缝的方式缝直形线迹或Z字形线迹，Z字型线迹缝每一针时用线更多，这样稍拉伸时线也不易断裂。

一些针织面料不会虚边，但裁剪后边缘容易卷曲，将面料锁边能避免这样的情况。中等弹性和弹性非常大的面料需要用专业的4股锁边机或绷缝机对边缘进行处理。

需要锁边或绷缝时留出足够的缝头，一般留出7mm左右。使用家用缝纫机缝纫时选择带有弹力的线。测试一下针织面料是否能在缝纫时向前推送，横向纵向拉伸一下面料，找到合适的方向。衣片裁剪后将衣片进行锁边或绷缝，防止面料虚边。确保进行一些装饰缝纫如滚边、搭缝或贴边缝时不会影响面料的弹力特性。

用于将针织面料缝在一起的4线锁边机

运动衫和T恤衫的缝合

自从马龙·白兰度（Marlon Brando）在电影《欲望号街车》中穿上白色T恤衫后，这件标志性的T恤衫便从内衣变成了可外穿的时尚单品。标志性的廓形、紧身的裁剪、针织棉的面料，圆领短袖的设计至今仍深受喜爱。传统缝纫中，腋下和肩线用4线锁边机缝合，袖口和底摆处用绷缝机缝合，并在正面缉两道明线。领口边缘可以用罗纹拼接、本布镶边、滚边等几种方式进行处理。

底摆

缝制底摆前将服装挂24小时。缝边时可以用手针在反面挑人字纹以达到折边的效果，或用机器绷缝、缉明线或用双针缝纫机或Z字形线迹进行缝纫，除此之外贴边、反折缝或对原始边缘不处理也是处理衣片边缘的一种办法。一些设计适合做有弹力的下摆，考虑服装穿脱时下摆的弹力，无弹力底边的制作适合一些底摆容易变形的松垮面料。

边缘处理

根据服装的风格选择边缘的处理方式。对于较薄的针织面料服装、晚礼服、睡衣、内衣可以使用蕾丝、装饰性的弹力花边、编织带、松紧带、罗纹、贴边、滚边等方式处理边缘。滚边条可以购买成品，分为弹力和无弹力两种，也可以采用本布面料斜裁、直裁，或者采用可形成对比的面料。对于中厚的针织面料可以使用滚边、罗纹、花边、松紧带、编织带、贴边等方式处理边缘。贴边可以是与衣片一体式的、定型的、装饰性的或斜裁的，贴边面料可以选用本布面料或对比色面料，能增强设计感。当领围和腰围处无扣合设计时，运用弹力设计使服装方便穿脱。

运用平纹针织面料立裁的连衣裙，在领围处用扭绞式贴边处理边缘，朱利安·麦克唐纳德

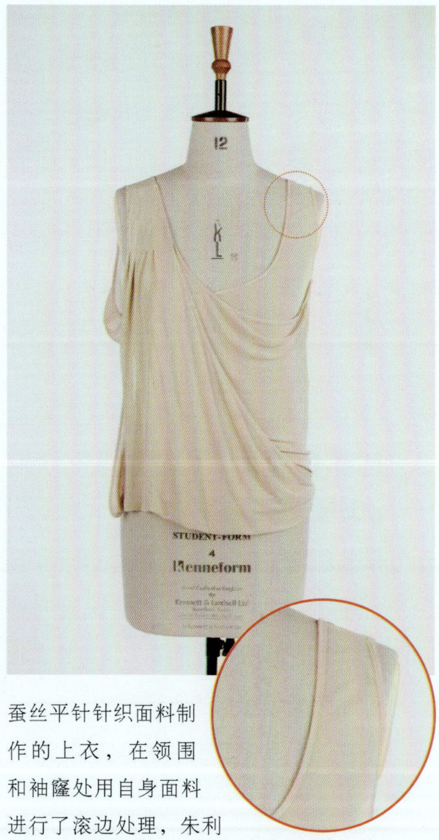

蚕丝平针针织面料制作的上衣，在领围和袖窿处用自身面料进行了滚边处理，朱利安·麦克唐纳德

小提示：

在运用滚边、松紧带或花边处理服装边缘时，需注意服装面料的厚度、纤维和整理要求。

罗纹

最常见的服装边缘处理方式就是拼接罗纹面料。裁剪罗纹面料之前检查围度和大小，确保不会太紧或太松，通常罗纹面料需裁剪得比服装边缘围度略小才能贴合身体。同时确保裁剪罗纹面料时没有拉伸，裁剪时稍稍比测量的长度长一点。将裁剪好的罗纹与服装边缘用别针暂时固定，观察大小是否合适，确定好后用锁边机或绷缝机缝合。

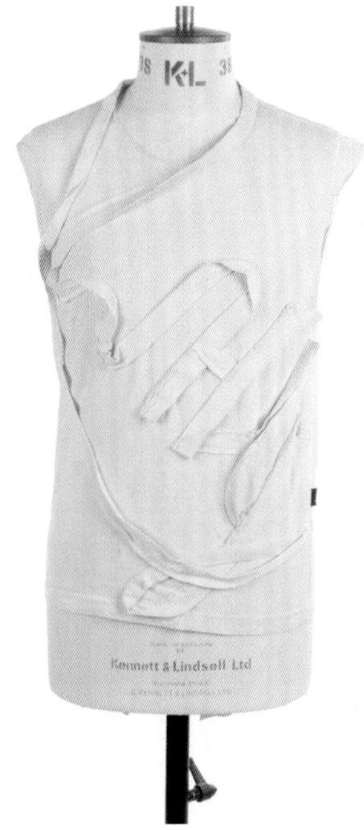

腰围

如果腰围处没有扣合或安装拉链，需要装上有弹力的腰头，可以用面料套住松紧带或直接将装饰性的松紧带安装在腰头上。裁剪松紧带时需比服装腰围稍小一点，这样才能更贴身。制作抽绳腰头时，腰围的宽度需与臀围一致，详见第165页。

复古T恤背心用罗纹面料通过立裁的方式装饰在服装的各个细节。设计师：让·保罗·高提耶（Jean Paul Gaultier），休闲系列，编号：0010

衬布和里子

松紧织物

松紧织物的服装因其弹力的特性不适合上里子或黏衬，但在一些服装或某些部位需要上里布支撑面布。

· 注意服装面料的水洗要求。

· 在肩缝、领口处贴稳定带防止变形。

· 加固缝合处使用透明（氨纶）弹力带缝合，使其具有伸缩性。

· 半裙和裤子中只在腰头处需用衬里，连衣裙则只在领围处需要。

针织面料

· 在轻薄的针织面料上运用热熔针织里衬，操作前先在面料小样上实验效果。

· 在短裙、裤子和连衣裙的制作中使用轻薄针织或斜裁的梭织里布作为里子。弹性里布有薄型经编和网眼面料。

· 在缝扣子、打扣眼、上按扣和拉链之前，通过添加无弹力里衬或贴牵条的方式加固面料。

弹性梭织面料

· 弹力面料贴边时通常使用有弹性的里衬，但在腰头、扣眼、领子、袖口、口袋、袋口等处使用无弹性里衬。

· 外套中使用经编、网眼或有弹力的里布。在裁机织里布时，需要斜裁，如果按照经线直裁，需要额外添加一个褶量，便于穿着者活动。

扣合方式

一些弹力服装中不需要使用扣合件也能随意穿脱，而传统的夹克、外套和羊毛衫上通常使用扣子、按扣或拉链，在使用非常精细的面料时，最好用风纪扣、扣襻、交叉系结的方式固定服装。

针织衫的扣眼位置需与罗纹保持平行，并与应力点呈一条直线，以免扣眼不平整。服装的扣合处最好运用无弹性面料，这样可以随意变换扣眼的方向，常规做法是在此处拼接皮革或羊毛面料。

拉链材质有金属或塑料之分，可用暗拉链或明拉链两种方式安装拉链，在一些比较精细的面料中使用隐形拉链。加固拉链开口处，可在反面缝线的地方加入牵条或一条机织镶边面料。上拉链处的开口需比拉链长1～2cm，多出的量在上拉链的时候通过吃势均匀地缝制至完全吻合，这样能避免拉链不平整。通常在上拉链前用手针将拉链先粗缝上去，在这一过程中用低档蒸汽熨烫，将多余的量通过吃势均匀地缝合进面料中。

在针织羊毛开衫中运用在扣合处的反面贴边的方式，防止扣眼和扣子拉伸变形，品牌：Noa Noa

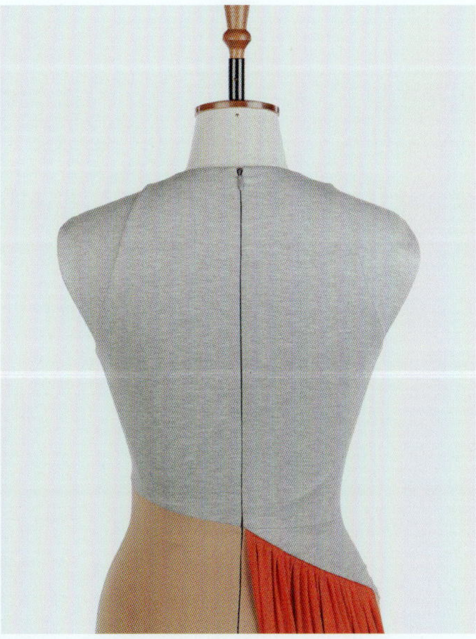

服装后中心线使用隐形拉链的效果，朱利安·麦克唐纳德，2010春夏

轻薄的羊毛开衫运用拉链扣合，朗万，2011春夏

透明和半透明面料

透明和半透明面料的质感多种多样，细腻的、飘逸的，也有手感较硬、质感挺括的等。厚度也有多种选择，大多数纤维都可用来织造这类面料。其中较柔软的面料类型有：细亚麻布、印花薄型毛织物、雪纺、雪纺绉、纱罗、乔其纱、丝网纱和绢网纱。较挺括的面料类型有：麻纱、点子花薄纱、双层透明织物、睫毛巴厘纱、闪光金属片装饰的透明丝织面料、亚麻手帕布、细麻布、薄纱罗、真丝薄绸、网纱、蝉翼纱、欧根纱、塔勒坦薄纱和玻璃纱。

在服装中的运用

透明薄纱面料常用于晚装、日常便服和女性内衣中。柔软的质感呈现出垂坠感，设计时尽量减少分割线的设计，运用抽褶、堆褶等方式能让整体效果看起来非常好。质感较硬的透明薄纱也尽量减少分割线的运用，但这种面料较挺括，不贴合身体。透明薄纱面料层叠地运用在领子、袖子和短裙中，打造个性别致的效果。土耳其式长衫、哈伦裤、蝙蝠袖、和服袖等廓形中运用斜裁透明薄纱面料制作能达到理想效果，但不适合用于合体服装廓形，容易导致缝合处裂开。

使用来去缝法缝制的玻璃纱短衫裙。袖口和裙摆处手缝处理，领围用非常窄的滚边条细致地进行滚边。所有缝头和底摆宽度相同，理查·尼科尔（Richard Nicoll），2014春夏

织造、处理和后整理

透明和半透明面料通过稀松编织而成，如网眼纱、针织或钩针编织而成的镂空图案。如果织造过程中使用比较稀松的织法，面料则呈现透明的状态，半透明外观的薄纱在织造时用了优质细密的纱线。局部透明面料可用化学或植绒印花的方法达到表面微凸的立体图案效果。化学处理方式也能运用在较硬的透明面料和PVC面料中。一些透明面料双面都有印花图案，但其中一面会比另一面明显。

购买时应考虑

· 在买面料之前考虑好缝制方法，再购买相应数量的面料，这些面料能通过立裁的方式带来设计灵感。

· 浅色的薄纱面料看起来更透明。

· 将面料对着灯光检查是否有印花、色彩、质量上的瑕疵。

· 计算立裁需要的面料量，准备双倍的面料，以免在进行面料实验时失败情况的发生。

· 天然纤维织造的透明面料，如蚕丝雪纺、棉质欧根纱比人工合成面料更易上手操作、达到想要的缝纫效果，因此购买上乘的面料能节约制作时间，并且能让服装达到更理想的效果。

雪纺连衣裙，在领口、袖窿、底摆等处采用卷边缝处理，阿尔伯特·费尔蒂（Alberto Ferretti），2012春夏

纸样裁剪

在服装前中或后中贴边时，为减少缝合线数量，可以直接将贴边量加到前中或后中的缝份折边中。在胸、腰、臀等需要加省位的地方换成抽褶或堆褶的方式，变化活动量和廓形。考虑到纱质面料容易虚边，缝头需要留至少1.5cm，缝头大小也需根据不同的开口和扣合方式进行调整。将纱质面料衬在其他面料下或将面料堆叠，产生丰富的层次感，同时添加口袋等细节，或在胸围处堆褶、抽褶能塑造出优雅端庄的感觉。

裁剪

准备工作

· 裁剪前熨烫面料，用干熨斗迅速且轻柔地熨烫轻薄的透明面料。

· 桌上平铺法兰绒或拉毛棉，然后面料上放上一层薄棉纸，再将面料正面朝上，放于薄棉纸上。

· 理顺面料确保平铺于桌上，如果不平整可以将边缘夹起来。

· 将面料用重物压住或用非常细的大头针固定，如蕾丝大头针。

· 将纸样在面料上铺排好并压住，仅用打线丁的方式做标记以免留下印痕。

· 还有一种方法，将纸样拷贝在另一层薄棉纸上。将面料平铺于薄棉纸上，再将这层画有纸样的薄棉纸平铺在面料上（见右图）。用别针或重物固定，裁剪时连同下层的纸样一起剪裁，这样能保证裁片纱向的稳定性。

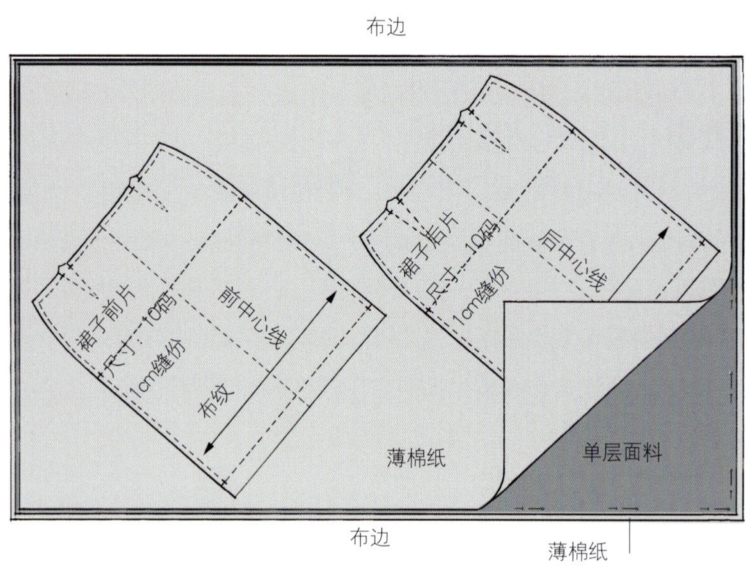

对于精细和轻薄面料的裁剪方案，在两层薄棉纸之间平铺单层面料，将纸样拷贝在上层的薄棉纸上

裁剪雪纺面料之前将其平铺于桌上

布局排版

· 一些面料从不同方向观察，将呈现不同的光泽以及单向印花图案，这类面料需要单层平铺裁剪。

· 没有底纹和图案的平纹面料在无定向的设计中，可以将面料双层对折再裁剪，这样能节约成本。

· 在单层面料上斜裁时，将纸样45°角对向布边，这样斜裁出的服装悬垂性更好。

· 更多关于布局排版的信息详见第48~51页。

标记

· 在精良的面料上做标记需要特别处理，选用手针和对比色的线缝线标记是首选。

· 不要在薄纱面料边缘打槽口标记，这样容易虚边。

· 用划粉标记前在面料反面试验一下效果，确保划粉不会在面料正面显露。

裁剪工具

· 裁剪窄边和弧形边缘时选用锋利的锯齿边缘型的剪刀。

· 裁剪直线时使用转盘裁刀，这样能确保面料始终平铺于桌面。使用转盘裁刀时需垫一块裁剪板保护桌面。

缝纫准备

手缝针

· 使用非常细的尖头手针。

机缝针

· 使用通用尺寸60/8到70/10的细针。

· 将新的机针装在缝纫机上时，检查机针是否损坏或有无瑕疵，并定期检查，以免断线或对面料造成损坏。

线迹大小

· 较短的线迹比较合适，通常为1.5~2.5mm，缝纫时线不要拉得太紧。

缝纫时可避免的问题

· 在一些透明面料上缝纫，线迹容易滑动撕裂，特别是在缝合体服装时。缝纫过程中可以在面布下方垫上一层面料或用细幼缝处理。

· 跳针和缝合处起褶，详见第27页。

· 机缝一些表面光滑的面料前，可用手针或大头针先粗缝固定。

· 非常精细的面料容易在处理时撕裂压脚，尽量精简缝纫过程。

· 缝纫过程中用手稍微控制一下缝线，防止面料拉入机器中，或者缝纫时在面料底下垫一层薄棉纸一起缝制，缝完后撕掉薄棉纸。

缝纫线

· 使用与面料颜色相配的细涤棉线或丝光棉线。

· 不要使用太粗的线。

缝制方法

缝合线

使用透明面料制作服装前要提前做好准备工作，观察具有代表性的服装的缝合方式，一般采用隐形的缝合手法处理，因为缝合线在透明或半透明面料上都清晰可见，通常缝合线要求非常窄且不易察觉。正式缝合前试验面料小样。如果面料预算有限，可以使用平缝的方式，在边缘用滚边或锁边的方式处理，缝合及缝合线的方式详见第3章。

来去缝是一种无需借助其他方式，用自身面料通过缝纫方式达到不留毛边的缝纫技巧，常用于薄纱面料，需要反复练习后才能实现较好的缝纫效果，具体步骤见126、127页。

细幼缝

细幼缝是一种精致且牢固的缝纫方式，缝纫时从面料反面缝合，只需留很短的缝头便可缝纫，是除来去缝以外的第二选择，使用此缝纫技巧在缝纫弧形接缝时也可轻松操作。

平接缝

在薄纱面料中运用平接缝的方法让服装看起来更具动感。缝纫步骤详见第128页。

细幼缝步骤

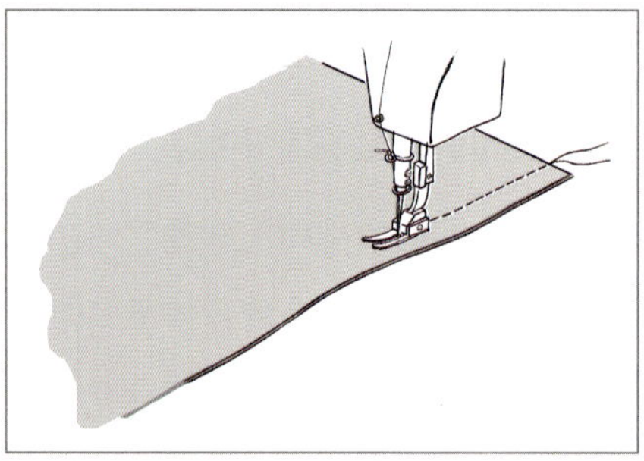

第一步：

面料反面进行缝合。

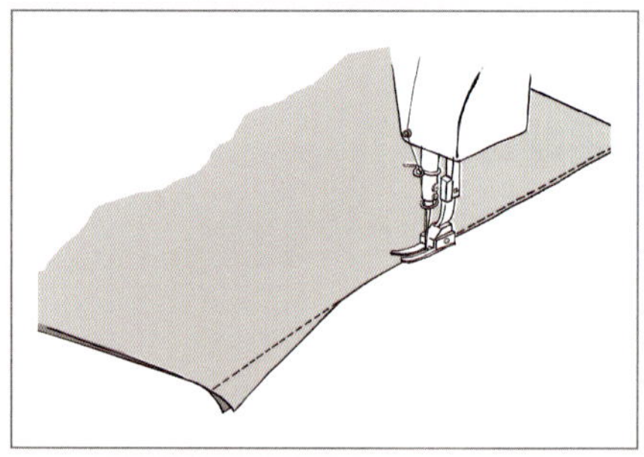

第二步：

将缝头沿着缝合线向一边翻折并熨烫，再沿折线车一道缝合线。

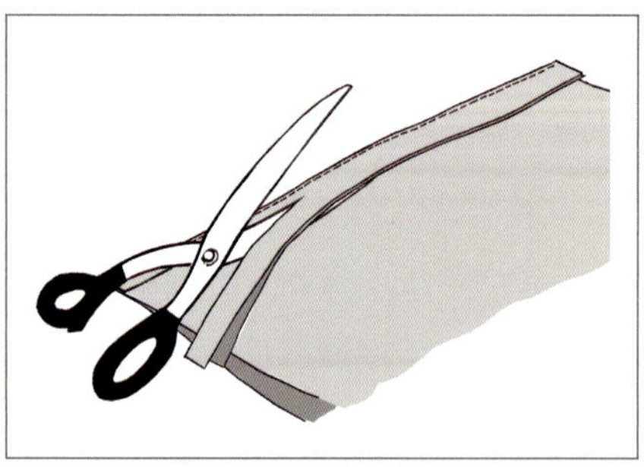

第三步：

沿着缝头边缘修剪，尽量靠近缝合线修剪。

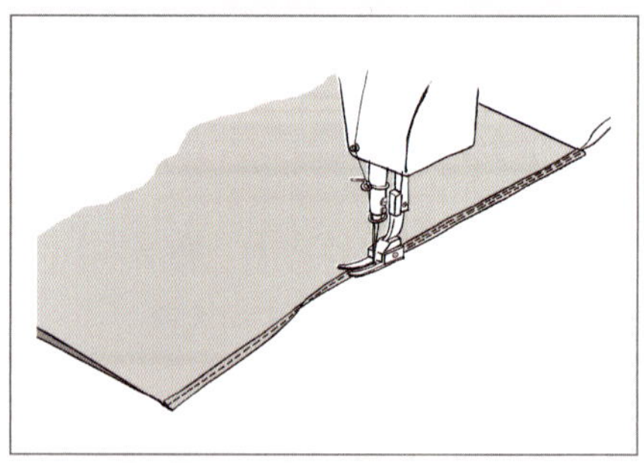

第四步：

再次折叠接缝处，带毛边的一边包裹进去，在折边处缉最后一道缝合线。向一边熨烫。

底边处理

弧形底边和裙边适合较窄的底边处理方式，直型底边适合稍宽的、双层折叠的底边。如需更精致的处理方式，可运用深折边、宽的双折叠底摆或宽贴边。

密拷缝或超细锁边

这是最节约成本的底边处理方式，将大大地缩短处理层叠服装底边的时间。密拷缝介绍详见第208页。

手工卷边

这是一种最不明显的底边处理方式，运用挑缝的手法，面料正反面都不会显现线迹。

滚边

用精细的滚边方式处理底边可以增加服装的质感和结构感。滚边的面料可以采用与服装相同的面料，斜裁制成，或运用对比色、有图案的面料增加设计感。购买成品滚边条也是另一种选择。

卷边缝适合所有类型的薄纱面料，并且这样的设计元素在高级定制时装和高街服装中都很流行，卷边缝详细介绍见第206页

边缘处理

薄纱面料边缘的处理方式应依据服装成品风格进行选择，通常有以下几种处理方法：滚边、蕾丝、花边或饰带、装饰贴边、毛边处理、边缘衬里。运用罗纹拼接或皮革面料滚边能创造出一种新颖特别的效果。

雪纺上衣，边缘拼接罗纹针织面料，品牌：NoaNoa

衬里和黏合衬

透明面料以多层叠加的方式或添加衬里达到降低透明度的效果，同时获得理想廓形，一些结构线和布边处理也能很好地掩盖。衬里可以大面积运用或者局部运用，比如连衣裙的裙身加上衬里，而薄纱面料制作的袖子仍呈现出透明的效果。衬里上的结构分割设计作为立裁设计的基础，达到理想的轮廓效果。用于透明面料的衬里面料有网眼纱或欧根纱，衬里的选择取决于外层面料柔软或较硬的质地，可以尝试深色、对比色或有图案的里布创造出独特新颖的造型。如果想保留外层面料的色彩，选择浅色或轻薄的欧根纱里布。不要使用黏合衬，黏合胶会渗透到薄纱面料正面，若面料不够硬挺需要支撑物，考虑使用其他方式。

扣合方式

尽量不要在薄纱面料上打扣眼，可使用扣襻、风纪扣、盘扣、按扣，或者轻型的扣合件，如隐形拉链。可以参考已有的薄纱面料成衣的扣合方式。

滚边开口和开放式扣孔是运用在前中心线和后中缝的常规方式，但也可运用在服装的其他部位，如肩缝

打线环

这是一种手工缝制用来加固的方式。

1 将线上蜡，防止缝制，缠绕打结，同时还起到加固缝线的作用。将线固定在两个点，然后在两点之间来回缝形成3～6股线。

2 在刚缝好的多股线上锁边缝或镶边缝，保证针脚紧密地挨在一起。

3 将缝好的线圈从头到尾固定在面料上。

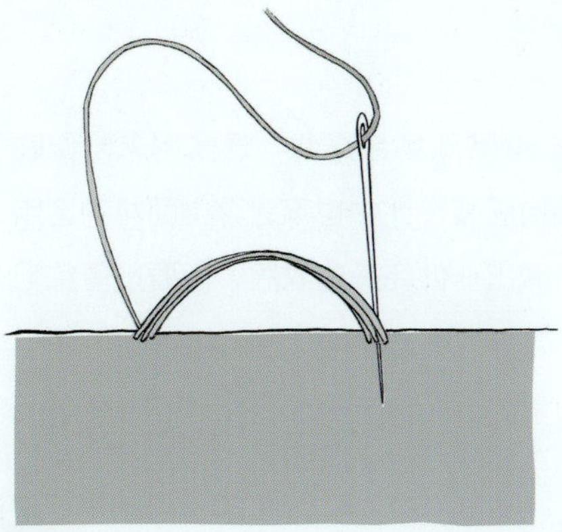

1

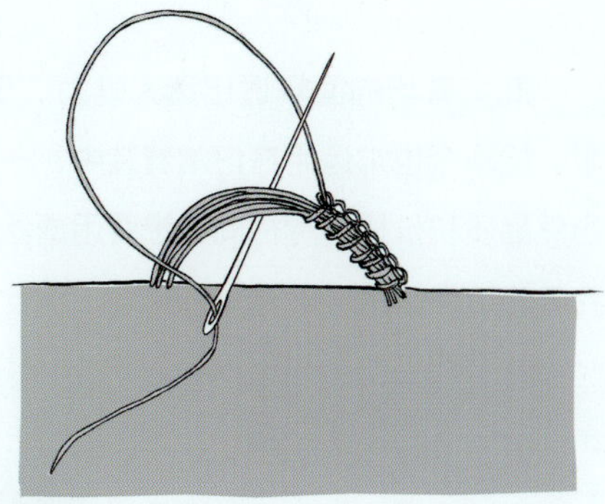

2

系结

系结是一种有趣的处理方式。

1 使用斜裁的方式剪裁一条比最终系带宽一倍的布条。将布条对折后缝合，末端向外斜缝制后形成缝头在外的条管。

2 再用翻纽襻条器或针线将其翻转。选择针线制作时，要用双线在条管斜着的末端打结。

3 从针鼻这端将针插入条管，将针往外推送，面料轻柔地通过条管。

上图层叠的裙装效果使用了印花雪纺，在两侧系结装饰，绳带用外层面料的印花本布制作，朱利安·麦克唐纳德，2011春季

蕾丝、亮片和串珠面料

此类奢华的面料透出迷人魅力，仅在一些特殊场合穿着，通常用来制作晚礼服。但现今也常运用在日常着装中，一些高街服装设计中也不乏这类面料的运用，当然品质和价格不尽相同。想要用蕾丝面料做出一件完美的衣服，需要反复练习，完美的结果值得付出时间和努力。

服装中的运用

此类面料可以用来制作整件服装，也可以以贴布绣的形式在服装局部装饰。通常适用于各类风格的服装中，不过运动风格服装中较少运用，也很少用来做外套，通常只是装饰点缀。

织造、处理、后整理

蕾丝

蕾丝分为手工和机器制作两种。手工蕾丝主要有针织和刺绣两种形式，例如线轴编织蕾丝、针绣蕾丝和针织蕾丝。大量原本只能依靠手工制作的蕾丝现在都可以用机器完成。拉舍尔蕾丝是一种低成本的宽幅蕾丝，质地轻薄但很结实，可以制作成各种颜色和图案。这种蕾丝运用合成复丝纱线，如涤纶莱卡混纺，使蕾丝具有弹性。另一种蕾丝的制作方式是在一块面料上用抗热和防化学腐蚀的线刺绣，再运用燃烧的方式烧掉原本的面料，形成花纹。

亮片和串珠面料

大多数此类面料将一层薄的梭织或针织面料打底，再用不同类型的线将串珠、亮片、珍珠或水晶装饰物缝在上面，或用胶黏的方式固定。亮片和串珠可以设计为整片密集的图案，此类面料通常用链式缝法机缝，设计成无序的单个图案或在边缘处镶边，通常手工缝制。运用一些装饰手法能加强单个图案的效果，如将串珠或亮片缝在已有的刺绣图案上或缝在印花图案的外缘。

小提示：

在用非常规面料做一次性服装时，可考虑运用旧的桌布、窗帘、床单、被套等当作面料。也可以将一些旧衣服上的装饰物如花边拆下来，重组成新的花边。预算有限但又想再造出一块特别的面料时，可将品质一般的亮片或串珠面料重组在需要装饰的面料上。

上图：醒目的深粉色亮片礼服外套，与黑色丝质翻领形成对比，杜嘉班纳（Dolce & Gabbana），2011秋冬

下图：珠片装饰的皮革做成的连体式服装，克里斯缇娜·露比·沃尔顿（Christina Ruby Walton）

购买时需注意的问题

·这类面料大多运用在单向图案服装设计中，裁剪时为了保证图案的完整性，可能会浪费一些面料，在购买前预算好需要购买的量。

·这类面料宽幅通常比较窄，在排版和设计服装时要考虑到这一点。

·面料上的图案可以是水平的或垂直的，确认图案的方向符合你的设计，确保连续的图案有足够宽度，可以进行纸样排版。

蕾丝的种类

·质量上乘的蕾丝运用细线和细密的缝线制作而成，呈现出极好的手感和色泽。廉价的蕾丝颜色灰暗、图案单调，每个图案结尾处也许还有线头。

·昂贵的蕾丝运用丝绸或麻类天然纤维织造，而低成本的蕾丝运用尼龙或聚酯纤维。

·由于蕾丝是镂空或透光的，所以购买蕾丝面料的同时，再购买配套的里衬面料。

全幅蕾丝是宽幅面料，有重复的图案，适合运用在整件服装上，但也能局部使用。

边花蕾丝花纹分布在纵向的边缘上，通常呈扇形，可以用在服装底摆处装饰。此类面料适合用于服装局部。

边饰蕾丝，此类蕾丝花边有一边是直边，另一边呈扇形，或在边缘有圆形镂空小孔装饰。

金银丝花边蕾丝两条直边都有扇形花边，常用作褶边，也可用于与面料拼接或做贴布绣。

装饰图案蕾丝通常是单独的一块花边，并且织有一个完整的图案，成弧形，可运用在领口或袖口处。

镶边蕾丝的两条纵向边是平整的，所以适合作为装饰带，连接两块面料。

纸样制作

设计时根据面料的形态决定，一些蕾丝面料的边缘带有花纹，为了保证花纹的完整性，服装的长度也根据面料决定。在单个图案排列的珠片面料上放置纸样需特别注意，将图案与纸样对应好。

· 面料上有图案且图案具有方向性时，放置纸样时要对准经线，单向放置。

· 将缝头和省道的量尽量减少，避免影响最终设计效果。

· 放置纸样时尽量突出面料上花纹的特点，裁剪之前可将花纹的位置在纸样上标记出来。

蕾丝面料

· 可运用在各种廓形的服装上，但要考虑面料的宽幅。

· 在裁剪纸样前确定缝份的处理方式，不同方式所留的缝份长度不同。

· 使用底边有花纹的蕾丝面料，可以去掉纸样上留出的底摆缝头长度，留出面料原始的底摆花纹效果。

· 使用蕾丝花边装饰底摆或领口时，将面料熨烫平整再进行拼接。

亮片和串珠面料

· 不适合用在抽褶、有省道和有口袋设计等细节太多的服装中，适合一件式的简单设计。

· 如果需要做领子、口袋、打扣眼，考虑在此处运用别的面料来完成，或者在领口处以贴边的方式处理，口袋做成侧缝暗袋，需要用扣子连接的地方换成隐形拉链。

· 此类面料不亲肤，因此避免过于紧身的设计，特别是在袖窿处，可以设计为蝙蝠袖、日式袖、落肩袖或用柔软的面料在此处拼接。

裁剪

准备工作

· 制作样衣可以解决合体性的问题，同时对设计创意进行验证，确定面料图案的位置。

· 一些蕾丝面料会缩水，大多都可以水洗，所以裁剪之前将面料预缩处理，自然晾干。或在面料反面进行蒸汽熨烫，熨烫时隔一层熨布，以免面料变形或拉丝。

· 有装饰物的面料裁剪前不需要熨烫。

· 存放蕾丝或有装饰物的面料时将面料卷成筒状，不要折叠存放。

小提示：

裁剪后保留蕾丝和装饰面料的边角余料，可以运用在服装的一些细节处，比如贴布绣。

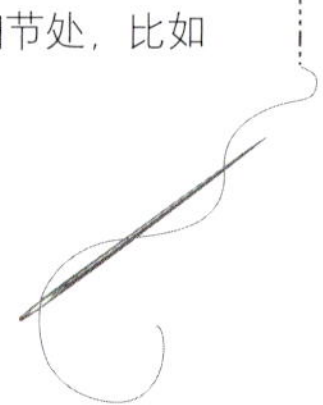

用多种黑色蕾丝装饰的晚礼服，运用立裁，纯手工缝制，朱利安·麦克唐纳德，2011春季

纸样排版

·将纸样放置在面料之前，在纸样上标记出重要的对应点。

·排列纸样时要考虑相邻衣片缝合后图案的完整性，特别是前中和后中缝、袖窿和袖子等处。

·将重复图案的中心对准前中或后中缝。

·将所有纸样都排列在面料上，再开始裁剪。

·裁剪时用重物压住纸样或用别针别住缝头以免纸样移动。

蕾丝面料

·在面料正面做标记，因为蕾丝面料的反面通常较滑、不易标记。

·对图案方向有要求的设计，在排列纸样时要注意方向，并且裁剪时将面料单层平铺，再进行裁剪。

·如果不能通过面料确定经纬方向的布边，通过纵向的图案确定经线。

亮片和串珠面料

·亮片面料和绒毛织物一样，在不同光线下呈现不同光泽。

·面料上的亮片通常偏向一侧，所以顺着经线从上至下触摸面料时，亮片应该顺滑平整。

·单层裁剪时平铺面料，纸样排列方向统一，并正面朝上摆放。

标记

·用记号针、线钉、别针、大头针等方式标记对应点。

·亮片或串珠面料可用划粉在反面标记。

裁剪工具

·裁剪蕾丝时根据面料的不同厚度，选择不同型号的锋利的剪刀。

·裁剪亮片或串珠面料时使用老式、打磨锋利的中号或大号剪刀，尽量不要使用新型、昂贵的剪刀裁剪此类面料，面料会磨损剪刀的边缘。

熨烫

·用边角余料先试验一下熨烫的效果。

·熨烫时隔一层熨布，防止破坏面料上装饰物的形态。

·蕾丝面料从反面熨烫，如果不能熨烫，开启熨斗的蒸汽功能，距离面料表面几厘米进行熨烫，同时用手指按压接缝处。

·大多数亮片和串珠面料容易因蒸汽和高温损坏，因此熨烫前需垫一层熨布。

缝纫准备

手缝针

·使用细头、锋利的手缝针。

·使用串珠针缝纫串珠和一些精细的装饰物。

·需要刺绣和缝合装饰物时，使用绳绒线和绣花针。

机缝针

·根据面料厚度和结构选择缝针的型号。

·缝纫蕾丝面料使用通用机针，大小为60/8到90/14。

·缝纫亮片和串珠面料时使用缝牛仔面料的机针，大小为70/90/100。

·准备足够的机针备用，因为缝纫亮片面料时机针很容易发生断裂。

线距大小

·根据面料的厚度和结构决定线距大小，通常大小为2～3mm。

·缝纫质地稀松的蕾丝面料时，将线距大小调小。

缝纫中可能出现的问题

·缝纫细密或镂空图案蕾丝时，开始缝纫时调试控制好明线和底线，同时可在蕾丝和压脚之间垫一块棉纸一起缝纫，以免蕾丝面料滑动或陷入机器中。

·避免缝合处起皱，可放慢缝纫速度，并用手保持织物平稳地进行车缝。使用稳定器能使缝纫过程更顺畅。

缝纫线

·通常情况会使用聚酯包芯棉线或涤纶线进行缝制。

·缝纫精致的蕾丝面料时应使用超细聚酯包芯棉线。

缝制方法

接缝

蕾丝面料

无衬里的蕾丝面料服装，线迹应尽量细致，使用平缝的方式缝纫，缝份尽量留得窄一点，缝合后将缝头锁边，再将缝份压烫至一侧。而对于有里布的蕾丝服装，将面料平缝后将缝份劈烫。缝纫质地稀松的蕾丝时，可以先用手针粗缝。

蕾丝贴布绣

比较高级考究的处理方式会使用蕾丝贴布绣，使整件服装看起来是一个整体，看不出缝合线。

蕾丝贴布绣步骤

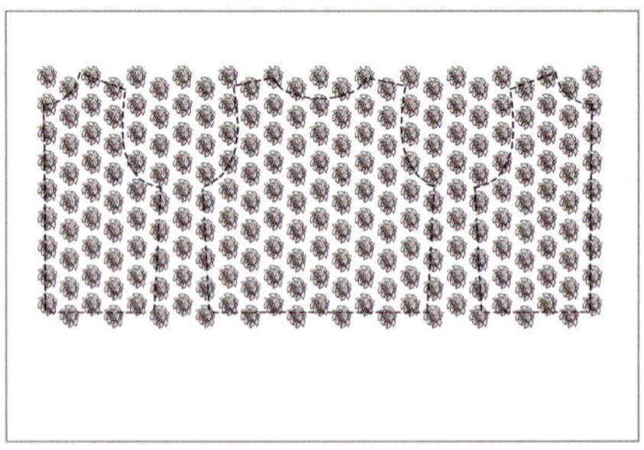

第一步：

单层面料正面向上，平铺进行裁剪，裁片不需要预留缝份。相邻裁片的边缘图案对齐，并将前中缝和后中缝对准图案的中心点。裁剪时用重物压住纸样或用别针固定。

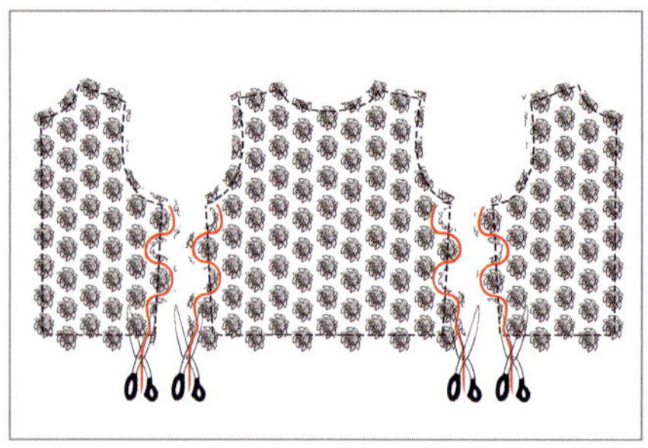

第二步：

用手针粗缝出原始衣片缝纫位置和省道（如图中黑色虚线所示）。观察哪些图案与边缘缝线重合，重新标记缝合线，绕开图案重合的地方，在图案周围留出1cm的缝份（如图中红线所示）。沿着图案边缘剪出衣片。

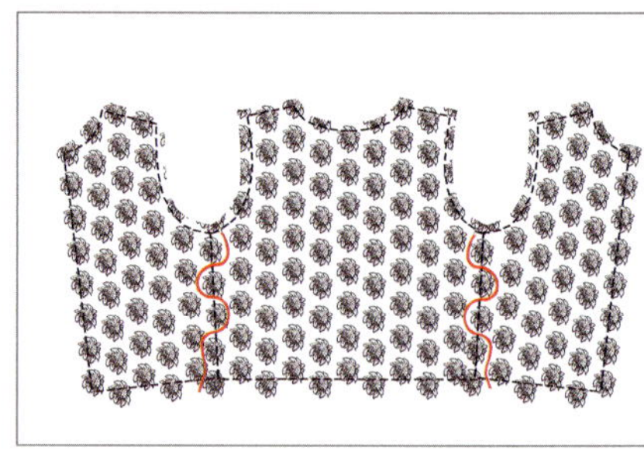

第三步：

沿着衣片边缘用手针粗缝，或用缝纫机人字缝连接衣片，最后剪去多余的蕾丝面料。

亮片或串珠面料

梭织的装饰性面料运用平缝的方式缝纫；针织的装饰性面料使用4至5股线锁边处理。比较简便快捷的处理方式是平缝，但通常此类面料服装需加上里布，因为缝份内的亮片会刺激皮肤。

亮片贴布绣

这类缝纫方式需将面料上的一些亮片移除，即保证舒适度，又能达到更好的外观效果，是一种高级处理方式。

1 将没有缝份的纸样剪下，并放置在单层面料的反面，纸样之间预留出缝份的距离。

2 如果面料上有图案，相邻的两个缝合处的图案需要对齐。如果是居中图案，应放置在前中心线或者后中心线上。

3 用大头针或重物压住纸样，在面料反面用划粉、记号笔或者线钉等方式标记缝合线。

4 沿纸样边沿标记出2～3cm的缝份，再另外考虑底摆的缝份量。缝纫时，不要超出标记的缝合线位置，这样能保证面料上亮片或串珠的完整性。串珠面料可应用一层薄的布胶进行连接，但使用面料前一定要提前进行测试，确保无误。

5 将缝份上的亮片拆掉，亮片和串珠面料服装通常用链型缝法缝合，所以只要一端扯开，整体都会脱散，尤其注意将缝份里的亮片清理干净，以免钩开缝线。拆掉的亮片可用来填补缝合后接口处的空缺。

6打结法固定珠片或用手针加固缝合，并在线的末端打结。

7先将裁片正面相对，用大头针固定或粗缝在一起，然后用单片压脚平缝。

8如果服装有里布，则面料的缝份可以进行特殊处理，如果没有里布，缝份需要滚边处理，最后用手针将缝份挑缝至两侧，使缝合处平整。

9正面替换损坏的亮片，或重新拼合接缝部位缺少的亮片和任何瑕疵的亮片。

10缝合串珠面料之前，缝份和省道处同样需要拆掉串珠。拆除时将面料平放在一块牢固的平台上，带上防护眼镜，小心地用锤子将不需要的珠饰砸碎去掉。

5

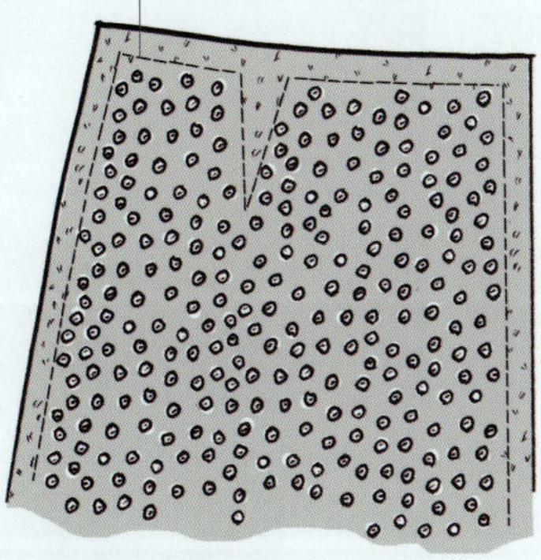

10

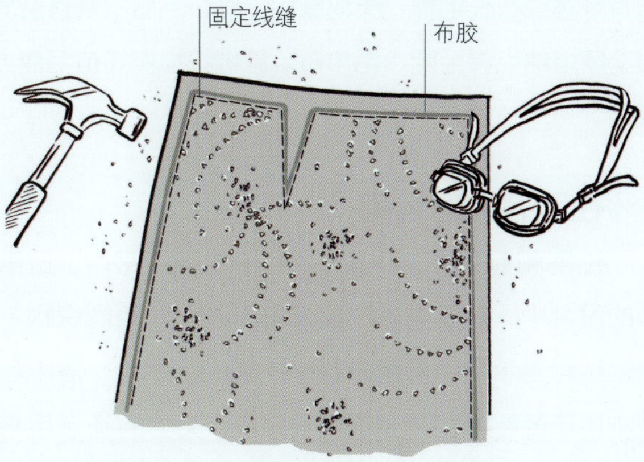

底摆和边缘处理

蕾丝面料：纸样排版时，可将底摆或领口处排在面料本身的装饰边上，或将装饰边剪下来拼接在底摆或领口处，也可以用现成的蕾丝花边或彩带拼接。一些蕾丝面料适合包边处理或运用对比色面料贴边。

亮片或串珠面料：根据不同的面料特性，底摆可翻折缝或贴边用手针暗缝。边缘可以包边缝或用对比色面料贴边或上里布。布边的处理可以运用串珠或蕾丝花边进行装饰，拼接罗纹和皮革装点能增添休闲的感觉。

衬、衬垫和衬里

蕾丝和装饰性面料很少运用黏合衬，黏合衬会渗透到蕾丝面料正面同时黏衬时的高温会损坏装饰性面料上的亮片和珠片。缝合衬有时会运用在装饰物面料中。面料需要塑型支撑时可运用与面料厚度和纤维含量相匹配的欧根纱、玻璃纱等纱质面料。服装最好上里子，可防止蕾丝面料被拉扯、撕裂，并能防止亮片面料缝合处刺激皮肤。如果面料具有弹性，选择有弹性的里布使服装更合身舒适。

扣合方式

蕾丝和装饰物面料若使用较传统和优雅的扣合方式，通常会运用风纪扣、扣环、纺锤形钮扣、暗门襟扣眼和隐形拉链。如果希望塑造运动而现代的风格，可使用对比色的金属或塑料拉链，也可以使用按扣。

亮片装饰的飞行员夹克，领口用罗纹面料拼接，前中运用了飞行员夹克经典造型的拉链

加固开口处和接缝线

蕾丝面料服装的领口、肩缝、腰线等处需要进行加固，可以将质地轻薄的里布剪成条状，或从纱质面料（如欧根纱）斜裁成条用来加固。如果装饰物面料上的串珠比较厚重，需要在肩缝、领围等处加固。

拉毛和起绒面料

此类面料有梭织和针织之分，质地十分柔软，且有不同厚度的类型。这类面料通常是单向的，因为表面的绒毛色泽从不同的角度会随着光线发生变化。为达到拉绒的效果，传统做法是运用柔软的羊毛面料，而现在棉和人造面料上同样能达到拉绒的效果。常用的拉绒面料有麦尔登呢、法兰绒、羊毛呢。起绒面料通常比较厚，保暖效果好但重量较重，这类面料由天然纤维或人造纤维织造而成。常见的起绒织物有灯芯绒、长毛棉、天鹅绒和平绒。毛圈织物有空气绒、珍珠呢、珠皮呢、磨毛布、蒙坦纳克卷毛呢、毛巾布。簇绒织物例如仿毛皮或灯芯绒，织造的过程添加了绒毛。

天鹅绒裤装，运用拉链及超大口袋进行装饰。让·保罗·高提耶，2013秋冬高级定制

在服装上的运用

拉毛和起绒面料可以用于各种类型的服装中，甚至内衣、配饰和花边。法兰绒和麦尔登呢常用来制作外套；丝绒常用于晚礼服；天鹅绒用于套装、夹克、外套和连衣裙；灯芯绒比较耐穿，常用于日常休闲服；磨毛布和毛巾布是毛圈织物，吸湿性极好，所以是休闲服装、浴巾和毛巾的理想原料；仿毛皮面料适合用来制作外套；摇粒绒常用于运动装、外套和休闲装。

织造、养护及整理

起绒工艺可运用于织物的一面或者两面，面料可制作成单面起绒或双面起绒，织造过程中露出纤维末端，修剪面料表面形成柔软平整的绒毛。拉毛面料在织造时额外添加经纱或纬纱，面料反面形成圈状物，当把圈状物织到面料正面时，修剪后呈现出绒毛效果。另一种技术用来织造双层织物，两层织物间来回交替，添加额外的经纱，然后修剪经纱，两层面料的表面都将形成浓密的绒毛，一些丝绒面料使用这种方法织造。毛圈也可由浮在织物表面的额外纬纱形成。

天鹅绒

天鹅绒面料在时尚界的流行度起伏不定，但其质感极其奢华、舒适、柔软，无论什么年代都适合制作独特个性的服装。此类面料十分光滑，所以裁剪和缝纫过程中需特别谨慎，裁剪时面料下方垫上一层薄棉纸，机缝前可先用手针粗缝衣片。

购买面料时应注意

· 这类面料具有方向性，放置纸样时通常只能单向放置，因此需购买比预计数量稍多一点的面料。

· 将面料对着光检查有无瑕疵。

· 将面料卷起来存放或夹住布边挂放，不要折叠存放，面料表面会留下折痕。

起绒面料

· 织物结构较松散，或针织面料比机织更密且面料容易起球。

· 将面料一角正面与正面摩擦，测试表面纤维会不会脱落和起球。

拉毛面料

· 判断拉毛面料的品质，应取决于其纤维含量、编织紧密度、光泽度和平整度。

· 由尼龙织造的绒毛面料，织造过程更简易并且面料不易起皱。

· 将面料一角正面与正面摩擦，测试表面纤维会不会脱落和起球。

· W型的绒毛比V型的绒毛更耐磨，因为缝线是上下交叉的。

粗呢

粗呢面料较厚重，由羊毛织造而成，两面都有细密的绒毛，这种面料起源于比利时安特卫普。粗呢面料耐磨、防水，传统的粗呢大衣设计成短装外套，在肩部额外添加一片育克，从前身延伸到后背，服装两侧配有贴袋装饰，门襟处扣合运用套索扣。粗呢大衣最初由一战时期的英国皇家海军穿着。

设计师在传统基础上创新运用毛毡面料制作大衣，巴宝莉·泊松（Burberry Prorsum），2011秋季

单排扣平绒外套，平绒是一种将植绒倒向一个方向的拷花丝绒，古驰（Gucci），2010秋冬

纸样裁剪

· 每片纸样都需清楚地标示出布纹线。

起绒面料

· 适用于不同服装廓形，适合简单宽松的设计，通常选用中等或较厚的面料效果更好。

拉毛面料

· 简单的线条设计，宽松的廓形效果最佳。

· 有些精美的晚礼服十分贴身，服装会加入衬布支撑面料缝合处，可防止脱线。

· 制作样衣完善整体造型，不过大量制衣操作会破坏成品面料，注意缝合线不要来回修改，因针脚容易在面料上留下孔洞。

· 裁片的缝份需要多留一些，起绒面料容易虚边。

面料裁剪

准备工作

· 裁剪前对面料进行预缩处理，使用蒸汽熨烫，裁剪面料时注意不要刮花或弄皱面料。

· 触摸面料的正面，顺毛时手感顺滑，而逆向的面料手感较涩，分清方向并在面料反面标注。

· 起绒面料顺毛时看上去非常有光泽感，逆毛时颜色加深。裁剪前需分清具体使用的方向。

· 丝绒面料顺毛方向看起来更奢华，但是逆毛相对能减少磨损，不易倒毛。

· 裁片方向应对准面料经线，不要依据纬线方向进行裁剪或斜裁。

· 避免对面料进行过多处理，一些面料容易留下指印并容易磨损。

· 按照顺毛方向裁剪。

· 裁片裁好后，小心取下之前固定纸样与裁片的别针，避免消除记号点。

纸样排版

· 所有纸样朝同一个方向排料。

· 大部分起绒织物可以同时双层裁剪，而有一些较滑的面料如天鹅绒，需单层裁剪。完成裁剪后，将纸样反过来放置在面料上，得到镜像裁片。

· 更多关于起绒面料的纸样排版内容详见第50页。

标记

· 拉毛和起绒面料都需在面料反面用划粉标记。

· 在起绒面料上标记对应点时可用划粉、线钉，或用拷贝纸找出对应点。

· 在起绒面料的边缘处用打剪口、大头针标记等方式标出对应点。

· 一些面料容易被大头针损坏，可在裁剪时使用细针固定纸样和裁片，或用重物压住纸样。

· 在拉毛面料上可用划粉和线钉标记对应点，但在缝份上打剪口标记时应尽量缩短剪口长度，避免面料虚边。

· 双面起绒面料很难用划粉标记，可使用别针、大头针或线钉标记对应点，在缝份处打剪口。

裁剪工具

· 裁剪起绒面料应选择适合面料厚度的中号或大号剪刀。

· 裁剪绒毛面料应选择锯齿边剪刀或旋切机，若裁剪单层面料选择锋利的裁剪刀即可。

整烫

· 按照顺毛的方向熨烫。

· 用蒸汽熨烫缝合处，待面料冷却、晾干后再进行其他操作。

· 尽量避免直接熨烫面料正面，如果确实没有其他替代方案的情况之下，可用蒸汽于面料间隔几厘米的距离进行轻微熨烫。

· 用熨斗尖沿着缝份边熨烫，使其平整。

· 熨烫之前在面料上垫一层熨布熨烫，或将面料正面与正面相对，从反面熨烫。

· 熨烫时将面料反面朝上，平铺于针板上，这样面料表面的绒毛能穿透到针板的空隙中，不会在熨烫过程中产生变形。

· 避免服装制作的拼缝、省道等在服装正面留下印记，正面熨烫服装时需垫一层熨纸熨烫。

小提示：

如果面料表面的绒毛被刮花，用熨斗蒸汽轻轻逆向熨烫此处，再将面布挂在蒸汽房内，这样可以起到修复作用。修复磨损的面料表面时，可在其表面撒一点水熨烫，再用面料刷轻轻刷洗。或者在面料正面，用蒸汽熨烫，熨烫时熨斗不要直接接触面料，间隔几厘米。

缝纫准备

手缝针

·大多缝纫工作选用尖头手针完成。

·用纱替代线进行锁缝线迹缝制，使用雪尼尔纱和绣花针。

机缝针

·使用普通的尖头针，大小为70/10至100/16，根据面料厚度进行选择。

线迹大小

·起绒面料上使用2.5～3.5mm的线迹。

·拉毛面料使用2～3mm的线迹。

·缝纫较厚的拉毛面料时使用3～3.5mm的线迹。

·起绒和拉毛面料上的明线为3.5～5mm，根据款式设计和面料厚度决定。

缝纫时会出现的问题

·机缝前提前用手针在缝份内粗缝，防止面料缝纫过程中对应点偏移。

·减轻压脚压力，避免损坏面料表面绒毛。

·将线的张力稍微调松。

·正式缝纫前在面料小样上试缝。

·按照顺毛方向缝纫。

·如果线迹起皱或偏移，尝试减轻压脚压力，将线的松紧度调松，或换上双送压脚或滚轴压脚，同时推送上下层面料。

·在面料正面缝纫时，垫一层薄棉纸同时缝纫，防止压脚在面料上留下印记，缝完后撕掉。

缝纫线

·通常使用涤棉混纺线或涤纶线，根据面料厚度选择。

·含丝绸成分的面料使用丝光棉线或丝绸线手工缝纫。

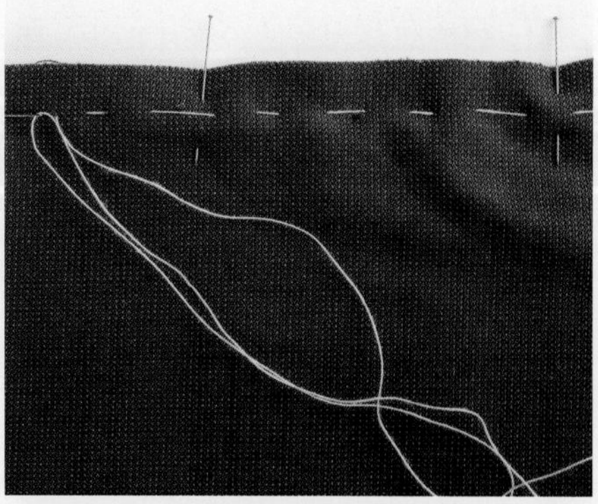

机缝天鹅绒、平绒或灯芯绒这些面料类型之前用大头针固定，使用手针粗缝缝份

缝制方法

接缝

根据面料厚度、结构和服装款式设计决定具体的缝合方式及锁边方式，有些绒面织物不会虚边，使用锯齿状剪刀裁剪后，边缘无需再进行处理。所有的梭织绒面织物可用平缝的方式缝纫，针织的绒面织物，比如针织绒布、平纹单面针织绒布、弹力针织详见第254页。根据不同风格的设计需求，可运用平接缝、贴边缝或缉明线。

一些起绒面料在裁剪后边缘处绒毛特别容易脱落、虚边，因此缝合衣片前应处理好布边。缝合起绒毛面料的缝纫方式有平缝，适用于所有梭织起绒面料。比较简易快速处理缝边的方式是将其锁边。休闲风格的面料如灯芯绒，缝合时可运用平接缝、缉明线或贴边缝。

有些拉毛面料不会虚边，所以可运用嵌条缝、搭接缝、打裥缝（如下图所示步骤）、贴边缝（详见第129页）等装饰性缝合方式。

缝纫丝绒面料时需要特别注意绒毛的方向

丝绒面料将缝头锁边后进行平缝

嵌条缝

1 从面料上剪下一条宽3cm，与接缝长度相同的布条，垫在缝合处面料下方。

2 翻折两条衣片缝份形成折边，再准备下一步缝合、熨烫。

3 将两条衣片折边正面朝上放置，折边对准布条中线，布条正面朝上。可制作成两种形态，其中嵌条缝是将两衣片的折边相对放置、不留空隙。而开口槽缝是在衣片折边之间空出一段距离，露出垫在底下的布条，缝纫时确保折边之间的距离相等。

4 在衣片折边上分别缉明线，固定于布条之上。

搭接或打裥缝

1 翻折其中一个衣片的缝份准备下一步缝制、熨烫。

2 将这条折边放在另一个衣片的接缝线上。

3 沿着折边缉明线。

嵌条缝

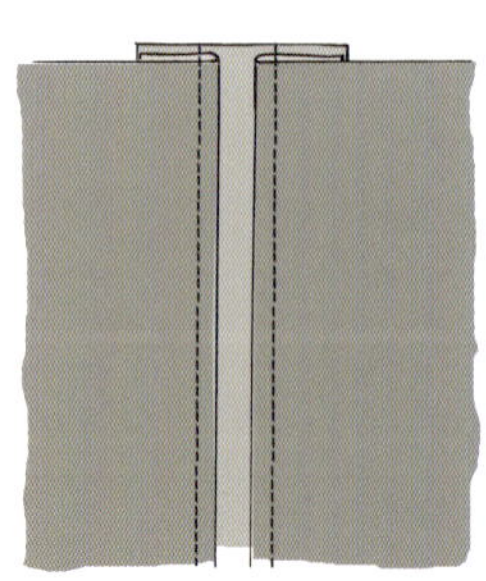
开口槽缝

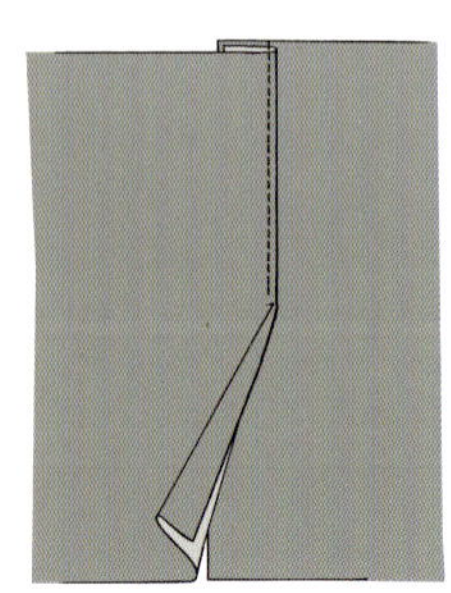
搭接或打裥缝

底摆处理

正式缝纫前可先用面料小样测试一下缝纫效果。如果面料太厚不能用折边缝处理底摆，则运用边饰带或用轻薄的面料在底摆处贴边，底摆切忌处理得太厚重或露在服装正面。大多数拉毛面料用缉明线或手缝的方式处理底摆。设置底摆的缝份时不要留的太少，窄的折边看起来显得低档。起绒面料的底摆最好用丝线和绣花针手工缝纫。

一些起绒面料需要在底摆处加入斜裁贴边条有助于保持底摆形状，防止起皱也能防止底摆缝份露出来。对底摆处理的方式详见第204页。

手工缝纫底摆

处理拉毛或起绒面料底摆时，如果面料为梭织的，使用挑缝的方式，从面料正反面都看不见线迹，对于有弹力的面料，使用交叉缝处理（详见第116~117页）。

边缘处理

边缘处理取决于不同服装设计的需求，对于羊毛质地的拉毛面料可选择拼接罗纹、装饰带、包边或用锁缝线迹缝制等处理方式。选择贴边处理时，由于一些拉毛和起绒面料比较厚，所以需选择轻薄的面料贴边，或者给服装上里布，缝边处与里布缝合无需特殊处理。

衬布、衬垫和衬里

在拉毛面料上可选择缝制衬或热熔衬布，但对于大多数拉毛面料来说，选择缝制衬布是最好的选择。更多与衬布相关的内容详见第91页。

衬布能帮助面料塑型并防止缝合线迹显现于面料正面，用起绒面料制作半合体和合体服装时，如用丝绒和平绒，建议使用衬布，能加固缝合部位同时能增加整体质感。夹克和外套等服装在缝制之前，需在肩缝和领围处使用熨烫型或缝合型牵条加固。夹克、外套、裤装、短裙和连衣裙可加全里或半里。考虑需要翻转处理的部位如领底、袖口、袋盖等，在这些部位使用里子布可以避免过于厚重。

扣合方式

精细的起绒织物，如真丝天鹅绒，可在比较隐蔽的部位使用扣襻及装饰扣，或使用隐形拉链。在较厚的拉毛和起绒面料上可使用拉链、磁铁扣、按扣、扣眼扣等方式连接衣片。可以观察传统扣合的方式，如粗呢大衣上经典的套索扣。

小提示：

在缝合拉毛和起绒面料时，用织带贴缝处理使其更牢固，详见第139页。

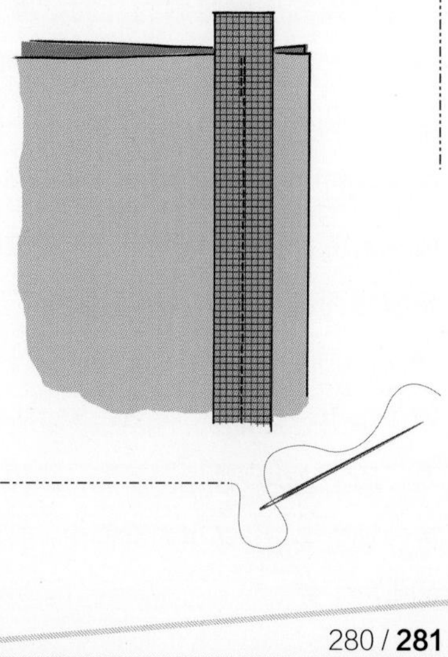

皮革和皮草

层叠的皮草服装效果，搭配皮草装饰的手拿包。芬迪（Fendi），2013秋季

皮革通常从牛、羊身上获取，是动物的皮肤，而皮草是皮毛一体的。本章还会介绍人造革、仿鹿皮和仿皮草。随着人们越来越关注动物保护，真皮草越来越不被推崇，因此仿制皮草或称作织物皮草的纺织技术得以大大提高，以至于很难分辨真假。同样地，仿皮或称作人造革的制造技术也使其越来越接近天然皮革的质感，但却比天然皮革便宜很多，重量也比同面积大小的天然皮革轻，同时还更有弹性。鹿皮绒面料的流行是在20世纪70年代早期，美国服装设计师豪斯顿（Halston）将其运用在他的Ultrasuede®仿鹿皮衬衫裙设计中。

在服装中的运用

皮革具有弹力、御寒、透气、防水的特性，因此是制作外套的理想面料，其他服装设计和配饰中也经常运用到皮革面料。绒面革相较于牛皮更柔软轻薄，垂坠性更佳，同样广泛运用于服装和配饰设计中，除此之外，还能将面料切割成条状进行编织。皮草面料服装十分保暖，可作里布缝于服装内部，或作花边装饰在领围或袖口处，显得十分奢华。皮草可与皮革或绒面革拼接，比如一件夹克，主身面料运用皮草，袖子运用皮革，或者运用多种拼接组合方式。一些外套通常外部面料为皮革，皮草作里布，此类服装可双面穿着。

处理方式

皮革和皮草表面经化学处理，能起到防腐和使其顺滑的作用，这种工艺在皮革和皮草中分别被称为“鞣革”和“鞣制”。

皮革

皮革几乎能从任何动物身上获取，其中大部分皮革来源于牛、猪、山羊、羔羊、鹿、马、鳄鱼、蛇、麋鹿，甚至鱼皮也可制成皮革。

较厚的皮质可分为几层，最外层的为皮革，里层为绒面革。绒面革可从牛皮、小牛皮、羊皮、猪皮中分离。绒面牛皮革表面粗糙、有肌理感，适合制作配饰或休闲装。小牛皮绒面革、羊皮绒面革和猪皮绒面革相对来说表面精细、厚度较薄，起绒的一面常用于奢华的设计创作。对皮革进行后期处理能使服装造型更好看，通常这也反映出当季流行趋势，有的设计师直接与皮革供应商合作，开发自己的生产工艺。

压花：运用金属模版在皮质表面压印出浮雕效果的图案，压花图案常仿制珍稀动物皮肤的表面花纹，比如大象和短嘴鳄。

印花：可仿织物纹理印花或印制出做旧效果，得到极具复古感的皮革。

印染：皮质可染成各种颜色。

激光切割：这种技术能制作出精细复杂的图案。

刺绣和贴布绣：是添加纹理的技术，其他类似的技术还包括缩褶、钩编、手绘、扎染、编结、拼缀和镂空。

皮革模塑：通过模具皮革能塑造出不同造型。

箔涂层：使皮革表面具有金属质感。

漆皮：皮革表面经清漆和防水薄膜处理，表面呈现光亮质感。

抛光：牛巴哥皮革表面抛光处理后，呈现出类似光面麂皮绒的效果。

磨毛：绒面革磨毛处理后能获得柔软的质感。

皮草

皮草通常从狐狸、海狸、绵羊、水貂、山羊、南美栗鼠、水獭和兔子身上获取。天然皮草在鞣制过程中可以通过漂白、修剪、印花、印染或薄边等工艺使其变得柔韧。仿皮草面料是一种绒毛织物，绒毛较长，有明显的顺毛方向，通常由人造纤维以梭织、针织、簇绒或编织的方式织成。绒毛可制作成各种长度、颜色或印花效果，亦或仿造一些动物毛皮的纹理。

购买时需注意

· 最好观察实物进行挑选，购买前对需要购买的面料做好功课，熟悉了解，以免误买其他种类的皮革或皮草。

· 比较不同商家的面料价格再购买，在面料商城购买此类面料十分昂贵，若条件允许可直接向供应商购买。

· 皮革、麂皮和皮草不同于其他面料，通常按块进行售卖，动物皮肤的大小决定了最终面料的大小。

· 人造革、绒面革和毛皮面料按米售卖，每米人造面料的颜色、厚度和质地相同，无需为了保证材质相同而购买多余的面料。

皮革、绒面革和人造革

· 闻皮革的味道，如果鞣革处理不当，面料会散发刺鼻的气味。

· 将皮革对着光线检查是否有刮痕、破洞、褪色或污染。

· 挑选的皮革若运用在同一件服装上，每块的厚度应相同。

· 挑选时带上所有裁片纸样，确保购买足够量的面料。

· 皮革和麂皮表面若有缺陷会影响纸样排版。

· 可用一块白布摩擦皮革表面，观察是否会掉色。

皮草和毛皮面料

· 可考虑收购二手衣进行回收利用。

小提示：

保留边角余料，避免不必要的浪费，比如皮革余料可用来包边、做口袋或在其他材质的服装上作领子装饰，较小的余料能做配饰、贴布绣或花边。

彩色皮革连衣裙，缝合线和底摆运用胶合工艺，比缉明线更干练简洁，让·保罗·高提耶，2013 高级时装系列

纸样裁剪

制作皮革、绒面革或皮草服装较复杂和耗时，在制作之前了解其特定的处理工艺。结构上比梭织面料加入更多分割线，因为每块面料大小不同，因此分割线由具体面料大小决定，在设计服装时要考虑到这一点。制作前用同等厚度的梭织面料做一件样衣，如果皮革面料具有弹性，可进行斜裁，用卷尺测量标记缝合线，确保相邻裁片缝合线长度一致，缝合线可暗缝，或作为设计元素缉明线。

· 尽量不要在受力点出现分割线，同时设计分割线时考虑上身效果是否美观。

· 根据具体情况决定缝合方式、布边和底摆处理方式，再将纸样进行相应的调整。通常缝份大小为8～10mm，反车缝缝头为5mm。

· 在纸样内层重新设置标记点，以便在制作之后将它们隐藏起来。

· 不要留太多松量，例如在袖片最多留2.5cm。

· 尽量避免有褶的设计。

· 将纸样拷贝在较硬的卡纸上，便于标记，裁剪时也能提供更好的稳定性。

皮革、绒面革和人造革

· 仿皮草面料和人造革有经纱方向，因此需要在纸样上标示出经线方向。

· 绒面革表面有绒毛，在纸样上需标出顺毛方向。

皮草和仿皮草面料

· 由于面料较厚，避免双排扣和打褶的设计，面料堆积使服装看起来厚重、庞大。

· 一些长毛皮草在逆毛时视觉效果更好，因此在标记毛向或布纹方向前，应先考虑服装上毛向的要求。

面料裁剪

准备工作

· 裁剪皮革和皮草时由于面料大小的不确定性，花费时间更多，而人造革、绒面革和毛皮面料按米裁剪，相对省时。

· 裁剪前多检查几次，确保所有纸样方向正确地放置在面料上。

· 皮革、人造革和绒面革不需要进行预缩和熨烫处理。毛皮面料可在裁剪前从反面轻轻熨烫。

· 将面料整理平整，平铺于裁剪台上。

· 在纸样排版前小块的皮草需进行拼缝处理。

排版

· 将面料单层平铺进行裁剪，因此需复制一份纸样，同时排列在面料上裁剪。

· 将纸样在面料正面排版，这样能避开真皮面料表面的污点或缺陷。

· 绒面革、毛皮面料和皮草表面有绒毛，因此排版时要注意绒毛方向。

· 人造革有经纬纱方向但表面没有绒毛，因此纸样排版时可以按经线排版，也可按纬线排。

· 真皮皮革没有经纬纱，纸样排列时可按面料纵向排列，因为横向通常有弹性，某些部位的皮革比其他部位弹性更大，在这些部位尽量避开服装受力点。

· 在皮革、人造革和绒面革面料上排列纸样时，用重物压住纸样或用胶带固定，不要使用别针或大头针，会在面料上留下孔洞。

· 在皮草面料上排列纸样时，用重物压住纸样或用胶带在皮革那一面固定。

· 毛皮面料上可用珠针或T形针固定纸样。

· 真皮皮革和麂皮相邻裁片需注意挑选颜色、厚度和质地相近的，比如袖片面料厚度质感尽量保证一致。

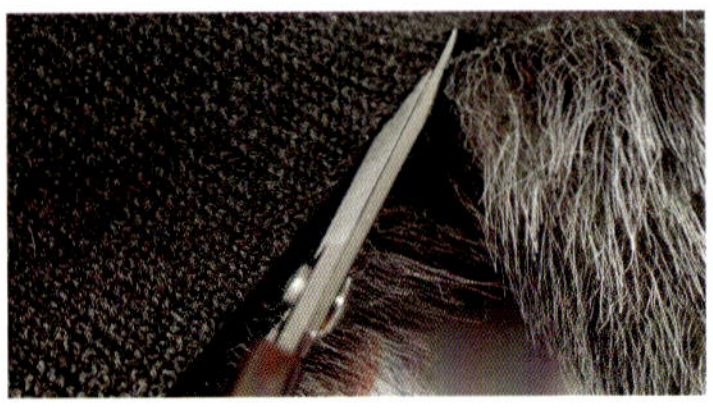

小提示：

裁剪皮草和仿皮草时沿着皮层或底层面料裁剪，不要剪坏表面的毛，裁剪天然皮草时将毛发拨向两边，裁剪工具顺着皮层用刀锋滑动剪裁。小心谨慎地裁剪，即使将耗费更多时间，如果表面毛发不小心缺损，这将无法补救。

标记

·用防水记号笔或划粉在皮革、人造革和绒面革正面标记，在皮草和仿皮草面料的反面标记，不要用墨水笔。

·沿着记号线内侧裁剪，以免增加了宽度或长度。

·用划粉或锥子在纸样上标记对应点。

·用锥子在面料上标记时需注意：距离口袋边缘5mm处标记口袋位置，标记省尖点时向内标记5mm，这样能在缝合后遮盖锥子留下的孔洞。

·在缝份处标记时可打剪口。

裁剪工具

·裁剪皮革和绒面革时使用短裁刀如工艺刀、斯坦利刀或解剖刀，裁剪时刀刃较易损坏，这类刀更换刀刃比较方便。或者可使用锋利的裁剪刀或圆盘裁刀。

·裁片裁好后，将裁片平放或轻轻卷起来存放，不要折叠存放，容易在面料上留下折痕。

·使用相应型号的裁剪刀或圆盘裁刀裁剪人造革或绒面革面料。

·用解剖刀、斯坦利刀或刀片裁切皮草面料。

熨烫

·真皮皮革和绒面革不耐热，不能用熨斗直接在面料表面熨烫，熨烫时需在面料上垫一层较厚的熨纸并选择低温档。不要使用蒸汽熨烫或使用熨布，注意熨斗不要在同一位置停留太久，会在面料上留下印记。如果需使面料缝合处、省道和底摆平整，使用缉明线缝纫或胶合。

·人造革和仿麂皮绒熨烫时需在面料上垫一层熨纸或本布。熨烫缝合处和省道时，在反面垫一条熨纸，以免印痕显现于面料正面。

·真皮皮草不能熨烫，缝份处可使用手工挑缝让缝合处平整。

·仿皮草面料可从反面用低温轻烫，熨烫前在面料小样上试验。

缝纫准备

手缝针

·制作皮革、麂皮、人造革和皮草时，根据材料厚度选择使用2～8号制革手针。缝扣子时用2号手针。

·缝制仿皮草面料时使用尖头针，根据需要缝的部位选择针的型号。

·缝制时戴上顶针。

机缝针

·缝纫皮革、绒面革、人造革和皮草时使用与面料厚度相匹配的专门缝纫皮革的机针，通常工厂缝纫设备中使用16或18号三角点或菱形点机针。

·基层面料为梭织的毛皮面料使用通用机针缝纫，基层为针织的毛皮面料使用圆头机针。

线迹大小

·通常线迹为2.5～3mm，线迹太密容易在缝纫过程中将线扯断。

缝纫线

·在皮革、绒面革和真皮皮草上使用涤纶线，不要使用丝线、棉线或涤棉线，因为皮质面料表面经化学处理后，容易腐蚀此类天然纤维的缝线。

·在较厚的皮革面料上使用明线或三股线缝合裁片。

·表面所有缉明线的地方都使用明线线型。

·在人造革、仿麂皮和仿皮草面料上可用涤纶线或涤棉线。

·手工缝制前先给线上蜡，比如在缝扣子的时候。

缝纫可避免的问题

·在皮革面料上避免回针，这样容易让皮革裂开，为了不脱线，可在尾端将线打结。

·如果压脚在面料表面留下痕迹，尝试减轻压脚压力或在缝纫皮革或绒面革时将压脚换成滚轴压脚或特氟龙压脚，缝纫皮草时换成双送压脚。

·在缝纫时，在面料和压脚之间垫一层薄棉纸使面料推送更顺畅。

·跳针时需换一根新的机针。

·如果缝合较厚的裁片时出现了跳针，尝试在压脚尾部垫一块折叠的有厚度的卡纸或面料，让压脚前后平衡，并用缝纫机上的手动转轮操作缝纫。

缝制方法

接缝处理

缝纫样衣时需考虑厚面料层叠起来的厚度，选择能吃厚的缝纫机。通常选择工业平缝机或专业皮革缝纫机，家用缝纫机不适合缝纫此类面料。缝纫前在面料小样上测试缝纫效果，确定缝合顺序和缝纫方式，因为缝纫皮质面料，特别是真皮皮革和人造革时，一旦缝错，将会在面料上留下孔洞。正式缝纫前用回形针或夹子固定相邻裁片的缝头，这类面料不会虚边，所以接缝边缘不需要特殊处理。

真皮革和人造革

较薄和中等厚度的面料可用平缝缝合，较厚的面料用搭缝法缝合（详见第280页）。具有装饰性的缝合可选择贴边或嵌条缝（详见第129和第280页），相较于一些真皮革，麂皮更薄更易于缝纫操作。

一些缝合处需要用牵条加固，详见第139页，真皮革和人造革的缝合处不能熨烫，可用锤子将缝头锤平整，捶打时在面料上垫一块布，之后可缉明线或用黏胶固定缝头，黏胶可选择皮革黏合剂或乳状橡胶黏合剂，这类胶干后柔韧性更好，用刷子均匀涂抹至缝头处，再用滚筒工具将接缝压平整。

一件羊羔毛大衣袖口的处理，袖口翻下来，露出原始布边

上图：皮革及非织造面料明包缝
下图：非梭织皮革面料上的搭接缝

上图：无纺布贴带缝与贴边车缝
下图：平缝后用黏胶黏合缝头

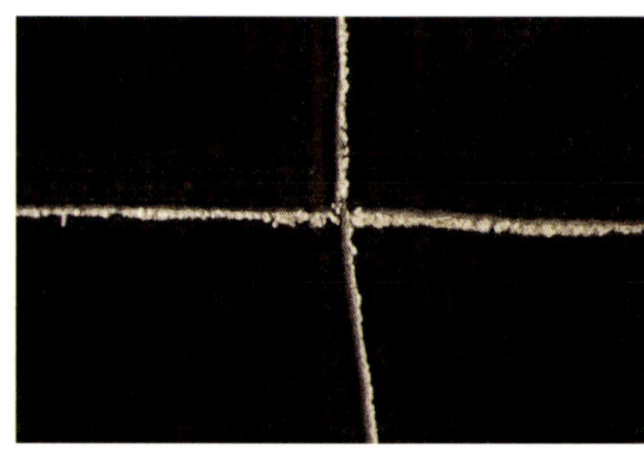

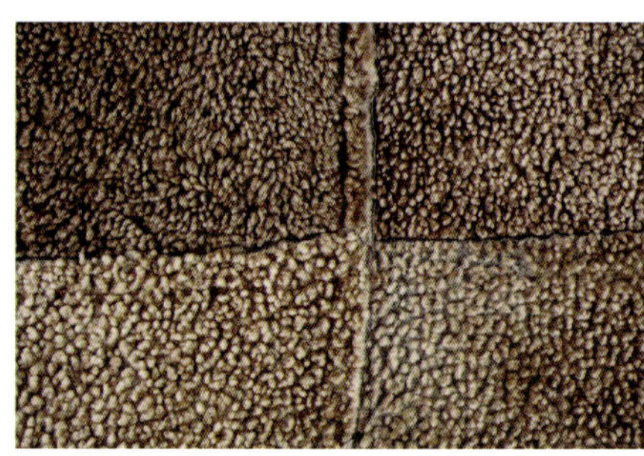

上图：羊羔毛大衣的皮革面上的缝合效果，运用搭接缝合处理，露出毛边
下图：皮毛面的缝合效果，直接用原始边搭接缝合处理

省道处理

将省缝合，再从中间剪开，用在正面压线或在反面胶黏固定的方式减少省道的面料堆积。

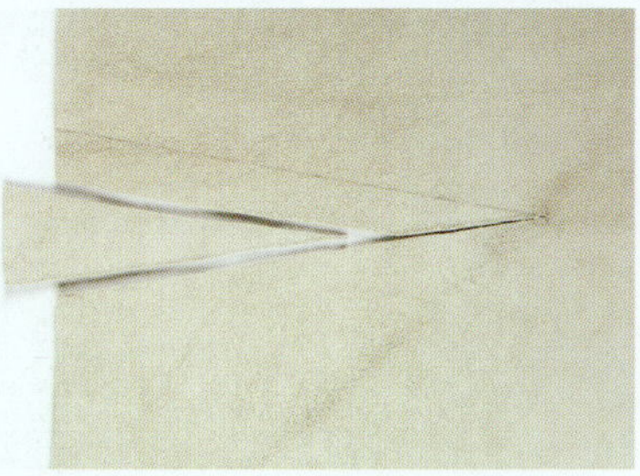

叠合省处理方式：剪掉省柱一侧的缝份，保留另一侧1cm缝份用于重叠

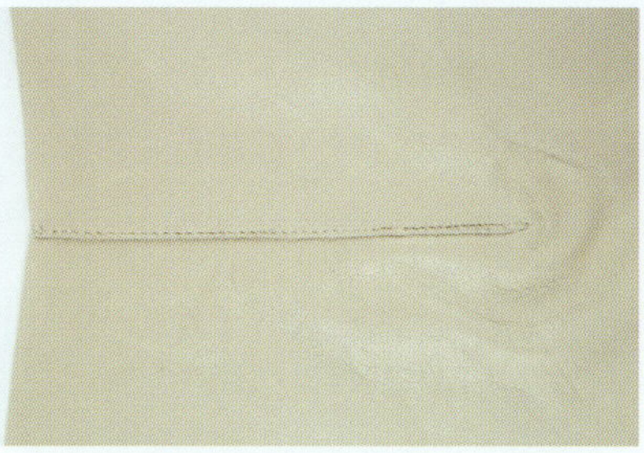

将省柱进行重叠，在服装正面车边线缝合

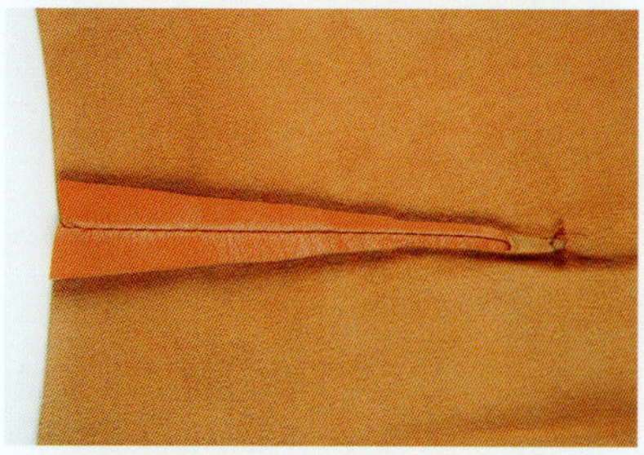

可以从反面将省缝合，在将省剪开并用胶黏合处理缝份使其平整

平缝缝合

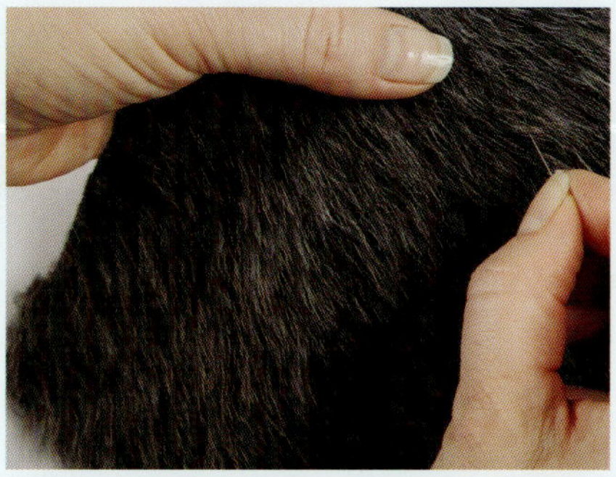

将缝进接缝的绒毛用大头针拨出来

真皮皮草和人造皮草

由于真皮皮草不能直接进行熨烫，缝合处和省道的缝头需用手针挑缝的方式使其平整。使用平缝的方式缝合裁片，缝纫之前将缝合处的毛向两侧拨开，以免缝纫的时候缝进去。缝合时将裁片有毛的一面相对缝合，之后用针小心将正面缝进缝头的毛挑出来，将反面缝头处的毛修剪掉，以免缝合处面料堆积。

平缝反面和正面的效果

Z字形缝合仿皮草面料的效果

底摆处理

真皮革和人造革

底边可缉明线或用黏合处理，首先用锤子将底边缝头向内捶打平整，如果底边用胶水固定则无需再缝纫。当皮革面料较厚时，可以不对布边进行处理，留下原始布边效果，或用对比色贴边、饰带或罗纹装饰。弧形底摆可在底摆处贴边或折边缝，修剪底摆处的弧度造型时，可将两侧对合，同时进行修剪保证对称。人造革和仿麂皮绒面料可以用手针折边缝。

天然皮草和仿皮草面料

用贴边或饰带处理真皮皮草和毛皮面料的底摆，因大多数皮草材料都比较厚，折边缝处理底摆不合适。贴边面料可用皮革或其他与皮草相配的材料，用手针将其挑缝于皮草底摆线上。基层是梭织的仿皮草用挑缝处理，而基层面料为针织的仿皮草则用人字缝处理。

饰带在底摆或边缘处理上的应用

1将缝制饰带处的毛拨开，用别针将饰带固定在布边。

2保持绒毛拨开，用暗缝法手针缝合饰带两侧，将其固定于皮草底摆上。

布边用牛仔线缉明线装饰，这种缝纫方式可作为贴边使用

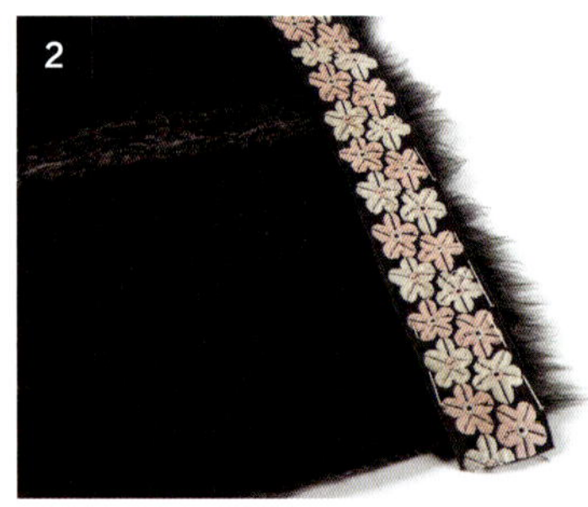

边缘处理

真皮皮革、人造革和绒面革面料布边可用对比色贴边、装饰带、包边或罗纹装饰，也可不进行任何处理留下原始布边效果。在皮草和毛皮面料上为避免面料堆积，将面料上里布、包边、贴边、饰带或拼接罗纹面料处理，不要剪掉布边或底摆的毛，留下自然的效果。

从左到右依次为：压平缝合处的滚轮、修掉多余面料的皮革刀、斯坦利刀，还有用来裁切的工艺刀。后排左边为用来黏合接缝和底摆的黏合胶，右边是平整缝份的锤子。

> **小提示：**
>
> 缝合较厚的皮革面料，面料易在缝合处堆积、不平整，这时可用皮革刀削去多余缝份面料，使用前提前在面料小样上试验。将皮革缝合处放置于平台上，皮革刀平行于缝份进行切割，均匀用力，缝份宽度保持一致。

带有夸张塑胶拉链的漆皮摩托车夹克，朱利安·麦克唐纳

衬里、衬和夹层

皮革、绒面革和皮草服装通常会上全里或半里使穿着更加舒适，这样能提高舒适度、更耐穿，还能遮住里面的缝份接缝，防止服装拉伸变形。在考虑诸如领底、袖口或袋盖等双层结构的时候，应使用薄型面料，或在类似育克的底层这样隐蔽的部分上里子，因为这样既节省面料，又使服装更轻便。制作外套时，在面料和里布之间加入夹层，因其能起到保暖的作用，可以考虑钻石绒、絮片或者节能保温材料。更多关于衬垫的内容详见第76页。在肩缝、布边、领围和扣合部位加入牵条起到加固作用。

真皮皮革、人造革和绒面革

有弹性或受力点处需加衬布，如袖窿、领围、口袋开口、扣合、底摆和布边处。同时领底、袋盖、翻领、开衩、袖口、襻扣、腰带处也需要黏衬。根据面料厚度、垂坠性选择不同类型的衬，比如在绒面革或柔软的皮革面料上使用经编斜纹布或针织衬布，这类衬布较薄，黏合后让面料看起来挺括但不会影响面料坠性。要选择熔点低的黏合衬。

皮草和仿皮草面料

将衬布缝在受力部位，并使用牵条加固领子、袋盖、翻领、开衩部位、袖口、扣襻和腰带等处。

扣合方式

较厚重的面料需搭配坚固的扣合方式，可研究经典款服装获取搭配灵感。

真皮皮革和人造革

夹克和外套可用钮扣和扣襻连接衣片，接缝或嵌缝式扣眼，还有皮革环襻扣等。比较常用的还有按扣和拉链，某些风格的服装可运用风纪扣和系带，想要扣合不明显可使用魔术贴或磁铁扣。皮带通常由搭扣和扣环来连接。

皮草和仿皮草面料

根据毛的长度和服装风格搭配相应的扣合方式。长毛面料可使用大号的包线风纪扣或大皮扣与扣襻组合，不要使用拉链，因为长毛容易卡进齿牙中。短毛面料通常运用扣眼扣，此类情况可使用拉链，也可使用磁铁扣和按扣，风纪扣和系结。更多详情见第80页——缝纫用品。

左图：羊羔毛大衣使用船夫牛角扣，并用皮革装饰袋口，布拉德利·斯诺登（Bradley Snowden）

右图：在较厚的皮革或皮草面料上缝扣子时需反面同时缝一个背衬扣用于加固。右上图为一颗牛角材质的钮扣；右下图为在服装反面的背衬扣

缩绒和无纺布面料

毛毡是现存最古老的无纺布面料。毛毡可以用不同的纤维制作，羊毛纤维制成的毛毡质量最好。毛毡没有经纬纱，织得越密，面料越硬，不会虚边，但容易破损，因为此类面料没有伸缩性。缩绒的机织或针织面料经特殊处理表面会产生有绒毛的哑光效果。传统制作方法运用羊毛和动物毛发，它们比毛毡悬垂性更好、更耐磨。这类面料通常较厚，非常保暖。

用缩绒面料制作出具有雕塑感的廓形，川久保玲（Comme des Garçons），2012秋季

在服装中的运用

毛毡大多数用于一次性物品中，因其可塑性强，可制作出各种创意造型。经常用来做帽子和其他配饰。其他用途还包括戏服制作、贴布绣和夹层以及衬垫。麂皮绒和水刺布也由纤维高压强力聚集技术织造而成，与毛毡有相同的特性和用途。而缩绒面料有一层梭织或针织的基布，因此它具有组织结构化面料的特点。这种特性使缩绒适合制作大部分服装，面料的隔热性能让服装不仅美观且保暖。缩绒面料如精缩羊毛绒呢、粗呢、罗登呢和麦尔登呢等，同时具有防水性，因此它们是制作外套的理想面料。

处理和后整理

传统制毡的方法是用羊毛或动物毛发经过加热、加湿和摩擦处理后，纤维压缩交织在一起形成面料。另一种技术是针扎毛毡，运用针刺机上的刺针在稀松的纤维里联锁，这种方法也能织造人造纤维，如人造棉、人造丝或废丝料等。梭织或针织抓绒面料经过皂碱液浸泡，加热加湿处理后纤维会缩绒，然后进行机械压缩使纤维聚集在一起形成缩绒表面。初期的面料由动物毛发纤维组成，羊毛或混纺毛发，经过20%~50%收缩处理，原有梭织或针织的面料纹理变得模糊，形成表面厚实的抓绒面料。

纸样裁剪

这类面料用于塑造简洁和宽松的廓形效果最好，省去边缘处的缝份，可滚边处理或无处理留下原始布边。

毛毡

· 接缝越少越好，毛毡面料容易撕裂。

· 需增加活动量时可收褶。

· 制作一次性的服装不需要加里布、衬布或贴边。

· 毛毡没有毛向，在纸样上标注出纵向线方便摆放即可。

缩绒面料

· 对于厚重的面料应避免设计褶裥，而用收省和拼接的方式塑型，减少服装面料堆积。

· 一些缩绒面料表面有绒毛，需在纸样上标出顺毛方向。

用麦尔登羊毛面料制作的可防水连帽斗篷衫，缩绒后的面料十分保暖，克里斯托弗·里博（Christopher Raeburn），2011秋季

面料裁剪

准备工作

· 这类面料缩水情况较严重，所以制作前需要预缩处理。

· 开启熨斗的蒸汽功能，均匀施力，熨烫面料，这样才能确保面料均匀缩水。

纸样排版

· 将纸样在面料反面排版。

· 纸样可以朝任意方向排列，合理摆放纸样可节约面料。

· 在表面有绒毛的缩绒面料上排列纸样需统一方向，根据面料厚度可选择单层或双层面料平铺裁剪。

标记

· 这类面料的正反面比较难分辨，在反面标记时用划粉，在正面用安全别针标记，选择其中一种方式标记。

· 对应点可用线钉或划粉在面料反面标记出来。

裁剪工具

· 根据面料厚度选择中号或大号裁剪刀。

熨烫

· 这类面料经蒸汽熨烫后很容易成型，但蒸汽量太大容易变型，将蒸汽/湿度尽量调小。

· 先在面料小样上测试合适的熨烫温度，避免过度熨烫。

· 熨烫后待面料冷却再移动。

· 熨烫面料正面时，在面料上垫一层熨布

· 一些表面有绒毛的缩绒面料，熨烫时需在面料表面垫一层本布或毛巾，并按照顺毛方向熨烫。更多详情见第276页拉毛和抓绒面料。

缝纫准备

手缝针

· 大多数缝纫工作使用尖头手针完成

· 用锁缝线迹缝制，或运用纱而不是线来缝制，使用绳绒线和绣花针。

机缝针

· 缝纫毛毡和缩绒面料时，使用通用尖头机针，根据面料厚度和结构选择70/10至100/16号机针。

· 缝纫精缩羊毛绒呢和羊毛针织面料时使用圆头机针，型号为70/10至90/14。

线迹大小

· 中等厚度的面料上线迹大小为2.5～3mm。

· 较厚的面料上线迹大小为3～3.5mm。

· 在毛毡和缩绒面料上缉明线时，根据服装设计和面料质感选择3.5～5mm的线迹。

缝纫时的注意事项

· 将线的张力稍稍调松。

· 缝纫较厚面料时减轻压脚压力。

· 缝纫表面有绒毛的面料时，按照顺毛方向缝纫。

· 正式缝纫前，在面料小样试缝，这类面料缝错后无法补救。

· 在制作一些具有弹性的缩绒面料（如起绒布或精缩羊毛绒呢）的时候，使用4～5股线锁边或绷缝，而家用缝纫机上可使用较密的Z字形线迹缝纫布边，缝合接缝时用手将面料轻轻展平。

· 缝合毛毡面料衣片前用极细的别针或夹子固定缝份。

· 较厚的缩绒面料衣片使用加长的别针固定缝份。

线

· 根据面料厚度选择棉线、涤棉线或涤纶线，缉明线时可使用机绣或牛仔线，也可尝试使用金属线或丝线。

缝制方法

接缝处理

毛毡和缩绒面料不会虚边，无需再对布边进行加工处理，因此这类面料的缝纫工序较为简单，并且能制作出一些兼具趣味性和装饰性的布边效果。较简单快速的缝纫方式可平缝缝制整件服装。装饰性的缝合可运用锯齿边接缝，任意类型的明线缝纫或将原本在面料反面缝合的缝份放到面料正面，展开想象随意进行设计。但裁剪衣片前提前在面料小样上试验你的想法，因为不同的缝合方法需留的缝份大小不同。

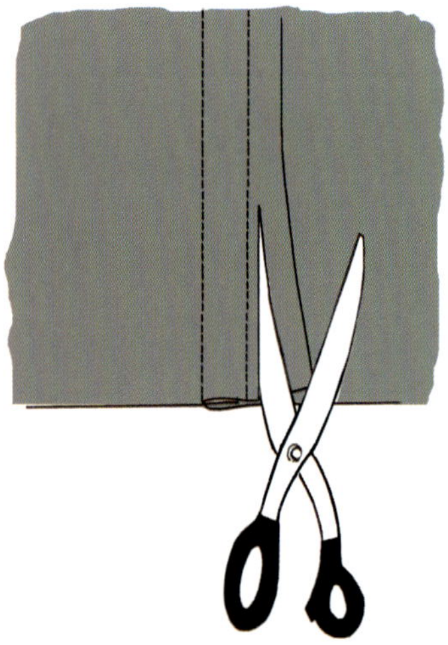

上图：拼缝是装饰缝合的一种，与嵌条缝相似（详见第280页），能起到装饰作用。这种缝法无需留缝头，缝纫时将衣片布边对准垫布的中心线

右图：在无里布的外套或休闲装中，为避免缝合处面料堆积可使用无纺布平接缝、贴边缝或搭接缝。无纺布明包缝，将未修剪的毛边和已修剪的毛边在缝合线处缝合，把未修剪的毛边宽缝份翻折，完全覆盖住修剪毛边的窄缝份并且压平，再按稍多于窄缝份的宽度车明线固定，最后紧挨着明线修剪掉毛边

省道

在毛毡和缩绒面料中收省容易使局部面料堆积，可将缝合后的省量从中间剪开进行劈烫，或将省量两侧修剪至一边1cm的大小，再缝合布边，以减少省位体积，使局部平整。

1 如果面料很厚，可剪掉收省处的缝份，再劈烫收省处。

2 在服装反面省位处垫一根牵条。

3 缉明线或Z字缝，将牵条缝于省位处。

缝合毛毡面料前用细别针或夹子固定缝份，因为毛毡面料容易撕裂。由于毛毡面料一旦缝错后无法修补，记住在缝纫前试验面料小样。

2

3

底摆处理

将布边修剪平整，可在底摆处留下原始布边效果或反折布边缉明线、手针挑缝或黏牵带。根据面料厚度和服装设计选择底摆处理方式，较厚的面料避免双折边底摆，折一道即可以避免缝合处过于厚重，之后将布边包边并用手针挑缝固定布边或缉明线。较厚的面料适合较宽的折边底摆。有廓形的底摆可以贴边或留下原始布边，不作任何处理，较厚的面料可用轻薄的面料贴边。也可尝试新颖的底摆处理方式，将底边折到服装正面，用锁缝线迹缝制，或缝上对比色装饰花边。

边缘处理

此类面料不虚边的特性使布边无需再加工处理，但一些受力部位如领围、袖窿、口袋开口等处建议对布边加固处理，根据面料结构和服装设计选择对应的处理方式。如果面料不是太厚，可运用本布面料贴边。或运用包边、拼接罗纹或饰带的方式，选择对比色或异材质面料，如皮革或绒面革，起到装饰性作用。用锁缝线迹缝制处理布边常用于羊毛短裙或披肩式外套中，使用羊毛纱线加固，可用对比色纱线强调服装轮廓线条。想要留下原始布边效果时，可去掉缝份，但需要在布边缉明线加固。

里布和衬布

毛毡面料服装通常是一次性服装，因此无需上里布和衬布，而缩绒面料服装需要上全里或半里。领底、袖口和口袋袋盖等处上里布，可减少局部厚度。夹克、外套等服装需在肩缝和领围处在缝合前用热熔牵条或缝纫牵条在此处加固。服装中受力点、易拉伸处或需塑型处需再加入衬布。缩绒面料黏衬后能使服装挺括，并防止缝合处、省道和底摆等处的痕迹显现于服装正面。

扣合方式

观察并分析经典款服装制作中扣合方式的运用。在缩绒针织或羊绒织物上最好运用牢固的花边、饰带或织带。大多数运动风格外套中，通常使用钮扣和机锁扣眼或滚边扣眼固定。金属扣给人军旅风格的感觉，木扣或牛角扣给人质朴自然的感觉。比较休闲的服装中可运用按扣或拉链，想要连接方式不明显，可使用隐形拉链、磁铁扣或魔术贴。比较新颖的造型可运用拉环和扣环的组合，或粗呢大衣上经典牛角扣的组合，特别适合运用在连帽衫中。有些斗篷和宽松的夹克或外套仅用腰带固定衣片，可在服装上添加带襻使腰带不随意移动。腰带头上可使用D字扣、扣环组合调节松紧或用本布翻袋缝制作一条腰带。

天然橡胶、合成橡胶和塑料材料

蒂埃里·穆勒（Thierry Mugler）、山口敦子（Atsuko Kudo）、加勒斯·普（Gareth Pugh）等设计师因喜欢使用涂层或橡胶材质面料设计而出名。操作此类面料需要运用创意的剪裁和缝纫方式，许多服装设计专业学生喜欢运用此类面料制作创意服装。天然橡胶、合成橡胶和PVC材料裁剪和缝纫都比较困难，需要借助使用一些专业工具。正式创作之前，应购买配置相应的设备并对实际操作做好充足的准备。

使用两种颜色叠加的天然橡胶外套。层叠衣片以及接缝用黏胶胶合固定设计，英国皇家艺术学院毕业生Itziar Vaquer的设计作品

服装中的运用

天然橡胶或合成橡胶材质运用在服装中十分吸引人眼球，从外套到内衣，此类材料可运用于各类服装以及日常用品，为便于穿脱，可在服装内层涂抹滑石粉。合成橡胶常用于冬装、潜水服以及防护服中，还能制作成防护服和矫形服装，同时也是塑造创意造型的好材料。PVC面料可用在各类服装设计中，如塑身衣、紧身裤、短裙、连衣裙和飞行员夹克，面料的反光特性使服装看起来十分闪耀。一些服装需要具有弹力特性，便于运动，这时可选用双向拉伸PVC材料，泳装、内衣、紧身衣通常使用四面弹PVC。PVC材料也运用在一些防护服中。

面料制作、处理和后整理

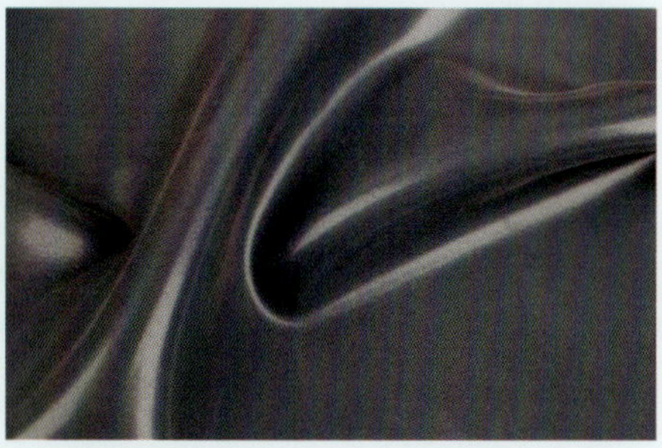

天然橡胶

天然橡胶取自于天然植物，由乳白色橡胶树汁液制成，天然橡胶材料防水并非常有弹性。橡胶能做成不同厚度和颜色，表面可做成平滑或者有纹理的效果。橡胶纤维和其他纤维混纺梭织或针织出有弹力的面料或缝纫松紧带。橡胶材料从液态到固态形成面料，具有防水性并且表面坚实，可用来做防护服，或者以轻质泡沫的形式层压到其他面料之上做成绝缘面料。天然橡胶材料两面被涂有滑石粉，防止天然橡胶材料互相黏连，经过抛光后，得到闪亮的表面效果。

合成橡胶

合成橡胶是一种人工合成的橡胶材料，具有柔韧性、防水性、耐用性及绝缘性。合成橡胶能做成不同厚度，表面可做成光滑或纹理效果。它通常层压于两层经编涤纶衬垫面料之间。液态合成橡胶能作为涂层涂在梭织、针织及无纺布面料正反面形成保护层。

塑料材料

PVC即聚氯乙烯，也叫做乙烯基，是一种防水塑料。这是一种优良的聚合物，可以作为纤维或液态形式覆盖于其他织物上。PVC涂层面料表面具有光泽，可制作成无弹、双向弹或四面弹。常见的为双向弹PVC，水平方向比垂直方向弹力更大。四面弹则水平和垂直方向弹力都相当。

购买时需注意

· 面料表面有褶皱时不能用熨斗熨烫，这类面料不耐热，因此不要购买有褶痕的面料。

· 不要折叠存放面料，平铺或用筒状物卷起来。

合成橡胶大衣，所有缝合处和布边都用很平滑的方式处理，如底摆处，反折并用黏胶固定

纸样裁剪

天然橡胶

· 尽量设计无省道的简洁廓形。

· 使用适用于弹力面料裁剪的纸样。

· 黏胶黏合衣片时留出4～5mm缝份，平缝缝合时需留出1cm份。

· 尽量做成套衫，减少使用扣合方式。

· 需要口袋设计时，设计贴袋或假口袋比插袋效果好。

· 如需省位塑型，剪去省位处多余的面料，在省尖点留下2mm缝份，省位最宽处缝份不超过4mm。

合成橡胶

· 较薄至中等厚度的合成橡胶可用于制作各种廓形的服装。

· 中等厚度至较厚的合成橡胶可塑造出具有雕塑感的创意服装。

· 使用较厚的合成橡胶面料时廓形设计不要太复杂。

· 选择要使用的缝合、布边和底摆处理方式，再对纸样缝份进行相应调整。

PVC

· 绘制纸样时考虑面料的弹力方向及弹性大小，制作半紧身或紧身服装时使用针对弹性面料的纸样。

· 找到面料弹力较大的方向，通常弹力较大的方向运用于服装横向。

· 不要设计需熨烫的细节，如褶裥。

· 避免收省，否则过于显眼，尤其是靠近胸围线的对角省。尝试将省道变换为垂直方向，或将省量融进分割线中。

· 不要在PVC服装中设计抽褶的细节，并减少袖山松量。

· 使用无弹PVC面料时需增加放松量。

· 选择要使用的接缝、边缘和底摆处理方式，再对纸样缝份进行相应调整。

面料裁剪

准备工作

· 这类面料无需预缩水。

· 裁剪弹力PVC面料前，最好将面料平铺于裁剪台放置24小时。

纸样排版

橡胶

· 橡胶面料没有经纬纱，并且任意方向都有弹力，排列纸样时可按最省面料的方式排版。

· 平铺单层面料，反面朝上进行裁剪。

· 裁剪时，剪切的线要连续平顺。

合成橡胶

· 考虑拉伸方向，将纸样根据诸如胸、腰、膝盖及手肘等部位的拉伸需要放置在正确的位置。

· 在无弹合成橡胶面料上，纸样可向任意方向摆放。

· 纸样放置好后可用别针固定或用重物压住。

· 将面料单层平铺裁剪，正面或反面朝上皆可。

PVC

· 考虑拉伸方向，将纸样根据胸、腰、膝盖及手肘等部位的拉伸需要放置在正确的位置。

· 在无弹PVC面料上，纸样可向任意方向摆放。

· 在PVC涂层面料上，将距离纸样布边几厘米处排列，有时布边的涂层不均匀。

· 不要使用别针固定纸样，会在面料上留下孔洞，使用重物压放或用胶带固定。

· 将面料单层平铺裁剪，正面或反面朝上皆可。

标记

·在涂层面料上在无涂层的一面标记，这样服装缝合后标记就隐藏于服装反面了。

·沿标记线内侧裁剪，以免增加纸样额外的宽度或长度。

天然橡胶

·在面料反面用水溶性笔标记。

·不要在缝份处打剪口标记对应点，用水性笔或圆珠笔标记。

合成橡胶

·用划粉或水消笔标记。

·标记对应点时可在缝份处打较短的剪口，如果需要服装留下原始布边效果时，则不要在缝份处打剪口标记。

PVC

·用划粉在面料反面标记，或用水消笔在面料正面标记。

·标记对应点时可在缝份处打较短的剪口，如果需要服装留下原始布边效果，则不要在缝份处打剪口标记。

裁剪工具

·天然橡胶面料使用旋切机，较小的裁片可用尖头剪，嵌入式裁剪时使用解剖刀。

·裁剪合成橡胶时使用尖头剪刀或旋切机。

·裁剪PVC面料时使用弯柄尖头剪刀或旋切机。裁剪时有节奏的停顿，使面料恢复平整。

熨烫

·尽量避免熨烫。

·天然橡胶、PVC和合成橡胶面料不耐热，不要用熨斗直接接触面料表面。

·需要熨烫时将面料上垫一层熨纸，并将熨斗温度调低。

缝纫准备

手缝针

·缝纫合成橡胶时根据面料厚度选择相应大小的尖头手针。

·缝纫PVC面料时用尖头手针或皮革手工缝针，缝纫时戴上顶针。

机缝针

·缝纫前换上新机针，缝纫涂层面料时每隔四小时换一次机针。

·缝纫天然橡胶时使用通用机针，但天然橡胶面料不建议机缝。

·合成橡胶面料厚度从1.5～7mm不等，使用100号牛仔机针缝纫2mm厚的合成橡胶面料。

·缝纫PVC面料使用尖头机针或皮革机缝针，根据面料厚度选择机针大小。

·不要用圆头机针缝纫用针织面料做基布的PVC涂层面料，会在涂层的表面留下孔洞。

线迹大小

·天然橡胶面料的强度会因为缝合针孔而降低，因此使用稍大的3.5～4mm线迹。

·缝纫合成橡胶面料时线迹3mm较为适宜，缉明线时线迹为4～5mm，人字缝线迹调到最大尺寸。

·缝合PVC面料时，线迹适宜为2～3mm，缉明线适宜为3.5～4.5mm。

缝纫时的注意事项

·如果压脚会在面料表面留下压痕的话，可在面料上覆盖一层薄棉纸或调松压脚。

·缝纫时如果面料黏在压脚上，可更换成滚轮压脚、双送压脚或特氟龙压脚。或者可在面料表面涂抹滑石粉或垫上薄棉纸。另外还可使用橡胶保护剂或机针润滑油。

·缝纫涂层面料时定期用酒精清洗机针。

·避免拆线、重复缝合和回针，因为这样会损坏面料。缝合后将末端的线打结固定。

·这类面料制作的外套或大衣通常会在腋下留出透气孔。天然橡胶质地的服装，在透气孔的部位应先衬以面料或牵条。

·缝制PVC材料时很容易断线，要经常检查以确保线能够连续地缝合。

缝纫线

·缝纫天然橡胶面料时使用涤纶线。

·缝纫合成橡胶面料时使用结实的尼龙线或涤纶线。

·缝合PVC材料时使用涤纶线，缉明线时可使用有光泽度的线，如人造丝线或绣花线，与PVC光亮的表面相搭配。

缝制方法

接缝处理

缝合此类非传统面料之前需提前在设备上试验，找出最佳缝合方式，因为一旦缝错，在面料上留下的孔洞不可恢复。根据服装的最终用途决定缝合方式，一些服装的接缝处需要滚边达到防水效果。

天然橡胶

橡胶面料可用黏胶黏合或缝纫缝合，但缝纫留下的孔洞使面料容易破裂，所以通常更推荐黏胶方式。缝合时需遵循的要点请参考第297页。可在接缝下边衬一条牵条或织物带，起到加固作用。

想要黏胶完美地黏合裁片需要反复实验，可提前在面料小样上试验。黏合时布边缝份可留8～10mm不等。先将缝份处理干净，可用倒有溶剂的布擦拭清理，然后用宽刃刮刀或棉棒涂抹一层薄的天然橡胶或水溶性胶。静置5分钟再将布边叠合在一起。布边被涂抹黏合剂后会有点弯曲，用滚筒将结合处滚平压实。

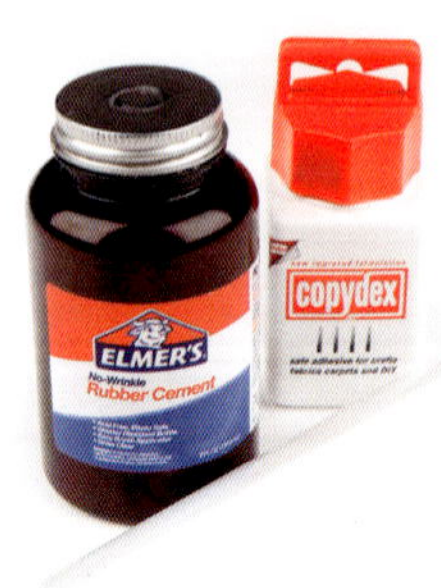

小提示：

将需涂胶水的部位清理干净，并覆盖一层塑料或打板纸，有光泽的一面朝上，所以可以很容易就剥离胶水，黏合橡胶材料前将手洗干净，不要涂抹护手霜。

合成橡胶

建议用工业缝纫机缝合合成橡胶材料。使用双送压脚并调节压脚压力适应面料厚度。缝纫前可用别针或黏胶固定缝份，接缝经过黏合后再缝合会更加耐用。较薄至中等厚度的合成橡胶可用平缝或锁边缝方式缝合。锁边缝更加牢固，但缝合后凸起的缝合处可能会穿着不舒适，可用莱卡或松紧线条包裹缝合处，或将缝合处倒向一侧缉明线。中等厚度至较厚材料（4mm或更厚）对接缝或绷缝。

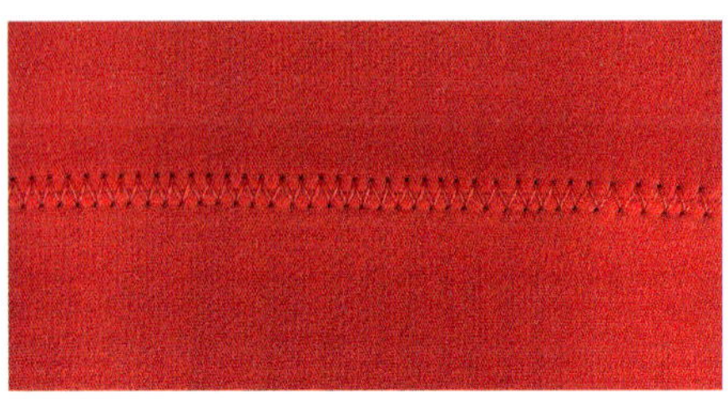

上图：平接缝时无需留缝份，直接接缝拼接。面料正面可看见人字缝线迹，缝合线反面可添加牵条起加固作用，也可以不使用牵条

下图：正面绷缝缝合。这也是一种结实而且具有装饰性的方法，通常将锁边机的刀片去掉进行缝合

PVC

缝纫前用回形针或假缝胶带固定裁片，不要使用大头针固定，会留下孔洞。双向弹的PVC面料可用平缝方式缝合，缝合过程中不要拉扯面料。这类面料不会虚边，所以无需对布边进行处理，PVC不能熨烫，在底摆翻边处缉线防止底摆缝份露到服装正面，最后在缝份处缉明线或用黏胶固定缝份，让缝合处平整，可用纺织胶或橡皮胶水。

如需装饰性的接缝处理形式可运用平接缝（第292页）、贴边缝（第129页）、嵌条缝或搭接缝（第280页）。

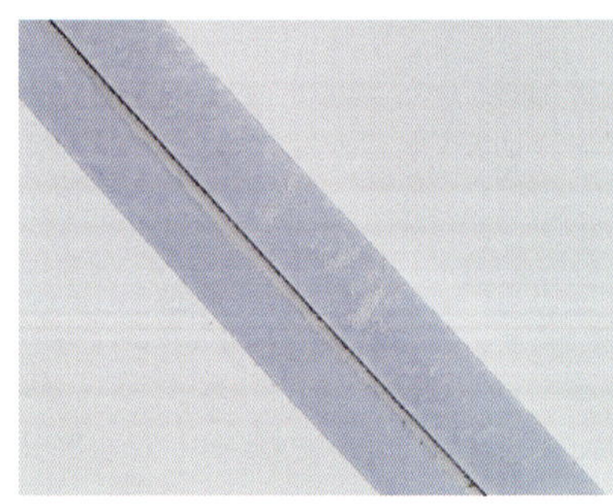

小提示：

行业内处理塑料面料时，处理接缝使用专业设备热压塑封。服装设计工作室和家庭式作坊则没有热压塑封接缝的专业设备，但可以使用接缝密封带配合熨斗完成接缝的压合，可以用作防水接缝线。操作前遵照产品说明，使用边角余料做实验，再确定适合的熨烫温度、时间和压力。

底摆处理

天然橡胶

天然橡胶材料不会虚边，但最好不要在服装底摆处留下原始布边效果，可将底摆折边并用黏胶固定，封压每条接缝的末端，服装看上去更有质感同时也更牢固。直边底摆需留1～5cm翻折边，弧形底摆只需留5mm翻折边，通常弧度越大，需留的折边越小。

合成橡胶

有弹力的合成橡胶可用莱卡或松紧饰带包边处理底摆、人字纹缉明线或将底摆翻折至正面绷缝。无弹的合成橡胶可在底摆处缉明线或用形成对比的材质、饰带贴边。不做任何处理留下原始布边效果也是一种风格。

PVC

确保弹力PVC底摆处弹力均匀，先将做好的服装悬挂24小时。PVC服装底摆适合缉一道或两道明线，或用黏合处理底摆处。有时底摆折边容易翘起，可用手针暗缝固定，用缎带包边或留下原始边效果。

边缘处理

天然橡胶面料无需再对布边加工处理。弹力合成橡胶面料可用莱卡或松紧饰带包边起到加固作用，无弹面料上可根据服装设计使用包边、花边或装饰带。因为合成橡胶不会虚边，因此也可直接保留原始边。PVC材料可选择包边、加缎带、斜裁饰带、直接修剪、松紧装饰和镶边等方式与服装设计相搭配。贴边可以用在领口和袖窿处，或用来塑型，包括合体的、装饰性的和斜裁贴边。

衬和里子

天然橡胶材料上需加固扣合部位，可在两层天然橡胶面料之间加入棉牵条或梭织面料使扣合处无弹力。合成橡胶服装中很少使用衬布，若有需要会用到缝纫衬布或熔点低的热熔衬布。合成橡胶上里布以满足舒适性的要求，同时遮盖住服装反面的缝份，选择与面料厚度相搭配的里布。PVC材料中只能使用缝纫衬布，上里布可起到美观和耐穿的作用。弹力PVC面料需使用弹力里布，无弹PVC使用梭织里布。只能从内侧缝合衬里。

扣合

天然橡胶材料服装中最常用的扣合方式是棉底塑料齿的拉链，便于服装的黏合。其他方式包括按扣、花边和系带扣合，使用塑料或橡胶的装饰，因为金属材质会使天然橡胶变色。合成橡胶服装中适宜用拉链和按扣，制作防水服装时需搭配防水拉链。其他方式还有抽绳、气眼绳栓、魔术贴或磁铁扣等。PVC外套中可使用拉链、魔术贴、磁铁扣、按扣及扣眼扣。制作连衣裙、裤装和短裙时使用拉链、按扣和扣眼扣，弹力PVC上可使用松紧腰带。

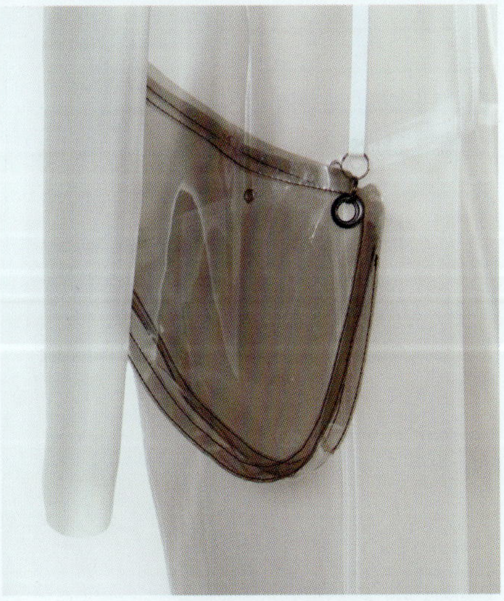

由伊琳娜·米哈伊洛维奇（Iryna Mikhailovich）设计的透明塑料材质外套，肩部育克处有合成橡胶面料拼接。在缝合透明塑料材质服装时要小心处理缝合线、布边和底摆，缉明线、贴边缝或搭接缝缝合效果最好。裁剪裁片时必须一次完成，保证边缘整齐平整。扣合方式需与服装材质与设计相搭配

小提示：

剪一条6～10cm宽，长度与缝份长度相当的薄棉纸，与缝份一起缝合。如果面料容易黏在运送齿上，导致布料推送不顺畅，可将薄棉纸放置于运送齿和面料之间。如果面料仍易黏在压脚上，又无法更换特氟龙压脚时，可将棉纸放置于压脚与面料之间一起缝纫，可使用透明棉纸，在操作过程中随时掌握面料缝纫情况。如有需要可在面料两侧同时使用棉纸。缝纫完成后轻轻撕掉棉纸，确保不要拉扯接缝。

印花面料

无论服装的廓形设计有多简单，运用印花面料都会对服装效果产生影响。尽管制作印花面料的服装比较费时，但其中的过程充满趣味性。图案可以通过梭织或针织的方式在面料上编织而成，或印染到梭织、针织及无纺布材料表面。还有一些图案通过刺绣或其他的特殊印染方式制作。印花面料可用天然纤维、人造纤维或合成纤维织造成不同的厚度。

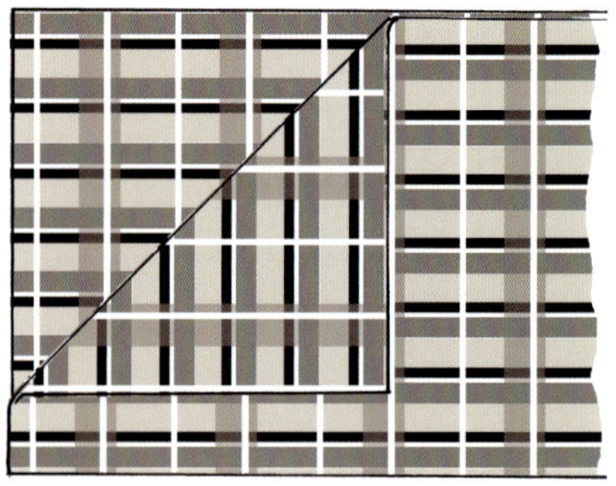

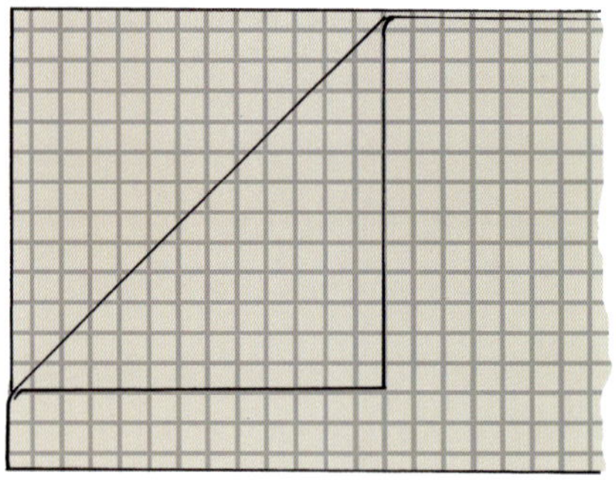

不规则格纹（上图）；规则格纹（下图）

格纹面料

格纹面料有规则或不规则的图形，初学者最好开始选择规则图形制作，更容易对条、对格，运用不规则图形的基本方法相同，但较难操作。规则格子面料服装中线两边的裁片上图形是完全对称的，而不规则格子图案是以一个方向为基准向整体服装发散。格子面料有非常多的种类可供选择，以下介绍几种最典型的格纹织物。

色织格布是一种质地较薄的棉质织物，由白色和其他颜色条格组成有规律的格子图案。

千鸟格也叫犬牙花纹粗纺呢，是一种羊毛斜纹织物，由许多小的尖形的格子组成有规律的独特图案，颜色通常是浅色交叉深色组成。

印度格布是一种质地较薄的棉质织物，主要呈现粗犷的不规则格子或色彩鲜艳的条纹，由醒目的不规则梭织格纹或色彩鲜明的条纹组成。

苏格兰格子呢是一种棉质、羊毛或塔夫绸织物，由复杂的格纹图案组成，是用来制作苏格兰裙的传统面料。

条纹面料

条纹面料的图案构成较简单，由垂直或水平的线条组成，因此比格纹面料更容易操作。但条纹的宽度变化及排列组合可以非常多样化，同一块面料上可由细条纹渐变为粗条纹，或由宽度相等的条纹组成，或条纹宽度各异，可见条纹也有规则和不规则两种，不规则条纹图案由宽度和颜色各异的条纹排布在主线条两侧组成。条纹面料种类有凸花条纹布、粗横棱纹面料、泡泡纱和细条纹布。

乌里扬娜（Ulyana Danylenco）设计的条纹夹克和短裙。夹克上的箱型大口袋的图形将面料斜向拼接而成，而短裙腰部通过裁剪面料拼接形成几何图案

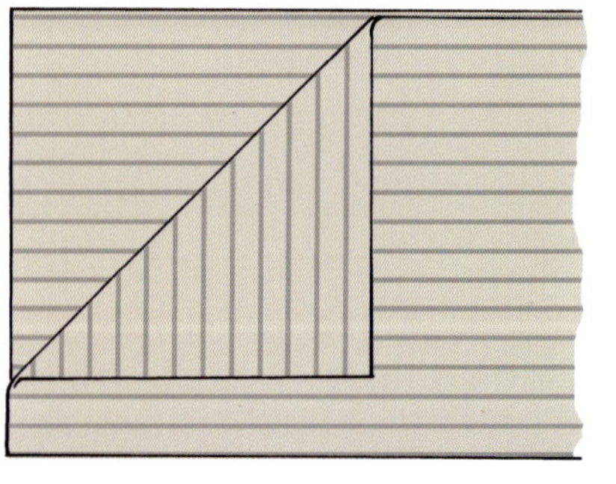

不规则条纹（上图）；规则条纹（下图）

满花重复图案

满花图案面料都由重复的图案组成，重复图案的尺寸根据基本重复图案的大小和排列变化。小花纹重复图案从远处看像一整片净面素色效果，比大花纹的重复图案面料好操作，因为大花纹的重复图案需要仔细对位。

边纹图案设计

边纹面料的图案是一个长条的装饰图案或分布在布边，可印制、刺绣或将图案结合布边制作成扇形，也可将前三者结合。这类面料可制作出拼接面料无法达到的服装独特布边效果。

大满花图案T恤外套和满花涂鸦雪纺打褶伞裙，赛琳（Celine），2014春夏

边纹印花面料短裙，杜嘉班纳，2013春夏

定位图案设计

定位图案是单个图案，机织、针织、印制或刺绣在面料上，可设计在服装的特定部位。排列纸样时要注意对准图案的位置。

对角线图案

对角线图案可在对角线方向以梭织、针织或印制而成。梭织而成的图案通过斜纹织法可形成不明显或凸出的棱纹。对角线图案的角度可变化，45° 角斜裁方向图案的面料更易裁剪和制作。这类图案也分为规则和不规则图形两种。

这件连衣裙在前片中间进行了仔细的定位图案设计，胸围带和印花图案人像组成了“头戴听筒”的形象，普拉达（Prada），2014春夏

面料上独特的格子和斜纹线将西装的形态进行了视觉解构，外套表面形成了一系列的单色块，三宅一生（Issey Miyake），2014秋冬

纸样裁剪及排版

使用印花面料制作服装时，需多购买一些面料以免对条对格时面料不够。

根据面料厚度、结构和服装设计选择熨烫、标记、缝合和扣合方式。可参考本章节相关面料的具体操作方法介绍。

格纹面料

制作精良的服装，通常在格纹面料上排列纸样时，相邻裁片需排列至组合成完整的图案。挑选与设计的服装相搭配的格纹，预留充足的时间准备及裁剪。

· 检查格纹是否按布纹印制，不要选择印制图案偏移的面料。

· 检查格纹是否规则印制，可将面料按一条主线折叠一半，再将其中一个角按直角折叠，如果对角线两侧的图案颜色和大小能组合成完整的图案即是规则印制，反之亦然（可参考第300页上的图片）。

· 在购买面料之前计划好纸样布局。

· 根据中线或中心点分析格纹分布方式，再根据服装设计安排格纹在服装上的位置。

· 服装上不可能每一条缝合线都能完全对齐格纹，尽量在前中缝、后中缝、侧缝和前袖片等显眼处对齐图案，领子对齐后中缝图案即可。

· 口袋、领子、袋盖、育克、袖口和贴边等处可与主身格纹对齐，或按相反方向裁剪，或斜裁形成对比的花纹。有时较小的裁片为了对齐格纹需调整其大小，或运用无花纹对比色面料拼接，产生另一种效果。

· 避免将图案中线排列在胸围或臀围等显眼的位置。

· 制作格纹裤装时可打褶或烫中缝，在前后片直裆处注意图案线条的位置布局。

· 在两件套服装中要特别注意在腰围、臀围、前中、后中等处都将图案对齐。并且两层服装层叠时图案看上去也应完整。

· 底摆和袖口处需对齐格纹边线。

· 最好将格纹面料单层平铺裁剪，纸样摆放方向统一，相同裁片复制一份纸样，将所有裁片排好后裁剪。

· 如果是双层面料需同时裁剪，按图案中线对折面料，面料垂直和水平边线上每隔5~10cm处用别针固定，保证两层面料图案完全相对。

· 在相邻裁片的纸样上标记图案对应点，需对齐接缝线而不是裁剪缝线。

· 将相邻裁片的纸样紧密排列在一起。

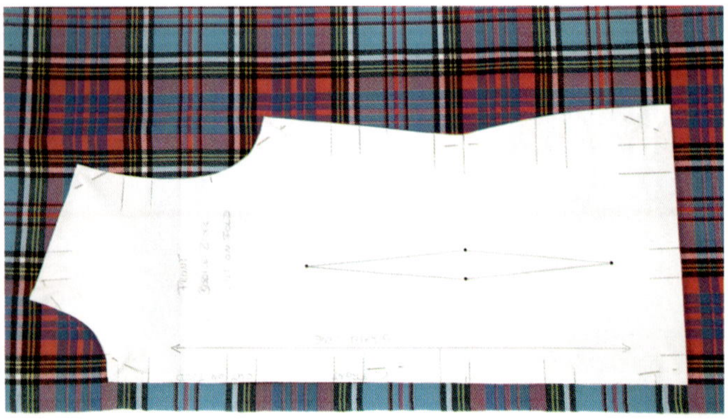

将纸样排放在面料上后将格纹的条格位置标记在纸样上

标记在纸样上的条格位置有助于对齐相邻裁片上的图案

条纹面料

条格面料服装需在缝合处、中线处对齐图案。

· 仔细检查印制的条纹，不要选择条纹偏移的面料。

· 为检查条纹是否是规则图形，可将面料按中线对折，将其中一角按直角折叠，如果对角线两侧的图案颜色和大小能组合成完整的图案即规则图形，反之无规则（可参考第300页的图片）。

· 在购买面料之前计划好纸样布局。

· 在每片纸样上标注出条纹方向，条纹可以是水平、垂直或对角线排列于面料上，运用在服装上时考虑面料的经纬纱方向及条纹的方向。不同方向条纹拼接能增添服装的趣味性。

· 在相邻裁片纸样的缝合线上标记出条纹位置，不要标记在裁剪线上。

· 在服装前中、后中、侧缝、插肩袖前片等视觉中心需对齐条纹，在肩缝、后袖片和省位等处可能无法对齐。

· 如果条纹水平分布于面料上，需将底摆和袖口处布边对准显著的条纹。

· 在口袋、领子、袋盖、育克、袖口和贴边等处可与大身条纹对齐或按相反方向裁剪或斜裁形成对比的花纹。有时较小的裁片为了对齐格纹需调整其大小，或运用无花纹对比色面料拼接，产生另一种效果。

· 两件套服装中，服装重叠时需要对齐条纹的效果。

· 竖条纹服装中，将中线对齐前后中心线和其他服装视觉焦点部分。

· 扣眼需与条纹方向对齐，颜色与条纹颜色统一。

· 不规则条纹面料可将图案以一个方向为基准运用于整体服装中，或将图案分布于前中和后中缝两侧。制作镜像图案效果时，必须将服装破缝或做成开衫。

· 面料单层平铺裁剪，纸样需统一方向排列。如果面料反面无对应印花，则将纸样在面料正面排列。

· 不要将条纹中线排列在胸围、腰围、臀围等处。

· 如果同时裁剪双层面料，将面料按图案中线对折，面料垂直和水平边线上每隔5～10cm处用别针固定，保证两层面料图案完全相对。

满花重复图案

裁剪这类图案面料的要点是将纸样按重复图案的位置排列。挑选大小与服装的设计相配的图案。

· 重复图案较大的面料适合运用于简洁的服装设计中，减小缝份、省位量及繁琐的细节，保证图案完整性。

· 购买重复小图案面料时，不要只看面料小样，看看面料展开几米的整体效果。

· 合理安排重复大图案在服装上的摆放位置，不要将图案排列于胸围处。

· 可将其他图案或无图案面料与重复小图案面料拼接，或将领子、袖口、腰带、口袋、袋盖或育克拼接异色或异材质面料。

· 重复图案较大的面料需单层平铺裁剪，纸样排列需统一方向。

· 有些无规则图案面料，裁剪时可将面料正面与正面相对，双层同时裁剪，纸样按经线或纬线方向排列。

· 有方向性排列的小型重复图案面料需单层平铺裁剪，纸样排列需统一方向。

边纹图案

边纹图案的设计可融入底摆、腰线、领子、贴袋、育克或袖口的形状中。除了将图案运用于底摆处，尝试不同的运用方式，如将图案运用于服装上半身。

· 可从不同边纹图案中得到设计灵感。

· 此类面料在简洁廓形的服装中能更好地突出面料本身的花纹。

· 避免A型轮廓设计和弧形底摆。

· 购买面料之前计划好纸样布局。

· 如将图案用于底摆，则服装长度取决于面料宽度。为避免面料宽度不够，可将服装在育克或腰线处分割。

· 布边与图案形状结合时，可去掉底摆缝份。

· 边纹图案面料需将面料正面朝上，单层平铺，并按纬线裁剪，纸样排列需统一方向。

· 尽量将所有纸样朝同一方向摆放，如果面料上的图案无方向性，将纸样按经线或纬线方向排列皆可。

· 不要在设计中过多地使用边纹图案，少即是多。

对角线图案

尽量设计简单的廓形，减少分割线的使用，斜裁此类面料效果不佳，除非图案完全对准对角线。

· 避免设计斜向省、弧形缝合线、连身型（如和服袖、蝙蝠袖或插件袖）、翻领和V字领。设计缝合式袖子、弧形或方形领口、水平底摆和直边在服装中效果较好。

· 裁剪前在纸样上标记出对角线方向，以免纸样排列在错误的方向。

· 不要将领子后中心线破缝，更不能一片按经纱方向裁剪，而另一片按纬纱方向裁剪。

· 此类面料需单层平铺裁剪，纸样排列需统一方向。

· 将镜像裁片的纸样复制一份，同时排列于面料上裁剪，将相邻裁片纸样排列在一起便于对齐图案，在纸样上标注对角线方向。至少保证前中和后中的图案对齐，如想服装看起来更精良，可在袖山、侧缝、口袋、相邻衣片处对齐图案。

缝制方法

裁剪、缝合、底摆处理和扣合方式需根据具体图案的面料进行变化。这一部分会介绍本章中提及的不同面料的具体操作方式。

缝纫格纹和条纹面料

根据面料厚度、结构和服装的设计选择缝合方式，平缝方式较保守，适用于各类服装设计中。

· 根据面料选择机针型号与缝纫线。

· 选择与面料颜色相搭配的缝纫线。

· 将面料正面与正面相对缝合。

· 缝纫处每隔2cm用大头针固定，确保图案对齐。

· 一边缝纫一边拆掉大头针，不要将大头针缝纫进去。或者可用手针粗缝固定再用机缝。

· 从正面检查缝合线，直到达到满意的效果再熨烫。

右上图：用别针固定面料
中图：缝合后的效果
右图：熨烫后的接缝，面料正面的效果

褶裥条纹和格子面料

褶裥设计需购买大量面料，面料上的条纹决定了褶裥大小，条纹越宽，褶皱越大。将条纹面料压褶后，只会在服装上呈现一种颜色，创造出独特的视觉效果。

· 在双色条纹面料上压褶时，将深色条纹露在外面，以免深色条纹从浅色条纹上透出来。

· 裁剪前就将面料压褶更容易操作。

· 沿条纹边缘折叠褶裥并熨烫。

· 将褶裥覆盖相邻的异色条纹，使完整后的褶裥表面看起来是同一颜色。

· 重复折叠并熨烫。

· 将熨好的褶裥用大头针或手针粗缝固定。

乌里扬娜·达尼莱茨基设计的不规则条纹抽褶半裙，夸大的褶皱柔和了僵硬的条纹

拼接面料

领子、袖口、育克、腰带和口袋等处可运用不同面料拼接。一些小细节，如腰带环、肩章、襻扣和扣眼也可用异材质或颜色产生对比效果。而异色或异材质领子和袖口容易呈现出制服感。有许多经典拼接方式可借鉴，例如厚重的粗花呢大衣搭配柔软的丝绒领子。

灵感来源于毕加索的立体主义，在毛毡面料上用传热膜和皮革面料拼贴，赫尔穆特·朗（Helmut Lang），2013秋冬

拼接面料

拼接面料常被设计师运用在服装设计中，因其能增添服装的视觉效果和趣味性，服装设计专业的学生进行面料拼接时常常更大胆、更有创意，不受课本知识的拘束，这点值得我们学习，应试着打破常规拼接一些特殊的材料，创造出独特创新的时尚单品。

面料拼接类型

色彩拼接

在一件服装中运用不同色调的面料拼接能产生视觉冲击。对比色面料能强调视觉焦点并增强服装的轮廓感，比如服装两侧用深色面料拼接能让穿着者看起来更苗条。拼接前测试深色面料的色牢度，以免洗涤的时候将与之拼接的浅色面料染色。拼接时，色彩需相互搭配和谐，没有冲突感。

异材质面料拼接

服装中异材质面料拼接其实是一项历史悠久的传统，一个经典的例子是在宴会礼服（也称为燕尾服）中的运用，主身哑光羊毛面料，在翻领处拼接有光泽度的缎面丝绸，并用其制作包扣。其他常见的拼接有羊毛面料与皮草、丝绒或皮革拼接。拼接时注意不同材质的缩水率不同，染色问题和不同的耐磨度。有时拼接部分为方便打理可做成可拆卸的，如羊毛大衣上可拆卸的毛领。

服装中运用跳跃的互补色拼接，以及闪亮和哑光面料拼接。黛安·冯芙丝汀宝（Diane von Furstenberg），2013春夏

不同厚度面料的拼接

想要找到相同厚度的面料进行拼接比较困难，尽量找到厚度相近的面料，避免制作的服装不服帖。轻薄面料与较厚面料拼接可能会在缝合处不平整，可将轻薄面料的缝合线稍微留长一些，缝合时将多余的长度融进厚面料的缝合线中。

弹力和无弹面料拼接

此类拼接形式近年来很流行，比如运动上衣拼接梭织棉领子和口袋。无弹面料拼接于弹力面料中能起到加固作用，比如运用于领围和袖窿处。服装可在胸围、腰围肘部和膝盖等处运用弹力面料，使穿着者运动更自如舒适，而其余部位运用无弹面料起到加固作用。这两种面料的拼接能制造出有趣的服装廓形，在褶皱平纹单面针织布下运用梭织面料打底，能固定褶皱。

护理要求

不同面料的护理方式不尽相同，因此对于拼接服装的护理要特别注意面料染色和缩水率不同的问题。制作前预缩水所有面料并检查色牢度。如果一件服装上拼接了洗涤方式或熨烫方式不同的面料，按照护理要求较高的面料进行打理，比如一些面料不耐热，则运用低温熨烫和凉水洗涤整件服装。

购买时需注意

购买前熟悉面料特性，可在面料商城中收集不同面料的小样，将所有小样摆在你的设计稿旁，将面料进行排列组合，直到选出你最满意的搭配，最后再进行批量购买。

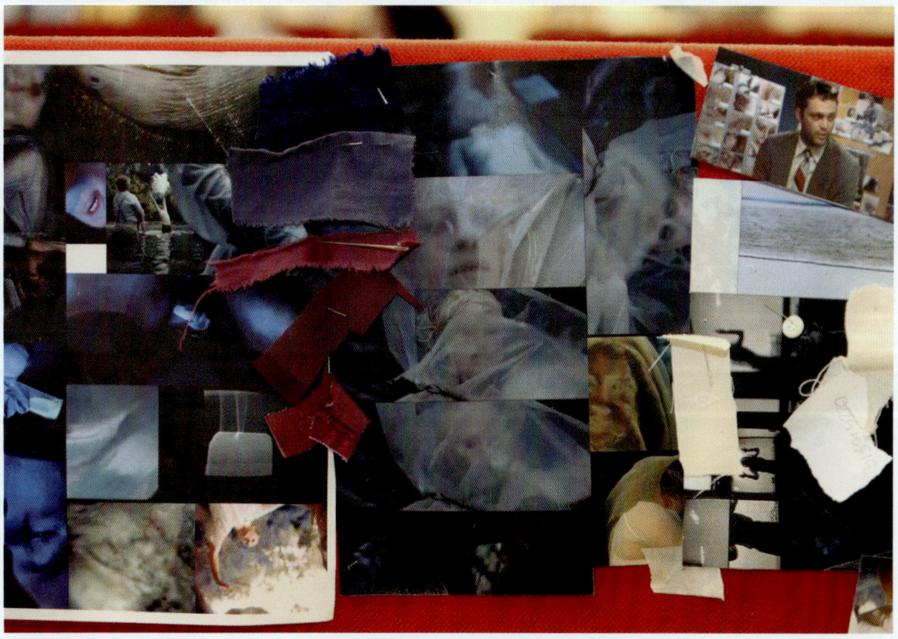

色彩灵感板，收集图片和面料小样能激发你的色彩创意

贴布绣

贴布绣运用一种或几种材料装饰在服装上，不受材料材质限制，可尽情发挥想象，而一些组合作品比其他形式的设计效果更好。

· 在轻薄面料上装饰贴布绣时，贴布的重量不宜太重，否则会拉扯面料破坏服装形态，可在贴布绣位置的面料反面加固，以免面料撕裂。

· 在针织面料上装饰贴布绣时，需在贴布绣位置的面料反面加固，以免面料拉伸，特别是一些针织稀松的面料。

· 在挑选制作贴布绣的面料前，需考虑打底面料的结构和质地是否相配，通常会将光洁平滑的贴布绣材料运用于表面有纹理较粗糙的面料上，将有纹理立体的贴布绣运用于平滑的面料上。

· 贴布绣可根据打底面料的厚度、耐热度、表面纹理来选择固定方式，可手缝、机缝、热熔、胶黏、刺绣等。

· 考虑打底面料和贴布绣材料的打理方法，测试其缩水率、色牢度和耐磨性。

布边和底摆处理

廓形简单的服装可通过运用对比强烈的贴边、包边、牵条、修剪和缎带等装饰手法增强视觉效果。选择以上布边和底摆处理方式时需考虑其质感、护理方式、耐磨度是否与整体服装相搭配。

贴边：运用不同材质或颜色的面料贴边不仅能起到加固支撑作用，还能增强视觉效果。

包边：能强调服装的轮廓线。包边的布条通常是斜裁的，有不同折叠方式的包边。对折缝纫的包边条可将毛边缝于衣片缝合线中，可在包边条中间夹筋，达到强调服装轮廓的效果。双折边的包边条折叠后可将毛边隐藏，最后缉明线固定。

牵条：能增加服装细节和肌理感，或在服装某些部位起到支撑和加固的作用。有几种不同的饰带可选择运用，详见第88页。

装饰缎带：装饰缎带有不同宽度和材质，例如丝绒、色丁、塔夫绸、提花布和提花缎带。

其他处理方式如编织带、流苏，以及新颖的修剪等方式可丰富服装细节效果。

厚缎面和风上衣，运用波普感雏菊形态的贴布绣装饰，贴绣出折纸手工花的效果，普拉达（Prada），2013春夏

黏合不同材质的面料

将两种面料用黏合织带黏合在一起，既可以在剪裁面料之前黏合，也可以将各个部分剪好后黏合，但都必须在缝制服装结构线之前完成。

黏合织带按米为单位进行购买，这种织带有纸质的衬背。

· 将热熔织带放于面料反面，将织带纸质的一面朝上。

· 根据使用说明的步骤，用熨斗熨烫织带使其黏在面料上。

· 待面料和织带冷却后，撕掉织带上的背纸。

· 将另一块面料对准放置于热熔织带上，用熨斗熨烫直至两块面料黏合到一起。

· 待面料冷却后再进行下一步操作。

黏合面料使服装更有结构感和廓形感，这类面料可设计成两面可穿的服装，无需加里布或衬布，可添加贴袋或插袋但要确保袋布使用本布制作。缝合衣片时可平缝、缉明线、滚边缝、贴边缝、搭接缝、平接缝、反向缝或来去缝。布边可包边或留下原始布边效果。此类面料适合用于简单的设计，若想在设计中展现双面不同面料的特性，可将袖口翻边。扣合形式有许多种，如交织带、系带门襟、双面拉链、腰带设计等都是很好的选择，还可以打扣眼，缝扣子，但要考虑在服装两面呈现的效果。包边扣眼或中缝扣眼看起来更特别。

伊琳娜·米哈伊洛维奇（Iryna Mikhailovich）设计的女装，面料由色丁和羊毛面料黏和而成。此面料在裁剪之前就进行黏合，然后制成服装。羊毛面作为外层，服装通过剪切的方式将色丁层显露出来

斜裁面料

斜裁面料制作的服装有非常悬垂的美感。适合斜裁的面料不宜太厚，最好是轻薄至中等厚度或密度较松的织物，例如绉缎、乔其纱、雪纺和双绉。斜裁面料服装需要运用特殊的剪裁手法和缝纫方式才能达到最佳效果。

螺旋式剪裁的真丝斜裁连衣裙，底摆采用卷边处理，袖窿和颈圈周围采用滚边处理，加勒斯·普（Gareth pugh），2014春夏

纸样裁剪

·不要设计挖袋如单嵌线袋。使用实用型口袋，比如贴袋。

裁剪

准备工作

·校准所有纸样上的布纹线，布纹线应与原来的纵向线呈45°角，按正斜纱方向裁剪才能使面料悬垂性效果达到最佳。

·纸样上加放2.5cm缝份。

·对齐斜裁的接缝，并在对位点上打剪口。

·在面料下垫一层薄棉纸，以免裁剪时面料滑动。裁剪前用大头针将纸样固定在面料上，剪裁面料时仍在纸上进行。

纸样排版

·将面料单层平铺，将纸样与布边呈45°角摆放。

裁剪工具

·因为斜裁的面料很容易移动，因此运用旋切机或锋利的剪刀裁剪。

缝纫准备

避免出现的缝纫问题

·斜裁面料平缝过程中需将面料轻轻拉扯缝纫，使缝纫部分平整，并能防止断线。

·斜裁后缝合部位具有弹性。试验适合缝纫的机器和缝合方式。通常用4线锁边效果较好，因为这种处理方式适合于有弹性的面料缝份。

缝制方法

接缝

·大多数由斜裁面料制作的服装不会太贴身，如果需要达到贴身合体的效果，应减少多余的面料。先缝合中缝，然后调整两侧松量直至合体。

·在袖窿、领围、肩缝处添加牵条，防止这些部位拉伸变形。

·将斜裁和非斜裁衣片缝合在一起时，斜裁的衣片放在上层缝纫，缝纫过程中不要拉扯斜裁衣片，多余的量融进下层非斜裁面料中。

底摆处理

·由于面料的经纱比纬纱捻制更紧，一些斜裁服装底摆会出现一边长一边短，在处理底摆前将服装悬挂一天。必要时可修剪较长一侧的底摆，使底边对称。

·底摆有多种处理方式，如挑缝、全回针缝、包边、加花边、幼细缝或留下原始布边效果。

边缘处理

·如果在布边贴边，将贴边面料按直纱裁剪可防止布边过度拉伸。

·用窄边直纱牵条在领围和袖窿处加固，以免拉伸变形。

扣合方式

·斜裁服装最好的扣合方式是装拉链，先用手针将拉链粗缝在服装上，可在粗缝前加入一根牵条防止布边拉伸，机缝时将面料多余的量融进拉链缝边里。

·缝扣子时需在门襟贴边或添加直纱牵条，防止门襟拉伸变形。

·在考究的设计中可添加钮襻。

术语表

全幅印花面料（All-over Pattern）：图案覆盖于整个织物表面，通常由小的重复图案组成。

实用口袋（Applied Pocket）：也称为贴袋（Patch Pocket），缝制于服装表面的口袋。

贴布绣（Appliqué）：在服装上运用一种或多种材料进行镶拼的装饰手法。

衬垫（Backing）：指一种衬布。

倒缝针（Backstitch Tack）：在手工缝制线迹的起止端用一小段回针缝合，以确保线迹两端牢固不易散脱。

缝份夹里翻转（Bagging Out）：在领口线、底摆线和袖窿曲线等部位使用贴边或滚边来处理衣服边缘的方法。

对位点（Balance Points）：服装裁片在缝合时，在两条缝合线之间相应的位置做标记，以便制作过程中确定缝合是否到位，增加服装缝合的准确性。

加固套结（Bar-tack）：用缝纫机的Z字形线迹缝纫出的紧密且窄小的线迹，加强薄弱的受力点。

巴斯克紧身胸衣（Basque）：一种对胸部到腰臀部进行塑型的紧身胸衣，并添加了吊袜带。

风琴袋（Bellow Pocket）：一种在侧面有褶式袋墙，以增加口袋内部空间的实用型口袋。

斜纱（Bias Grain）：与布边形成了45°角的正斜向的纱向。可参见直纱。

包边（Binding）：将底摆线或布边的毛边包缝处理之后的装饰边。

原型（Block）：指基础纸样。

黏合衬样板（Block Fusing）：先将衬黏合至面料反面，再按照纸样裁剪面料。

穿带用钝针（Bodkin）：一种大针眼的钝头针形工具，通过它可将织带、橡皮筋、丝带或绳子等转穿过管套。

衣身（Body）：面料的自然硬挺度，决定了面料是否紧贴于支撑表面或是距其有一定距离。

贴体服装（Body-conscious Clothing）：完全贴合身体，显露体型的服装。

棉桃（Boll）：棉花植株的种荚。

黏合织物（Bonded Fabric）：将织物层永久性地黏合于另一织物的表面，使其形成整体。

羽骨（Boning）：紧身胸衣中用来塑型和支撑的金属或塑料条。

箱型褶裥（Box Pleat）：同等宽度的两个褶裥相对折叠，也可以反向折叠。

翻折线（Break Line）：领座和翻领部分之间的折线。

翻折点（Break Point）：驳领或翻边从门襟边缘翻折。

透气、吸湿性（Breathable）：一种具有特殊功能的面料，织物结构可防止水分子渗入，但又能使蒸汽分子挥发的特性。

内衣搭扣（Busk Fastener）：一对弹性织带，一侧有环，一侧有钩，用来系紧身内衣。

胸衣（Bustier）：也叫作胸罩，对腰线上的胸部区域进行塑型，分有肩带和无肩带。

套管（Casing）：服装边缘处用面料缝制的管道，可穿过橡皮筋、绳子或丝带等用来束紧。

修剪（Clipping）：使用尖头剪在服装内弯的弧形缝份上打小剪口，使该处弧形接缝平整。

全封闭衬里（Closed Lining）：里布与服装所有底边全部缝合在一起，缝份全部包裹在内的形式，区别于开放式衬里（Open Lining）。

衣领翻下部分（Collar Fall）：从翻折线翻折出来的衣领的可见部分。

衣领款式线（Collar Style Line）：衣领的外轮廓线，用来设定衣领的范围。

束身衣（Corset）：使用羽骨加强塑身效果的紧身内衣，重塑腰身部分的体型。

紧身胸衣（Corsolette/Corselet）：管状胸衣配有肩带和吊袜带，支撑胸部、腰部和臀部。

横列（Courses）：针织面料的水平行，与梭织面料的横向纹理相当。

挺括度（Crisp）：面料的硬挺度或折痕的清晰度。

横纹（Crosswise Grain）：与布边角度为90°，即织物的纬纱方向。

时装省（Couture Dart）：也被称为双头省，这是一种形似枣核的中间大、两端尖的省道。

省（Dart）：由两条省柱和一个省尖组成的楔形褶。

解构设计（Deconstructed）：一种极简主义设计风格，打破传统的结构，去除柔和的装饰。典型表现是结构外非常规的分割形式和装饰性故意磨破的边缘。参考做旧设计。

图案布局设计（Design Placement）：根据设计将图案设置在纸样最合适的部位，以使成品服装达到最好的效果。

定向图案设计（Directional Design）：也称为单向图案设计，使印染或编织的图案在面料的顶端或底部，且所有的图案朝向同一个方向。

做旧设计（Distressed）：故意磨损边缘或表面作为装饰的设计特点。参考解构设计。

双面平纹布（Double Jersey）：两面布纹样的双面针织物，但重量是单面织物的两倍。

双层布局（Double Layout）：将面料以直纹对折后再在上面标记纸样，然后进行双层裁剪，这样能节省裁剪的时间。

双头省（Double-pointed Dart）：参考时装省。

垂褶（Drape）：面料支撑起来之后形成自然流畅的形态。参考衣身和悬垂。

松紧调节车缝法（Ease Stitching）：一种细小的碎褶，不会产生明显的皱纹或褶裥，通常这种方法将一条长边与一条稍短的边缝合在一起。

贴边车缝法（Edge Stitching）：紧挨接缝线的单行明线，可使接缝部位更平整，并起到强调作用，同时还能固定一侧缝份。

弹性（Elasticity）：指织物的拉伸性能。

封边缝（Enclosed Seam）：一种接缝类型，将缝份的毛边隐藏于接缝结构之内。

同步压脚（Even Feed Foot）：一种同步送料压脚，也称为双送压脚。作为一种缝纫机的组件，可与送布齿牙配合，同时运作面料顺畅地通过缝纫机。与之类似的有旋转同步压脚，不同之处在于旋转同步压脚两侧有履带装置，可独立控制不同厚度的面料，均匀推送使其通过缝纫机。

均匀条纹/格子（Even Stripe/Check）：即规律排列的条纹/格子。

织物结构（Fabric Structure）：织物的织造方法，通过梭织、针织、毡结形成面料的结构。

贴边或挂面（Facing）：应用于开身服装边缘的一块面料，起到功能性和装饰性作用。延展式贴边作为服装的一部分进行裁剪。一体式贴边则用来完成无袖款式服装的领口线，处理袖窿边缘。

送布齿牙（Feed Dogs）：缝纫机上的针板下可移动的部件。机针随着送布齿牙的推送运行，机针完成一针随即将布向前推送一步，再接着缝下一针。

毛毡（Felt）：羊毛制成的非织造面料，运用加热、加湿和摩擦的方法加工而成。利用热量、水分和摩擦加热纤维使其聚集在一起，或将羊毛或其他纤维使用制毡针制作而成。

长丝纤维（Filament Fibres）：连续不断搓捻制成的长纤维。

指压烫（Finger Press）：通过手指在面料上压出一道折痕而非用熨斗压出来。

合体性（Fitted）：指服装的结构造型与人体形态非常贴合。

纺锤形钮扣/盘扣（Frogging）：一种装饰性的编结物，由扣环和钮扣或编织结组合而成，用来扣紧服装。

缩绒（Fulling）：羊毛织物的后整理工序，用加湿、摩擦和加压的方法，使织物表面形成起绒的毛毡效果。

黏合性（Fusible）：黏合于另一块面料的黏附能力，通常需要加热和施加压力才能达到效果。

碎褶（Gathers）：小而不规则的褶，塑造丰满和装饰的效果。

束腰衣（Girdle）：束身衣的一种，束紧并支撑腰部到臀部，往往添加吊袜带。

串口线（Gorge Line）：连接与翻领或服装翻边的接缝线。

推压法（Grading）：参考分层修剪（Layering）。

布纹线（Grain）：面料织物上的纱线方向。

加裆（Gusset）：在服装需增加活动量的切线中，附加一块布料以增加活动空间。

悬垂（Hang）：面料从一个支点悬挂下来的形态。参见垂褶和衣身。

挂襻（Hanger）：横着固定在上衣或外套后领口的一条结实的襻条。

热封型接缝（Heat-sealed Seam）：一条通过高温焊合的接缝，而不是通过缝合的方式。

嵌入式插片（Insertion Cut）：在一块平面织物上剪一个切口，再将另一块面料缝合其中。

衬布（Interfacing）：在服装制作过程中，使服装整体或局部强度增加，起到支撑作用的材料。

夹层（Interlining）：面料和衬里之间的一层材料，通常用来隔热或改善悬垂性。

不规则条纹/格子（Irregular Stripe/Check）：条纹或格子指向多个方向。

提花组织（Jacquard Weave）：一种面料的织造方法，通过经纱和纬纱的独立编织，制作出高低起伏的复杂的图案组织结构。

平针织物（Jersey）：一种针织面料。

唇袋（Jet Pocket）：挖袋的一种，开口处有狭窄的包边或袋唇。

圆头钮孔或开口（Keyhole Buttonhole/Opening）：开口的一端呈圆形。

和服/蝙蝠袖（Kimono/Batwing Sleeve）：一种与衣身前后片连裁的宽松袖型，有肩形和侧缝，或裁剪时无肩缝。

剑褶（Knife Pleats）：一排同方向的褶，或规律重叠，或规律间隔，围绕与服装表面或某一局部。

翻领（Lapels）：又称为翻边，服装前身贴边翻出外露的部分。

暗拉链（Lapped Zip）：拉链的拉链齿被面料的折边完全遮盖住，表面仅显示一条明线。

分层修剪（Layering）：又叫做推压法，在将两个缝份向一个方向倒烫之前，将缝份进行修剪，使其中一边多于另一边，以避免在面料正面显出堆积的厚重感。

直纹（Lengthwise Grain）：平行于布边，即梭织面料中的经纱方向。

平纹组织（Linen Weave）：参考平纹梭织。

蓬松度（Loft）：面料的厚度，通常可以压缩而成。

再生纤维（Man-made Fibres）：面料由自然纤维再生而成的纤维织造而成，例如纤维素纤维。

人造纤维（Manufactured Fibres）：人造的纤维，由人工制造的合成纤维。

丝光处理（Mercerized）：该处理方法能使棉线或棉质面料的外观更富光泽感，同时增加其强度。

斜切角（Mitre）：连接两个直角之间的呈45°角的对角线。

内衬（Mounting）：参考里衬（Underlining）。

起绒（Nap）：通过特殊工艺使面料表面形成单向性绒毛，在光线下从不同方向观察产生不同的效果。另请参考割绒（Pile）。

针板（Needle Board）：又称为丝绒熨板，一个布满细针丝的熨板，毛绒织物正面朝下覆盖在上面进行熨烫，防止起极光或倒绒。

可直接缝纫的面料（Needle-ready）：指可以直接裁剪和缝纫的面料，因此类面料经过特殊处理，在水洗或干洗后不会缩水。

无纺布（Nonwoven）：一种使用机械、化学或热处理等方法将纤维黏接而成的面料。

打刀口（Notching）：在曲形缝份上剪出V形剪口，减少该处面料堆积，使缝合之后显出平整光滑的外观效果。

单向设计（One-way Design）：参考定向图案设计（Directional Design）。

单向排样（One-way Pattern Layout）：裁剪前将所有纸样都朝同一个方向铺在面料上，另外还有双向排样（Two-way Pattern Layout）。

开放式衬里（Open Lining）：衬里在底摆部分可以打开，因此缝合线和底摆折边会部分暴露在外，这些可能会暴露在外的部分需要进一步处理。与全封闭衬里（Closed Lining）不同。

贴袋（Patch Pocket）：参考实用口袋（Applied Pocket）。

样板（Pattern Block）：即服装基础纸样，它是设计制作一件服装必不可少的部分。

循环花样（Pattern Repeat）：由独立的图案重复组成面料上的整体图案的方式。

牙边（Picot）：一种用线编的小环或者绒球作为装饰的边饰。

绒头组织（Pile Weave）：立体编织的组织结构，织造过程中在毛圈中穿插了额外的一组经纱或者纬纱，可直接保留毛圈的形态或经过修剪形成毛绒的表面。

起毛起球（Pilling）：结构松散的面料被磨损之后，表面形成一些小绒球。

锯齿切裁（Pinking）：用锯齿剪刀修剪面料形成锯齿形边缘。

细褶（Pin Tuck）：参考褶裥（Tucks）。

袖斜（Pitch）：装袖服装上袖子从衣身上悬垂下来的形态。

定位设计（Placement Design）：通过梭织、针织、印花、面料再造等方式，将一个单独的图案定位在未经裁剪面料的特定区域。

定位点（Placement Points）：表明服装上其他部件位置的标记点，比如口袋的位置。

门襟（Placket）：由面料制作的有上下搭门的开口部分，使服装穿脱更加方便，通常由一组扣合件系牢。

平纹梭织（Plain Weave）：也称为平纹组织（Linen Weave）。一种最基础的梭织形式，经纱和纬纱相互呈直角方向上下交替织造形成。

褶裥（Pleats）：通过平整折叠的方式在面料上打褶。

口袋布（Pocket Bag）：插袋内侧袋身面料部分。

网眼弹力经编织物（Power-net）：一种弹力网眼面料，在合体紧身服装中起到支撑和塑型的作用。

预缩（Pre-Shrinking）：在剪裁制作服装之前对面料进行缩水处理。

压脚（Presser Foot）：缝纫机上的结构部件，正确运行速度之下，配合送布牙进行压布送布。

熨布（Pressing Cloth）：一块宽松的棉质或羊毛梭织面料，隔在面料和熨斗之间，避免面料起极光并且保护面料表面。

绗缝（Quilting）：将面布和填充物用不同的线迹缝合在一起，起到装饰和保暖的效果。

插肩袖（Raglan Sleeve）：在服装前后片，从腋下至领围通过一条斜向的缝合线将袖子和衣身连接。可在袖片上添加肩缝或肩省，也可用针织面料拼接，或不添加任何细节。

拉舍尔针织面料（Raschel Knit）：一种经编针织面料，可织造出独特的纹理效果。

回复性（Recovery）：面料拉伸后仍能恢复至原始状态的特性。

规则条纹/格子面料（Regular Stripe/Check）：横向或纵向都能对齐条纹或格子。

耐用性（Resilience）：穿着后面料仍保持不变形的能力。

折边固定缝（Retain Stitching）：也称作贴底车缝法（Under Stitching），通过将布边与贴边、里布或衬垫进行缝合，防止布边翻到服装正面，保持边缘处平滑整洁。

翻领（Revers）：参考翻边（Lapel）。

鱼骨（Rigilene）：梭织尼龙的竿状物，用来支撑服装。

滚轴压脚（Roller Foot）：一种缝纫机上的可替换压脚，协助均匀推送柔软、黏滑的面料，使缝纫过程更顺畅。

旋转同步压脚（Rotary Even Foot）：参考同步压脚。

钮襻（Rouleau Loop）：在服装开口处布边，向外延伸的管状小环，用来系住钮扣。

样衣（Sample）：用来试验新的工艺或面料，观察其呈现出的效果。

扇形布边（Scalloping）：布边由一连串小的弧形曲线组成。

缝份（Seam Allowance）：面料边缘缝合处，缝合线距离布边的宽度即为缝份。

接缝滑移（Seam Slippage）：缝合两层较光滑的面料时，若缝纫过程中发生了偏移，则无法对齐末尾处。

本布（Self-fabric）：用大身主面料代替其他面料完成部分缝纫，例如贴边。

布边（Selvedge）：在梭织面料纵向上的两条布边，通常编织得非常紧密，并且包含生产信息，如面料的成分或图案、颜色的编号。

双向拉链（Separating Zip）：两端都可以拉开的拉链。

嵌入式口袋（Set-in Pocket）：与缝合线或分割线结合在一起的口袋式样。

装袖（Set-in Sleeve）：单独缝纫的袖子在袖山头处留出松量，再与袖窿处缝合在一起。

雪纺（Sheer）：一种轻薄、细密的梭织面料，呈透明效果。

衬衫袖（Shirtsleeve）：与落肩袖窿拼接缝合的袖子，只在袖山头留少许的松量或者不留。

抽褶（Shirring）：由平行的褶皱组成。

单面平纹布（Single Jersey）：一种针织面料，一面为平纹针织，另一面为反针针织。

单层布局（Single Layout）：将纸样在单层面料上排版，每一次裁剪只能完成一块裁片。

衲缝（Sink Stitch）：也叫凹槽缝，是沿已缝合部位缝线再次缉缝的手法，使缝迹在服装正面达到隐形效果。

尺码表（Size Chart）：通过实际测量得到的标准尺码表格。

烫袖板（Sleeve Board）：圆筒形的垫板，专门用于熨烫一些不易熨烫的部位，如袖子。

伸缩绣缝/缩褶（Smocking）：通过缝纫一道道装饰性的细褶，达到收紧松量的作用。

稳定塑型缝（Stabilizer）：将一块面料缝合在另一块面料上起到塑型或增加体积感的效果。

领座/底座（Stand）：领子的一部分，与领围线连接，使领子挺拔。也指服装上固定钮扣的底座。

短纤维（Staple Fibres）：长度较短的纱线纤维。

固定缝（Stay Stitching）：用长线迹在单层面料上缝的一道缝线，加固打刀口和剪口的布边，防止布边在缝纫过程中拉伸变形。

凹槽缝（Stitching In The Ditch）：参考衲缝。

石磨（Stonewashing）：一种面料后处理方式，常用在牛仔面料中，将面料放入装有浮石的工业滚筒洗衣机中，打磨后面料变得柔软，产生做旧的表面效果。

直纱（Straight Grain）：直纱与经纱方向相同，与布边平行，并与纬纱呈90°度角。可参考斜纱。

结构化（Structured）：指服装的廓形非常清晰。

S捻纱线（S-twist）：纱线捻回方向为从右至左.

合成纤维（Synthetic Fibres）：由化合物组成的纤维。

襻（Tab）：在开口处延伸出的一块扁平面料，用来打扣眼或系住钮扣。扣襻环则由面料制作的扁平环状襻。

烫凳（Tailor's Ham）：一块小的椭圆形实心垫，一面是棉面料，另一面是羊毛面料，用来熨烫领子、翻领、省道和袖山，也可用来熨烫弧形部分，收缩松量，达到圆滑的效果。

缝纫标记法（Tailor's Tacks）：在两层面料上松散地缝纫上线迹，再分开两层面料，剪开连接的缝线后，则在两层面料上都留下标记线。

打线钉（Thread Marking）：可参考缝纫标记法。

机针板（Throat Plate）：缝纫机上机针穿过的金属板部分，通常都刻有标尺，让缝纫者能保持缝份对齐。

白坯布（Tolie）：使用成品面料制作成衣之前，用一块平价的坯布先制作一件样衣，并调整其结构至合体。

领面（Top Collar）：指领子的外层或上层。

缉明线（Topstitching）：在服装正面缝纫一条或多条明线，起到支撑和加固缝边的作用，也可起到装饰作用。可用与面料同色的线缝纫，也可用对比色线强调边缘，作为设计亮点。

经编织物（Tricot）：一种经编针织物，纵向上有细密的凸条花纹，横向上几乎无弹力。

缝合褶/塔克（Tucks）：由几排小褶组成，在局部或整体褶量边缘缉明线，起到装饰作用，也可用来调整松量，细褶通常都很窄小。

斜纹编织（Twill Weave）：一种织造方式，面料表面形成对角斜线或脊状突起纹理。

双向纸样布局（Two-way Pattern Layout）：在横纵向裁剪无区别的面料上，遵循节省空间的原则将纸样双向布局。可参考单向纸样布局。

领底（Under Collar）：领子底部的贴边。

贴底车缝法（Under Stitching）：参考折边固定缝。

里衬（Underlining）：也叫衬垫，覆盖于整片裁片上，用来起到加固、保暖和结构化的作用。

衬垫熨烫（Underpressing）：从服装反面熨烫，防止结构线在服装正面留下痕迹。

衬裙（Underskirt）：裙装下的一层或多层面料支撑外层面料。

内塑型（Under-structuring）：制作一块通过分割或收省达到的结构性内衬，垫于面料之下，达到塑型的效果。

不均匀分布的条纹/格子面料（Uneven Stripe/Check）：参考不规则条纹/格子面料。

丝绒垫板（Velvet Board）：参考针板。

衩（Vent）：便于行走、坐立以及必要的人体拉伸活动，通常在服装上剪一个开口，例如袖口处。

填充物（Wadding）：一种无纺材料，填充在面料中，起到保暖的作用，或用来制作出理想的廓形。

腰部牵条（Waist Stay）：将一条与腰围一样长的面料条缝纫于服装反面腰围处。

纵向线圈（Wales）：针织面料上纵向排列的线圈，与梭织面料上的直纹类似。

双送压脚（Walking Feed Foot）：参考同步压脚（Even Feed Foot）。

经纱（Warp）：梭织面料中纵向的纱线称为经纱。

经编针织物（Warp Knitting）：指沿垂直方向或经纱方向排列形成的线圈，由相邻的纱线相互套接而成。参考经编面料和拉舍尔面料。

废结（Waste Knot）：一种临时性的打结方式，运用在缝纫的起始处，缝纫完成后将其剪掉。

织造（Weave）：在织布机上将经纬纱上下交织形成面料的过程。

纬纱（Weft）：梭织面料中横向的纱线称为纬纱。

纬编针织物（Weft Knitting）：将纱线由纬向喂入针织机的工作针上，使纱线按照顺序弯曲成圈，并相互穿套形成，主要有两种面料类型：单面针织和双面针织。

贴边口袋（Welt Pocket）：一种嵌入式口袋，开口处有宽的翻边或贴边。

育克（Yoke）：符合肩部和颈部曲线的裁片，支撑下部松散衣片，也会用在臀围处腰部下方，支撑下部裙摆。

拉链门襟（Zip Guard）：一块在拉链底部覆盖住拉链齿的贴边，防止拉链直接接触皮肤。

Z捻纱（Z-twist）：纱线捻回方向为从左至右。

致 谢

我想对以下人员表示衷心感谢，是你们的帮助使我能顺利完成本书的撰写工作!

首先是摄影师詹姆斯·史蒂文斯和插画师加里·凯达，谢谢你们专注且努力的工作。你们为本书提供了精美的图片，同时你们长久的支持贯穿于我整个写作过程之中。

接下来我还要由衷地感谢瓦莲京娜·伊丽莎白和苏·图鲁夫制作的精美缝纫样本，感谢你们的奉献和支持以及对我的耐心!

安妮·唐尼、克莱尔·道布尔、海伦·罗切斯特，感谢你们在我撰写本书的时候所给予的热心支持。玛丽·克莱顿，你让我了解了写作的意义；金利·帕罗拉琪，感谢你对图片的研究；还有平面设计师瓦妮莎·格林，也要感谢你!

波比·高德瑞克和布鲁克·德莱，谢谢你们帮助采购面料样本。

感谢西蒙·阿姆斯特朗直爽地应允我使用他的UCA走秀图片。

吉玛·安斯沃思—朱利安·麦克唐纳德品牌设计工作室主管，感谢你为我提供来自于朱利安·麦克唐纳德的图片和服装。

还有向玛利亚·格明德致以迟来的感谢，是你在28年前教会我如何进行缝纫。

这里还特别地感谢我亲爱的山姆，是他无私的支持和理解，是他的爱和鼓励，一路上陪伴和支撑着我。

真诚地感谢我的学生、学院和朋友们，通过你们的资助和设计作品，支持我的写作并且给我带来写作灵感。

感谢以下诸位，为我花费了时间并分享了你们的经验：

安妮·赖斯、莫伊拉·奥乌苏、约翰·麦克拉兰、史蒂文·戴尔、亚伦·戴维森、凯兰·马哈茂德、托尼·特斯特、瓦尼亚·戈维亚、伊琳娜·米哈伊洛维奇、克里斯蒂娜·露比·沃尔顿、乌里扬娜·丹妮雷克、纳丁·埃尔温、凯利·布罗姆菲尔德、拉维娜·格奥尔基耶娃·卡琳德加瓦、拉维妮娅·卡达、梅根·韦尔曼!